计算机系列教材

符广全　主　编
杨自芬　副主编

计算机网络

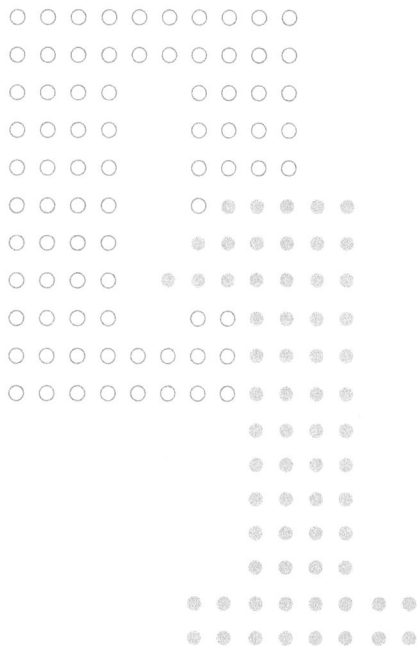

清华大学出版社

北京

内 容 简 介

本书以互联网的技术与创新、应用与发展为主线展开内容,组织体系;结合计算机网络的发展应用和既有理论构建了计算机网络的前史篇;基于物理通信与链路层控制,突出企业网的构建及应用,剖析了 Internet 的底层网络;在 TCP/IP 的互联下 Internet 高层精准设计,全面支持多种应用,其原理和智慧的挖掘是第 3 篇的内容与任务;计算机网络新时代则展现、展望了后 Internet 时代网络的技术发展、应用前景和安全需求。

本书内容涵盖了考研和网络应用的专业需求,可作为应用型高校计算机类专业、电子信息类专业、通信类专业学生的计算机网络本科教材,也可用作网络工程技术人员、网络从业人员的参考书。

图书在版编目(CIP)数据

计算机网络/符广全主编.—北京:清华大学出版社,2021.6(2025.8 重印)
计算机系列教材
ISBN 978-7-302-57969-4

Ⅰ.①计… Ⅱ.①符… Ⅲ.①计算机网络—高等学校—教材 Ⅳ.①TP393

中国版本图书馆 CIP 数据核字(2021)第 066133 号

责任编辑:张 玥 常建丽
封面设计:常雪影
责任校对:焦丽丽
责任印制:宋 林

出版发行:清华大学出版社
  网 址:https://www.tup.com.cn,https://www.wqxuetang.com
  地 址:北京清华大学学研大厦 A 座   **邮 编:**100084
  社 总 机:010-83470000   **邮 购:**010-62786544
  投稿与读者服务:010-62776969,c-service@tup.tsinghua.edu.cn
  质量反馈:010-62772015,zhiliang@tup.tsinghua.edu.cn
  课件下载:https://www.tup.com.cn,010-83470236
印 装 者:三河市龙大印装有限公司
经 销:全国新华书店
开 本:185mm×260mm   **印 张:**23.5   **字 数:**546 千字
版 次:2021 年 8 月第 1 版   **印 次:**2025 年 8 月第 4 次印刷
定 价:79.50 元

产品编号:089550-01

前　言

　　计算机网络的历史是应用的历史,是发展创新的历史;计算机网络为应用而生,在应用中创新进步,在应用中发展。持续的技术创新赋予计算机网络强大的生命力,普遍而深入社会的应用展现了计算机网络的无限价值。学习计算机网络不应拘泥于原理和技术,应该有更高的视野从全局透视其应用初心与价值,用深邃的目光透过历史的沉淀体味其不断创新发展的真谛,纵向梳理技术进步的主线;思考与把握计算机网络的新时代,以展望未来,引导学生自主规划人生,开启创新,引领未来经济与社会发展。

　　面对信息时代层出不穷的新技术、新发展,我们在不断地更新课程内容,迎接无数的挑战,适应大众创业、万众创新的时代要求,响应智能制造与人工智能的未来召唤。在书本与音视频资源,手机与网络,线上与线下,慕课(MOOC)与传统等方式交融的时代,要不断进行摸索。如何把握真谛、创建一流课程,一流课程的核心目标是什么,引发了我们持续的思考。如何把握核心、找准方向是课程建设者的首要任务。课程的内容在变、教学的形式在换,但课程的目标应该是应用能力的培养,是创新思维启迪与创新习惯的培养。

　　我们的计算机网络课程历经校精品课程建设、山东省精品课程建设,开启了山东省一流课程建设工作,面对问题我们做了大量深入的思考,把做法和经验作为精品课程、一流课程建设的成果融入教材,以便在后续教学中继承推广,把课程推向高远、一流。

　　新工科时代高等教育的核心目标是应用能力和创新能力的培养,这也是很难实现、无有效方法可循的教育难点之一。面对计算机网络省精品课程和省一流课程建设,如何培养能力,我们经历了持久思考。能力培养应该是理论教学和实践教学的合力效果,理论教学要通过"体验创新"培养学生创新思维,奠定创新的思维基础;实践上要结合实际,以小实验加大综合的项目训练并促进学生能力的跃升;常规实施中贯彻科学方法的掌握和耐劳品质的培养。

　　当今时代的机遇是,数字化时代积累了丰富的数字音视频资源,提供了线上MOOC等多种教学方式,为能力培养奠定了资源和方法基础,但如何有效、有目的地利用这些资源,我们将目光聚焦到能力培养上。线上线下、形式翻新的数字化教学不能仅重形式,更重要的是看出发点是否有利于启智、引导,是否有利于学生自主探索能力的形成,否则从线下灌输转到线上"电灌",无新可言,无益可鉴。如何抓住数字化线上教学的契机,用丰富的数字资源和灵活的教学形式,线上、线下融合促进能力培养,成为当前一流课程建设的关键。

　　教学中的思考与探索促成了这本教材。在内容上,结合计算机网络的发展应用和既有理论体系,构建了计算机网络的前史篇;基于物理通信与链路层控制,突出企业网的构建及应用,剖析了Internet的底层网络;在TCP/IP的互联下Internet高层精准设计,全面支持多种应用,其原理和智慧的挖掘是第3篇的内容与任务;计算机网络新时代部分则展现、展望了后Internet时代网络的技术发展、应用前景和安全需求。

应用创新培养的理念统领教材。课程基于原理和技术的学习,又超越技术和原理的学习,锁定应用能力培养、创新思维引导、创新能力形成这个新时代人才培养的核心目标,探索有效方法。教材编写试图努力体现这一目标和方法,通过引导、分析摆脱灌输,引领学生自主思考与探索,诱发能力与创新。

挖掘智慧、体验创新的方法贯穿教材。教学方法上,紧盯技术应用构建主旋律,从时代背景下的问题开始,在明确目标的基础上展开原理,分析技术,展现创新智慧,启迪创新思维。从历史的空间高度纵观技术发展路线,揭示技术进步的主线与规律,追寻创新的踪迹,体验创新,培养孜孜追求、吃苦耐劳、精益求精的学术精神和奋斗品格,铸就素养。教材编写中努力融入和渗透这一方法和思想,给学生留下思索的机会与空间。

站得高远看得长远,品味技术熏陶素养。贯彻应用驱动技术的思维,结合应用讲技术;将技术置入应用的大背景下深究,彰显其创新性、适恰性(创新与智慧),从头至尾贯穿教材,绘制网络持续创新的技术进步画卷。

本书参考了国内外经典教材,吸取国内外最新课程教学经验,紧扣当前新工科教学要求和应用型高校人才培养目标,在应用型本科学生认知和操作水平的基础上编写而成,适合应用型高校学生学习和实践的实际情况,支持创新和能力培养。

理论与实践应用相结合,与现实生活、生产经验相结合。教材中引用、结合了大量案例及生活原型,帮助读者化解难点、总结经验。扩展阅读、实践探索等环节帮学生打开一扇窗,展现一片天,提供自主探索的空间,留给学生进行实践的机会。

建设精品课程要有精新的内容,精准的施教;建设一流课程要有一流的视野锁定核心目标,一流的方法引领一流的思维,培养一流的人才,我们一直在努力。

作　者

2021 年 5 月

目　　录

第1篇　计算机网络前史

第 2 篇　底层网络构建与应用

第 3 篇　网络互联与应用

第 4 篇　网络新时代

第 1 篇

计算机网络前史

第1章 社会应用驱动网络发展

"计算机网络"课程既是一门理论基础课程,也是一门技术课程。计算机网络的蓬勃发展归根到底在于它的技术属性,作为一种计算机技术与通信技术相结合的产物,它解决了人类经济与社会发展中的众多重大问题,促进了社会发展进步。从一般意义上讲,作为技术,一定是为解决人类社会的某一类难题而诞生,问题解决催生了技术创新进步;另一方面,作为技术的学习者,掌握技术的目的是解决问题,即技术应用。从这个意义上来说,技术源于应用,归于应用。今天我们学习的目的也是为了驾驭技术创业谋生。在"计算机网络"的课堂上,不仅要学会理论,也要掌握技术;不仅要掌握技术,更要应用技术;不仅要学习技术理论,更要创新地应用技术,进行技术创新。作为学习者,要深刻理解一种技术,就要了解技术发明的背景,认清技术使命及价值,知道为什么这种技术会产生,认识技术产生的必然性与创新性,做到明明白白地学;要学会一种技术,就要不止步于技术原理的通晓,更要学会恰当地使用技术,创新地解决问题;更高层次的应用,不是应用技术本身,而是应用技术的思想、方法和灵魂,把已有技术的智慧应用到新领域破解难题,开启技术创新,推进人类技术进步,即学习技术不能满足于原理的掌握,要向前扩展到对背景、成因的理解,向后升华到思维与技术创新。

综上所述,这涉及三个层次:第一个层次是学习技术本身,体现在原理的掌握;第二个层次是应用,创业就是应用技术解决问题,产生经济价值、社会价值;第三个层次是创新,即综合当前技术的思想智慧,在新领域中解决新问题,产生新技术。前两个层次是基础,后一个层次是跃升。在"大众创业、万众创新"的时代,技术学习显然不能止步于第一层次;学生身在校园,在技术应用层面如果不能产生经济价值,至少要学会应用、善于应用。如果不能实现技术创新的跃升,至少要奠定创新的思维基础和实践基础,为明天的创新积蓄力量。

基于此,作为网络技术的后来者与应用主体,我们应该怎么学习呢?使当今社会"天翻地覆慨而慷"的网络技术,为何有如此能量,它从哪里来,又到哪里去?

为了彻底弄懂计算机网络,从整体上把握网络技术的走向,如图 1-1 所示,先纵览网络对社会的影响,然后从计算机网络产生和发展的动因说起,借助"计算机网络"这门课程,讲述网络技术的前世今生,以期主宰未来人生。

图 1-1 第 1 章的内容路线图

1.1 网络改造人类社会

网络对人类社会的影响有多大？互联网主导下的未来社会会变成什么样？

21世纪，人类社会进入信息时代。信息时代的重要特征就是数字化、网络化。网络已经成为信息社会的命脉和发展知识经济的重要基础。网络对社会生活的很多方面以及对社会经济的发展产生了不可估量的影响，已经并继续改变着人们的生产、生活方式，影响着人类的思维方式，推动人类社会的文明和进步。

2000年后开始接触互联网的用户可能更需要深刻体会，才能体察有网和无网时代的差别。计算机网络能做什么，它是如何改造和影响人类社会的，也请同学们结合自己的体验想一想，给出自己的结论。

1. 计算机网络的基本功能与应用

计算机网络的初衷是实现连通性和共享性。然而，在此基础上的后期应用却发展得枝繁叶茂、风光无限。

数据通信。数据通信是计算机网络最主要的功能之一，它实现了信息交换、网络的连通性，是计算机网络其他功能和应用的基础。数据通信是依照一定的通信协议，利用数据传输技术在两个终端之间传递数据信息。它可实现计算机和计算机、计算机和终端以及终端与终端之间的数据信息传递。作为一种业务，数据通信是继电报、电话业务之后的第三种最大的通信业务。数据通信的另一个特点是与远程信息处理相联系，如科学计算、过程控制、信息检索等，它是信息系统构成的重要一环。

资源共享。资源共享是指用户共享网络上的资源，这些资源包括硬件资源、软件资源和数据资源。资源共享是计算机网络在生产、办公领域中最普遍、最重要的应用。资源共享的目标是让网络中的任何人都可以访问所有的程序、设备，尤其是数据，并且与这些资源和用户所处的物理位置无关。硬件资源的共享提高了硬件资源的利用率，也让更多的用户能使用昂贵、稀缺的资源。非常普遍的例子是一个办公室里的所有工作人员共用同一台打印机。一台高性能的网络打印机会比多台打印机的花费更低、打印速度更快，而且也更容易维护。比共享物理资源更重要、更普遍的是信息共享。公司的客户记录、产品信息、库存数据、财务决算、缴税信息以及其他更多的在线信息都是自动化办公中需要共享的内容。

集群提升处理能力、增强可靠性。计算机网络还使得分布式处理、负载均衡得以实现，主机集群协作大大扩展计算机系统的功能，扩大其应用范围，提高可靠性，为用户提供方便，同时也减少了成本，提高了性能价格比，使"网络就是计算机"的理念得以体现。

近年来，大数据、云计算、云服务获得快速发展。云以按需求、易扩展的方式提供安全、快速、便捷的数据存储和网络计算服务，使人们能像使用自来水一样方便地使用网络中的各种资源。利用云计算可将大量的用户数据、应用软件和计算任务放置在"云"端，从而使用户终端的计算能力和存储能力得到无限放大。

2. 计算机网络应用的泛化与深化

计算机网络在生产、生活中获得广泛应用的根源在其互联性,互联网是其杰出的代表。时至今日,计算机网络在应用上的扩展不断刷新着人们的想象,形成互联网＋everything,或者互联网＊everything,互联网融合千行万业。互联网在移动通信的支持下形成移动互联网,其应用进一步拓宽,催生了物联网。互联网已经不再局限于计算机互联,而是计算机和智能设备的互联,并持续向各行业扩展。

计算机网络构筑了信息社会的信息平台,让人们方便地进行信息发布和浏览。在互联网的平台上,由众多的网页组成网站,众多的网站通过超链接形成万维网,这是一个庞大的信息系统,包含文本、声音、图像、视频等各类信息;涵盖电子报纸、电子期刊、电子书籍等媒介;涉及政治、经济、社会、生活、军事、体育、娱乐等领域。在万维网上,用户可以自主浏览各网站,也可以由网站主动推送用户关注的内容,还能使用百度、360 等搜索引擎搜索感兴趣的信息。个人网站、博客、微博、公告栏、贴吧等还允许用户发布信息,用户是平台信息的受众,也是平台信息的提供者,超越了传统的报纸、广播、电视等媒体。

计算机网络构筑了即时通信与社会交流的平台,实现了人人通信与交流。计算机网络可以为公司员工或同学亲友提供功能强大的通信媒介,既有电子邮件、IP 电话,也有QQ、微信、钉钉等即时通信工具,文字、语音、视频,网络世界里没有距离,天涯若比邻。在网络上不仅可以实现一对一的交流,还能以群聊、视频会议等形式进行多人同时交互。即时消息、短信留言、文件共享、公众账号、朋友圈等,网络为零距离交流提供了便捷丰富的功能,转瞬间,短信、电话的时代已然过去。

计算机网络构筑了电子商务的平台,让跨越时空的交易无时不在。电子购物早已流行,用户可以在家里浏览上千家公司的网络商品,如果不清楚如何使用该商品,可以获得在线技术支持,在家里、单位、乘车中、旅行中都可以方便地从网络中浏览、购物。门票、车票、酒店的预订可以随时随地完成。在商业中的应用是网络最早的应用之一,商业是最早、全面、深度与网络融合的领域之一。银行、商场、书店、超市、火车站售票厅、股票交易所、酒店都实现了网络化营业。用户可以毫不费力地"货比三家",从天南海北的市场中淘到心仪的宝贝;银行排队、火车站排队、揣着现金跑天下的时代一去不复返了。网上购物、网上购票、网上转账、网上订餐,应有尽有的电子商务让生活变得更方便。

互联网是电子商务的支撑,与电子商务共同发展起来的是线上金融和快递物流。线上金融让人们以网络方式支付账单、管理银行的账户、处理投资业务;人们通过支付宝、微信支付、银联支付等支付手段,可以实现一部手机走天下,快速进入无现金社会;无人商店、刷脸支付引领时尚,目前我国的数字支付水平领先世界。同样兴盛的是快递、物流业,运输是实体的,管理是电子化、网络化的。

计算机网络构筑了企事业单位办公与管理的平台。近年来,政府及企事业单位的网上办公、自动化管理已经为人们所熟悉。政府部门开通了线上政务系统,向公众提供在线咨询、网上申报、审批、许可证申领、注册、年检、招商、投诉、举报等政务服务。企业、公司有网上办公系统、管理系统,以实现公司内部财务、税务、行政、资产等管理,实现企业与政府的线上对接。校园网在各类学校获得广泛应用,办公系统集选课、成绩单填报、网上评教评学、科研项目审批、报奖、科研经费报账、设备报修等功能于一体,高效方便地服务于师生。

计算机网络让娱乐网络化、数字化、虚拟化,为众多娱乐产业提供了平台。音乐、视频是大众娱乐的主要方式,数字化的音视频网络存储更容易,传输与播放也快捷方便。普及大众的广播和电视在光纤宽带的支持下与互联网相融合,三网融合让高清 IPTV 进入千家万户。网络游戏更是让很多玩家如醉如痴。基于计算机技术和网络技术,游戏产业的质量和产量获得了突飞猛进的发展。依赖于三维实时图形显示、三维定位跟踪、触觉及嗅觉传感技术、人工智能技术、高速计算与并行计算技术以及人的行为学研究等多项关键技术的发展,虚拟现实技术获得快速发展。虚拟现实、实时仿真游戏让人沉浸在如幻的世界,流连忘返。使得网络游戏成为互联网产业之一。

计算机网络构筑了远程协作的平台。通过计算机网络,千里之遥的人可以相互配合、协同工作。远程教育和远程医疗是最典型和广泛的应用。2020 年年初,突如其来的新冠疫情接连袭击全球各国,学校延迟开学或停课,但"停课不停学",远程教育、线上教学获得了广泛的应用和发展;远程医疗也在疫情期间的防疫和救治中大显身手,让珍贵的优秀医疗资源被充分利用,在危难关头最大可能地挽救病人生命。

计算机网络构筑了共享的交通平台,催生了交通新业态。共享单车、网约车、顺风车、智能公交、智慧城市相继出现,互联网的应用也掀起了如火如荼的城市交通革命的风暴,深刻地融合和改造出租车行业、公交系统,更新着人们的出行方式。

计算机网络构筑了现代生活平台。水费、电费、燃气费,宽带、固话、手机费的缴纳;医保、车保、公积金的发放;天气、公交、酒店住宿的查询……全在手机中,全在网络上。现实中网络无处不在。

网络的最后一类应用是无处不在的普适计算(ubiquitous computing)。这种计算模式已经融入人们的日常生活。例如,家庭安全系统通过门和窗的传感器、嵌入到智能家居中的监控传感器,能够进行实时监控、报警。另一类普适计算是自动抄表系统,家庭的用电、燃气及水的读数可以通过网络获得。公司不再需要派人上门抄表,将节省大量费用。在自动消防报警系统中,烟雾探测器可直接呼叫消防部门,而不是仅发出警报。随着电子芯片技术、5G 等通信技术的发展、融合,嵌入技术让更多的设备智能化,人工智能和工业物联网将进一步成熟,并得到广泛应用。

3. 移动互联与云服务

近年来,随着无线网络可用性的增强,移动用户迅速增加,引发了新的网络业务和服务方式。无线网络带领大量简单终端加入互联网这个大家庭,它们对网络计算和云服务的需求异常迫切,正在引领网络发展和网络服务模式创新。未来,网络就是计算,就是服务。

可移动的计算机,如笔记本电脑、平板电脑、智能手机、智能设备是近年来计算机工业中增长最为迅猛的领域之一。它们的销售量早已超过台式计算机。使用移动网络可以随时随地阅读和发送电子邮件、写微博、看电影、下载音乐、玩游戏或在 Web 上搜索信息。

与 Internet 连通是这些移动应用的前提,因为汽车、舰船和飞机是不可能拖着一根电线的。无线网络成为人们感兴趣的领域。移动公司经营的无线蜂窝网络是移动上网的不错选择,当前用 4G、5G 技术,通过基站的覆盖面把人们联在一起;基于 IEEE 802.11 标准的无线局域网(WiFi)已经形成对咖啡馆、旅馆、机场、学校、火车和飞机等错落有致的全面覆盖。

无线网络有一些特别重要的行业应用。例如,无线网络在货运车队、物流、快递专车以及野外作业联络中特别有用,是智慧城市的重要通信载体。无线网络对于军事用途也非常重要。无线网络除支持移动通信外,也支持布线困难场合的网络接入。在家里、办公室或者酒店布设无线接入点的方案可能比工人在整个大楼内铺设电缆管道要便宜得多。无线网络最擅长、最有前景的是物联网应用。

近年来,随着我国 4G、5G 通信技术的普及应用,智能手机和互联网业务发展迅猛。5G 技术引领世界,改变了我国在网络和通信领域长期技术滞后的局面。

无线网络的广泛应用,使互联网上智能手机的数量剧增,手机、平板电脑、智能设备成为移动互联网上的生力军,推动了云计算、云服务的应用需求。智能终端自身资源和处理能力有限,需要云计算与云服务的支持,开启了云计算、云服务的大发展,进而推动网络应用、网络服务模式的转变。在这场智能终端-云服务的进化中,物联网成为一颗新星。工业物联网和智能制造、人工智能将在云计算和云服务模式下快速成长,推动未来网络在应用中发展。

互联网极大地影响着人们的生活和工作方式,经过 50 多年的发展,已经成为人类社会的重要基础设施和各国的重要战略资源,网络空间(cyberspace)已成为继陆、海、空和太空之后的人类第五疆域。在这一背景下,全球各个国家都纷纷从国家战略层面上高度重视未来网络的布局,并先后启动了一批重大研究计划,分别从未来网络体系架构、网络核心关键技术、未来网络试验床等方面同步开展该领域的创新研究。与此同时,工业界也充分意识到未来网络相关领域带来的商业价值,纷纷投入巨资布局相关重点核心技术,以期望抓住发展机遇,建立产业生态圈,推动未来网络技术的发展和应用,推出全新的面向市场的产品和服务。

计算机网络从根本上改变了人类的生活,在给我们带来极大便利的同时,也带来了一些不和谐的元素:黑客肆意攻击正规网站,通过网络大肆传播的计算机病毒,利用网络窃取国家机密或实施诈骗,以营利为唯一目的,缺少社会良知的色情网站,在网络上流传的形形色色的谣言,青少年沉溺于网络游戏、流连于网吧……,但是,瑕不掩瑜,毫无疑问,计算机网络给社会带来的积极作用远远多于消极作用。当然,从另一方面也提醒用户要遵守互联网行为规范,在合法用网的同时应有自我保护的意识。

1.2　社会应用驱动计算机网络的创新与发展

是什么事情引发了网络,造就了互联网?计算机网络持续发展的动因是什么?本节将回答这些问题,从而加深我们对计算机网络的认识,帮我们看清未来网络的发展趋向。

1.2.1 计算机网络发展的动因

社会应用是计算机网络发展的源动力。计算机网络是计算机技术与通信技术相融合与发展的产物,其产生的社会动因与计算机技术是一脉相承的。谈到计算机诞生的时代,自然联想到 20 世纪初影响世界历史与人类命运的第二次世界大战。通过对第二次世界大战史的研究寻找网络技术产生的时代印记。

第二次世界大战客观上推动了科学技术的迅速发展。大战期间,为了战争的需要,各国相继投入了大量的人力、物力和财力发展相应的科学技术,制造新式武器。第二次世界大战结束后,这些用于制造作战武器的科学技术为和平事业服务,推动了人类历史文明的进步。

第二次世界大战前,两类新兴技术的悄然发展,决定了机械化战争的来临:一类是飞机、坦克、大型舰船制造技术;另一类是电子通信技术。

新技术的发展在一定程度上促进和保障了反法西斯战争的胜利。电子技术的发展,雷达、声呐及其他电子通信器材的改进与应用,飞弹技术群的出现,火箭推进技术的发展,核技术的诞生深刻地影响了战争的走向。

以军事科技的发展为中介,人类的智慧与自然界的能量完美地结合在一起,并被极大地释放出来⋯⋯

可见,在当时的社会,命运、战争、武器、技术,牢牢地捆绑在一起。掌握技术就是把握命运。在此背景下揭开了计算机、计算机网络的发展序幕。

电子技术、通信技术的发展为计算机的诞生奠定了技术基础;武器、核技术等新技术研究中的大量计算及精密度要求为计算机的研发提出了强劲、清晰的社会需求;国家级的战略需要强劲地推动了研发进程。终于,在 1946 年 2 月 14 日,世界上第一台计算机 ENIAC 在美国宾夕法尼亚大学诞生;继而计算机间各种形式的数据传输与通信成为研究热点。1969 年,美国国防部高级研究计划署(Defence Advanced Research Project Agency,DARPA)资助的 ARPAnet 研究成功,世界上第一个计算机网络诞生。

ARPAnet 主要用于军事研究目的,它主要基于这样的指导思想:网络必须经受得住故障的考验而维持正常的工作,一旦发生战争,当网络的某一部分因遭受攻击而失去工作能力时,网络的其他部分应能维持正常的通信工作。ARPAnet 在技术上的另一个重大贡献是 TCP/IP 协议簇的开发和利用。作为 Internet 的早期骨干网,ARPAnet 试验并奠定了 Internet 存在和发展的基础,较好地解决了异构网络互联的一系列理论和技术问题,奠定了网络互联的基石。

综上可见,计算机及计算机网络的诞生是在强大的社会需求驱动下产生的;它的产生和应用极大地支持了社会产业发展和技术进步,也正是应用持续地推进了计算机网络的发展和技术进步。技术源于应用,归结于应用。

1.2.2 计算机网络的发展历程

计算机网络的应用广泛、深入,社会影响大,但网络诞生和发展的历史并不长。它的发展速度与应用的广泛程度十分惊人。纵观计算机网络的发展,回顾其历程,大致可划分为 4 个阶段。

1. 网络雏形——以通信和共享为目标的多终端单机系统

20 世纪 60 年代中期之前是计算机网络的萌芽阶段,是以单个计算机为中心的远程联机系统。20 世纪 50 年代中期,美国的半自动地面防空系统(Semi-Automatic Ground Environment,SAGE)开始了计算机技术与通信技术相结合的尝试,在 SAGE 系统中把远距离的雷达和其他测控设备的信息经由线路汇集至一台 IBM 计算机上进行集中处理与控制。另一典型应用是由一台计算机和全美范围内 2000 多个终端组成的飞机订票系统。终端是一台计算机的外部设备,包括显示器和键盘,无 CPU 和内存。

随着远程终端的增多,在主机前增加了前端机(FEP)专门进行通信处理,以减轻主机的负担,如图 1-2 所示。当时,人们把计算机网络描述为“以传输信息为目的而连接起来,实现远程信息处理或进一步达到资源共享的系统”,这样的通信系统已具备网络的雏形,但它的本质是一台多终端主机,不是计算机的网络。

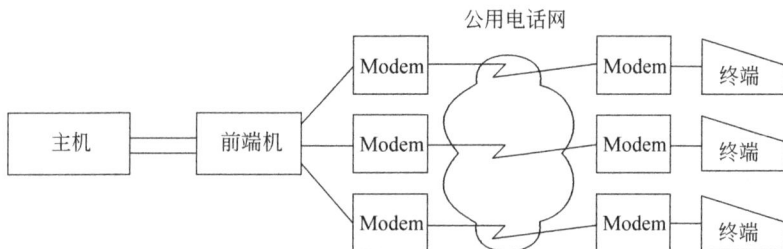

图 1-2　带前端机的多终端系统

2. 基本网络——独立计算机的网络

20 世纪 60 年代中期至 70 年代是计算机网络发展的初级阶段。这时的计算机网络以多个独立主机通过通信线路互连起来,为用户提供服务。它兴起于 20 世纪 60 年代后期,典型代表是美国国防部高级研究计划署协助开发的 ARPAnet。主机之间不是直接用线路相连,而是由接口报文处理机(IMP)转接后互连的。IMP 和通信线路一起负责主机间通信,构成通信子网。主机负责运行程序,提供资源共享,组成资源子网。这个时期,网络概念为“以能够相互共享资源为目的互连起来的具有独立功能的计算机之集合体”,具备了计算机网络的本质内涵。

这是各种局域网、广域网相继诞生的时期。各大计算机公司都相继推出自己的网络体系结构和相应的软、硬件产品。用户只要购买计算机公司提供的网络产品,就可以通过专用或租用通信线路组建计算机网络。IBM 公司的 SNA(Systems Network Architecture)和 DEC 公司的 DNA(Digital Network Architecture)就是两个著名的例子;夏威夷大学的 Norman Abrahamson 研制的无线分组网络 ALOHAnet 将位于不同海岛上的校园连接起来;BBN 公司研制了首个商用分组交换网 Telenet;法国首个分组交换网 Cyelades 问世;1973 年 5 月,Bob Metcalfe 在哈佛大学博士论文中首次阐述了以太网,自 20 世纪 90

年代起主导局域网市场。

3. 开放式标准化网络——互联的网络

20 世纪 70 年代末至 90 年代是计算机网络发展的标准化阶段。虽然已有大量各自研制的计算机网络正在运行和提供服务,但仍存在不少弊端,主要原因是这些各自研制的网络没有统一的网络体系结构,难以实现互连。这种自成体系的系统称为封闭系统。为此,人们迫切希望建立一系列国际标准,从而得到一个"开放"的系统,实现网络的互联。这也是推动计算机网络走向国际标准化的一个重要因素。

正是出于这种动机,人们开始了对开放系统互连的研究。国际标准化组织(Intermational Standards Organization,ISO)于 1984 年正式颁布了一个称为"开放系统互连参考模型"(Open System Interconnection Reference Model)的国际标准 ISO 7498,简称 OSI 参考模型或 OSI/RM。OSI 参考模型由七层组成,所以也称为 OSI 七层模型。OSI/RM 的提出开创了一个具有统一的网络体系结构、遵循国际标准化协议的计算机网络新时代。

OSI 标准不仅确保了各厂商生产的计算机之间的互连,同时也促进了企业的竞争。厂商只有执行这些标准,才能有利于产品的销路,用户也可以从不同的制造厂商处获得兼容的、开放的产品,从而大大加速了计算机网络的发展。

但 ISO 的愿望在未来社会中并未能如愿,原因之一是受同时期另一个网络互联体系成功应用的影响。20 世纪 70 年代中期,美国国防部高级研究计划署(ARPA)开始研究网络互联的技术,提出了 TCP/IP;1983 年,TCP/IP 成为 ARPAnet 的标准协议,这就导致后来互联网的出现,标志着因特网的诞生。

4. 高速智能的网络——互联网

20 世纪 90 年代中期至今是以 Internet 为代表的计算机网络迅速普及和广泛应用的阶段。基于 TCP/IP 良好的异构互联性,各种局域网、广域网得以互联,形成互联网,并随着局域网、广域网的发展而迅速普及全球。以太网技术迅速成熟并占据了局域网市场,相继出现光纤通信及各种高速网络,大大提高了网络的可用性;多媒体网络、智能网络、宽带光纤网络、移动无线网络发展迅速,以 Internet 为代表的互联网连接世界,广泛应用于社会方方面面。当今,Internet 成为计算机网络的代名词,鉴于其在当今社会的重要影响和应用,下面对其作整体的介绍,以帮助读者形成整体认识。

1.2.3 Internet 的形成与发展

20 世纪 60 年代,美苏冷战期间,ARPA 提出要研制一种崭新的网络对付来自苏联的核攻击威胁。因为当时传统的电路交换的电信网虽已经四通八达,但战争期间一旦正在通信的电路有一个交换机或链路被毁坏,整个通信电路就会中断,如要立即改用其他迂回电路,还必须重新拨号建立连接,延误时间。

这个新型网络必须满足一些基本要求:不是为了打电话,而是用于计算机之间的数据传输;能连接不同类型的计算机;所有的网络结点都同等重要,提高网络的生存性;必须有迂回路由,当链路或结点被破坏时,正在进行的通信能自动找到合适的路由;网络结构要尽可能地简单,但要非常可靠地传输数据。

根据这些要求,专家们放弃了电路交换技术,设计出基于分组交换的新型计算机网络,即我们熟知的 ARPAnet 分组交换网。

Internet 由非常多的计算机网络(如局域网、广域网等)通过许多路由器互联而成,但最早是从 ARPAnet 的互联开始的。Internet 的基础结构大体经历了三个阶段的演进,这三个阶段在时间上有部分重叠。

1. 从单个网络 ARPAnet 向互联网发展

最初 ARPAnet 只是一个单个的分组交换网,所有想连接在它上的主机都直接与就近的结点交换机相连,它的规模增长很快,到 20 世纪 70 年代中期,人们认识到仅使用一个单独的网络无法满足所有的通信问题。于是,ARPA 开始研究很多网络互联的技术,提出了 TCP/IP。1983 年,TCP/IP 成为 ARPAnet 的标准协议,使得所有使用 TCP/IP 的计算机都能利用互联网相互通信。这标志着因特网的诞生。同年,ARPAnet 分解成两个网络:一个是进行试验研究用的科研网 ARPAnet;另一个是军用的计算机网络 MILnet。ARPAnet 因试验任务完成于 1990 年正式宣布关闭。

2. 建立三级结构的因特网

1985 年起,美国国家科学基金会(NSF)就认识到计算机网络对科学研究的重要性,1986 年,NSF 围绕六个大型计算机中心建设计算机网络 NSFnet,它是一个三级网络,分主干网、地区网、校园网。它代替 ARPAnet 成为 Internet 的主要部分。1991 年,NSF 和美国政府认识到因特网不会仅限于大学和研究机构,于是支持地方网络接入,随着许多公司的纷纷加入,使网络的信息量急剧增加,美国政府决定将因特网的主干网转交给私人公司经营,并开始对接入因特网的单位收费。

3. 多级结构因特网的形成

1993 年开始,美国政府资助的 NSFnet 逐渐被若干个商用的因特网主干网替代,而政府机构不再负责因特网的运营。因特网服务提供者(ISP)就是一个进行商业活动的公司,因此 ISP 又常译为因特网服务提供商。考虑到因特网商用化后可能出现很多 ISP,为了不同 ISP 经营的网络能够互通,在 1994 年创建了 4 个网络接入点(NAP),分别由 4 个电信公司经营,21 世纪初,美国的 NAP 达到十几个。NAP 是最高级的接入点,它主要是向不同的 ISP 提供交换设备,使它们相互通信。现在的因特网已经很难对其网络结构给出很详细的描述,但大致可分为 4 个接入级:网络接入点(NAP),多个公司经营的国家主干网、地区 ISP、本地 ISP,校园网,企业或家庭 PC 上网用户。可以看出,现在的因特网已不是单个组织所拥有,而是全世界无数大大小小的 ISP 所共同拥有的。图 1-3 说明了用户上网与 ISP 的关系。

最高级别的第一层 ISP(tier-l ISP)的服务面积最大(一般能够覆盖国家范围),并且还拥有高速主干网。第二层 ISP 和一些大公司都是第一层 ISP 的用户。第三层 ISP 又称为本地 ISP,它们是第二层 ISP 的用户,且只拥有本地范围的网络。一般的校园网或企业网以及拨号上网的用户,都是第三层 ISP 的用户。NAP 可以算是最高等级的接入点。它主要是向各 ISP 提供交换设施,使它们能够互相通信。NAP 又称为对等点(peering point),表示接入到 NAP 的设备不存在从属关系,都是平等的。现在有一种趋势,即比较大的第一层 ISP 愿意绕过 NAP 而直接通过高速通信线路(2.5~10Gb/s 或更高)和其他的第一层 ISP 交换大量数据,这样可以使第一层 ISP 之间的通信更加快捷。

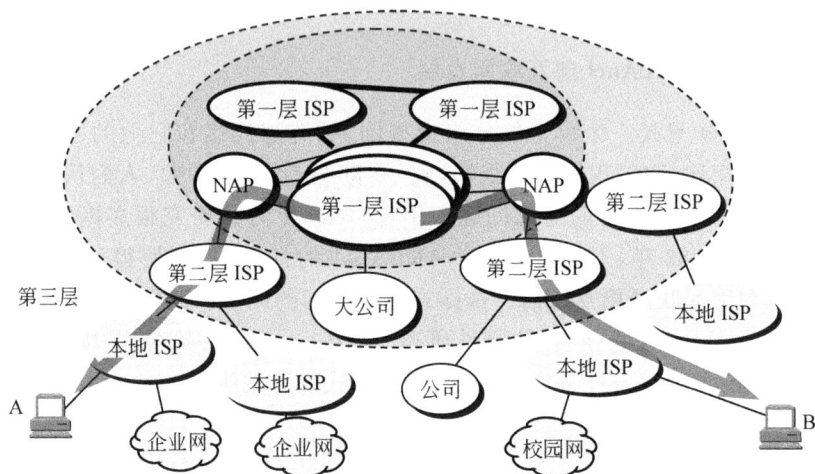

图 1-3　多层次的因特网结构

因特网已经成为世界上规模最大和增长速度最快的计算机网络,没有人能够准确说出因特网究竟有多大。因特网的迅猛发展始于 20 世纪 90 年代。由欧洲核子研究组织(CERN)开发的万维网(World Wide Web,WWW)广泛使用在因特网上,大大方便了广大非网络专业人员对网络的使用,成为因特网以指数级增长的主要驱动力。万维网的站点数目也急剧增长。在因特网上的数据通信量每月约增加 10%。

4. 因特网的标准化工作

因特网的标准化工作对因特网的发展起到了非常重要的作用。因特网在制定其标准上很有特色。其中一个很大的特点是面向公众。因特网所有的 RFC 文档都可从因特网上免费下载,而且任何人都可以用电子邮件随时发表对某个文档的意见或建议。这种方式对因特网的迅速发展影响很大。

1992 年,由于因特网不再归美国政府管辖,因此成立了一个国际性组织,叫作因特网协会(Internet Society,ISOC)[W-ISOC],以便对因特网进行全面管理,以及在世界范围内促进其发展和使用。ISOC 下面有一个技术组织叫作因特网体系结构委员会(Internet Architecture Board,IAB),负责管理因特网有关协议的开发。IAB 下面又设有两个工程组:

(1) 因特网工程任务组(Internet Engineering Task Force,IETF)是由许多工作组

(Working Group,WG)组成的论坛(forum),具体工作由因特网工程指导小组(Internet Engineering Steering Group,IESG)管理。这些工作组划分为若干个领域(area),每个领域集中研究某一特定的短期和中期的工程问题,主要是针对协议的开发和标准化。

(2) 因特网研究任务组(Internet Research Task Force,IRTF)是由一些研究组(Research Group,RG)组成的论坛,具体工作由因特网研究指导小组(Internet Research Steering Group,IRSG)管理。IRTF 的任务是研究一些需要长期考虑的问题,包括互联网的一些协议、应用、体系结构等。

所有的因特网标准都以 RFC 的形式在因特网上发表。RFC(Request For Comments)的意思就是"请求评论"。所有的 RFC 文档都可从因特网上免费下载[W-RFC]。但应注意,并非所有的 RFC 文档都是因特网标准,只有一小部分 RFC 文档最后才能变成因特网标准。

RFC 按收到时间的先后从小到大编上序号。一个 RFC 文档更新后就使用一个新的编号,并在文档中指出原来老编号的 RFC 文档已成为陈旧的。现有的 RFC 文档中有不少已变为陈旧的,在参考时应当注意。

制定因特网的正式标准要经过以下四个阶段[RFC 2026]。

(1) 因特网草案(Internet Draft)阶段:在这个阶段还不是 RFC 文档。

(2) 建议标准(Proposed Standard)阶段:从这个阶段开始就成为 RFC 文档。

(3) 草案标准(Draft Standard)阶段。

(4) 因特网标准(Internet Standard)阶段。

因特网草案的有效期只有六个月。只有到了建议标准阶段才以 RFC 文档形式发表。

除以上三种 RFC(即建议标准、草案标准和因特网标准)外,还有三种 RFC,即历史的、实验的和提供信息的 RFC。历史的 RFC 或者被后来的规约取代,或者是从未达到必要的成熟等级因而未变成因特网标准。实验的 RFC 表示其工作属于正在实验的情况。实验的 RFC 不能够在任何实用的因特网服务中进行实现。提供信息的 RFC 包括与因特网有关的一般的、历史的或指导的信息。

互联网构建了人类社会的信息化基础平台,广泛深刻的应用改变了人类社会的生产、生活方式。近年来,无线局域网和 4G、5G 网络快速发展,让 Internet 步入移动互联网时代,Internet 上智能手机、平板电脑、智能设备等简单终端急增,进而使云计算、云服务突显;RFID 和传感器网络引领物联网快速发展;实时媒体与 CDN 内容分发服务在互联网上盛行。未来的网络,从有线到无线,从人-人互联到物-物互联,从资源共享到云服务,正大踏步地奔向宽带、智能,继续引领着社会发展与进步。

扩展阅读:ARPAnet 及其发展

ARPAnet 很有代表性,从技术上使用了分组交换,是典型的分组交换网;从应用上有明确的军用动因;是因特网的前身,在网络发展历程中有划时代的里程碑意义。

百度调研:ARPAnet。

1.3　计算机网络概览

1.3.1　计算机网络的定义

什么是计算机网络,目前还没有一个权威的定义。一般认为,计算机网络是利用通信线路将地理位置分散的、具有独立功能的众多计算机系统连接起来,按照某种协议进行数据通信,以实现资源共享的信息系统。所谓独立功能的计算机,是指有自己的软件和硬件,可以单独运行工作;计算机网络的最终目的是资源共享。通过数据通信实现资源共享,可见,数据通信体现为实现资源共享的手段,从另一方面理解,数据通信也是目标之一。

计算机网络是先发明使用,后定义概念。它不像数学、物理学等理学上的概念那样严谨,先定义后使用,这也一定程度上体现出一种新技术的探索性。计算机网络到底什么样、能干什么,当初谁也说不清楚,研发者怀揣一种朦胧的理念去追寻、探索,一步步发展、改进,最终成型,后期为了完善其理论体系,便于传承教学,才总结概括其概念。

怎么认识计算机网络。从硬件上看,计算机网络由计算机、服务器、路由器、交换机组成。硬件构成了计算机网络工作的基础,但仅有硬件是不行的,还需要控制、指挥硬件工作的软件,在软件的控制下,硬件按规定的程式操作,从而完成网络通信。这些规定的程式就是网络协议,这些控制程序都是根据网络协议编写的,是网络协议的体现。也就是说,计算机网络还要包括一部分软件组成。

有了硬件和软件,就有了计算机网络,就有了互联网。Internet是全球最大的互联网。运行在互联网上的分布式应用系统为我们提供了各类应用和服务,互联网上的应用系统和服务最终让互联网的价值在现实中得以实现。部署在网络上的应用系统与网络不是一回事,网络是应用的载体,为应用系统提供了平台;应用系统实现了网络的价值,不同的应用系统为人们提供不同的网络服务。因特网与万维网的区别也许正是Internet与Internet服务系统的关系。

1.3.2　计算机网络的类别

各类网络及其相互关系是什么?

计算机网络有多种分类方法,可以从不同的角度或按不同的特征进行划分。例如,按网络的拓扑结构划分,可以分为总线型网、环形网、星形网、树形网、网状网;按数据的交换方式划分,可以分为电路交换网、报文交换网和分组交换网,如图1-4所示。

但最常用最有意义的是按网络覆盖的地域范围划分,因为网络覆盖的地域范围大小影响到网络诸多方面的特性,如传输速率、拓扑结构、使用的网络技术和网络设备等。按网络覆盖的地域范围,计算机网络可以分为3类,即局域网(Local Area Network,LAN)、城域网(Metropolitan Area Network,MAN)和广域网(Wide Area Network,WAN)。

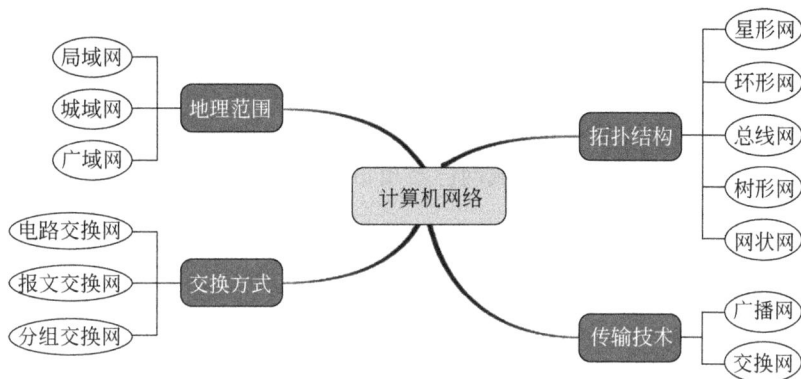

图 1-4　计算机网络的分类

若干个局域网、城域网或广域网互联在一起就构成互联网(Internet)。互联网是网络的集合。目前,全世界绝大多数网络都互联在一起,形成了因特网,即 Internet。为了将不同的网络互联在一起,互联网使用了专门的技术。

接下来对局域网、城域网、广域网、互联网及因特网的组成及相互关系进行概要性地分析,以期获得整体性的区分。

1. 局域网

顾名思义,局域网(LAN)是局部范围内的小规模的计算机网络,一般地理覆盖半径为 10km 以内,美国电气电子工程师协会(IEEE)的局域网标准委员会曾提出如下定义:局域网在以下方面与其他类型的数据网络不同,通信一般被限制在中等规模的地理区域内(例如,一座办公楼、一个仓库或一所学校);能依靠具有从中等到较高数据传输速率的物理通信信道,而且这种信道具有始终一致的低误码率;局域网是专用的,由单一组织机构所使用。

局域网的一个重要特点是短距离传输数据,其他特点大都由此引发。

① 具有较高的带宽,数据传输速率高,一般为 10~100Mb/s,随着技术的发展,数据传输速率也在不断提高。

② 数据传输可靠,误码率低,通常为 10^{-12}~10^{-7}。

③ 大多数局域网采用总线网(bus)、环形网(ring)及星形网(star),结构简单,易于实现。

④ 一般使用广播链路,广播链路上的多台主机共享一条通信信道(channel),一台主机发送信息,所有主机都能收到。多台主机同时访问信道时就可能产生冲突(collision,也称碰撞),因此共享信道的接入控制是局域网要解决的重要问题。

⑤ 通常由单一组织所拥有和使用,不受公共网络所属机构的规定约束,容易进行设备更新和使用最新技术不断增强网络的功能。

局域网应用非常广泛,世界上绝大部分的计算机都连接在局域网上,进而接入Internet。局域网类型主要包括以太网(Ethernet)、令牌环网(token ring network)、令牌总线网(token bus network)和无线局域网(Wireless LAN,WLAN)等。

局域网的发展始于 20 世纪 70 年代。1975 年,Xerox 公司研制了第一个总线结构的实验性以太网,1974 年,英国剑桥大学建立了剑桥环(Cambridge ring)。20 世纪 80 年代后,微型计算机技术的兴起和飞速发展,极大地推动了局域网的发展和应用。目前,以太网是局域网的主流网络类型,其他局域网已淡出市场。

2. 广域网

广域网覆盖的地理半径可达 100km 以上,甚至数千千米,可以覆盖一个地区、一个国家、一个洲,甚至更大的范围,因此广域网又称远程网。

除了跨距远,与局域网相比,广域网在技术上还有如下特点:

① 广域网一般由主机和通信子网组成。通信子网(communication subnet)由通信线路连接交换结点(交换机)组成,往往是电信部门提供的公共通信网。

② 广域网一般由点对点链路组成,每条通信线路连接一对结点。直接相连的结点间可以直接传输数据,而不直接相连的结点间的数据传输,需要通过中间结点的转发。转发使用的技术称为数据交换技术,因而这种网络属于交换式网络(switched network)。广域网多使用分组交换(packet switching)技术,把数据分隔为若干小的分组,以分组为单位进行转发,这种网络称为分组交换网。用户的计算机是连接在交换结点上。

③ 广域网网络拓扑一般比局域网复杂、不规整,多为网状、树形或它们的混合结构。

④ 广域网常常采用信道复用技术,以提高传输线路的利用率。

早期的 ARPAnet 就是一个典型的广域网:1983 年,ARPAnet 有 50 台 C30 和 C300 小型机作为交换机,称为接口报文处理机(IMP),租用电信公司租用的点对点线路将它们连接成一个网络。IMP 上还有多达 22 个的端口用来连接用户主机,当时连接了数百台主机。

欧洲早期的广域网则是 x.25 分组交换网,其技术规范 x.25 建议于 1976 年由国际电报电话咨询委员会(CCITT)提出,曾有很大的影响。现在 x.25 网已经退出历史舞台。

帧中继(Frame Relay,FR)和异步传输模式(Asvnchronous Transfer Mode,ATM)是后来兴起的基于光传输的广域网技术。FR 的主要应用是为长距离用户提供永久虚电路,实现局域网互连。ATM 也是一种分组交换网络,它的分组是短的固定长度的信元(cell)。ATM 网络由 ATM 交换机连接,ATM 交换机上可以连接计算机,ATM 技术复杂、造价昂贵,一度是因特网主干网构建的主体,目前已经落伍。

3. 城域网

城域网规模介于局域网和广域网,局限在一座城市的范围内,一般地理覆盖半径为 10~100km 的区域。城域网也是公共网络性质,提供数据、语音、图像等多业务的传输服务。

IEEE 曾专门为城域网定义了一个标准 IEEE 802.6,称为分布式队列双总线(Distributed Qucue Dual Bus,DQDB)。DQDB 由两条单向总线组成,计算机连接到这两条总线上,支持站点的全双工通信,但 DQDB 并没有得到成功的应用。

由于局域网性能的不断提高和广域网技术的发展,它们都广泛地渗透和应用到城域网领域中。以太网技术已经从局域网扩展到城域网领域,1Gb/s 和 10Gb/s 以太网是城域网可以使用的技术。10Gb/s 以太网只定义了全双工方式,达到了 40km 的传输距离,突破了局域网的覆盖范围,进入了城域网和广域网的范畴,在城域网主干网方面有广阔的应用前景。

广域网中曾经的 ATM、同步数字系列、同步光纤网(SDH/SONET)和波分多路复用(WDM)技术、局域网中的光纤分布数据接口(FDDI)等,也都是城域网可以选择使用的技术。

最近,主要应用于城域网的弹性分组环(ReSilient Packet Rinfl,RPR)技术的研究成果令人瞩目,其标准由 IEEE 802.17 工作组制定。IETF 的 IPoRPR(IP over RPR)工作组、Cisco 公司等组成的 RPR 联盟等,也在致力于 RPR 技术研究和标准制定。

4. 互联网

由于采用的技术不同,各种局域网、城域网和广域网一般不能直接相连进行通信。使用 TCP/IP 可以实现异构网之间的互联。若干个局域网、广域网及城域网通过一种叫作路由器的网络设备连接在一起便成了互联网。互联网是网络互联的产物,是连接网络的网络。

互联网中,路由器连接的网络包括局域网、城域网和广域网等,甚至可以是一条点对点的链路,它们在互联网中属于底层网络,处于负责网络互联的协议层(Internet 中称为网络层)之下,在互联网看来,它们属于物理层和数据链路层。

互联网技术的核心是实现网络的互联(internet working),解决数据在网络之间(特别是异种网络之间)进行传输的一系列问题。实现网络互联的关键思想是在底层网络与高层应用程序和用户之间加入中间层次,屏蔽底层细节,向用户提供通用一致的网络服务。这样,在用户看来,整个互联网是一个统一的整体,虽然在物理上由很多使用不同标准的各种类型的底层网络互联而成,但在逻辑上是一个统一的网络,提供通用一致的网络服务。

图 1-5 为互联网的概念结构示意图。互联网是网络的集合,由路由器连接若干个网络云组成。

5. 因特网

Internet 是全球最大的互联网。目前全世界绝大多数网络都互联在一起,形成了覆盖全球并向全球开放的互联网,即因特网(Internet)。请读者注意名词 internet 和 Internet 不同。以小写字母 i 开始的 internet(互联网或互连网)是一个通用名词,它泛指由多个计算机网络互连而成的网络。在这些网络之间的通信协议(即通信规则)可以是任意的。以大写字母 I 开始的 Internet(因特网)则是一

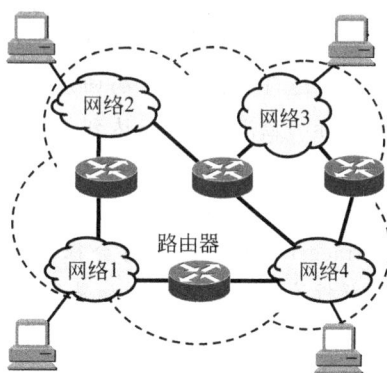

图 1-5 互联网的概念结构

个专用名词,它指当前全球最大的、开放的、由众多网络相互连接而成的特定计算机网络,它采用 TCP/IP 协议簇作为通信的规则,且其前身是美国的 ARPAnet。

Internet 使用 TCP/IP 协议簇(TCP/IP suite)实现网络互联。TCP/IP 协议簇以其中最有代表性的两个协议,即传输控制协议(Transmission Control Protocol,TCP)和网际协议(Internet Protocol,IP)命名。因此,Internet 是使用 TCP/IP 协议簇的覆盖全球范围的当今最大的开放的互联网。

Internet 与局域网、广域网的关系。Internet 不是一种新网络,而是各种局域网、广域网等互联的产物,它由各种局域网、城域网和广域网互联而成。局域网和广域网在互联网中扮演的角色不同,广域网主要用于构建 Internet 的主干网,实现数据远程传输,远程用户结点相对较少,其重心是解决数据远程传输问题;局域网主要用于 Internet 在接入地扩展网络接点,构建本地网络扩展接入点数量,允许众多用户接入网络,其重心是解决多用户接入中媒体访问控制问题。可见,广域网、局域网等都是处在 Internet 互联层下面的底层网络,其角色各异,用途互补,共同构建起因特网。

Internet 已经经历了几十年的发展演变过程,目前的 Internet 拓扑是松散的分层结构,不受某个权威部门的控制,在商业利益驱动下扩展演进。Internet 各个层次的网络干线由不同级别的 Internet 服务提供商(Internet Service Provider,1SP)建立经营,并向社会提供网络服务。

实践探索:用 teacert 测量因特网路径

teacert(trace route,跟踪路由)是路由跟踪实用程序,用于获得 IP 数据报访问目标时从本地计算机到目的主机的路径信息。tracert 通过发送数据报到目的设备,根据应答报文得到路径和延迟信息。tracert 命令要将一条路径上的每台设备测三次,因而得到三个探测包的回应时间。一般在网络状态稳定的情况下,这三个时间差不多;如果这三个时间相差比较大,则说明网络状态变化较大。

tracert 命令通过向目的地发送具有不同 IP 生存时间值的 Internet 控制消息协议回送请求报文,以确定到达目的地的路由。所显示的路径是源主机与目的主机间的路由器的近侧路由器端口列表。近侧端口是距离路径中发送主机最近的路由器端口。tracert 命令先发送 TTL 值为 1 的回应数据包,并在随后的每次发送过程中将 TTL 的值递增 1,直到目标响应或 TTL 值达到最大,从而确定路由。某些路由器不经询问直接丢弃 TTL 过期的数据包,这在 tracert 实用程序中是看不到的。在这种情况下,将为该路由器(hop)显示一行星号(＊)。

tracert 命令在执行时会很缓慢,这主要是由于 tracert 命令试图将中间路由器的 IP 地址解析为它们的名称。如果使用-d 选项,则 tracert 实用程序不会在每个 IP 地址上查询 DNS,可加速显示 tracert 命令的结果。tracert 命令的输出结果中包括每次测试的时间和设备的名称或 IP 地址。

方法:在 Windows 系统下,选择"开始"→"运行"菜单命令,然后输入"cmd"并确定。

Tracert www.baidu.com   //测试到网站的路径,可用 IP 或域名表示主机

习题

1. 名词解释：计算机网络；网络拓扑结构；局域网；城域网；广域网；通信子网；资源子网；客户；服务器；客户服务器方式。

2. 以网络为代表的现代信息技术会向哪些方面发展？发展的程度你有何展望，请搜集例证。

3. 计算机网络持续发展的动因是什么？

4. 计算机网络的发展可分为几个阶段？每个阶段各有什么特点？

5. 什么是计算机网络的拓扑结构？常用的有哪些？它们各自有何特点？试画出它们的拓扑结构图。

6. 从功能上看，因特网的边缘部分与核心部分各自承担了哪些任务？

7. 计算机网络与 Internet 是一回事吗，是一个概念吗？区别何在？辨析局域网、广域网、互联网、因特网等网络概念。

8. 请选择你所熟悉的一个网络（如你所在学校的校园网、你所在单位的局域网、你家里的上网形式等），描述它的组成设备与连接情况，分析它采用什么类型的拓扑结构。

9. 通过网络搜索 ARPAnet，了解其背景、技术与发展。

10. 网络对社会的影响是巨大的、全方位的、革命性的，但具体表现在哪里，请根据自己的经历、体验用事例或材料展示说明网络对现代社会的作用和深远影响。

第 2 章 计算机网络的理论与技术

计算机网络的体系结构描述了计算机网络的基本概念,奠定了计算机网络的模型理论,是学习和理解计算机原理的基础。通过本章的学习,先对网络的总体架构有一个整体的理解,之后的各章将具体研讨网络的组成部分,如图 2-1 所示。分层次的体系结构是最基本的理论模型,涉及的抽象概念比较多,学习时要结合网络发展多加思考。

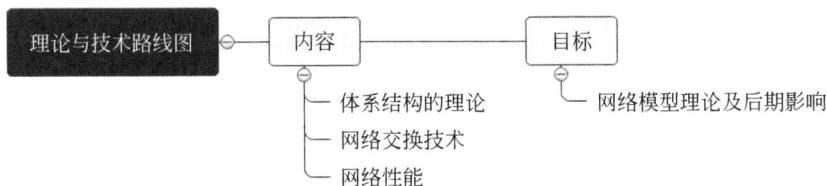

理论与技术路线图 — 内容 — 目标
- 内容
  - 体系结构的理论
  - 网络交换技术
  - 网络性能
- 目标
  - 网络模型理论及后期影响

图 2-1　理论与技术路线图

2.1　计算机网络体系结构

什么是计算机网络体系结构?为什么要研究计算机网络体系结构?

这是值得我们深思的一个问题。因为体系结构常常决定了事物的特征、性能,所以网络的体系结构也值得研究和关注。

2.1.1　计算机网络分层的思想

计算机网络是一个非常复杂的系统。例如,大家熟悉的 QQ 通信中,发送者一点鼠标,对方就收到了所发送的图片,操作上简单极了,但图片在网络上的传输实现起来并不简单。可曾想过在传输过程中,网络上究竟发生了什么?复杂在哪里?

完成这个传输,要进行很多次变换。双方最终交换的是图片,是信息,是信息交换;我们知道,信息是由数据承载的,所以信息交换需要数据交换来实现,如何交换数据呢,其实,数据是不能在网上直接交换的,它要变成信号传递到对方,所以,数据交换是通过信号传递而完成的,如图 2-2 所示。也就是说,为了传输图片,要把信息变成数据,把数据再变成信号,传到对方再反变换回来。总体上看就很复杂,当然,实现细节会更复杂,例如,信息如何变成数据、变成什么格式的数据,数据如何变成信号、什么方式的信号,如何传输信号等。

A 信息 —信息交换— B 信息
数据 —数据交换— 数据
信号 —信号传递→ 信号

图 2-2　网络信息传输示意图

以上只是从大的方面考虑,具体操作的时候还要考虑以下问题:

(1) 要能找到对方计算机,即能标识和识别对方的计算机。

(2) 在两台计算机之间建立和保持一条传送数据的通路。

(3) 要通知和确认对方计算机及文件系统已做好了接收数据的准备工作。

(4) 双方计算机系统及文件格式不兼容怎么办。

(5) 数据传输出现差错、意外中断怎么办,如数据错误、数据丢失、数据重复等,也就是说,要有一套机制保证传输的可靠。

由此可见,相互通信的两个计算机系统必须高度协调,这种"协调"是相当复杂的。为了设计这样复杂的计算机网络,早在最初的 ARPAnet 设计时就提出了分层的方法。"分层"可将庞大而复杂的问题转化为若干小的局部问题,而这些小的局部问题就比较易于研究和处理,最终实现分而治之。

图 2-2 所示的图片传输工作的分解思路按分而治之的分层思想,可以把信息如何表示成数据、为了传输需要表示成何种格式的数据、信息或数据格式的转换、数据还原成信息等工作放在一个模块里实现,这就构成了网络的最高层;把标识计算机、寻路、数据收发、可靠机制作为第二个模块,构成中层;把数据到信号变换、信号收发、传输等工作放到第三个模块实现,作为最低层。这样就初步构建了网络实现的三层体系,当然,也可以根据具体需要分解或加入更多的层。可见,分层的思想来源于人类传统事务处理的经验,虽有抽象,但并非凭空臆造。

分层可以带来哪些好处?

(1) 化难为易,分而治之。使问题变复杂为简单,由于每一层只实现一种相对独立的功能,因而可将一个难以处理的复杂问题分解为若干个较容易处理的更小一些的问题。这样,整个问题的复杂程度就下降了。

(2) 各层之间是独立的。某一层并不需要知道它的下一层是如何实现的,而仅需要知道该层通过层间的接口使用下层所提供的功能。

(3) 灵活性好。当任何一层发生变化时(如技术更新),只要层间接口关系保持不变,则在这层以上或以下各层均不受影响。

(4) 结构上可分隔开。各层都可以采用最合适的技术实现。

(5) 易于实现和维护。整个系统已被分解为若干个相对独立的子系统,各子层易于实现,维护也容易,进而使整个系统的实现和调试也变得容易。

(6) 能促进标准化工作。每一层的功能及其所提供的服务都已有了精确的说明,防止了网络建设中的随意性,促进网络的标准化。

网络分层体系有诸多优点,是不是分的层次越多越好,功能划分越细越好?

答案是否定的,因为层数太多会使各层间接口增多,系统层间关系复杂,导致系统开销大、效率低;否则层数太少,会导致每一层功能太多、实现复杂,体现不出分层的优越性。因此,分层要解决好如何分层、分几层、层间边界如何确定等问题。一般地,分层还要遵循以下两条原则:

根据功能分层,尽量把相似的功能集中在同一层。一个层次的功能应比较完整,而不同层的功能应该不同。

层间接口应尽量简单。选相互联系最少、通过边界交互信息最少的地方建立边界。换句话说,应使通过接口的信息最少,以简化接口设计。

2.1.2　计算机网络的分层结构

分层是怎么回事? 其思想来源于哪?

为了便于理解,下面分析传统的信件的传递过程。假设 A 地的用户 A 要给 B 地的用户 B 发送信件,为了实现信件传递,需要涉及用户、邮局和运输部门三个层次。用户 A 写好信的内容后,将它装在信封里制作成一封信,然后投入邮筒,由邮局 A 寄发;邮局收到信后,进行信件的分拣和整理,装入一个统一的邮包,然后把邮包交付 A 地运输部门的货物受理中心,如航空信件交民航托运,平信由铁路托运,早期绿皮旅客列车都有一节邮政车厢,就是捎带邮件的;托运站用火车或飞机运输邮包到 B 地,B 地的托运站从火车或飞机中取出邮包,验证后把邮包交给 B 地的邮局,B 地的邮局将信件从邮包中分拣出来交给用户 B。可见,A 写好信后并不直接去送给 B(也许是这样做的代价太高或太难实现),而是由邮局代转,其实邮局也不直接出面送,而是请运输部门托运,所以,邮政系统是一个分层的结构,不妨分别称之为用户层、邮局层、运输层,每一层都完成一定的功能,各层的功能有序地衔接、组合起来,完成最终的信件传送任务。用分层的思想可表示成图 2-3 邮政系统的分层模型。

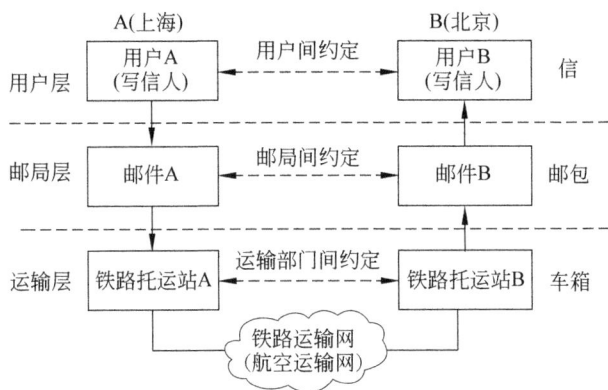

图 2-3　邮政系统的分层模型

注意,在邮政系统中:

收发两方的用户、邮局、托运站都是能做事的实体(人或机构)。

信件转运过程是从 A 地的用户—邮局—托运站到 B 地的托运站—邮局—用户,在此过程中,邮局为用户做事(服务),托运站为邮局做事(服务)。

A、B 两地有对等的实体存在,如果说 A 地的邮局因收取了用户的费用为用户代劳,那么 B 地的用户为什么愿为用户 B 送信? 如果没有邮局 B 的工作,邮局 A 是不能完成任务的,因此,邮局 B、A 之间肯定要就收益分成及做法等问题事先达成协约,才能保证系统的正常运转。

借鉴生活中的这些做事原型与经验,计算机网络的研发者在提出实体、服务、协议、接口等概念基础上创建了网络传输模型,创新性地构建了网络原理模型和实现的技术路线,奠定了计算机网络科学的原理和技术基础。

国际标准化组织(ISO)在其开放系统互连参考模型(OSI/RM)中规定了网络体系结构,给出了相关的概念。类似于邮政系统,ISO 把计算机网络分成若干层(layer),每层实现一种相对独立的功能,第 $N-1$ 层位于第 N 层的下方,第 $N+1$ 层位于第 N 层的上方,如图 2-4 所示。

图 2-4　计算机网络分层模型示意图

1. 实体

每一层中,用于实现该层功能的活动元素被称为实体(entity)。实体是一个较为抽象的名词,表示任何可发送或接收信息的硬件或软件进程。在许多情况下,实体就是一个特定的软件模块。

收发双方,位于同一层次、完成相同功能的实体被称为对等实体。

2. 协议

为了使两个对等实体之间能够有效地通信,对等实体就需要就交换什么信息、如何交换信息等问题制定相应的规则或约定。这些规则明确规定了所交换的数据的格式以及有关的时序问题。这些为进行网络中的数据交换而建立的规则、标准或约定称为网络协议(network protocol)。网络协议也可简称为协议。

这些约定使通信的双方有了一种相互理解的语言,使双方以对话的方式交换数据。

协议就是通信双方事前的一些约定,要约定哪些方面?传输肯定是在有效的控制下完成的,所以首先必须约定需要发出何种控制信息、对这种控制信息要做出何种响应及操作,我们把这些约定称作语义。也就是说,语义是对控制信息表达的意义的规定;对通信过程中传输的数据及控制信息的结构或格式进行约定,称作语法;数据传输要由一系列按次序进行的操作完成,这些操作发生的次序也需要事前约定好,这就是同步。如果说通信前双方的这些约定使通信双方建立起了一种相互沟通的语言,那么对意义、格式、时序三个方面的规定就可称为语义、语法、同步,构成了语言的三要素。

生活中的邮政活动也能很好地说明协议的思想。如图 2-5 所示,信是邮政中信息传递的基本单元,信的构成有一系列规则。信封面上的各行都有一定意义,分别表示邮件人邮政编码、收件人地址、收件人……，例如：左上角的 276001 表示收件人邮编，决定了如何分拣信件，这是语义；整个信封要遵循严格的结构、格式，如果把收件人邮编 276001 写到右下角，就会出现投递错误，这是语法；同时也有做事时序的规定，如先贴邮票再投递。

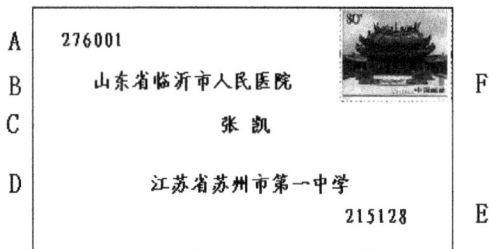

图 2-5　信封的格式

注意，协议存在于通信双方的对等实体之间，或者对等层之间，又称作对等层协议或对等实体协议，在图 2-4 中是水平的。

在邮政系统的例子中，写信人与收信人、本地邮局和远地邮局、本地运输部门和远地运输部门之间分别构成了邮政系统分层模型中不同层上的对等实体。为了能将信件准确地由发信人送达收信人，这些对等实体之间必须有一些约定或惯例。例如，写信人写信时必须采用双方都懂的语言文字和文体，开头是对方称谓，最后是落款等。这样，收信人在收到信后才可以读懂信的内容，知道是谁写的，什么时候写的等。同样，邮局之间要就邮戳的加盖、邮包大小、颜色等制定统一的规则，而运输部门之间也会就货物运输制定有关的航运规定。这些对等实体之间的规则或约定相当于网络分层模型中的协议。

3. 服务

在网络分层结构模型中，下层为上层提供功能上的支持，每一层为相邻的上一层提供的功能称为服务。N 层使用 $N-1$ 层提供的服务，向 $N+1$ 层提供功能更强大的服务。

下层服务的实现对上层必须是透明的，N 层使用 $N-1$ 层所提供的服务时并不需要知道 $N-1$ 层提供的服务是如何实现的，只需要知道下一层可以为自己提供什么样的服务以及通过什么方式提供。

在协议的控制下，两个对等实体间的通信使得本层能够向上一层提供服务。要实现本层协议，还需要使用下面一层提供的服务。

协议和服务是不同而又相互关联的两个概念。

首先，协议的实现保证了能够向上一层提供服务。使用本层服务的实体只能看见服务，而无法看见下面的协议。下面的协议对上面的实体是透明的。

其次，协议是"水平的"，即协议是控制对等实体之间通信的规则。但服务是"垂直的"，即服务是由下层向上层通过层间接口提供的。另外，并非在一个层内完成的全部功能都称为服务。只有那些能够被高一层实体"看得见"的功能才能称为"服务"。上层使用下层提供的服务必须通过与下层交换一些命令，这些命令在 OSI 中称为服务原语。

4．接口

在同一系统中,相邻两层的实体进行交互(即交换信息)的地方通常称为服务访问点(Service Access Point,SAP)。SAP 是一个抽象的概念,它实际上就是一个逻辑接口,有点像邮政信箱(可以把邮件放入信箱和从信箱中取走邮件),但这种层间接口和两个设备之间的硬件接口(并行的或串行的)并不一样。

这样,任何相邻两层之间的关系如图 2-4 所示。注意,第 N 层的两个"实体(N)"之间通过"协议(N)"进行通信,而第 $N+1$ 层的两个"实体($N+1$)"之间则通过另外的"协议($N+1$)"进行通信(每一层都使用不同的协议)。第 N 层向上面的第 $N+1$ 层所提供的服务实际上已包括了在它以下各层所提供的服务。第 N 层的实体对第 $N+1$ 层的实体就相当于一个服务提供者。在服务提供者的上一层的实体又称为"服务用户",因为它使用下层服务提供者所提供的服务。

邮政系统模型也能很好地体现网络分层模型中服务与用户的思想。图 2-3 的邮递过程中,写信人和收信人都是最终用户,处于整个邮政系统的最高层;邮局处于用户的下一层,是为用户服务的。对于用户来说,他只需知道如何按邮局的规定将信件内容装入标准信封并投入邮局设置的邮筒就行了,而无须知道邮局是如何实现寄信过程的,这个过程对用户来说是透明的。处于整个邮政系统最底层的运输部门是为邮局服务的,并且负责邮件的运送,邮局只需将装有信件的邮包送到运输部门的货物受理处,而无须操心邮包作为货物是如何到达异地的。在这个例子中,邮筒就相当于邮局为用户提供服务的服务访问点,而运输部门的货物受理处则是运输部门为邮局提供服务的服务访问点。

2.1.3　网络体系结构的概念

引入分层模型后,我们把计算机网络的各层及其协议的集合称为网络的体系结构(architecture)。换种说法,计算机网络的体系结构就是这个计算机网络及其构件所应完成的功能的精确定义。简单地说,分层不同、服务不同、协议不同,网络的体系结构就不同。但是,即使遵循了前面提到的网络分层原则,不同的网络组织机构或生产厂商给出的计算机网络体系结构也不一定相同,在关于层的数量、名称、内容、功能等方面都可能会有差异。网络体系结构决定了网络的特性,体系结构的差异会导致后续的很多问题,如不同体系结构的网络间互联就很困难。

扩展思维

网络体系结构的理解对计算机网络原理技术的学习是重要的,但这个概念很抽象,很难理解。联想到儿时小伙伴出的一个难题:脸在哪里? 脸是我们生活中最熟悉的概念了,但它在哪里,一时间真还说不出来,因为指到头上的任何一个部位,都有一个名字,嘴巴、鼻子、眼睛、眉、额头、耳朵……。脸,在哪里? 有吗? 甚至开始怀疑,从小最熟悉的概念突然变得陌生。"不识庐山真面目,只缘身在此山中",跳出庐山看山,便可知脸不是嘴巴、鼻子、眼睛,而是它们整体的概括和描述,是一个抽象出的整体的概念,嘴巴、鼻子、眼睛等是构成脸的元素。有时,蓦然出现的一张脸可能给人不协调甚至丑陋的感觉,端详其嘴巴、鼻子、眼睛等元素却都很完美,又让人不解。一番冥思,原来是其嘴巴、鼻子、眼睛等元素比例、布局不协调所至。可见,脸的构成不仅包含诸元素,还包含元素间的关系。脸是对其元素及其结构整体的概括。

小生活,大思维,能理解网络体系结构了吗?!

2.1.4 OSI 体系结构与 TCP/IP 体系结构

为什么网络的体系结构有多种?

在计算机网络的发展历史中,曾出现过多种不同的计算机网络体系结构。1974 年,美国的 IBM 公司宣布了系统网络体系结构(System Network Architecture,SNA)。这些由不同厂商各自提出的专用网络模型在体系结构上差异很大,相互之间互不兼容,将运用不同厂商产品的网络互连成更大的网络系统变得异常困难。计算机网络体系结构的这种专用性实际上代表了一种封闭性。20 世纪 70 年代末至 80 年代初,这种封闭性严重阻碍了计算机网络的发展:一方面是计算机网络规模与数量的急剧增长;另一方面是许多按不同体系结构实现的网络产品之间难以进行互联、互通。于是,关于计算机网络体系结构的标准化工作被提上了有关国际标准组织的议事日程。

为了使不同体系结构的计算机网络都能互连,ISO 于 1977 年成立了专门的机构研究网络标准化。不久,他们就提出一个试图使各种计算机在世界范围内互连成网的标准框架,即著名的开放系统互连基本参考模型(Open Systems Interconnection Reference Model,OSI/RM),简称 OSI,于 1983 年确定为 ISO 7498 国际标准。"开放"是指非独家垄断的。因此,只要遵循 OSI 标准,一个系统就可以和位于世界上任何地方的、也遵循同一标准的其他系统进行通信。

OSI 体系结构从分层结构、协议和服务三个层面对网络进行抽象概括,很好地说明了

| 应用层 |
| 表示层 |
| 会话层 |
| 传输层 |
| 网络层 |
| 数据链路层 |
| 物理层 |

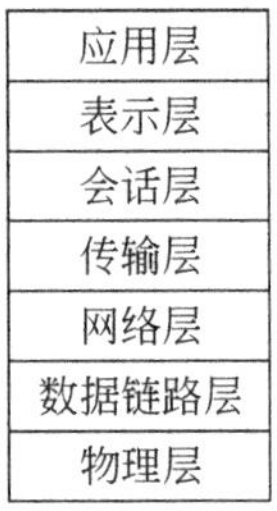

图 2-6 OSI 参考模型

分层、服务、协议、实体等概念,对计算机网络的体系结构给出了清晰的描述,从理论上给出了计算机网络概念模型。OSI 体系结构由 7 层构成,如图 2-6 所示。

OSI 试图达到一种理想境界,希望各种计算机网络都遵循这个统一的标准,以实现互联。然而,OSI 标准制定出来时,各种网络都已研发出来了。虽然在 20 世纪 80 年代,许多大公司甚至一些国家的政府机构纷纷表示支持 OSI,但之后的日子里并没有公司愿意放弃自己已有的网络重新按 OSI 体系研发、构造一个网络,所以,OSI 标准在异构网络互联方面其实没起到什么作用。相反,ARPA 研究多种网络互联时提出的 TCP/IP 成功地实现了已有异构网络的互联。20 世纪 90 年代,因特网已抢先在全世界覆盖了相当大的范围,并获得广泛应用。

OSI 模型的核心在服务、接口、协议三个概念,或许 OSI 模型的最大贡献在于明确区

分了这三个概念。每层都为它的上层执行某些服务。服务定义说明了该层是做什么的，而不是上一层实体如何访问这一层，或这一层是如何工作的。它定义了这一层的语义。每一层的接口告诉它上面的进程如何访问本层。它虽然规定了有哪些参数，以及结果是什么，但没有说明本层内部是如何工作的。最后，每一层用到的对等协议是本层自己内部的事情。它可以使用任何协议，只要它能够完成任务就行(也就是说，提供所承诺的服务)。它也可以随意地改变协议，而不会影响它上面的各层。

OSI/RM 并非具体实现的描述，它只是一个为制定标准而提供的概念性框架。OSI 获得了一些理论研究的成果，在市场化方面，OSI 则事与愿违地失败了。相反，得到最广泛应用的是非国际标准 TCP/IP，它成为事实上的标准。

TCP/IP 模型由美国国防部创建。1969 年，美国国防部创建了第一个分组交换网 ARPAnet，最初它只是单个的分组交换网络。到了 20 世纪 70 年代中期，人们已认识到不可能仅使用一个单独的网络满足所有的通信问题。于是，ARPA 开始研究多种网络(如分组无线电网络)互连的技术，提出了 TCP/IP，实现了各种网络互连，出现了互联网。1983 年，TCP/IP 成为 ARPAnet 上的标准协议，实现了众多的单个 ARPAnet 互联，标志着因特网的诞生。

TCP/IP 体系结构如图 2-7 所示，由应用层、传输层、网络层、网络接口层构成。比较两种体系结构，TCP/IP 结构中简化掉了表示层和会话层，也可以认为 TCP/IP 的应用层是 OSI 的应用层、表示层和会话层简化掉不常用功能后合成的。因此，TCP/IP 的结构更简洁、高效。如果说 OSI 模型是西装，那么 TCP/IP 就是省掉了衣领、衣袖的马甲，虽然失去了西装的完整和庄重，但有独特的简约和舒适。

OSI 模型除协议实现起来过分复杂，运行效率低以外，还有其层次划分欠合理，层间功能重复的缺点。

图 2-7 TCP/IP 体系结构

TCP/IP 体系中的网络接口层严格说并非一个独立层次，只是对各种网络的接口。也就是说，TCP/IP 体系里并没有对底层通信子网(即数据链路层和物理层)进行设计。这样做的原因是，TCP/IP 是用于异构网互连的，这些通信子网是已有的，如各种局域网、广域网、城域网等，所以不需要也不能对通信子网重新设计，只设计与这些网络的接口即可。网络接口层使得上层的 TCP/IP 和底层的各种网络无关。所以，TCP/IP 可以运行在各种异构网络上，实现各种异构网的互联，这正是当时困扰我们的难题(TCP/IP 价值)所在。可见，TCP/IP 体系并非一个完整的网络体系，而仅提供了一个用于互联的体系。

综上可见，寻求网络标准化的动机有两个：一个是便于网络互联；另一个是促进网络的发展。在实现网络互联方面，OSI 体系和 TCP/IP 体系有不同的思路。OSI 体系试图让所有的网络都遵循统一的规则，有同样的体系结构，从而能够互联互通，从事物的结构本身进行设计，保证其兼容互联性；TCP/IP 体系则面对不同的已经成型的网络，通过附加网络层、传输层等高层，构建相同的高层通信，让其互联相通，而不是改造其自身结构。显然，后者与当时的网络现实更相符，在实际应用中获得成功。OSI 失败的原因可归纳为：OSI 的专家们缺乏实际经验，他们在完成 OSI 标准时没有商业驱动力；OSI 的协议实

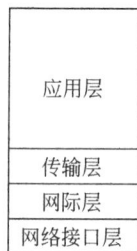

现起来过分复杂,而且运行效率很低;OSI 标准的制定周期太长,因而使得按 OSI 标准生产的设备无法及时进入市场;OSI 的层次划分也不太合理,有些功能在多个层次中重复出现。大规模的商业应用让 TCP/IP 成为事实上的网络标准,可见技术的应用性是多么重要。

TCP/IP 体系结构中各层有一系列网络协议,如图 2-8 所示。图中分层次画出具体的协议表示 TCP/IP 协议簇,它的特点是上下两头大,而中间小:应用层和网络接口层都有多种协议,而中间的 IP 层很小,上层的各种协议都向下汇聚到一个 IP 中。这种很像沙漏计时器形状的 TCP/IP 协议簇表明:TCP/IP 可以为各式各样的应用提供服务(所谓的 everything over IP,即在 IP 基础上开发了 HTTP、SMTP、IP 等众多应用,IP 支持多种网络应用)。同时,TCP/IP 也允许 IP 在各式各样的网络构成的互联网上运行(所谓的 IP over everything,即 IP 实现了各种网络的互联)。正因为如此,因特网才会发展到今天的这种全球规模。从图中不难看出 IP 在因特网中的核心作用。

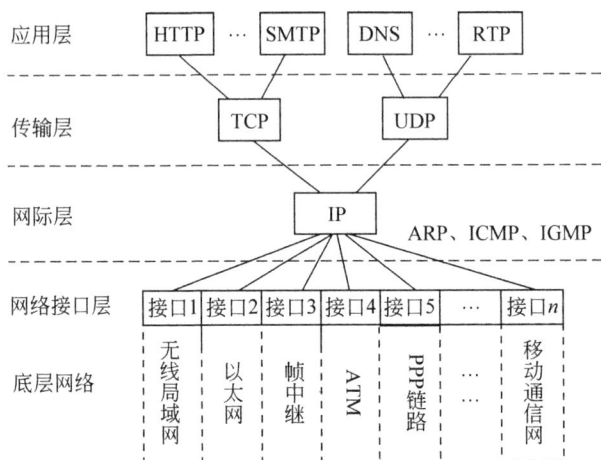

图 2-8　分层的 TCP/IP 协议簇

TCP/IP 的价值在于它实现了异构网络的互联。包括各种局域网、广域网、ATM 在内的众多网络都可以通过 TCP/IP 实现互联。由 IP 互联的这些网络如图 2-9 所示,图中的网络 1、网络 2 可以是各种局域网、广域网和点到点链路,实现互联的设备是路由器。一般地,在路由器和通信子网上只有物理层、数据链路层和网络层;应用层、传输层是为高层服务的,在资源子网的主机上才有。

扩展思维

讲到此,不由联想起新中国的历史。半封建半殖民地时期的旧中国像一盘散沙,各地军阀、豪绅割据一方,各自为政,全国很难形成统一的力量,很难做成大事。后来,在中国共产党领导下,各族人民经过艰苦的斗争,统一了全中国;在此基础上,万众一心、众志成城,集全国人民的力量进行国家建设,卫星上天、核弹成功、航空探月、海底深潜、技术领先、经济发展,干成了许多大事,取得了一系列的成就。中国共产党,下聚民心,上展雄威,

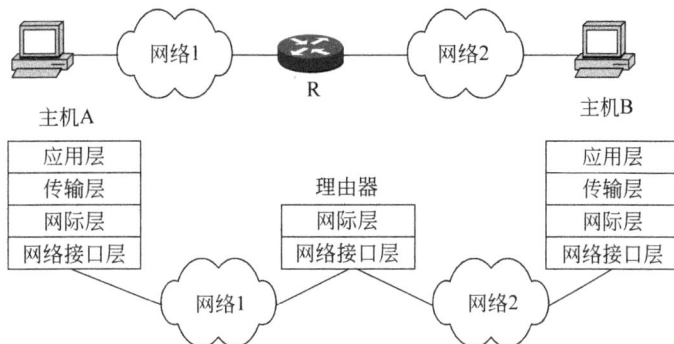

图 2-9　TCP/IP 互联的网络

是顶天立地的核心力量。

IP 作用像中国共产党一样,互联起了各种异构网,构建了统一通信平台,在此基础上扩展支撑了众多的网络应用,其核心和关键地位立显。在这里,我们联想到客观规律的普遍适用性,自然科学与社会科学的规律是相通的。

2.1.5　具有五层协议的体系结构

OSI 的七层协议体系结构概念清楚,理论也较完整,但它既复杂,又不实用。TCP/IP 体系结构简单,得到广泛应用。不过,TCP/IP 只有最上面的三层,在现实应用中,它通过网络接口层使用各种底层网络,一般地,这些底层网络对应于 OSI 模型中的数据链路层和物理层。因此,现实中我们常用的互联网表现为五层结构,如图 2-10 所示。

网络各层的具体功能是什么,有什么用?

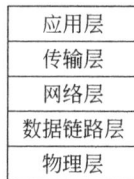

图 2-10　五层结构的网络体系

1. 五层协议的体系结构中数据传输的过程

两个主机的应用进程间传递数据的过程如图 2-11 所示。为了简单起见,假定两个主机是直接相连的。

假定主机 1 的应用进程 AP1 向主机 2 的应用进程 AP2 传送数据。AP1 先将其数据交给本主机的第 5 层(应用层)。第 5 层加上必要的控制信息 H5 就变成了本层的数据单元,本层的数据收发、处理都是以此数据单元为单位进行的,第 5 层的数据单元要交给下一层转发。第 4 层(传输层)收到这个数据单元后,根据发送的需要加上本层的控制信息 H4 构成本层的数据传输单元,再交给第 3 层(网络层),以此类推。不过,到第 2 层(数据链路层)后,控制信息分成两部分,分别加到本层数据单元的头部(H2)和尾部(T2),而第 1 层(物理层)由于是比特流的传送,所以不再加上控制信息。注意,传送比特流时应从头部开始传送。

OSI 参考模型中把对等层次之间传送的数据单位称为该层的协议数据单元(Protocol Data Unit,PDU)。这个名词现已被许多非 OSI 标准采用。在 Internet 中,应

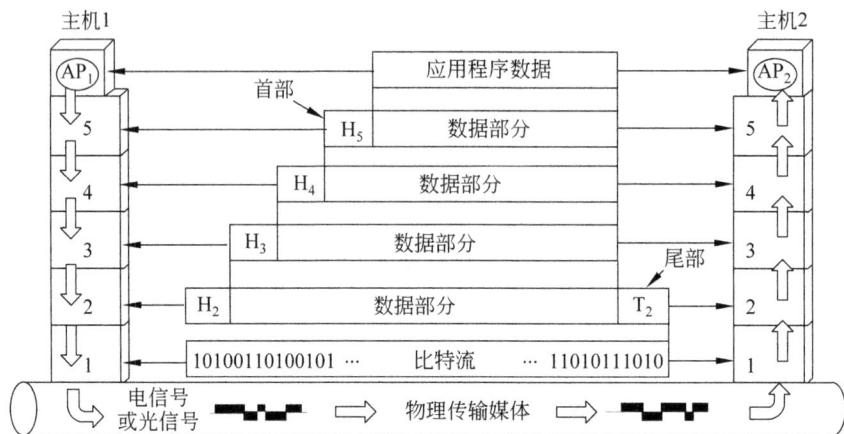

图 2-11　5 层网络模型中的数据传输

用层 PDU 称作报文,传输层 PDU 称作段,网络层 PDU 是 IP 数据报,数据链路层 PDU 是帧,物理层 PDU 是比特。OSI 标准中把网络层 PDU 称为分组。

当这一串比特流离开主机 1 经网络的物理媒体传送到目的站主机 2 时,就从主机 2 的第 1 层依次上升到第 5 层。每一层根据控制信息进行必要的操作,然后将控制信息剥去,将该层剩下的数据单元上交给更高的一层。最后,把应用进程 AP1 发送的数据交给目的站的应用进程 AP2。

数据在网络中的传输变换正像图 2-3 所示的邮政信件传递过程。在发送方,每一层都把含有本层控制信息的数据交给它的下一层,下层将该相邻上层传下来的数据直接作为本层数据字段的内容,同时还要加上自己这一层的控制信息,从而在接收方被传输的数据在形式上越来越复杂。而到了接收方,在数据自下而上的过程中,每一层都要卸下在发送方的对等层所加上的那些控制信息,然后传给自己的相邻上层。这个过程就如同用户把信的内容封装成信,然后把信投进信箱让邮局代转;邮局转发前再把信件盖上邮戳,封装到布袋,布袋上写上地址制成邮包,之后交给运输部门代运;邮包到了本地运输部门要加上货运标签后装入车厢中,用车辆运输到对方。而一旦到达远端的运输部门,则要将邮包重新从车厢中取出交给远端邮局,而远端邮局要将信件重新从邮包中取出交给用户。

尽管对收信人来说,信似乎直接来自写信人,但实际上这封信在上海历经了由用户 A 到邮局再到运输部门的过程,在北京则历经了从运输部门到邮局再到用户的过程。

虽然应用进程数据要经过复杂过程才能送到终点的应用进程,但这些复杂过程对用户来说却都被屏蔽掉了,以致应用进程 AP1 觉得好像是直接把数据交给了应用进程 AP2。同理,任何两个同样的层次之间,也如同图 2-11 中的水平虚线所示的那样,将数据(即数据单元加上控制信息)通过水平虚线直接传递给对方。这就是所谓的"对等层"间的通信。我们以前经常提到的各层协议,实际上就是在各个对等层之间传递数据时的各项规定。

2. 五层网络体系中各层的功能

根据以上分析,我们知道,网络的各层有独立的功能,那么,现实中的因特网上物理层、数据链路层、网络层、传输层、应用层的功能各是什么,有什么作用?

下面按从下向上的顺序分析网络各层在信息传输中的功能、作用,以对各层功能有一个初步认识。

1) 物理层

如图 2-2 所示,既然网络信息传输最终是通过信号传递实现的,那么,物理层作为网络传输的最下层,它的主要功能当然是信号传递。为了能传递信号,物理层需要完成以下几方面的工作。

传递信号,信道的建立和维护是物理层首要解决的问题。为了构建信道,物理层对通信接口、传输媒体、传输速率等进行约定,这些约定是物理层协议的具体体现;能传递信号是基本功能,好的物理层还要考虑如何更好地传递信号,即如何更快、更可靠、更远、更高效地传输信号,这就需要有相应的传输技术,如调制解调、多路复用、信号变换等;为了保证信号传递的正确性、可靠性,还要有抗干扰、降低衰减等功能;此外,要注意高层交给物理层的是二进制比特数据,物理层传输的是信号,因此物理层还要完成数据与信号的转换工作,即在发送端把数据变成信号(编码),在接收端把信号还原为数据(解码)。综上所述,物理层主要做的是信号处理与传输工作,但在数据链路层看来,它通过信号传递最终完成的是以比特为单位的数据传输。物理层功能归纳如图 2-12 所示。本书各节内容正是上述功能的对应讲解。

2) 数据链路层

如果说物理层完成的是信号传递,那么数据链路层的功能就是数据传输。什么是数据传输? 数据链路层和物理层有什么不同? 其价值和必要性何在? 首先,物理层主要表现为信号的传递,数据链路层是数据传输,也就是说,它传输的是二进制数据;其次,在数据链路层,数据以包(帧)的方式传输,效率高且更方便高层用户,如果说物理层归根到底也是数据传输,那么它是以比特为单位的传输数据,这就像用颗粒计数大豆,用户觉得非常不方便,数据链路层以帧为单位传输数据,就像用麻袋运输大豆,因此数据链路层需要有组帧的功能,要解决帧的定界和透明传输问题;第三,物理链路的信号会出错,而物理层本身不能发现这些错误,数据链路层可以检测并纠正;物理链路能以很高的速率传递比特,却不能保证接收方都能收下,就像水管,超流量的水会淹没水桶,导致水因溢出而丢失,对此数据链路层设置了流量控制功能;数据链路还能保证数据的有序传递。借助无差错、无丢失、有序的控制机制,数据链路实现了数据的可靠传输,除此之外,数据链路层还有链路管理、地址标识等功能。由此看来,链路层的功能是很具体的,也是必要的。针对物理层先天性的缺点和不足,数据链路层更多表现为对物理链路的控制,在数据链路的控制下,高层用户可以以块(帧)为单位进行数据传输,此外,它还有差错控制、流量控制、顺序控制等功能,其功能和对应的知识点如图 2-12 所示。

3) 网络层

有读者要问,数据链路层就已完成了数据传输? 答案是肯定的,所以,在仅限于数据传输的简单网络(如局域网、广域网)中只有最下边两层。既然如此,网络层还有用途吗?

原来,数据链路层实现的数据传输有一个局限性,那就是,它仅完成了相互之间有直接连接的结点间的数据传输,也就是说,它只能在相邻结点间传输数据,不能跨越中间结

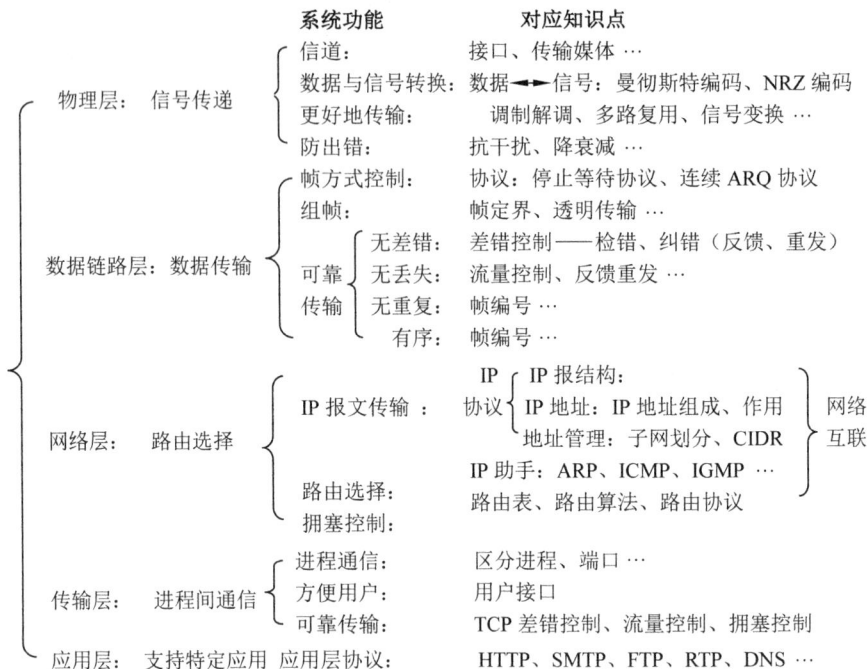

图 2-12　计算机网络各层功能与对应知识点图

点数据传输,因此,数据传输仅限于局域网或广域网内,不能跨网传输。要在互联网上跨越网络进行数据传输,就需要中间结点的转发,需要路由选择的功能,这正是网络层的功能之所在。充当中间结点、实现路由选择的设备就是路由器,IP 就是实现跨网数据传输的协约。路由选择的前提是标识用户,为了实现跨网传输,需要在互联的各网络上对计算机进行统一编址、标识,IP 地址正为此而设计;路由选择依赖路由表,路由算法、路由协议是自动生成和维护路由表的重要机制,是实现路由选择的核心;ARP、ICMP、IGMP 等可以看作 IP 的助手和补充,它们协助 IP,最终网际实现了数据以 IP 报的形式通过路由选择穿越互联网到达目的主机,即实现了 IP 数据报的跨网传输,从这个意义上说,IP 实现了网络互联,这是从另一个层面上理解的网络层的功能;路由选择可能导致的一个负面效应是,短时间把大量数据聚集通过网络某一部分,从而导致这部分网络拥塞,所以,拥塞控制也是网络层的一个附加功能。

4) 传输层

有了网络的三层,数据可以在网络内、网络间的任意两台主机间传输,跨网的数据传输已经实现。传输层有什么用呢?

一般来说,数据链路层有可靠传输机制,但在实际应用中,为了提高效率,常常不使用可靠传输,并且网络层也是无连接的数据报服务,所以,理论上说,数据出错、丢失是可能的;另一方面,在实际的互联网中,各网络的带宽、可靠性等传输质量是不同的,差异很大,也是导致网际的数据出错的一个原因。提高网络服务质量,保证数据无错、无丢失、有序,实现可靠传输的功能就落在传输层上,如 TCP(UDP 是不可靠的数据传输);另一方面,网络层只把数据按 IP 地址送给主机,但主机上可能有多个进程,如何区分到达数据的所属进程就成为问题,因此,传输层的第二个功能是提供端口机制区分进程,也就是说,网络层实现的是主机间的通信,传输层实现了进程间的通信;最后,传输层在高层用户和网络层之间,作为接口,用户通过它使用网络比直接使用网络会容易得多。

5）应用层

网络传输过来的数据是统一的,但不同的应用对数据格式及数据传输方式有不同的要求。应用层是体系结构中的最高层。应用层直接为用户的应用进程提供服务。

应用层的协议支持特定的应用。应用程序可以直接使用传输层进行网络通信,在这种情况下,应用程序要完成两个功能:一个是信息处理,完成数据识别、信息的还原等;一个是数据收发,负责传输数据的格式处理、实现特定方式的数据收发。对于社会上广泛使用的应用,通常把通信功能用应用层协议实现,放在应用层公用,这样,在应用层上再开发应用系统时就会变得简单,也避免了通信模块的重复开发,同时实现了通信功能的规范化。例如,对于 Web 应用,HTTP 实现了 Web 应用的数据传输,它规范了传输方式、数据格式等,而数据的识别、网页信息的还原由 IE 浏览器实现。对于一些个别应用,没有应用层协议可用,应用程序直接使用传输层,开发时就要实现信息处理和数据通信这两个功能。

实践探索:Wireshark 网络协议分析

协议分析是指网络数据包的交互过程分析以及网络数据包的头部和尾部分析,从而了解相关应用数据包的产生和传输过程,进而获知通信的主体及内容信息,推测用户的网络行为,在网络安全方面有较多应用。在原理学习上,能让我们把理论和实际结合理解协议的原理过程,加深对网络原理及技术应用的理解。

在典型的网络结构中,网络协议和通信采用的是分层式设计方案。在 OSI 网络结构参考模型中,同层协议之间能相互进行通信。协议分析器的主要功能之一就是分析各层协议的头部和尾部,通过多层协议头尾和其相关信息识别网络通信过程中可能出现的问题。

协议分析时通常使用工具软件,常用的软件协议分析工具有 Wireshark、Sniffer Pro、科来网络分析系统等。硬件分析仪一般应用于小型公司或者大型公司的现场工程等,价格过于昂贵。请自主探索 Wireshark 的使用。

(1) 安装和配置网络协议分析仪;

(2) 使用并熟悉 Wireshark 分析协议的部分功能。

最新版本的 Wireshark 程序可以从 http://www.wireshark.org/ 免费下载。

2.2 计算机网络的通信基础

2.2.1 计算机网络的组成

如前所述,从硬件上看,计算机网络由计算机、服务器、路由器、交换机组成。这些硬件构成了计算机网络工作的基础,网络协议是网络硬件正常工作所必需的规则。在网络软件的控制下,在硬件设施上完成数据通信。根据网络组成中硬件设备和软件协议功能的不同,可以把组成计算机网络的硬件设备分成几部分,它们分别构成通信子网和资源子网,如图 2-13 所示。

图 2-13 中,处于网络核心的设备和通信线路的功能是为了通信,在通信的两主机间构建和维持一个通信连接。通常把网络的这部分称作通信子网。而在网络的外围,连接在交换设备上的计算机、服务器以及打印机等承载或充当网络上可共享的资源,它们是通信的主体,通常把网络的外围部分称作资源子网。

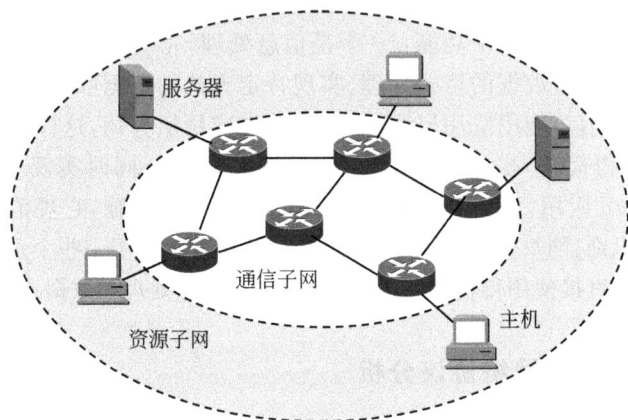

图 2-13　网络的组成

资源子网是 Internet 的外围部分,构成硬件主要是计算机、打印机等网络终端设备,这些设备一般属于单位或个人所有;是资源的载体;从协议上看,它具有完整的协议栈。通信子网构成了 Internet 的核心,是网络通信的主干部分,构成硬件主要是物理链路、路由器、交换机;这些设备往往是通信公司所有,由 ISP 投资、维护,对用户来说是透明使用的;从协议栈上来说,通信子网的设备上只有网络协议栈的底下 3 层,即物理层、数据链路层和网络层,2.1 节将详细介绍。

在计算机网络里,通信的两个主机间一般没有直接连接,需要通信子网中的交换机或路由器等中间设备转发。很显然,这样做的好处是在大量主机组成的网络上减少了互连的线路数,同时,通过线路共享,也提高了线路的利用率,降低了成本。一次点到点的通信可能经过若干个结点的转接才能构成通路。我们把这种中间设备对连接的转接或者对数据的转发功能称作数据交换。不同的交换技术对通信的实时性、可靠性有很大影响。下面探讨计算机网络中常用的交换技术。

2.2.2　计算机网络的数据交换方式

为什么有多种交换方式,它们各适合哪种通信?

网络实现的核心在数据通信,而数据交换是数据通信的重要因素。目前,人类通信从其交换形式看有电路交换、报文交换和分组交换 3 种交换。传统电信通信中常用的是电路交换技术,多用于早期的模拟通信;计算机网络中是数字通信,可以使用报文交换或分组交换,现在计算机网络中最常用的是分组交换。

1. 电路交换

在电话问世后不久,人们就发现,要让所有的电话机都两两相连接是不现实的。这是因为若有 N 部电话构成电话网,两两相连就需要 $N(N-1)/2$ 对电线,随 N 的增大,连接的数量急剧增加,如图 2-14(a)所示。于是人们认识到,要使得每一部电话能够很方便地和另一部电话进行通信,就应当使用电话交换机将这些电话连接起来,如图 2-14(b)所示。交换机使用交换的方法,让电话用户彼此之间可以很方便地通信。100 多年来,电话交换机虽然经过多次更新换代,但交换的方式一直都是电路交换(circuit switching)。

从通信资源的分配角度看,"交换"(switching)就是按照某种方式动态地分配传输线路的资源。在使用电路交换打电话之前,必须先拨号建立连接。当拨号的信令通过许多交换机到达被叫用户所连接的交换机时,该交换机就向被叫用户的电话机振铃。在被叫用户摘机且摘机信令传送回到主叫用户所连接的交换机后,呼叫即完成。这时,从主叫端到被叫端就建立了一条连接(物理通路)。这条连接占用了双方通话时所需的通信资源,而这些资源在双方通信时不会被其他用户占用,此后主叫和被叫双方才能互相通电话。正是因为有了这个特点,电路交换对端到端的通信质量才有可靠的保证。通话完毕挂机后,挂机信令告诉这些交换机,使交换机释放刚才使用的这条物理通路(即归还刚才占用的所有通信资源)。这种必须经过"建立连接(占用通信资源)、通话(一直占用通信资源)、释放连接(归还通信资源)"三个步骤的交换方式称为电路交换。

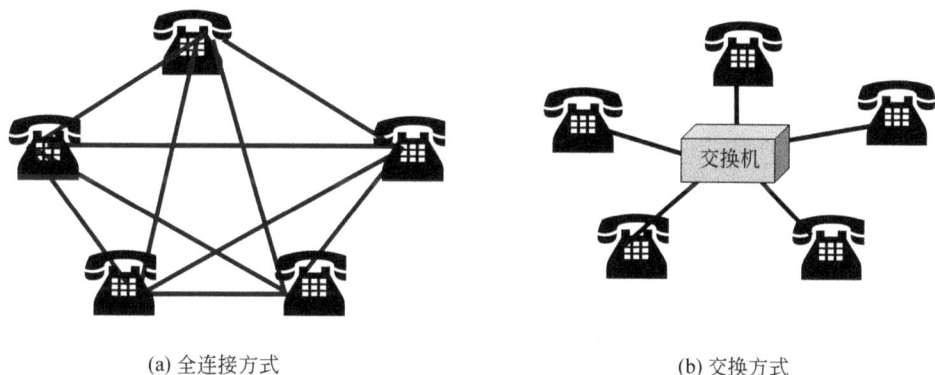

(a) 全连接方式   (b) 交换方式

图 2-14 电话网的两种连接形式

图 2-15 为电路交换的示意图。用户线是电话用户到所连接的市话交换机的连接线路,是用户专用的线路,而交换机之间拥有大量话路的中继线则是许多用户共享的,正在通话的用户只占用了其中的一个话路。电路交换的一个重要特点是在通话的全部时间内,通话的两个用户始终占用端到端的通信资源。图 2-15 中,电话机 A 和 B 之间的通路共经过 3 个交换机。

当使用电路交换传送计算机数据时,其线路的传输效率往往很低。这是因为计算机数据是突发式地出现在传输线路上,因此线路上真正用来传送数据的时间往往不到10%,甚至为 1%。实际上,已被用户占用的通信线路在绝大部分时间里都是空闲的。例如,当用户阅读终端屏幕上的信息或用键盘输入和编辑一份文件时,或计算机正在进行处理而结果尚未返回时,宝贵的通信线路资源并未被利用,而是白白被浪费了。

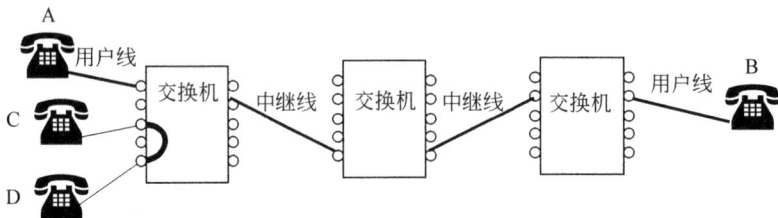

图 2-15　电路交换与资源独占

2. 分组交换

分组交换则采用存储转发技术。图 2-16 画的是把一个报文划分为几个分组的概念。通常把要发送的整块数据称为一个报文(message)。在发送报文之前,先把较长的报文划分成为一个个更小的等长数据段。在每一个数据段前面,加上一些必要的控制信息组成的首部(header)后,就构成了一个分组(packet)。分组又称为"包",而分组的首部也可称为"包头"。分组是在因特网中传送的数据单元。分组中的"首部"非常重要,正是由于分组的首部包含了诸如目的地址和源地址等重要控制信息,每一个分组才能在因特网中独立地选择传输路径。

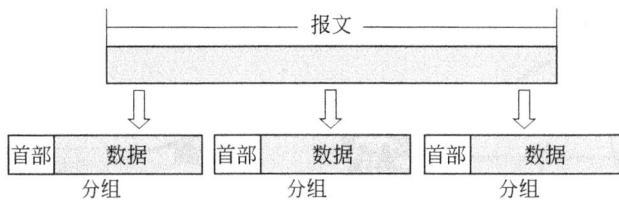

图 2-16　分组的构成

因特网的核心部分由许多网络和把它们互连起来的路由器组成,而主机处在因特网的边缘部分。当讨论因特网的核心部分中的路由器转发分组的过程时,往往把单个网络简化成一条链路,而路由器成为核心部分的结点,如图 2-17 所示。

路由器收到一个分组,先暂时存储下来,再检查其首部,查找转发表,按照首部中的目的地址,找到合适的接口转发出去,把分组交给下一个路由器。这样一步一步地(有时会经过几十个不同的路由器)以存储转发的方式,把分组交付到最终的目的主机。各路由器之间必须经常交换彼此掌握的路由信息,以便创建和维持在路由器中的转发表,使得转发表能随网络拓扑的变化及时更新。

图 2-17 中,主机 A 向主机 B 发送数据。主机 A 把报文分成三个分组,然后将分组逐个发往与它直接相连的路由器 1。此时,主机 A 除占用路由器 R1 的链路外,其他通信链路并不被目前通信的双方所占用。需要注意的是,即使是链路 A-R1,也只是当分组正在此链路上传送时才被占用。在各分组传送之间的空闲时间,链路 A-R1 仍可为其他主机

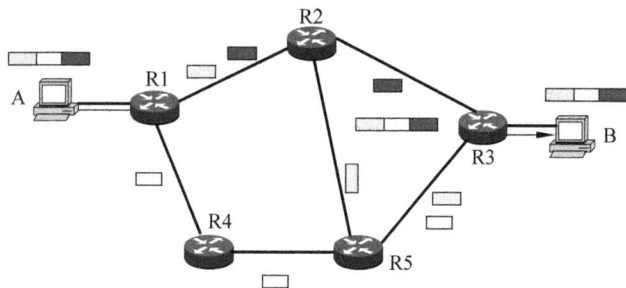

图 2-17 分组交换示意图

发送的分组使用。

路由器 R1 把主机 A 发来的分组放入缓存,并检验分组是不是有传输差错,如果有差错,则丢弃,不再继续转发,否则查找转发表向下一站转发。假定从路由器 R1 的转发表中查出应把该分组转发到链路 R1-R2,于是分组就传送到路由器 R2。

路由器对每个分组是单独进行选路并转发的,所以 A 发出的一个数据报的三个分组可能走了不同的路径到达主机 B,并且到达的次序也不能保证与主机 A 的发送次序相同。

应当注意,分组交换在传送数据之前不必先占用一条端到端的通信资源。分组只有在链路上传送才占用该段链路的通信资源。分组到达一个路由器后,先暂时存储下来,查找转发表,然后从另一条合适的链路转发出去。分组在传输时就这样一段段地断续占用通信资源,而且还省去了建立连接和释放连接的开销,因而数据的传输效率更高。

从以上所述可知,采用存储转发的分组交换,实质上采用了在数据通信的过程中断续(或动态)分配传输带宽的策略。这对传送突发式的计算机数据非常合适,使得通信线路的利用率大大提高。

为了提高分组交换网的可靠性,因特网的核心部分常采用网状拓扑结构,使得当发生网络拥塞或少数结点、链路出现故障时,路由器可灵活地改变转发路由,而不致引起通信的中断或全网瘫痪。此外,通信网络的主干线路往往由一些高速链路构成,这样就可以较高的数据率迅速传送计算机数据。

综上所述,分组交换网的主要优点如下。

数据传输灵活。每一个分组独立地选择转发路由。各报文分组可选择不同的路径进行传输,到中继结点后的报文分组独立向下一个结点转发,这种传输方式相对一个大的报文要灵活得多。

链路效率高。在分组传输过程中动态分配传输带宽,对通信链路是逐段占用。链路不是独占,可以共享。

传输速率快。不需要建立连接,直接发送分组,并且属于同一报文的分组可以沿不同的路径"并行"传输,相当于增加了带宽。

传输可靠性高。对差错可以进行恢复处理。借助执行一定的协议,可以做误码检测,防止信息分组的丢失等。

速率和码型转换。在结点上可以进行速率和码型的转换。

分组交换也带来一些新的问题。例如,分组在各路由器存储转发时需要排队,这就会造成一定的时延。因此,必须尽量设法减少这种时延。此外,由于分组交换不像电路交换那样通过建立连接保证通信时所需的各种资源,因而无法确保通信时端到端所需的带宽。

分组交换网带来的另一个问题是各分组必须携带的控制信息也造成了一定的开销(overhead)。整个分组交换网还需要专门的管理和控制机制。

应当指出,本质上讲,这种断续分配传输带宽的存储转发原理并非完全的新概念。自古代就有的邮政通信,就其本质来说也属于存储转发方式。

2.3 计算机网络性能指标

如何衡量计算机网络?

性能指标从不同的方面度量计算机网络的性能。下面介绍常用的几个性能指标。

1. 速率

我们知道,计算机发送出的信号都是数字形式的。比特(b)是计算机中数据量的单位,也是信息论中使用的信息量的单位。英文 b 来源于 binary digit,意思是一个"二进制数字",因此,一个比特就是二进制数字中的一个 1 或 0。网络技术中的速率指的是连接在计算机网络上的主机在数字信道上传送数据的速率,它也称为数据率(data rate)或比特率(brate)。速率是计算机网络中最重要的一个性能指标。速率的单位是 b/s(比特每秒),有时也写为 b per second。更大的单位有 kb/s、Mb/s、Gb/s。注意,kb/s 和 b/s 的进率是 1000,而不是 1024。现在人们常用更简单的并且是很不严格的记法描述网络的速率,如 100M 以太网,而省略了单位中的 b/s,它的意思是速率为 100Mb/s 的以太网。顺便指出,上面所说的速率往往指额定速率或标称速率。

2. 带宽

"带宽"(bandwidth)有信号的带宽和信道带宽两种理解。

信号的带宽是指信号具有的频带宽度,指该信号所包含的各种不同频率成分所占据的频率范围。例如,在传统的通信线路上传送的电话信号的标准带宽是 3.1kHz,即从 300Hz 到 34kHz,是语音的主要成分的频率范围。这种意义的带宽的单位是赫兹(或千赫兹、兆赫兹、吉赫兹等)。在过去很长的一段时间,通信的主干线路传送的是模拟信号(即连续变化的信号)。因此,表示通信线路允许通过的信号频带范围就称为线路的带宽(或通频带)。

信道的带宽是指信道通频带的宽度,也就是信道能通过的信号的频率范围。由于信道的最大数据速率是由信道的带宽决定的,即一条通信链路的"带宽"越宽,其所能传输的"最高数据率"越高。因此,在计算机网络中,带宽用来表示网络的通信线路所能传送数据的能力,因此网络带宽表示在单位时间内从网络中的某一点到另一点所能通过的"最高数据率"。本书中提到"带宽"时,主要是指这个意思。这种意义的带宽的单位是"比特每秒",记为 b/s。

3. 吞吐量

吞吐量(throughput)表示在单位时间内通过某个网络(或信道、接口)的数据量。吞吐量更经常地用于对现实世界中的网络的一种测量,以便知道实际上到底有多少数据量能够通过网络。显然,吞吐量受网络的带宽或网络的额定速率的限制。例如,对于一个100Mb/s的以太网,其额定速率是100Mb/s,那么,这个数值也是该以太网的吞吐量的绝对上限值。因此,对100Mb/s的以太网,其典型的吞吐量可能只有70Mb/s。注意,有时吞吐量还可用每秒传送的字节数或帧数表示。

4. 时延

时延(delay或latency)是指数据(一个报文或分组,甚至比特)从网络(或链路)的一端传送到另一端所需的时间。时延是一个很重要的性能指标,它有时也称为延迟或迟延。需要注意的是,网络中的时延由以下5个不同的部分组成。

(1)发送时延。发送时延(transmission delay)是主机或路由器发送数据帧所需要的时间,也就是从发送数据帧的第一个比特算起,到该帧的最后一个比特发送完毕所需的时间。

因此,发送时延也叫作传输时延。发送时延的大小等于发送帧长度除以发送速率。可见,对于一定的网络,发送时延并非固定不变,而是与发送的帧长(单位是比特)成正比,与信道带宽成反比。

(2)传播时延。传播时延(propagation delay)是电磁波在信道中传播一定的距离需要花费的时间。传播时延的大小等于信道长度除以信号在信道上的传播速率。电磁波在自由空间的传播速率是光速,即$3\times10^5\,\mathrm{km/s}$。电磁波在网络传输媒体中的传播速率比在自由空间略低一些:在铜线电缆中的传播速率约为$2.3\times10^5\,\mathrm{km/s}$,在光纤中的传播速率约为$2.0\times10^5\,\mathrm{km/s}$。

以上两种时延不要弄混。只要理解这两种时延发生的地方,就不会把它们弄混。发送时延发生在机器内部的发送器中,而传播时延则发生在机器外部的传输信道媒体上。

(3)处理时延。主机或路由器在收到分组时要花费一定的时间进行处理,如分析分组的首部、从分组中提取数据部分、进行差错检验或查找适当的路由等,这就产生了处理时延。

(4)排队时延。分组在经过网络传输时,要经过许多路由器。但分组在进入路由器后,要先在输入队列中排队等待处理。在路由器确定了转发接口后,还要在输出队列中排队等待转发,这就产生了排队时延。排队时延的长短往往取决于网络当时的通信量。当网络的通信量很大时,会发生队列溢出,使分组丢失,这相当于排队时延为无穷大。

这样,数据在网络中经历的总时延就是以上四种时延之和:

$$总时延＝发送时延＋传播时延＋处理时延＋排队时延$$

一般来说,小时延的网络要优于大时延的网络。在某些情况下,一个低速率、小时延的网络很可能优于一个高速率但大时延的网络。

必须指出,在总时延中,究竟哪种时延占主导地位,必须具体分析。现在我们暂时忽略处理时延和排队时延。假定有一个长度为 100MB 的数据块,在带宽为 1Mb/s 的信道上连续发送,其发送时延是 $100 \times 1048576 \times 8 \div 10^6 = 838.9(s)$,即将近要用 14 分钟才能把这样大的数据块发送完毕。然而,若将这样的数据用光纤传送到 1000km 远的计算机,那么每一比特在 1000km 的光纤上只需 5ms 就能到达目的地。因此,对于这种情况,发送时延占主导地位。如果把传播距离减小到 1km,那么传播时延也会相应地减小到原来数值的千分之一。然而,由于传播时延在总时延中的比重是微不足道的,因此总时延的数值基本上还是由发送时延决定。

再看一个例子。要传送的数据仅有 1B(如键盘上键入的一个字符,共 8b),在 1Mb/s 的信道上的发送时延是 $8 \div 10^6 s = 8 \times 10^{-6} s = 8\mu s$。当传播时延为 5ms 时,总时延为 5.008ms。显然,在这种情况下,传播时延决定了总时延。这时,即使把数据率提高到 1000 倍(即将数据的发送速率提高到 1Gb/s),总时延也不会减小多少。这个例子告诉我们,不能笼统地认为"数据的发送速率越高,传送得就越快"。

5. 时延带宽积

把以上讨论的网络性能的两个度量——传播时延和带宽相乘,就得到另一个很有用的度量——传播时延带宽积,即,时延带宽积=传播时延×带宽。

可以这样理解这个概念:带宽就是数据的传输速率,也就是发送速率。在图 2-18 中,当 A 发送一比特,传到 B 时用的时间正好是传播时延,而在这个传播时延里 A 已经发出去的比特总数正好是"传播时延×发送速率"(即"传播时延×带宽")。这些比特都跑在信道 AB 上,也就是信道上正好容纳下"传播时延×发送速率"比特。因此,时延带宽积反映了信道能容纳下的比特数,也就是信道的容量。当然,在信道长度一定的情况下,时延带宽积越大,说明发送速率越大,即信道带宽越大。也就是说,时延带宽积实际上是信道带宽大小的反映。

图 2-18　时延带宽积示意图

根据上述理解,如果一个信道的时延带宽积是 10 万比特,也表示发送端连续发送数据时,在发送的第一比特即将到达终点时,发送端就已经发送了 10 万比特,而这 10 万比特都正在链路上向前移动。因此,链路的时延带宽积又可以称为以比特为单位的链路长度。

不难看出,管道中的比特数表示从发送端发出的但尚未达到接收端的比特。对于一条正在传送数据的链路,只有在代表链路的管道都充满比特时,链路才得到充分利用。

6. 往返时间

在计算机网络中,往返时间(Round-Trip Time,RTT)也是一个重要的性能指标,它表示从发送方发送数据开始,到发送方收到来自接收方的确认(接收方收到数据后便立即发送确认)总共经历的时间。在互联网中,往返时间还包括各中间结点的处理时延、排队时延以及转发数据时的发送时延。往返时延是衡量网络链路性能的重要指标。

显然，往返时间与所发送的分组长度有关。发送很长的数据块的往返时间，应当比发送很短的数据块的往返时间长一些。

往返时间带宽积的意义就是当发送方连续发送数据时，即使能够及时收到对方的确认，但已经将许多比特发送到链路上了。对于上述例子，假定数据的接收方及时发现了差错，并告知发送方，使发送方立即停止发送，但也已经发送 40 万比特了。

当使用卫星通信时，RTT 相对较长，是很重要的一个性能指标。另外，工作中常使用 RTT 衡量时延的原因是单程时延不容易测得。

实践探索：使用网络工具 ping 测量 RTT

ping 是一个很实用的网络小工具，也是一个小程序，可以让我们检测网络连通性，测量网络往返时间、间隔的路由器数目等。

用法：在 Windows 系统中，选择"开始"→"运行"菜单命令，输入 cmd 并按 Enter 键。

```
ping  127.0.0.1        //测试 TCP/IP 栈是否正常
ping  www.baidu.com //测试到网站的连通性，可用 IP 或域名表示目标主机
```

方法：ping 本机的 IP 地址，检查本机网卡及 IP 设置是否正常；ping 本地网关，检查内网的连通性；ping /? 获得帮助；

任务：测试不同网站，查看和对比 RTT 的大小，获得网络时延的量级感。

百度搜索：参数的用法，探讨 —t、- r、- n、- S 等参数的用法和意图。

思考 ping 是怎么实现上述功能的，基本原理是什么？

相关工具：ipconfig 命令

ipconfig 命令可以显示所有当前的 TCP/IP 网络配置值（如 IP 地址、网关、子网掩码、物理地址等），尤其适用于配置为自动获取 IP 地址时。

方法：

```
ipconfig              //显示所有网卡的基本 TCP/IP 配置信息
ipconfig /all         //显示完整的 TCP/IP 配置信息
```

习题

1. 名词解释：协议栈；实体；对等实体；对等层；协议数据单元；服务。
2. 网络体系结构是什么背景下提出的？研究体系结构有什么意义？
3. 网络标准化有什么意义？
4. 按层次结构设计计算机网络体系结构的好处有哪些？
5. 在计算机网络体系结构中，分层有哪些优点和缺点？分层应该注意些什么？
6. 什么是网络协议？网络协议的三要素分别代表什么含义？
7. 协议与服务有何区别？有何关系？

8. 画图说明 A 系统用户进程发送一条信息到 B 系统用户进程时的信息流动过程。(A、B 为两个 OSI 七层系统)并说出在物理层、数据链路层、网络层和传输层的协议数据单元分别是什么?

9. OSI 体系与 TCP/IP 体系标准的理念有何不同? TCP/IP 体系中网络层以下与 OSI 有什么不同或关系,为什么没有数据链路层和物理层?

10. 设计各种 TCP/IP 接口的目的和现实作用是什么? 它是如何实现异构网互联的?

11. 请分别阐述五层网络体系模型中每层的功能。

12. 理解和解释 Everything over IP 和 IP over Everything 的内涵。

13. 对于高速网络链路,我们提高的仅是数据的发送速率,而不是比特在链路上的传播速率,简述你对这个问题的理解。

14. 简述计算机网络常用的性能指标。

15. 传输距离为 1000km,信号在媒体上的传播速率为 2×10^8 m/s。试计算以下两种情况的发送时延和传播时延:

(1) 数据长度为 10^7 b,数据发送速率为 100kb/s。

(2) 数据长度为 10^3 b,数据发送速率为 1Gb/s。

(3) 比较上述两种情况,可以得出什么结论?

16. 主机 A 和主机 B 由一条带宽为 Rb/s、长度为 Mm 的链路互连,信号传播速率为 Vm/s。假设主机 A 从 $t=0$ 时刻开始向主机 B 发送分组,分组长度为 Lb。试求:

(1) 传播延迟(时延)dp;

(2) 传输延迟 dt;

(3) 若忽略结点处理延迟和排队延迟,则端到端延迟 de 是多少?

(4) 若 $dp > dt$,则 $t = dt$ 时,分组的第一个比特在哪里?

(5) 若 $V = 250000$ km/s,$L = 512$ b,$R = 100$ Mb/s,则使带宽时延积刚好为一个分组长度(即 512b)的链路长度 M 是多少?

17. 在下图所示的采用"存储-转发"方式的分组交换网络中,所有链路的数据传输速率为 100Mb/s,分组大小为 1000B,其中分组头大小为 20B,若主机 H1 向主机 H2 发送一个大小为 980000B 的文件,则在不考虑分组拆装时间和传播延迟的情况下,从 H1 发送开始到 H2 接收完为止,需要的时间至少是多少?【考研真题】

H1   H2

第 2 篇

底层网络构建与应用

第3章 物理层与通信技术

计算机网络是近代电子通信和计算机技术的融合,传统通信以语音通信为主,通信技术比较成熟,这自然是计算机通信的基础;计算机网络以数据通信为主,要对语音通信进行改造,形成基于数据通信的现代通信技术。目前传统的公用电话网络已经被计算机网络融合改造成为计算机网络的一部分。

物理层是网络体系中的底层,其主要任务是完成信号传输(或比特传输),解决通信问题,涉及通信技术,在继承和发展了语音通信技术的基础上形成以数据传输为主体的现代网络通信技术。物理层学习路线图如图 3-1 所示。

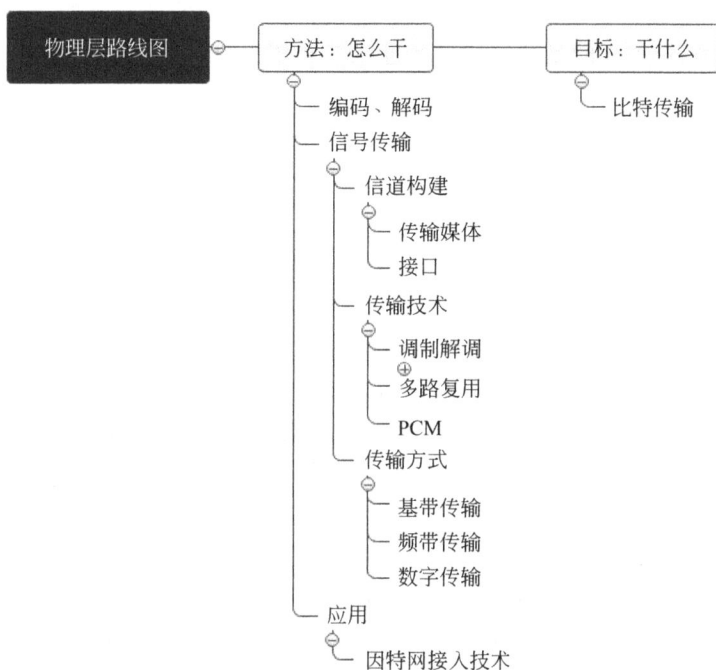

图 3-1　物理层学习路线图

物理层处于信息交换网的底层,通过信号传递实现了以比特为单位的数据传输。它的基本功能是信号传递,要解决"怎么能传递信号"及"如何高质量传输"等问题。因此,在物理层里要研究构建信道、信号传输技术、数据的信号表示等问题。信道构建涉及传输媒体和线路接口等问题;传输技术是为了实现信号"多、快、好、省"地传输,主要的传输技术有调制解调、多路复用、数/模转换等。这些问题决定了本章的内容,此外,通信的同步、抗干扰等技术限于篇幅没有讲解,作为应用案例,本章教材最后介绍了因特网接入技术。

物理层考虑的是怎样利用各种传输媒体上的比特流。从实现上看,由于传输媒体、性能要求及光电传输形式的不同,物理层有多种实现方法,但对上层提供的功能服务是一样的,即比特传输。在计算机网络体系上,由于分层的独立性,物理层上面的数据链路层感觉不到这些差异的存在,这样数据链路层就可以无差别地用统一方式使用物理层,而不必考虑具体的物理网络,从而实现比特流的透明传输。

3.1 数据通信的原理与性能

计算机网络是通信技术和计算机技术相结合的产物,将现代通信、信息处理、行业应用集于一体。计算机网络在使用现代通信技术的同时,也深刻改造了通信技术,推动现代通信技术飞速发展。

从古代的烽火狼烟到近代的电报、电话,通信一直伴随人类社会。以电报、电话通信为代表的近代通信也已有几百年的历史,构建了成熟的通信技术和完善的通信网,为网络化通信奠定了基础。计算机网络是在近代通信技术基础上发展起来的,但它又不同于传统的语音通信,它更需要的是数字通信。近二三十年来,以卫星通信、光纤通信为基础发展起来的数字通信尤为重要,成为现代通信的代表,是计算机网络的基础。

3.1.1 数据通信与信号

使用计算机网络的目的是交换信息。信息交换是通过数据交换实现的,数据交换最终靠信号传递实现,如图 2-2 所示。

信息(information)蕴含在数据中,是数据加工的产物。数据(data)是信息的载体,文本、语音、图形、图像等都以数据的形式存储。在计算机中用二进制数 0、1 表示数据。但当这些以二进制代码表示的数据要通过物理线路进行传输时,还需要将其变成信号。信号(signal)是数据的电磁或电子编码,是数据的表示形式。

作为数据的电磁波表示形式,信号用随时间变化的电磁波的某个参量(振幅、频率或相位)表示数据。按表示数据的参量取值是否连续,信号可分为模拟信号和数字信号。模拟信号是指参量随时间连续变化的信号,又被称为连续信号。最典型的模拟信号是语音信号。数字信号是指参量不随时间连续变化的信号,通常表现为离散的脉冲形式,因此也被称作离散信号。数字信号的取值状态是有限的。计算机、数字电话和 DVD 机等处理的都是数字信号。例如,

信息:NETWORK

数据:1001110 1000101 1010100 1010111 1001111 1010010 1001011(ASCII 码)

数字信号:离散的方波信号,如图 3-2 所示。

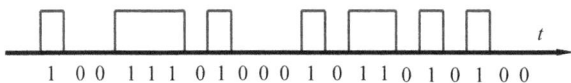

1 00 111 01000 1 01 1 01 0 10 0

图 3-2　离散的方波信号

虽然模拟信号与数字信号有明显的差别,但两者是可以相互转变的,即模/数、数/模转换。模拟信号可以通过采样、量化、编码等系列步骤转换成数字信号,数字信号则可以通过解码、平滑等处理方法转换成模拟信号。

3.1.2 数据通信模型

一般地,一个点到点的通信系统都可由图 3-3 加以概括。该图反映了通信系统的共性,称为通信系统模型。每个数据通信系统都由信源、信宿和信道三部分组成,并且在信道上存在不可忽略的噪声影响。

图 3-3 通信系统模型

信源的作用是把各种要传送的数据转换成原始的电信号。原始的电信号不宜直接在信道上进行传输,变换器把原始的电信号变换成适合在信道上传输的信号。信道是在信源和信宿之间建立一条传送信号的物理通道。信道建立在传输介质之上,但同时包括了传输介质和附属的通信设备(如中继器等)。从信道上传到远端的信号,先由接收端的反变换器复原成原始的电信号,然后再送给信宿。噪声是信道中噪声及分散在通信系统其他各处噪声的集中表示。

数据通信中的信源、信宿一般是计算机或其他数字终端装置,ITU(国际电信联盟)称其为数据终端设备 (Data Terminal Equipment,DTE),变换器和反变换器称为数据端接设备(Data Circuit-terminating Equipment,DCE)。图 3-4 是早期利用公共电话网进行网络通信的例子。

图 3-4 通过公共电话网传输的网络通信

每个信道都有其独特的传输特性,如速率、频率、带宽特性,这是由信道的物理属性决定的。一般地,按照信道中传输的是模拟信号还是数字信号,可以相应地把信道分为两类,即模拟信道和数字信道。习惯上,把使用模拟信道完成的模拟信号传输简称为模拟传输,把使用数字信道完成的数字信号传输简称为数字传输。

模拟通信系统中的模拟放大器将信号放大的同时也放大了噪声。长距离传输中的信号多级模拟放大导致噪声也会越来越大,对远距离通信的质量造成很大的影响。而数字通信系统则是采用再生中继器的方法。中继器根据传输信号识别出比特数据,然后再生成标准数字信号转发出去,过滤掉了噪声干扰,因此,现代数字电话的通话质量要比传统模拟电话的通话质量好得多。

在通信网发展的初期,所有的信道都是模拟信道。由于数字传输可提供更高的通信服务质量,因此,过去建造的模拟信道已被新的数字信道所代替。现在,计算机网络使用的主干通信线路已实现了数字化,但目前大量的用户线基本上还是传统的模拟信道。模拟信道与数字信道并存的局面也使得物理层的内容较为复杂。

如果信源产生的信号与信道上传输信号的类型或参数不同,在发送端就要进行信号类型转换或参数变换。信号变换的类型和方法如图 3-5 所示。

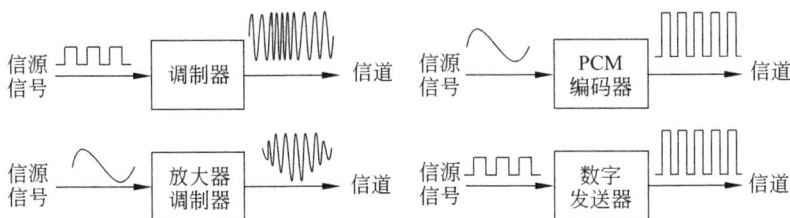

图 3-5　信号变换的类型和方法

3.1.3　通信方式

图 3-3 表示了从信源向信宿的数据传输过程,实际应用中,通信双方可互为信源、信宿,从通信的双方交互的方式看,可以有以下三种传输方式。

单工通信。数据信号只能从信道的一端单方向地传送到另一端,即信息流只能沿一个方向传送,如无线电广播就是一个典型的例子。

半双工通信。数据信号可从信道的一端传到另一端,也可反方向传输,但是不能在两个方向上同时进行传输。

全双工通信。通信的双方可以同时发送和接收数据。支持数据信号在两个方向上同时进行传输。全双工通信必须使用全双工信道,通信效率较高,线路、设备的成本也较高。

3.1.4　信道的性能指标

一个通信信道的性能,一般从信号或数据传输的数量和质量两个方面评价。传输数量用传输速率衡量,传输质量用误码率衡量。

传输速率是衡量信道传输数量的指标,常用信道传输信号或数据的数量表征。

数据传输速率是信道传输数据的速率,即每秒传送数据的二进制位数,又称为比特率或信息速率,其单位是比特每秒(记为 b/s),比 b/s 大的单位还有 kb/s、Mb/s 和 Gb/s。

码元速率是信道传输信号的速率,指每秒传送的码元数,单位为"波特"(Baud),也称波特率。所谓码元,是指单位信号。一个码元就是一个单位的信号,所以码元速率又称为信号速率。

通信中,数据是由信号携带过去的。由于数据在进行信号编码时所采用的编码方案不同,信号携带的数据位数不同,即一个码元所代表的二进制位数也不相同。所以,信道的码元速率并不一定等于数据速率。

通信中常采用只有高低两种电平的二元码表示二进制数据,这时一个码元携带一个比特,如图 3-6(a)所示。如果采用多元制(又称多进制)编码方案,如图 3-6(b)所示,信号有 4 种状态(-3V、-1V、$+1$V、$+3$V),每种状态要用 2 位二进制数表示,所以,信道上每传过去一个码元,就相当于传过去两个比特,此时比特率是码元率的 2 倍。

一般地,多元制编码的码元状态数为 M(M 为 2 的整数次幂),信息速率 v_b 与码元速率 v_B 的关系是:$v_b = v_B \log_2 M$。

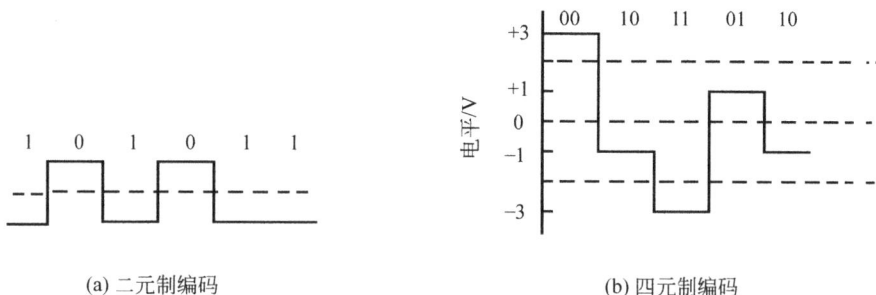

(a) 二元制编码　　　　　　　　　　(b) 四元制编码

图 3-6　数据编码

误码率是指在一段时间的传输过程中,收到的错误码元数占传输的总码元数的比率。在实际的通信系统中,传输差错是不可避免的。误码率是数据通信系统在正常工作状况下用来衡量传输可靠性的指标。

3.1.5　信道的最大传输速率

为了提高信号的传输效率,我们总是希望能够传输尽可能多的码元。而任何实际的信道都不是理想的,不能无限快地传输码元,现实中信道都有一个最大传输速率。

根据傅里叶级数我们知道,如果一个信号的所有频率分量都能完全不变地通过信道传输到接收端,那么在接收端由这些频率分量叠加起来而形成的信号则和发送端的信号完全一样,即接收端完全恢复了发送端发出的信号。但现实世界上没有任何信道能毫无损耗地通过所有频率分量。

任何实际的信道所能传输的信号频率都有一定的范围,称为信道通频带的宽度,即"带宽"(bandwidth)。例如,一个低通信道,如果对于从 0 到某个截止频率 f_c 的信号通过时振幅不会明显衰减,而超过此截止频率的信号因衰减而不能通过,此信道的带宽就是 f_c。信道的带宽是制约信道通信能力的根本因素。信道的带宽是由传输媒体和有关的附加设备与电路的频率特性综合决定的。低通信道的通频带如图 3-7 所示。

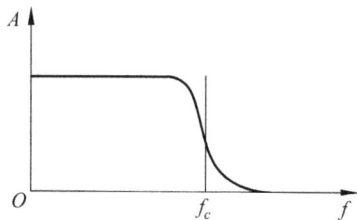

图 3-7　低通信道的通频带

19 世纪初,法国数学家傅里叶(Jean-Baptiste

Fourier)证明：任何一个周期为 T 的函数 $g(t)$ 都是由无穷多个正弦函数和余弦函数合成的。一个持续时间为 T 的数字信号，可看作为一个以 T 为周期的周期函数 $g(t)$。$g(t)$ 可以表示成用正弦函数和余弦函数组成的无穷级数：

$$g(t) = \frac{1}{2}c + \sum_{n=1}^{\infty} a_n \sin(2\pi nft) + \sum_{n=1}^{\infty} b_n \cos(2\pi nft)$$

其中 $f = 1/T$ 为基波频率，c 为直流分量，a_n 和 b_n 分别是 n 次谐波的正弦和余弦振幅值，谐波的次数越高，其频率也越高。

由此可见，一个频率为 f 的方波是由基波的 1 到无穷次谐波叠加而成的。也就是说，方波含有无限高频率的正弦波、余弦波成分。单稳脉冲信号的带宽为无穷大。

数字脉冲信号由直流信号和基频、低频、高频等多个谐波分量组成。在脉冲信号的频谱中，从零开始有一段能量相对集中的频率范围被称为基本频带(base band)，简称基频或基带。基频等于脉冲信号的固有频率，其他低频和高频谐波的频率等于基频的整数倍，随着频率的升高，高次谐波的幅度减小，直至趋于零。

发送端发出的脉冲波在信道上传输时，由于通频带的限制，只有低频谐波到达接收端，高频谐波不能到达，所以有限的低次谐波合成后的信号不再是标准的方波了，有失真。失真严重到一定程度时因数据不能被正确识别，导致通信失败。

因此，若信道的带宽是固定的，用它直接传输数字信号的码元率越高，可通过的谐波越少，失真越大。换句话说，带宽一定的情况下，信道的码元速率有一个最高上限值，如果信号速率过高，在接收端就不能精确地还原出原始信号，不能识别出数据了，如图 3-8 所示。

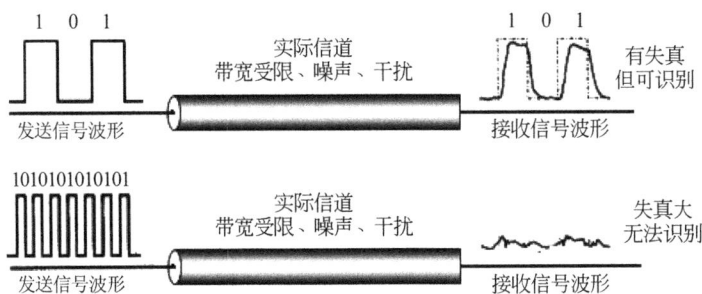

图 3-8　数据传输率与失真

其实，带宽只是导致方波传输失真的一个因素，其他的如噪声、干扰、衰减等也是导致失真的重要因素，也会加大失真。

通过以上分析，得出一个重要结论：数字数据通信时，在任何信道中，码元传输的最大数据速率是一定的，是有上限的。

从以上定性分析我们知道，受信道带宽制约，信道有一个最大数据速率，但这个速率是多大呢？对这个问题，奈奎斯特和香农先后展开了研究，并给出了定量计算公式。

1924 年，奈奎斯特给出了无热噪声、理想低通信道的最大码元速率计算公式，即奈奎斯特公式。

理想低通信道的最大码元速率 $=2W$ 码元/秒

其中,W 是信道的带宽(单位为 Hz)。

例 3-1 若理想低通信道带宽为 8kHz,任何时刻数字信号可取 $-3V$、$-1V$、$+1V$ 和 $+3V$ 四种电平之一,参见图 3-6,求信道的最大码元速率与最大数据速率。

解:理想低通信道不考虑热噪声,根据奈奎斯特公式,信道的最大码元速率是 $2\times 8kHz=16000$ 波特,最大数据速率为 $C=16\times\log_2 4=32$(kb/s)。

由于码元的速率受奈氏准则的制约,带宽一定时,若要提高数据传输速率,可以采用有效的编码技术,使每个码元都能携带更多的信息。

前面的奈奎斯特公式仅考虑了无噪声的理想信道。对于有噪声的信道,情况将会迅速变坏。1948 年,香农进一步研究了受噪声干扰时的信道情况,并给出了受噪声干扰时信道最大数据速率的公式,即香农公式。

$$C=W\log_2(1+S/N)$$

其中,C 是信道的最大数据速率(单位:b/s);W 是信道的带宽(单位:Hz);S 为信号功率,N 为噪声功率,S/N 为信噪比。

注意,信噪比常用分贝(dB)表示,信噪比的分贝数$=10\lg(S/N)$。例如,当 $S/N=1000$ 时,信噪比是 30dB。

例如,对于一个带宽为 3kHz,信噪比为 30dB 的信道,无论其使用多少个量化电平,也不管采样速度多快,其数据传输率不可能大于 30 000b/s。香农的结论是根据信息论推导出来的,适用的范围非常广。值得注意的是,香农的结论仅给出了一个理论极限,而实际上,要接近这个极限也是相当困难的。

3.2 数据传输方式及传输技术

如何理解数据传输方式?为什么有多种传输方式?

早期的电话网是专为语音通信设计的模拟传输;为提高通信质量,后期电话网的干线改造成了数字信道,使用数字传输,计算机网络是基于数字传输的;在近距离的计算机网络通信中,基带传输扮演着重要的角色。

3.2.1 基带传输与数据编码

什么是基带传输?它有什么特点?适用于哪些场合?

1. 基带传输

最直接、简单的方法就是把计算机使用的数字数据 1 或 0 直接以两种不同的电压表示,然后送到信道上传输,也就是基带传输方式。计算机使用基带传输方式传输数据最直接、最方便。

数字数据转换的数字脉冲信号由直流信号和基频、低频谐波、高频谐波等多种谐波分量组成。在脉冲信号的频谱中,从零开始有一段能量相对集中的频率范围被称为基本频带(base band),简称基频或基带。基频等于脉冲信号的固有频率,其他低频谐波和高频谐波的频率等于基频的整数倍,随着频率的升高,高次谐波的幅度越来越小,直至趋于零。与基频对应的数字信号被称为基带信号。由于信道带宽的限制,在数字信道上传输时,数字信号的直流、基频、低频和高频分量不可能全部都传输到对端,只要将占据脉冲信号大部分能量的基带信号传送出去,就可以在接收端还原出有效的原始数据信息。我们将这种在数字信道中以基带信号形式直接传输数据的方式称为基带传输。

基带传输是一种非常基本的数据传输方式,适合传输各种速率要求的数据,且传输过程简单,设备投资少。基带传输一般使用了传输介质的整个频带范围,但是,由于信道带宽的限制,数字信号的高频成分衰减掉了,并且,基带信号的能量在传输过程中也很容易衰减,所以在没有信号再放大的情况下,基带信号的传输距离一般不会大于 2.5km。因此,基带传输被较多地用于短距离的数据传输,如局域网中的数据传输、近距离设备间的数据传输。

2. 数据编码

要在信道上传输数字数据,必须先把数据变成数字信号。将数字数据变换为数字传输信号的过程称为编码(coding),逆过程称为解码(decoding)。

在该基带传输系统中要解决的关键问题是数字数据的编解码问题,即在发送端,要将二进制数据序列通过编码转换为适合在数字信道上传送的基带信号;而在接收端,则要将接收到的基带信号通过解码恢复为二进制数据序列。

在实际应用中,为什么不直接将高、低电平加到物理信道上传输,而要按一定的方式进行编码之后再传输呢?

(1)编码更有利于在接收端区分"1"和"0"。

(2)编码可以在传输信号中携带时钟,便于接收端提取定时时钟信号。

由于介质所处的环境比较差,杂波干扰比较多,因此数据在传输过程中就会受到它们的干扰。采用合理的编码方式,可以适应信道的传输特性,充分利用信道的传输能力。

下面着重介绍几种常见的数字数据编码方式。

1. 不归零编码

不归零(Non-Return Zero,NRZ)编码分别采用两种高低不同的电平表示两个二进制数"0"和"1"。通常,高电平表示"1",低电平表示"0"。图 3-9(a)给出了一个 NRZ 编码的例子。

NRZ 编码实现简单,但其抗干扰能力较差。另外,由于接收方不能准确地判断位的开始与结束,从而收发双方不能保持同步。例如,由于时钟偏移,接收端可能把连续的 15 个 0 识别成 16 个 0。需要采取另外的措施保证发送时钟与接收时钟同步。通常,以提供一个专门用于传送同步时钟信号信道的方式来解决该问题。

2. 曼彻斯特编码

曼彻斯特(Manchester)编码将每比特的信号周期 T 分为前 $T/2$ 和后 $T/2$,用前 $T/2$ 传送该比特的反(原)码,用后 $T/2$ 传送该比特的原(反)码。所以,在这种编码方式中,每

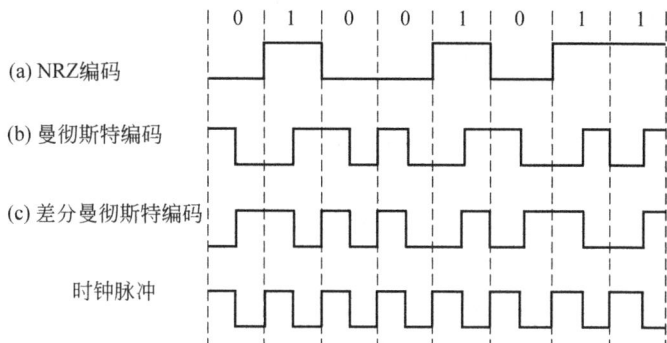

图 3-9 数字信号的三种编码方式

一位波形信号的中间都存在一个电平跳变,如图 3-9(b)所示。由于任何两次电平跳变的时间间隔是 $T/2$ 或 T,因此提取电平跳变信号就可作为收发双方的同步信号,而不需要另外的同步信号,故曼彻斯特编码又被称为"自含时钟编码"。

曼彻斯特编码用高低电平的两个码元表示一比特数据,编码效率低。所以,在同样带宽的信道上,用 NRZ 编码的数据速率是用曼彻斯特编码的数据速率的 2 倍,这使得信道带宽的利用率降低,不宜在高速链路上使用。

3. 差分曼彻斯特编码

差分曼彻斯特编码是对曼彻斯特编码的一种改进。每比特的取值是根据其开始处是否出现电平的跳变决定的。通常规定有跳变者代表二进制"0",无跳变者代表二进制"1",如图 3-9(c)所示。差分曼彻斯特编码比曼彻斯特编码的变化少,因此更适于传输高速的信息,广泛用于宽带高速网。

扩展阅读:编码与应用

不同的编码有不同的特点和优点,适用于在不同的环境下解决特定的应用问题,正如我们习以为常的拖鞋、运动鞋、高跟鞋、水靴各有各的用途。理清归零编码与不归零编码的区别,理解通信人的苦衷与思想情结,需要更多的探索体验。

通过百度查找:归零编码、4B/5B 编码、海明码。

3.2.2 模拟传输与调制解调技术

为什么要用模拟传输?其优缺点各有哪些?其关键技术是什么?

1. 模拟传输

在计算机的远程通信中,不能直接传输原始的基带信号。模拟传输是指用模拟信道传输数据的通信方式。如果信道的带宽大于模拟信号的带宽,则信号衰减小,能远距离传输;同时,由于模拟信号只在信道的一个频带内传输,所以常称之为频带传输。

早期的模拟传输主要承载语音通信。计算机网络发展初期,因电话网已普及,常借用电话网络传输计算机数据,即利用电话网实现计算机互联或用户接入,如图 3-4 所示。用电话线传输计算机数据时,就是用电话线的语音频带传输数据的。

利用模拟信道传输数字数据就需要把数字信号变成模拟信号,这称作数字调制,是用调制解调技术实现的。通信形式如图 3-4 所示。这种利用模拟信道的一个频带传输数字数据的传输方式称作频带传输。恰当地选择载波的频率,通过频分复用的形式在主干线上可以实现多路数据的传输,从而实现宽带传输。

在计算机网络中,频带传输的关键问题是如何将计算机中的数字信号转换为适合模拟信道传输的模拟信号。

2. 调制解调技术

在发送端,需要将二进制数据变换成能在电话线上传输的模拟信号,即所谓的调制(modulation);而在接收端,则需要将收到的模拟信号重新还原成原来的二进制数据,即所谓的解调(demodulation)。

通常,将在数据发送端承担调制功能的设备称为调制器(modulator),而把在数据接收端承担解调功能的设备称为解调器(demodulator)。由于数据通信是双向的,所以实际上在数据通信的任何一方都要同时具备调制和解调功能,我们将同时具备这两种功能的设备称为调制解调器(modem)。调制解调器俗称为"猫",当通过传统拨号、XDSL 等基于传统电话网络的方式上网时,都要用到该设备。

调制就是利用调制信号(这里是指携带有信息的基带信号)改变载波的某一参数的波形变换过程。常用的载波是正弦波,可用 $A\sin(2\pi ft+\varphi)$ 表示,它的振幅、频率和相位三个参量在调制前是常量。使这三个参量分别随调制信号有规律地变化,就构成了调幅(AM)、调频(FM)和调相(PM)三种基本的调制方式,如图 3-10 所示。经过调制以后的信号称为已调制信号,它仍然是模拟信号。

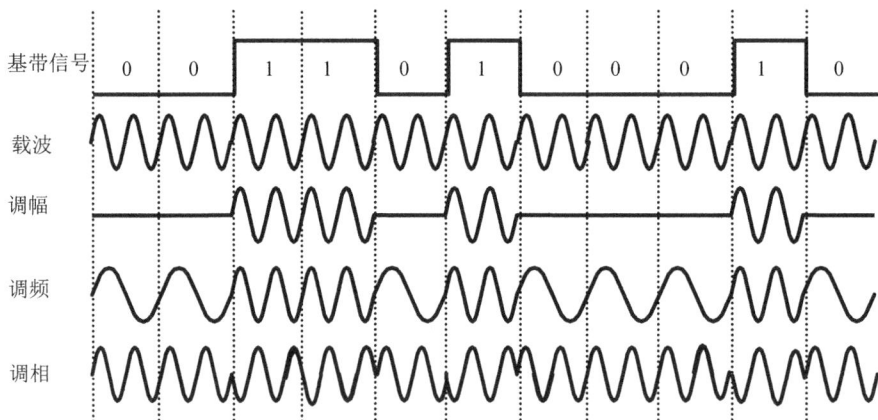

图 3-10 数字数据的 3 种调制方法

调幅,即载波的振幅随基带数字信号而变化。例如,0 对应无载波输出,1 对应有载波输出。

调频,即载波的频率随基带数字信号而变化。例如,0 对应频率 f_1,1 对应频率 f_2。

调相,即载波的初始相位随基带数字信号而变化。例如,0 对应相位 $0°$,1 对应相位 $180°$。

对于数字信号,调频也叫频移键控(FSK),调相也叫相移键控(PSK)。

在实际应用中,各种调制方式可适当地组合。最常用的有调相与调幅的结合,例如,既调幅又调相,载波有 4 种相位($0°$、$90°$、$180°$、$270°$)变化和两种振幅变化,调制后的信号就可有 8 种状态,这样每个码元可传送 3 比特的信息,从而在相同的调制速率下就可达到更高的数据传输速率。

3.2.3 数字传输与脉码调制技术

数字传输有哪些优点？关键要解决什么问题？

近年来,数字传输无论在理论上,还是在技术上,都有突飞猛进的发展。

数字传输可实现高质量的远距离通信。在模拟传输过程中,长距离传输要使用放大器来放大信号,这在放大信号的同时也放大了噪声,多级放大会引起噪声的积累,导致接收端的信号质量较差。数字传输过程中,方波脉冲式的数字信号由于噪声和信道带宽的有限也会发生衰减和失真,需要用中继器进行恢复、转发。中继器不同于放大器,它通过阈值识别出原来信号代表的"0"或"1",并重新产生一个标准的方波脉冲转发出去,从而过滤掉了干扰,不会造成噪声累加,通信质量高。因此,现代通信中常采用数字传输。

与模拟传输相比,数字传输还具有抗干扰能力强、可以再生中继、便于加密、数字设备易于集成化等一系列优点。另外,各种通信业务,无论是语音、电报,还是数据、图像等信号,经过数字化后都可以在数字传输网中传输、交换并进行处理,这就更显示出数字传输的优越性。因此,后期电话网的干线都改造成了数字信道,计算机网络的广泛应用更推动了数字传输的快速发展。通信网数字化后,电话语音等模拟信号要在发送端先变换成数字信号,然后再进行数字传输,在接收端再复原成模拟信号,如图 3-11 所示。

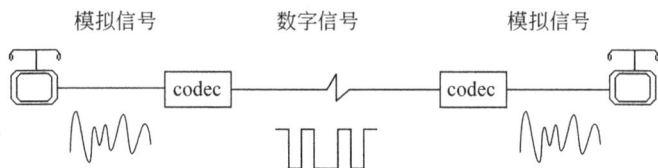

图 3-11 模拟信号的数字传输

数字传输从技术上首先要解决数模转换问题,其次,为适应海量网络数据的高速传输,借用时分复用技术形成国际通用、高次群速率的数字传输系统。

在发送端将模拟信号变换为数字信号的设备称为编码器(coder)。在接收端将收到的数字信号复原成模拟信号的设备称为解码器(decoder)。在双向通信系统中,每端都要使用既能编码又能解码的设备,即编码解码器(codec)。

下面借用图 3-12 说明模拟信号的数字传输原理。在发送端以时间 t(足够小)为周期测定模拟信号在各时刻的幅值 a、b、c,通信系统只要把这些值传给接收端,接收端就可以根据这些幅值,用描点法恢复出波形,这就相当于完成了模拟信号的传输;而这些幅值如果用二进制数值表示,就可以用数字传输完成,这样就相当于用数字传输把模拟信号传递到接收端了。

图 3-12　模拟信号的数字传输原理示意图

脉冲编码调制(Pulse Code Modulation,PCM)常简称为 PCM 编码或脉冲调制。PCM 体制最初是为了在电话局之间的中继线上传送多路的电话,还广泛用在声卡、手机上,实现音频的数字化。

PCM 编码的过程要经过三步:取样、量化和编码。模拟语音信号转变为数字信号的过程大致如下(参见图 3-13)。

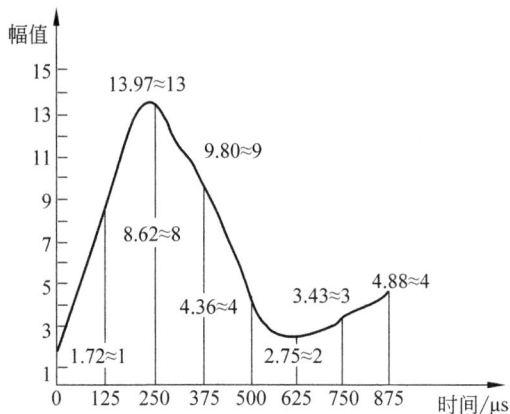

图 3-13　脉冲编码调制示例

第一步:必须对语音信号进行取样。取样就是按照一定的时间间隔测量模拟信号的幅值(即样本值),在时间上把模拟信号离散化。根据采样定理,只要采样频率不低于语音信号最高频率的 2 倍,就可以从采样脉冲信号无失真地恢复出原来的语音信号。标准的电话信号的最高频率为 3.4kHz,为方便起见,对语音的采样频率就定为 8kHz,相当于采样周期 $t=125\mu s$。在图 3-13 所示的例子中,可得到一系列的信号样本值 1.72、8.62、13.97……

第二步:对样本值量化。量化就是把在取样点测量到的幅值(样本值)分级取整的过程,在幅度值上把模拟信号离散化。图 3-13 中,预先把最大幅值分为 16 级,舍去样本值的小数部分,对样本值取整,得到样本值的整数序列 1、8、13……

　　第三步:编码,把整数的样本值序列用 4 比特的二进制数表示,得到可以在数字信道上传输的数字序列 0001**1000**110**1001**0100……

　　很显然,在脉冲编码调制过程的采样、量化环节都会导致失真,关于减少失真的改进技术,请读者参考其他文献进一步思考。

　　在实际应用中,语音的取样频率是 8000Hz,即每秒获得 8000 个样本值,每个样本采用 256 级量化,编码成 8 位二进制码元。可见,一个标准话路的模拟电话信号转换出的 PCM 信号的速率是每秒 8000 个 8 位二进制码元,即 64kb/s。请注意,这个速率是最早制定出的语音编码的标准速率。

　　为了有效地利用传输线路,通常是将许多个话路的 PCM 数据用时分复用(TDM)的方法装成帧(即时分复用帧),然后再送往线路上一帧接一帧地传输。应用中因复用的具体话路数的不同形成了不同的数字传输系统,承担着 Internet 主干网的数据传输,详见 3.3 节数字传输系统。

　　时分复用是多个用户在不同的时间片(分配给用户的专用时隙)占用信道传输数据,从而共享信道的技术,各用户使用的信道频率范围是一样的,具体参见 3.2.4 节的内容。

3.2.4　信道复用技术

　　为何开发了多种复用技术,它们分别适用于哪些传输?

　　信道复用技术是计算机网络中广泛使用的通信技术,各种传输方式中都有可用的信道复用技术。信道复用提高了信道利用率,节省成本。

　　在远距离通信中,主干信道的容量、带宽都比较大,为了提高通信线路传送信息的效率,通常采用在一条物理线路上建立多条通信信道的多路复用(multiplexing)技术。多路复用技术使得在同一传输介质上可传输多个不同信源发出的信号,从而可充分利用通信线路的传输容量,提高传输介质的利用率。特别是在远距离传输时,使用多路复用技术可以节省大量的电缆成本及后期的线路维护投资。

　　图 3-14 展示了多路复用的原理。常用的多路复用方式主要有频分多路复用(Frequency Division Multiplexing,FDM)、时分多路复用(Time Division Multiplexing,TDM)、波分多路复用(Wavelength Division Multiplexing,WDM)和码分多路复用(Code Division Multiplexing,CDM)等。

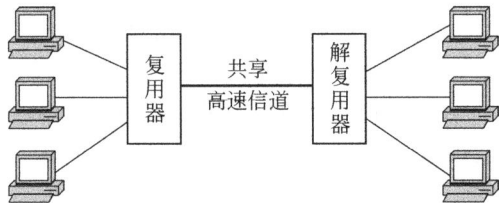

图 3-14　多路复用技术示意图

1. 频分多路复用

频分多路复用是模拟传输方式中使用的信道复用技术。它的使用条件是各路信号频率范围(带宽)是有限的,而信道的带宽比一个信号的带宽大得多。

频分多路复用的原理是将线路的带宽划分成若干段较小的子频带,每个子频带用来传输一路信号,如图 3-15 所示。当有多路信号输入时,发送端将各路信号分别调制到所分配的频带范围内的载波上,合成后送到信道上;传输到接收端后,利用接收滤波器再把各路信号区分开并恢复成原来信号的波形。为了防止相邻两个信号频率覆盖造成干扰,在相邻两个信号的频率段之间通常要留有一定的频率间隔。

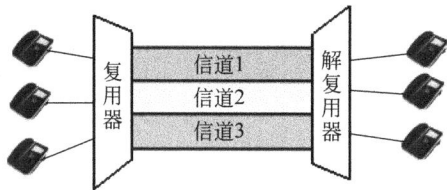

图 3-15　频分多路复用技术示意图

频分多路复用的方法起源于电话系统,所以下面就利用电话系统这个例子进一步说明频分多路复用的原理。现在一路电话的标准频带是(0.3~3.4)kHz,高于 3.4kHz 和低于 0.3kHz 的频率分量都将被衰减掉。如果在一对导线上同时传输若干路这样的电话信号,接收端就无法把它们区分开。若利用频率变换,将三路电话信号搬到频段的不同位置,如图 3-16 所示这样,就形成了一个带宽为 12kHz 的频分多路复用信号。

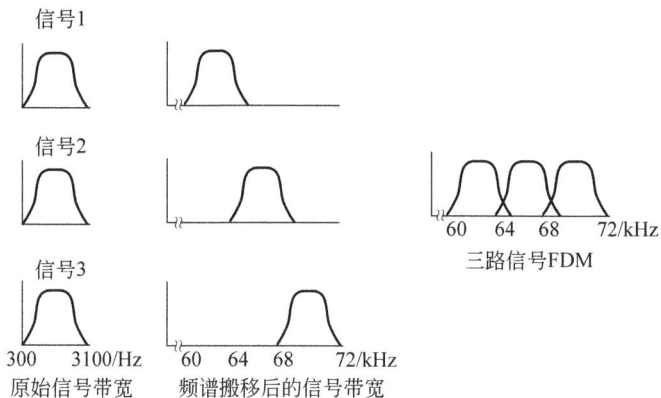

图 3-16　频分多路复用实现原理示意图

图 3-16 中,一路电话信号共占有 4kHz 的带宽。由于每路电话信号占有不同的频带,所以到达接收端后,就可以将各路电话信号用滤波器区分开。

2. 时分多路复用

时分多路复用(TDM)是数字传输方式中使用的信道复用技术。它的使用条件是信道的数据传输速率远大于一路数据的速率。通过时分多路复用，多路低速数字信号可复用一条高数据速率的信道。

频分多路复用技术在数字传输中适用吗？

信号的频宽与信道的带宽相当时，就不能使用频分多路复用技术了。时分多路复用访问（Time Division Multiplexing Access，TDMA）就是将一条物理的传输线路按时间分成若干时间片，一路数据占用一时间片，时间片轮转。每个信号在自己的时间片内独占带宽，不像 FDMA 那样各路信号分享同一带宽。

时分多路复用又可进一步分为同步时分多路复用（Synchronous Time Division Multiplexing，STDM）和异步时分多路复用（Asynchronous Time Division Multiplexing，ATDM）两类。

1）同步时分多路复用

同步时分多路复用如图 3-17 所示。多路复用器将线路的传输时间片固定地分配给各信源，即使在某个时间片内某个信源没有信号发送，该时间片也不能被其他信源所使用，因此各个信道的发送与接收必须是同步的。

显然，当时分复用系统中的某些信源没有数据要发送或发送的数据量太少时，这种固定时间片的方式会造成很大的带宽浪费。

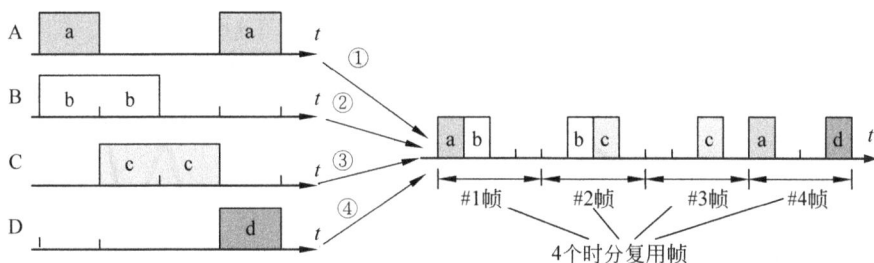

图 3-17　同步时分复用原理示意图

2）异步时分多路复用

异步时分多路复用也称统计时分多路复用，如图 3-18 所示。

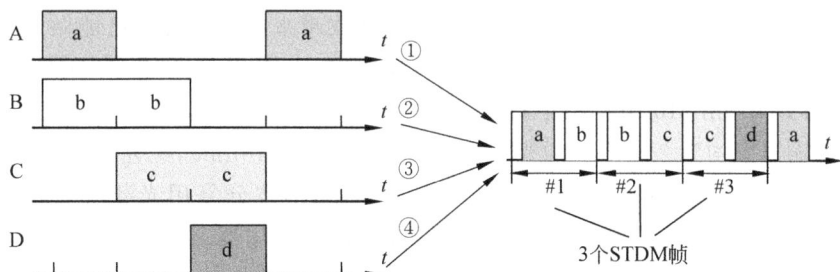

图 3-18　异步时分多路复用原理示意图

ATDM 不给每个信源分配固定的时间片，而是根据信源的需要动态地按需分配时间片，即有数据要发送的信源才分得时间片，没有数据发送的信源则不分配时间片；若占有时间片的信源提前发送完数据,那么其他有数据要发送的信源可提前使用自己的时间片。

ATDM 方式中,为了接收端能正确接收和区分各信源的数据,各路数据块必须附加地址信息,这也不可避免地增加了一些开销。

最后说明的是,同步 TDM 与统计 TDM 帧是在物理层传送比特流中所划分的帧,与数据链路层中所讲的帧不是一个概念。

3. 波分多路复用

在光纤中,为了实现多路复用,我们采用了波长分隔的多路复用方法,简称波分多路复用。由于波长和频率之间的固有关系,因此可以把波分多路复用看成频分多路复用技术在光纤信道上使用的一个变种。光纤技术的应用使得数据的传输速率空前提高。目前,一根单模光纤的传输速率可达到 2.5Gb/s,再提高传输速率就比较困难了。

如图 3-19 所示,WDM 系统的核心器件是衍射光栅。在 WDM 中使用的衍射光栅是无源的,因此其可靠性非常高。

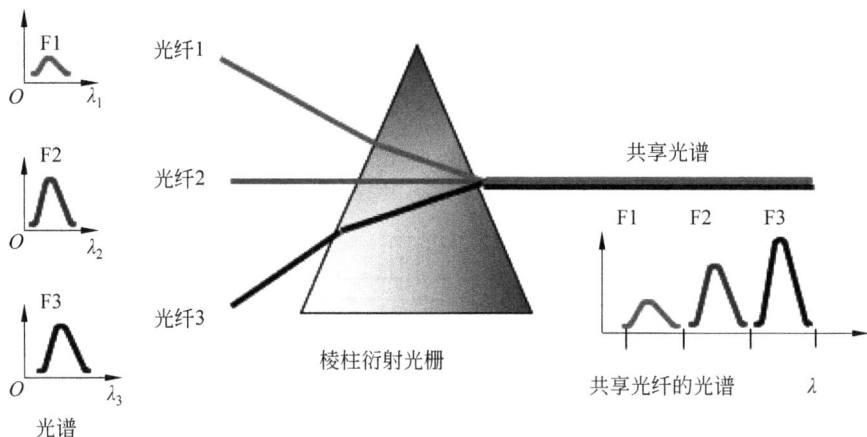

图 3-19　波分多路复用原理示意图

最初,人们只能在一根光纤上复用两路光载波信号,这种复用方式称为波分复用。随着技术的发展,在一根光纤上复用的光载波信号路数越来越多。现在已能做到在一根光纤上复用 80 路或更多路数的光载波信号,于是就使用了密集波分复用(Dense Wavelength Division Multiplexing,DWDM)这一名词。图 3-20 说明了波分复用的概念。

8 路传输速率均为 2.5Gb/s 的光载波(其波长均为 1310nm),经光的调制后,分别将波长变换到 1550～1557nm,每个光载波相隔 1nm(密集波分复用光载波的间隔一般是 0.8nm 或 1.6nm)。这 8 个波长很接近的光载波经过光复用器后,就在一根光纤中传输。因此,在一根光纤上数据传输的总速率就达到了 8×2.5Gb/s=20Gb/s,但光信号传输一段距离后就会衰减,因此对衰减了的光信号必须进行放大才能继续传输。现在已经有了很好的掺铒光纤放大器(Erbium Doped Fiber Amplifier,EDFA)。EDFA 不需要进行光电转换,而直接对光信号进行放大。两个光纤放大器之间的光缆线路长度可达 120km,而光复用器和光分用器之间无光电转换的距离可达 600km(只需放入 4 个光纤放大器)。

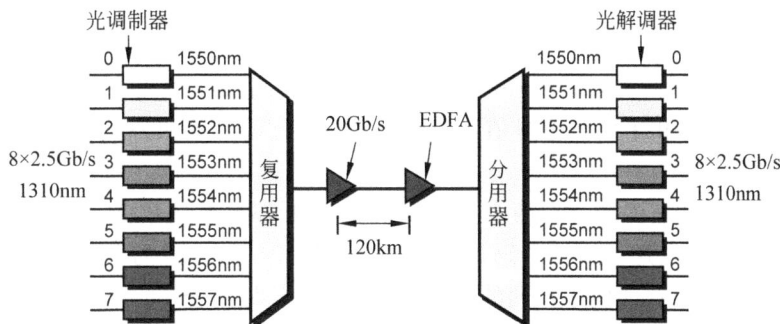

图 3-20 密集波分复用技术原理示意图

在地下铺设光缆是耗资很大的工程。因此,人们总是在一根光缆中放入尽可能多的光纤(例如,放入 100 根以上的光纤),然后对每一根光纤使用 16 倍的密集波分复用技术,这样一根光缆的总数据率可达 $100\times40\text{Gb/s}$,或 4Tb/s。

4. 码分多路复用

码分多路复用是一种用于移动通信的复用技术,它的出现来自人们对更高通信质量的需求。第二次世界大战期间因战争的需要而研究开发出的 CDMA 技术,其思想初衷是防止敌方对己方通信的干扰,在战争期间广泛应用于军事抗干扰通信,后来由美国高通公司更新称为商用蜂窝电信技术。

码分多路复用目前多用于移动通信,它的复用原理是基于码型区分用户。系统给每个用户分配一个相互不重叠的地址码,通过不同的编码区分各路原始信号。在 CDMA 的发送端,对要传输的数据地址码进行编码,然后实现信道复用;在 CDMA 接收端,要用与发送端相同的地址码进行解码。

码分多址系统中,各发送端用各不相同的、相互正交的地址码调制其发送的信号。在接收端,利用码型的正交性,通过地址识别(相关检测)从混合信号中选出相应的信号。

各用户使用经过挑选的不同码型,并且彼此不会造成干扰。将一个窄带信号扩展到很宽的频带上,允许来自不同用户的多个信号共享相同的频带。

在 CDMA 中,每一个比特时间再划分为 m 个短的间隔,称为码片。通常,m 的值是 64 或者 128。在本节中,为了讲述简便,将 m 的值设置为 8。

码片序列:使用 CDMA 的每个站被指派一个唯一的 8b 码片序列。一个站如果要发送比特 1,则发送它自己的 8b 码片序列。如果要发送比特 0,则发送该码片序列的二进制反码。例如,S 站的 8b 码片序列是 00011011(0 是低电平,用 -1 表示;1 是高电平,用 $+1$ 表示)。发送比特 1 时,就发送序列 00011011;发送比特 0 时,就发送序列 11100100。为了方便,按惯例将码片中的 0 写为 -1,将 1 写为 $+1$,因此 S 站的码片序列:$(-1\ -1\ -1\ +1\ +1\ -1\ +1\ +1)$。

每个站分配的码片序列不仅必须各不相同,并且还必须互相正交,即向量 **S** 和 **T** 的规格化内积都是 0;令向量 **S** 表示站 S 的码片向量,**T** 表示其他任何站的码片向量。两个不同站的码片序列正交,就是向量 **S** 和 **T** 的规格化内积(inner product)都是 0:

$$\mathbf{S} * \mathbf{T} = \frac{1}{m} \sum_{i=1}^{m} S_i T_i = 0$$

令向量 $\mathbf{S}$ 为($-1 \ -1 \ -1 \ +1 \ +1 \ -1 \ +1 \ +1$),向量 $\mathbf{T}$ 为($-1 \ -1 \ +1 \ -1 \ +1 \ +1 \ +1 \ -1$)。把向量 $\mathbf{S}$ 和 $\mathbf{T}$ 的各分量值对应位相乘再相加的代数和为 0,由此可以看出这两个码片序列是正交的。

如图 3-21 所示,假如现在有两个手机用户 S 和 T 都要发送数据 110,每个站在发送比特 1 的时候,就是发送了自己的码片序列,发送 0 的时候,发送的是自己的码片序列的反码。因为所有的用户都使用相同的频率发送数据,作为第三方的接收方会同时收到两个用户发送信号的叠加 $S_x + T_x$,当接收方打算接收 S 站发送的信号,就用 S 站的码片序列与收到信号的对应位相乘再相加再除以 m,即求规格化内积,这相当于分别计算 $S \cdot S_x$ 和 $S \cdot T_x$,然后再求它们的和。显然,后者是零,前者就是 S 站发送的数据序列。

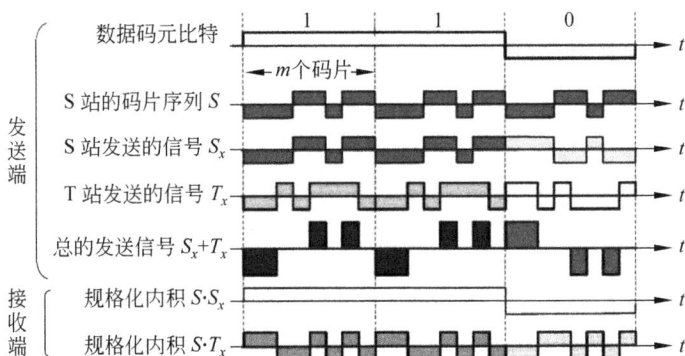

图 3-21　CDMA 原理示意图

这种通信方式类似于在一个大会议室中两两互相交谈,但由于使用的是不同的码片序列,所以仍然可以清楚地听到其他同伴在说什么,可以做到互不干扰。

码分多路复用,各路通信在时间、频带上都是共享的,这是它的优点。但可以看出,数字信号频率远高于数据速率,也是有代价的。

3.3　数字传输系统

互联网的城市间远程传输都是怎么实现的? 使用了哪些技术? 海底光纤是怎么通信的?

数字传输有许多优点,在后期的电话干线及计算机网络主干网中广泛使用,用来传输语音、文字、数据、图像和视频等网络数据。为了充分利用高速传输线路的带宽,通常将多路 PCM 数据用 TDM 方式汇集成时分复用帧,按某种固定的复用结构进行长途传输,形成数字传输系统。

1. 准同步数字系列

历史上曾经形成两个不同的 PCM 复用速率标准,即欧洲 EI 标准和北美 T1 标准,我国使用的是 E1 标准,互不兼容的速率标准给跨地区通信带来不便。

语音 PCM 脉冲编码调制中,国际上通用 8kHz 的取样频率、256 级量化、8 位编码,形成 64kb/s 的语音标准速率。在欧洲,将 32 路语音数据作为一个基群进行复用,32 路数据组成一个帧。1 个传输周期分成 32 个时隙,每个时隙传输 1 路语音的数据,其中第 0 号时隙用于帧同步,第 16 号时隙为信令,所以 E 系列的一次群(基群)的速率 E1=8× 8000×32=2.048(Mb/s),4 个一次群复用构成二次群,速率达到 8.448Mb/s。北美、日本使用的 T1 系统共有 24 个话路。每个话路的采样用 7b 编码,然后再加上 1 位信令码元,因此一个话路也是占用 8b。帧同步码是在 24 路的编码之后加上 1b,这样每帧共有 193b。因此,T1 一次群的数据率为 1.544Mb/s。E 系列和 T 系列数字系统的速率情况见表 3-1。

表 3-1 数字传输系统的群和数据速率

群	欧洲、中国			北美、日本		
	类型	话路数	速率/(Mb/s)	类型	话路数	速率/(Mb/s)
一次群	E1	30	2.048	T1	24	1.544
二次群	E2	120	8.448	T2	96	6.312
三次群	E3	480	34.368	T3	672	44.736
四次群	E4	1920	139.264	T4	4032	274.176

以上数字传输系统存在着许多缺点,其中最主要的是以下两个。

(1)速率标准不统一。由于多路复用的速率体系有 E1 速率、TI 速率两个互不兼容的国际标准,使得国际通信困难,如果不对高次群的数字传输速率进行标准化,国际范围的高速数据传输就很难实现,影响了基于光纤的高速率通信的发展。

(2)不是同步传输。是准同步复用方式,相应的数字复用系列称为准同步数字系列(Plesiochronous Digital Hierarchy,PDH)。在数字通信发展的初期,为了适应点到点通信的需要,大量的数字传输系统都是准同步数字体系。准同步是指各级的比特率相对于其标准值有一个规定的容量偏差,而且定时用的时钟信号并不是由一个标准时钟发出来的,通常采用正码速调整法实现准同步复用。由于各支路信号的时钟频率有一定的偏差,给时分复用和分用带来许多麻烦。当数据传输的速率较低时,各路信号的时钟频率的微小差异并不会带来严重的不良影响。但是,当数据传输的速率不断提高时,时钟同步的问题就成为迫切需要解决的问题。

2. 同步数字系列

为了解决上述问题,美国国家标准协会(ANSI)在 1988 年推出了在光纤传输基础上的数字传输标准,即同步光纤网(Synchronous Optical Network,SONET)。整个同步网络的各级时钟都来自一个非常精确的主时钟(通常采用昂贵的铯原子钟,其精度优于 $\pm 1 \times 10^{11}$),SONET 为光纤传输系统定义了同步传输的线路速率等级结构。

国际电信联盟电信标准化部门(ITU-T)的前身——国际电报电话咨询委员会

(CCITT)以 SONET 为基础,制定出国际标准同步数字系列(Synchronous Digtal Hierarchy,SDH)。1988 年通过的 G707～G709 三个建议书,涉及复用速率、网络结点接口、复用结构、复用设备、网络管理、线路系统、光接口、信息模型、网络结构等内容,对其速率系列、信号格式和复用结构等基本内容做出了规定。随后又陆续通过了一系列建议,对 SDH 的各个方面逐步加以规范,形成一套完整的全球统一的同步数字传输网标准,使之成为不仅适用于光纤,而且也适用于微波和卫星传输的通用技术体制,命名为 SDH。SDH 已经确立了在数字传输方面的主导地位。SDH 采用的信息结构等级称为同步传送模块 STM-N(Synchronous Transport Mode,$N=1,4,16,64$)。SDH 的基本速率为 155.52Mb/s,称为第 1 级同步传递模块 STM-1,其他等级的速率见表 3-2。SDH 在物理层定义了帧结构,SDH 的帧结构是以 STM-1 为基础的,更高的等级是用 N 个 STM-1 同步复用组成 STM-N,如 4 个 STM-1 构成 STM-4,16 个 STM-1 构成 STM-16。

表 3-2　SDH 的四种等级

SDH 等级	数据速率(Mb/s)	SDH 等级	数据速率(Mb/s)
STM-1	155.52	STM-16	2488.32
STM-4	622.08	STM-64	9953.28

从 OSI 模型的观点看,SDH 属于其最底层的物理层,并未对其高层有严格的限制,便于在 SDH 上采用各种网络技术,支持 ATM 或 IP 传输。

SDH 是一种标准的同步 TDM 多路复用网络,可以方便地为其他业务网络提供各种所需带宽的电路,并复用底层传输媒体的带宽,其中最典型的传输媒体就是光纤。SDH 并不专属于某种传输介质,它可用于双绞线、同轴电缆,但 SDH 用于传输高数据率时则需用光纤。这一特点表明,SDH 既适合用作干线通道,也可作支线通道。例如,SDH 可以很方便地为两个因特网主干路由器之间提供一条点对点的高速链路。

现在 SDH 已成为全球公认的数字传输网体制的标准,是为当前因特网提供点对点远程高速链路的重要技术,在广域网领域和专用网领域得到了巨大的发展。中国移动、电信、联通、广电等电信运营商都已经大规模建设了基于 SDH 的骨干光传输网络。利用大容量的 SDH 环路承载 IP 业务、ATM 业务或直接以租用电路的方式出租给企、事业单位。

扩展阅读：光网络

传统的 SDH 传输网络由光传输系统和交换结点的电子设备组成。光纤用于两个交换结点之间的点对点的数据传输。在每个交换结点中,光信号都被转换成电信号后再进行交换处理。网络应用对传输带宽的需求是永无止境的,随着波分复用(WDM)和光交换技术的发展,人们提出全光网(All Optical Network,AON)的概念,用光网络结点代替原来交换结点的电子设备,组成以端到端光通道为基础的全光传输网,避免因光电转换所带来的带宽瓶颈,充分发挥光传输系统的容量和光结点的巨大处理能力,而路由器等电信处理设备在边缘网络连接用户终端设备。全光网中信号在网络中传输和交换的过程中始终以光的形式存在,全光网络具有对信号的透明性,它通过波长选择器件实现路由选择。全光网络以其良好的透明性、波长路由特性、兼容性和可扩展性,成为下一代高速(超高速)宽带网络的首选。光分插复用和光交叉互连是构建全光网的关键设备。

光分插复用(Optical Add-Drop Multiplex,OADM)是一种用滤光器或分用器从波分复用传输链路插入或分出光信号的设备。OADM 在 WDM 系统中有选择地加载/分离所需速率、格式和协议类型的波长信号。在结点上只分接/插入所需的波长信号,其他波长信号则光学透明地通过这个结点。

光交叉互连(Optical Cross Connect,OXC),用于光纤网络结点的设备,通过对光信号进行交叉连接,能够有效灵活地管理光纤传输网络。OXC 集传输与交换于一体,具有传输容量大、组网灵活、网络具有可扩展性和可重构性、易于升级、可透明传输各种格式的不同速率等级的信号等诸多优点,是构成光传送网络(OTN)的重要结点设备。

3.4 传输介质

传输介质与通信有什么关系?为什么研究传输介质?

物理层的作用是将比特从一台机器传输到另一台机器,传输介质是构成物理信道的主体。实际传输所用的物理介质可以有多种选择。每一种传介质体都有自己独特的性质,体现在带宽、延迟、成本以及安装和维护难易程度上的不同,因此,分别有自己适合的场合。大致上可以将介质分为有线介质(引导性介质)和无线介质(非引导性介质)两大类。

3.4.1 有线介质

1. 双绞线

双绞线(Twisted Pair,TP)是目前使用最广泛、价格最低廉的一种有线传输介质。双绞线在内部由若干对(通常是 1 对、2 对或 4 对)两两绞在一起的相互绝缘的铜导线组成,导线的典型直径为 1mm 左右(通常在 0.4~1.4mm)。之所以采用这种两两相绞的绞线技术,是为了抵消相邻线对之间所产生的电磁干扰以及减少线缆端接点处的近端串扰。

尽管磁带的带宽特性很好,但是其延迟特性却非常差。无论是哪种类别的线,衰减都随频率的升高而增大。使用更粗的导线可以降低衰减,但却增加了导线的价格和质量。

双绞线按照是否有屏蔽层又可以分为屏蔽双绞线(Shielded Twisted Pair,STP)和非屏蔽双绞线(Unshielded Twisted Pair,UTP)。图 3-22 给出了 STP 和 UTP 的示意图。与 UTP 相比,STP 由于采用了良好的屏蔽层,所以抗干扰性较好。

双绞线既可以传输模拟信号,也可以传输数字信号。用双绞线传输数字信号时,它的数据传输速率与电缆的长度有关。其通信距离一般为几到十几千米。导线越粗,其通信距离越远,但导线的价格也越高。在数字传输时,若传输速率为每秒几兆比特,则传输距

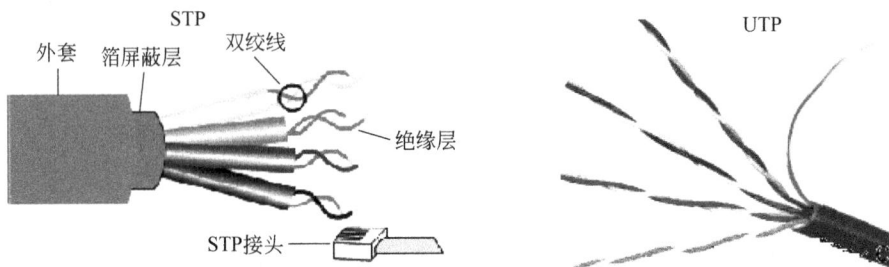

图 3-22　UTP 和 STP

离可达几千米。短距离时,数据传输速率可以高一些。典型的数据传输速率为 10Mb/s、100Mb/s 和 1000Mb/s。

1991 年,美国电子工业协会(EIA)和电信工业协会(TIA)联合发布了一个标准 EIA/TIA-568,它的名称是"商用建筑物电信布线标准"。这个标准规定了用于室内传送数据的无屏蔽双绞线和屏蔽双绞线的标准。

Cat1:适用于电话和低速数据通信;

Cat2:适用于 ISDN 及 T1/E1,支持的数据传输速率为 4Mb/s;

Cat3:适用于 10BASE-T 或 100BASE-T4,支持的数据传输速率为 10Mb/s;

Cat5:适用于 100BASE-TX 和 100BASE-T4,支持的数据传输速率为 100Mb/s;

Cat6:适用于 1000BASE-TX,支持的数据传输速率高达 1000Mb/s。

2. 同轴电缆

同轴电缆由内导体铜质芯线(单股实心线或多股绞合线)、绝缘层、网状编织的外导体屏蔽层(也可以是单股的)以及保护塑料外层组成。它由绕在同一轴线上的两种导体组成,如图 3-23 所示。由于外导体屏蔽层的作用,同轴电缆具有很好的抗干扰特性,广泛用于传输较高速率的数据。

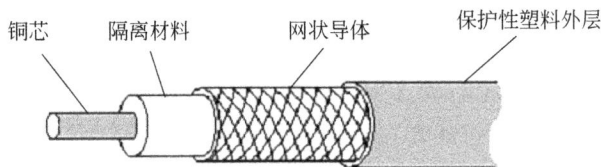

图 3-23　同轴电缆的结构

同轴电缆通常有 50Ω 和 75Ω 两种阻抗类型。50Ω 同轴电缆又被称为基带同轴电缆,仅用于数字信号传输。75Ω 同轴电缆也被称为宽带同轴电缆,它既可以传输模拟信号,又可以传输数字信号,常用于有线电视传输。

在局域网发展的初期曾广泛地使用同轴电缆作为传输媒体。但随着技术的进步,在局域网领域基本上都是采用双绞线作为传输媒体。目前,同轴电缆主要用在有线电视网的居民小区中。同轴电缆的带宽取决于电缆的质量。目前高质量的同轴电缆的带宽已接近 1GHz。

3. 光纤

光纤通信就是利用光导纤维传递光脉冲进行通信。有光脉冲相当于 1,而没有光脉冲相当于 0。由于可见光的频率非常高,约为 $10^8\,\mathrm{MHz}$ 的量级,因此一个光纤通信系统的传输带宽远远大于目前其他各种传输媒体的带宽。

光纤是光纤通信的传输媒体。在发送端有光源,可以采用发光二极管或半导体激光器,它们在电脉冲的作用下能产生出光脉冲。在接收端利用光电二极管做成光检测器,在检测到光脉冲时可还原出电脉冲。

光纤通常由非常透明的石英玻璃拉成细丝,主要由纤芯和包层构成双层同心圆柱体。纤芯很细,其直径只有 $8 \sim 100\,\mu\mathrm{m}(1\mu\mathrm{m} = 10^{-6}\,\mathrm{m})$。光波正是通过纤芯进行传导。包层较纤芯有较低的折射率。当光线从高折射率的媒体射向低折射率的媒体时,其折射角将大于入射角。如果入射角足够大,就会出现全反射。这个过程不断重复,光也就沿着光纤传输下去。

图 3-24 中只画了一条光线。实际上,只要从纤芯中射到纤芯表面的光线的入射角大于某一个临界角度,就可产生全反射。因此,可以存在许多条不同角度入射的光线在一条光纤中传输。这种光纤就称为多模光纤,如图 3-25 所示。光脉冲在多模光纤中传输时会逐渐展宽,造成失真。因此,多模光纤只适合于近距离传输。若光纤的直径减小到只有一个光的波长,则光纤就像一根波导那样,它可使光线一直向前传播,而不会产生多次反射。这样的光纤就称为单模光纤,如图 3-25 所示。单模光纤的纤芯很细,其直径只有几微米,

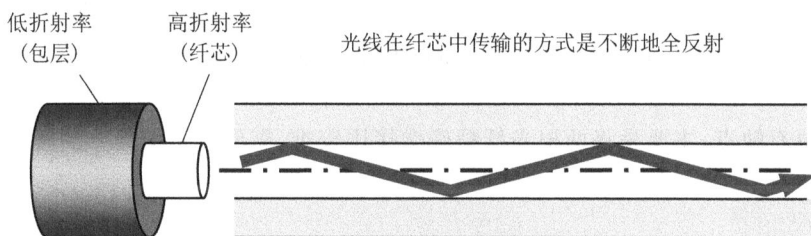

图 3-24 光波在光纤中的传输

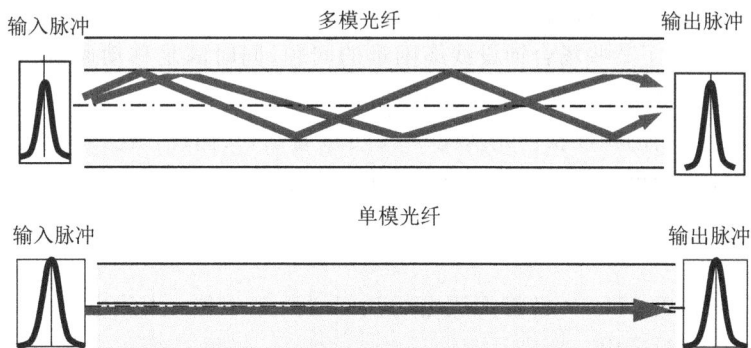

图 3-25 多模光纤与单模光纤的比较

制造起来成本较高。同时,单模光纤的光源要使用昂贵的半导体激光器,而不能使用较便宜的发光二极管。但单模光纤的衰耗较小,在 2.5Gb/s 的高速率下可传输数十千米,而不必采用中继器。

在光纤通信中,常用的三个波段的中心分别位于 $0.85\mu m$、$1.30\mu m$ 和 $1.55\mu m$。后两种情况的衰减都较小。$0.85\mu m$ 波段的衰减较大,但在此波段的其他特性均较好。所有这三个波段都具有 $25000\sim30000GHz$ 的带宽,可见光纤的通信容量非常大。

由于光纤非常细,连包层一起的直径也不到 0.2mm,因此必须将光纤做成很结实的光缆。一根光缆少则只有一根光纤,多则可包括数十至数百根光纤,再加上加强芯和填充物,就可以大大提高其机械强度。必要时还可放入远供电源线。最后加上包带层和外护套,就可以使抗拉强度达到几千克,完全可以满足工程施工的强度要求。图 3-26 为四芯光缆剖面的示意图。

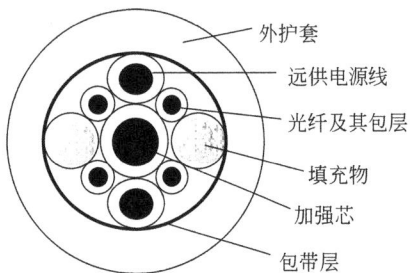

图 3-26　四芯光缆剖面的示意图

外护套
远供电源线
光纤及其包层
填充物
加强芯
包带层

光纤不仅具有通信容量非常大的优点,而且还具有其他一些特点。

(1) 传输损耗小,中继距离长,对远距离传输特别经济。

(2) 抗雷电和防电磁干扰性能好。这在有大电流脉冲干扰的环境下尤为重要。

(3) 无串音干扰,保密性好,不易被窃听或截取数据。

(4) 体积小,质量轻。这在现有电缆管道已拥塞不堪的情况下特别有利。例如,1km 长的 1000 对双绞线电缆重约 8000kg,而同样长度但容量大得多的一对两芯光缆仅重 100kg。

光纤也有缺点,主要是将两根光纤精确融接比较难,需要专用设备。抽头困难是它固有的难题。

3.4.2　无线介质

无线电波、电磁波等可以在自由空间中传播,因此就将自由空间称为"非导向传输媒体"。无线传输避开了某些场合铺设线缆困难的问题,同时满足移动通信、移动上网等需求,因此,最近十几年无线电通信发展得特别快。

无线传输可使用的频段很广。从图 3-27 可以看出,人们现在已经利用了好几个波段进行通信。紫外线和更高的波段目前还不能用于通信。

1. 无线电

国际电信联盟的 ITU-R 已将无线电的频率划段并命名。无线电通信在无线电广播和电视广播中已广泛应用。

低频、中频波段内的无线电波可轻易地通过障碍物,但能量随着传输距离的增大而急剧衰减,因而可在有限的距离内沿着地表传播,主要应用于广播和中距离通信。短波通信

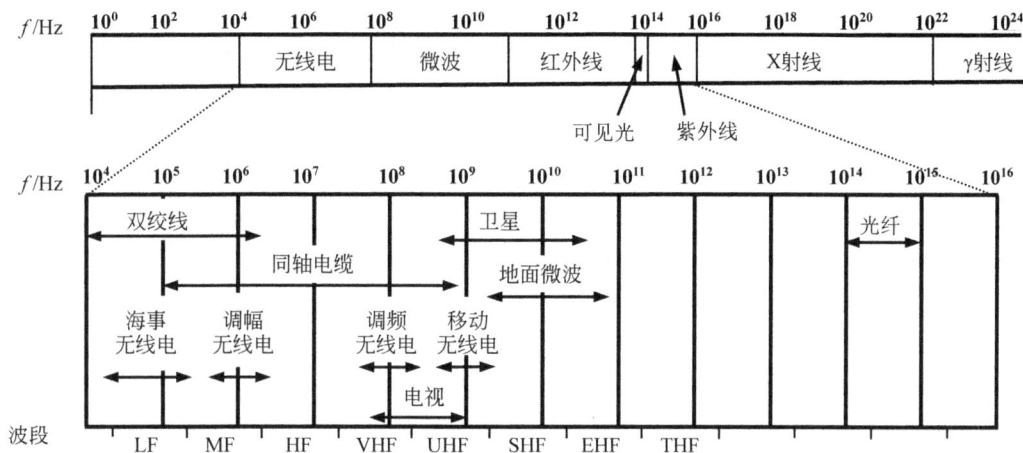

图 3-27 电信领域使用的电磁波的频谱

（即高频通信）主要靠电离层的反射。但因电离层不稳定而产生的衰落现象和电离层反射所产生的多径效应，使得短波信道的通信质量较差。

2. 微波

无线电微波通信在数据通信中占有重要地位。微波在空间中主要是直线传播。微波的频率范围为 300MHz～300GHz（波长为 1m～10cm），但主要使用 2～40GHz 的频率范围。由于微波会穿透电离层而进入宇宙空间，因此它不像短波那样可以经电离层反射传播到地面上很远的地方。传统的微波通信主要有两种方式，即地面微波接力通信和卫星通信。

微波接力通信可传输电话、电报、图像、数据等信息。其主要特点是微波波段频率很高，其频段范围也很宽，因此其通信信道的容量很大；由于干扰小，因而微波传输质量较高；性价比高。由于微波在空间中是直线传播，而地球表面是一个曲面，因此其传播距离受到限制，一般只有 50km 左右。为实现远距离通信，必须在一条无线电通信信道的两个终端之间建立若干个中继站。大多数长途电话业务都使用 4～6GHz 的频率范围。

常用的卫星通信方法是在地球站之间利用位于约 36000km 高空的人造同步地球卫星作为中继器的一种微波接力通信。对地静止的通信卫星就是微波通信的太空中继站。可见，卫星通信的主要优缺点应该和地面微波通信的差不多。

和微波接力通信相似，卫星通信的频带很宽，通信容量很大，信号受到的干扰较小，通信比较稳定。为了避免产生干扰，卫星之间相隔如果不小于 2°，那么整个赤道上空只能放置 180 个同步卫星。好在人们想出可以在卫星上使用不同的频段进行通信，因此总的通信容量还是很大的。

一个典型的卫星通常拥有 12～20 个转发器。每个转发器的频带宽度为 36～50MHz。一个 50Mb/s 的转发器可用来传输 50Mb/s 速率的数据，或 800 路 64kb/s 的数字化语音信道。如果两个转发器使用不同的极化方式，那么即使使用同样的频率，也不会产生干扰。

卫星通信的另一个特点是具有较大的传播时延。卫星通信非常适合广播通信，因为它的覆盖面很广。但从安全方面考虑,卫星通信系统的保密性较差。

通信卫星本身和发射卫星的火箭造价都较高。受电源和元器件寿命的限制,同步卫星的使用寿命一般只有 7～8 年。卫星地球站的技术比较复杂,价格还比较贵。这些都是选择传输媒体时应全面考虑的。

除上述的同步卫星外,低轨道卫星通信系统已开始使用。低轨道卫星相对于地球不是静止的,而是不停地围绕地球旋转,这些卫星在天空上构成了高速的链路。由于低轨道卫星离地球很近,因此轻便的手持通信设备都能够利用卫星进行通信。

从 20 世纪 90 年代起,无线移动通信和因特网一样飞速发展。与此同时,使用无线信道的计算机局域网也获得了越来越广泛的应用。我们知道,要使用某一段无线电频谱进行通信,通常必须得到本国政府有关无线电频谱管理机构的许可证。但是,也有一些无线电频段是可以自由使用的,这正好满足计算机无线局域网的需求。现在的无线局域网就使用美国的 ISM 频段中的 2.4GHz 和 5.8GHz 频段。ISM 是 Industrial,Scientific and Medical(工业、科学与医药)的缩写,即所谓的"工、科、医"频段,如图 3-28 所示。ISM 频段在近距离无线通信中有众多应用,请读者予以关注。

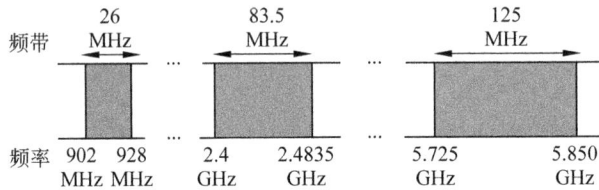

图 3-28　ISM 频段

3. 红外与激光

红外通信、激光通信也使用非导向媒体,可用于近距离的笔记本电脑相互传送数据。红外线广泛应用于短距离通信。目前的家电遥控装置都利用了红外线传输技术。这种传输技术具有一定的方向性,不受无线电的干扰,便宜且容易制造,但它不能穿透固体和不透明的物体。

3.5　物理层规程与接口

物理层接口的作用是什么？为何说它是物理层协议的体现？

在数据通信系统中,数据终端设备(DTE)的数据一般不适合直接在信道上传输,需要通过数据线路端接设备(DCE)变换才连入通信网中。发送设备、转发设备、传输媒体、接收设备之间通过接口连接形成物理信道。接口的规格形状、电气性能、时序规程等必须约定,以实现设备间的匹配与协调,这些约定、规定正是物理层协议的具体体现,是网络协议的一部分。物理层的协议在通信中常称为物理规程,构成物理层标准。设备的接口约定主要涉及接口的机械特性、电气特性、功能特性和规程特性的约定。

(1) 机械特性。对物理接口接线器的形状、尺寸大小、各个引脚的数量及排列情况的规定,这些规定约定了接口的机械特点,决定了接口的机械特性。这些规定保证了设备间的连接匹配,也是统一生产制造的前提。例如,大家常见的 USB 接口、RS-232C 接口。

(2) 电气特性。对物理接口连接导线的信号码型、信号电平、信号的同步、最大数据传输速率和距离的规定,决定了电路的电气特性。例如,比特位 1 和 0 电压的大小,1 比特占多少微秒等。

(3) 功能特性。对物理接口上各条信号线(引脚)功能的分配和确切定义,规定了控制线、数据线、地线等。

(4) 规程特性。对接口在工作时各信号线分工协作过程的约定,即 DTE 和 DCE 通过接口完成数据传输时各信号线的动作规则和先后顺序。

下面以 EIA-RS-232 接口标准为例,说明物理层的协议内容。

EIA RS-232C 是由 EIA 在 1969 年颁布的一种串行物理接口,RS-232C 中的 RS 是 Recommended Standard 的缩写,意为推荐标准。其中,232 是标识号码;而后缀 C 是版本号。RS-232C 接口标准与 CCITT 的 V.24 标准兼容。

RS-232 标准提供了一个利用公用电话网络作为传输媒体,并通过调制解调器将远程设备连接起来的技术规定。远程电话网相连接时,通过调制解调器将数字转换成相应的模拟信号,以使其能与电话网相容;在通信线路的另一端,另一个调制解调器将模拟信号逆转换成相应的数字数据,从而实现比特流的传输。图 3-4 给出了两台远程计算机通过电话网相连的结构图。

在机械特性方面,RS-232C 使用 25 针的 D 形连接器 DB-25。DB-25 的机械技术指标是宽 47.04mm±13mm(螺钉中心间的距离),25 针插头/座的顶上一排针(从左到右)分别编号为 1~13,下面一排针(也是从左到右)编号为 14~25。DB-25 多为早期设备使用,还有一种 9 针 DB-9 连接器,多为现在使用,如图 3-29 所示。一般规定插孔连接 DTE,针端连接 DCE。

图 3-29　RS-232C 连接器

在电气特性方面,RS-232C 与 CCITT V.28 兼容,采用非平衡驱动、非平衡接收的电路连接方式。信号驱动器的输出阻抗≤300Ω,接收器输入阻抗为 3~7kΩ。信号电平 -5~-15V 代表逻辑"1",+5~+15V 代表逻辑"0"。传输距离不大于 15m 时,最大速率为 19.2kb/s。

在功能特性方面,RS-232C 定义了连接器中各引脚的名称、功能等,分地线、数据线、控制线、定时信号线。表 3-3 给出了 25 芯标准连接器中最常用的 10 根信号的功能特性。

表 3-3　RS-232C 引脚功能

信号符号	引脚号	信号线类型	传输方向	功能描述
PG	1	地线	—	保护地
TXD	2	数据线	DTE→DCE	发送数据
RXD	3	数据线	DTE←DCE	接收数据
RTS	4	控制线	DTE→DCE	请求发送
CTS	5	控制线	DTE←DCE	清除请求
DSR	6	控制线	DTE←DCE	数据装置就绪
GND	7	地线	GND	信号地
DCD	8	控制线	In	接收线信号检测
DTR	20	控制线	DTE→DCE	数据终端就绪
RI	22	控制线	In	振铃指示

RS-232C 的 DTE-DCE 信号线连接如图 3-30 所示。

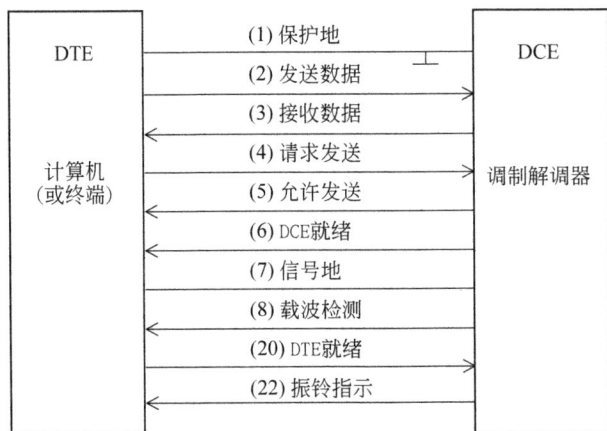

图 3-30　RS-232C 的 DTE-DCE 信号线连接

在规程特性方面,RS-232C 是在各根控制信号线有序的 ON(逻辑 0)和 OFF(逻辑 1)状态的配合下进行的。在 DTE-DCE 连接的情况下,只有 DTR 和 DSR 均为 ON 状态时,才具备操作的基本条件。此后,若 DTE 要发送数据,则需要先将 RTS 置为 ON 状态,等待 DTR(清除发送)应答信号为 ON 状态后,才能在发送数据(TXD)上发送数据。

目前,许多终端和计算机都采用 RS-232C 接口标准,但 RS-232C 只适于短距离使用,一般规定终端设备的连接电线不超过 15m,即两端总长 30m 左右,距离太长,其可靠性会下降。

3.6　Internet 接入

为什么有这么多接入技术？为什么说接入技术的进步代表着网络进步？

从用户家到 Internet 服务提供商的这段线称为用户接入线，这部分网络称作用户接入网，是 Internet 到用户的最后一千米。在因特网发展的前期，这段用户线是分散到各家各户的，没有共享，没有成本分摊，是制约用户入网的瓶颈。降低接入成本、提高接入带宽是用户接入网的目标。早期因特网接入主要是借用电话线拨号上网，低速、占线，目前已很少使用。近年来，各种宽带接入发展很快，常用的宽带接入技术有 ADSL、CATV、光纤同轴混合网等，随着 4G、5G 移动通信网的建成，无线接入增多，也成为因特网接入的重要技术。

1. ADSL 接入

ADSL 和拨号上网都是早期借助电话线接入因特网的技术。拨号上网中使用调制解调器将计算机数据调制成模拟信号占用 0～4kHz 的语音频带传输，所以速率低，打电话时会占线，早已弃用。可以说 ADSL 是电话拨号上网技术的一种升级改进。

DSL 是数字用户线（Digital Subscriber Line）的缩写。而 DSL 的前缀 x 则表示在数字用户线上实现的不同宽带方案。其中有非对称数字用户线 ADSL、高速数字用户线 HDSL，甚高速数字用户线 VDSL 等。

xDSL 技术就是用数字技术对现有的模拟电话用户线进行改造，使它能够承载宽带业务。标准模拟电话信号的频带被限制在 300～3400kHz 的范围内，但用户线本身实际可用带宽超过 1MHz。因此，xDSL 技术就把 0～4kHz 低端频谱留给传统电话使用，而把原来没有被利用的高端频谱留给用户上网使用。

ADSL 的国际标准于 1999 年获得批准。它允许高达 8Mb/s 的下行速率和 1Mb/s 的上行速率。这个标准已经被 2002 年发布的 ADSL2 超越。下行速率经过改造目前已经可以达到 12Mb/s，上行速率仍是 1Mb/s，现在又有了 ADSL2+。

ADSL 最高数据传输速率与实际的用户线上的信噪比密切相关。这里引用的数字是针对离局端比较近（1～2km）的良好线路上的最快速率。通常，电信商提供类似 1Mb/s 的下行和 256kb/s 的上行（标准服务）、4Mb/s 的下行和 1Mb/s 的上行（改进服务）、8Mb/s 的下行和 21Mb/s 的上行（高级服务）。

ADSL 在用户线（铜线）的两端各安装一个 ADSL 调制解调器。我国目前采用的方案是离散多音调（Discrete Multi-Tone，DMT）调制技术。"多音调"就是"多载波"或"多子信道"的意思。

DMT 调制技术采用频分复用的方法，把用户线的 1.1MHz 频谱分成 256 条独立的信道，每条信道宽 4312.5Hz，如图 3-31 所示。信道 0 用于传统电话语音。信道 1～5 空闲，防止语音和数据相互干扰。剩下的 250 条信道中，上行数据控制、下行数据控制各占用一条信道。其他信道全用于用户数据传输。由于用户在上网时主要是从因特网下载各种文档，而向因特网发送的信息一般都不大，因此 ADSL 把上行和下行带宽做成不对称的。

25 条子信道用于上行信道,其他的用于下行信道。这种做法相当于在一对用户线上使用许多小的调制解调器并行地传送数据。

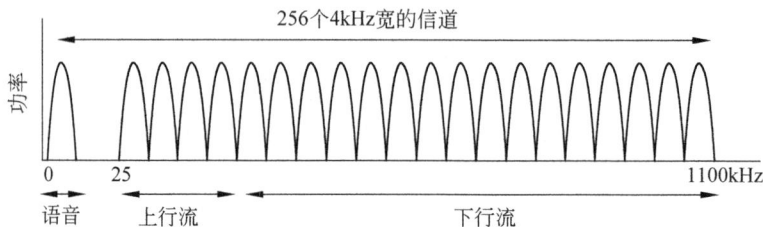

图 3-31　离散多音调制的 ADSL 频谱分布

由于用户线的具体条件往往相差很大(距离、线径、受到相邻用户线的干扰程度等都不同),因此 ADSL 采用自适应调制技术使用户线能够传送尽可能高的数据率。对具有较高信噪比的频率,ADSL 就选择一种调制方案可获得每码元对应于更多的比特。反之,对信噪比较低的频率,ADSL 就选择一种调制方案使得每码元对应于较少的比特。因此,ADSL 不能保证固定的数据率。通常,下行数据率在 32kb/s～6.4Mb/s,而上行数据率在 32～640kb/s。

典型的 ADSL 部署结构如图 3-32 所示。用户家中,入户电话线接上一个电话分离器 PS,电话分离器 PS 是无源的,它利用低通滤波器将电话语音与数字信号分开。数据信号被转到 ADSL 调制解调器。ADSL 调制解调器大多是外置的,它通过以太网、USB 电缆或 IEEE 802.11 无线局域网连接到计算机。

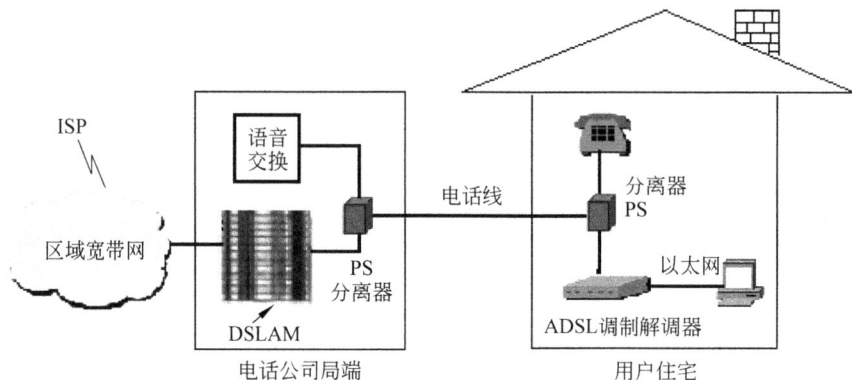

图 3-32　基于 ADSL 的接入网

在电话公司局端也要安装一个对应的分离器。在这里,信号中的语音部分被过滤出来送到正常的语音交换机。频率在 26MHz 以上的信号被路由到数字用户线接入一个新设备,即复用器 DSLAM(DSL Access Multiplexer),它包括一个数字信号处理器,与 ADSL 调制解调器中的一样。数字一旦从信号中恢复出比特,就可以构造出数据包,发送给 ISP。

ADSL 最大的好处是可以利用现有电话网中的用户线,不需要重新布线。

2. 光纤同轴混合网

光纤同轴混合网（Hybrid Fiber Coax，HFC）是在目前覆盖面很广的有线电视网 CATV 的基础上开发的一种居民宽带接入网，可传送 CATV，还能提供电话、数据和其他宽带交互型业务。

CATV 有线电视网已覆盖城乡居民区，CATV 网用的是同轴电缆，每隔约 600m 就要加入一个放大器，是模拟传输。对于远程用户，信号可能多达几十次的放大，失真很明显，质量较差。

光纤传输信号衰减小，传输距离远，但光纤分支困难、光纤到户成本高。解决的办法是将光纤的长距离传输和同轴电缆的分支到户相结合，组成光纤同轴混合网。HFC 网将原 CATV 网中的同轴电缆主干部分改为光纤，用光纤传输到小区，以小区作服务区。服务区内通过光纤结点把光信号转成电信号，接入同轴电缆，通过电缆到各家各户，从而减少了放大器数目，大大提高了网络的可靠性和电视信号的质量。HFC 网络结构如图 3-33 所示。

HFC 网采用结点体系结构，有比 CATV 网更宽的频谱，且具有双向传输功能，原来的 CATV 网的最高传输频率是 450MHz，并且是用于电视信号的下行传输。HFC 网要具有双向传输功能，就必须扩展其传输频带。目前，HFC 网的频带划分还没有国际标准。

如图 3-33 所示，每个家庭要安装一个用户接口盒（User Interface Box，UIB），它可提供三种连接，即使用同轴电缆连接到机顶盒（set-top box），再连接到用户的电视机；使用双绞线连接到用户的电话机；使用电缆调制解调器连接到用户的计算机。

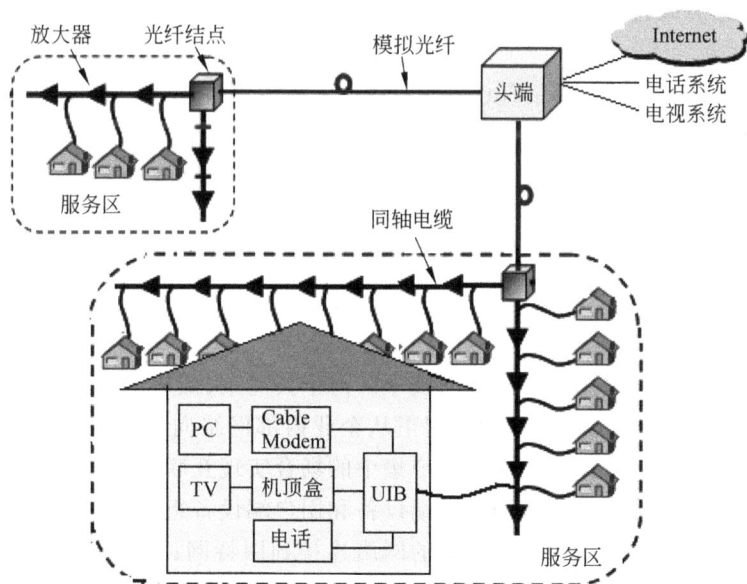

图 3-33　HFC 网络结构

电缆调制解调器（cable modem）是安装在用户家里的端接设备，连接用户计算机和

HFC 网络,提供双向数据接口。电缆调制解调器最大的特点是传输速率高,其下行速率一般为 3~10Mb/s,而上行速率一般为 0.2~2Mb/s。电缆调制解调器的媒体接入控制(Medium Access Control,MAC)子层协议还必须解决上行信道中可能出现的冲突问题。产生冲突的原因是 HFC 网的上行信道是一个用户群所共享的,而每个用户都可在任何时刻发送上行信息。这和以太网上争用信道是相似的。当所有的用户都要使用上行信道时,每个用户能分配到的带宽就要减少。

HFC 网的最大优点是具有很宽的频带,并且能够利用已有相当大的覆盖面的有线电视网。但要将现有的 450MHz 单向传输的有线电视网络改造为 750MHz 双向传输的 HFC 网,也需要一定的资金和时间,在电信政策方面也有一些需要协调解决的问题(主要是和电信网的关系)。

3. 光纤接入

除了上述的 xDSL 和 HFC 技术外,FTTx(即光纤到……)也是一种实现宽带居民接入网的方案。这里,字母 x 代表不同的意思。

光纤到户(Fiber To The Home,FTTH),即将光纤一直铺设到用户家庭,在家庭里将光信号转换成电信号,光纤的高带宽不仅可以为用户提供高速的互联网业务,还能提供电话、有线电视、视频点播、视频监控等多种业务。随着光纤通信的普及,目前光纤到户已经得到广泛应用。

当一幢大楼有较多用户需要使用宽带业务时,可采用光纤到大楼(Fiber To The Building,FTTB)方案。光纤进入大楼后就转换为电信号,然后用电缆或双绞线分配到各用户。这种方案可支持大中型企业、商业或大公司高速率的宽带业务需求。它比 FTTH 要经济一些。

光纤到路边(Fiber To The Curb,FTTC)。从路边到各个用户可使用星形结构的双绞线作为传输媒体。

FTTx 还有许多其他种类,如光纤到办公室(Office)FTTO、光纤到邻区(Neighbor)FTTN、光纤到门户(Door)FTTD、光纤到楼层(Floor)FTTF、光纤到小区(Zone)FTTZ。

4. 以太网接入

以太网是目前使用最广泛的局域网技术。由于其简单、低成本、可扩展性强、与 IP 网能够很好结合等特点,以太网技术的应用正从企业内部网络向公用电信网领域迈进。以太网适于企事业单位、小区、单元楼等用户集中的场合实现互联网接入。

基于以太网技术的宽带接入网由局端设备和用户端设备组成。局端设备一般位于小区内或商业大楼内通过租用电信运营商的网络连接到因特网;用户端设备一般位于居民楼内。用户端设备通过综合布线用户终端计算机相连,提供 100Mb/s 或 1Gb/s 的宽带接入。以太网是一种局域网技术,适合单位内部私用网构建,用它提供公用电信网的接入,建设可运营、可管理的宽带接入网络,需要妥善解决一系列技术问题,包括认证计费和用户管理、用户和网络安全、服务质量控制、网络管理等。

用户认证授权计费(AAA)是以太网接入中要解决的重要问题。AAA 一般包括用户终端、AAA Client、AAA Server 和计费软件四个环节。用户终端与 AAA Client 之间的认证方式,目前的主要技术有 PPPoE、DHCP＋Web、IEEE 802.1x 3 种。PPPoE 方式的标准、设备成熟,承载数据与认证数据都需通过 PPPoE 封装,对用户控制能力强,但网络性能和设备处理效率低,容易形成流量瓶颈,设备价格高。DHCP＋Web 方式对用户控制能力相对较弱。IEEE 802.1x 技术发展很快,这种方式中承载数据通道与认证通道分开,网络性能和设备处理效率较高,认证通过后分配 IP 地址,认证效率较高,更重要的是,它基于以太网内核,实现比较简单,与以太网设备能够很好地融合,设备成本低。此外,用户通信信息的保密、用户账号和密码的安全、用户 IP 地址防盗用、重要网络设备(如 DHCP 服务器)的安全等也需要考虑。

5. 无线接入

1) 无线局域网接入

无线局域网在公共场所或单位、家庭广泛使用,提供计算机或手机接入互联网。无线局域网的标准是 IEEE 802.11,就是我们平常说的 WiFi,通常使用 2.4G UHF 或 5G SHF ISM 射频频段。连接到无线局域网通常有密码保护;但也可是开放的,这样就允许任何在 WLAN 范围内的设备都可以连接上。WiFi 是一个无线网络通信技术的品牌,由 WiFi 联盟所持有,目的是改善基于 IEEE 802.11 标准的无线网络产品之间的互通性。无线局域网接入廉价、方便、高速,但覆盖限制在 100m 范围内,局限性比较大。

2) 移动接入

移动接入是指通过蜂窝移动通信系统接入互联网的无线接入。蜂窝移动通信基站辐射范围大,区域布局完善,有效地克服了 WiFi 的局限性。蜂窝移动通信最早提供手机语音、短信通信,从 3G 开始,带宽增加,可以很好地满足移动互联的带宽要求。第一代移动电话系统以连续变化的(模拟)信号而非(数字)序列传输语音通话。第二代移动电话系统从模拟传输切换到以数字形式传输语音通话,不仅增加了容量,安全性得到提高,而且还提供了短信服务。1991 年开始部署的全球移动通信(GSM)系统成为世界上应用最广泛的移动电话系统,它属于 2G 系统。第三代即 3G 系统最初在 2001 年得到部署,它能同时提供数字语音和宽带数字数据服务。

3G 接入的最大特点和优势就是它的移动性接入,为移动互联网提供了连接支持。3G 网络及智能手机的普及,引领网络应用进入一个新时代。一方面,智能手机通过 3G 网络接入因特网,扩展了因特网应用。更为重要的是,它正引领网络方式的深刻变化,主要趋势是网络终端简单化、数据处理网络化,云计算、云服务正在突破因特网传输模式飞速发展。另一方面,3G 网络为因特网提供了空中接口,让用户接入 Internet 多了一个选择,尤其是移动设备的接入。

4G 系统能够提供高速数据传输服务,可以 100Mb/s 的速度下载,上传的速度也能达到 20Mb/s,能够很好地满足用户对无线服务的要求,在社会上已得到广泛应用。

第五代移动通信系统(5G)是现有无线接入(包括 2G、3G、4G 和 WiFi)的融合网络,以融合和统一的标准,提供人与人、人与物以及物与物之间高速、安全和自由的联通。其主要优势在于,数据传输速率远远高于以前的蜂窝网络,最高可达 10Gb/s,比当前的有线互联网快。另一个优点是低的网络延迟(更快的响应时间),低于 1ms(4G 为 30~70ms),将大大提高自动驾驶、人工智能等领域的控制传输性能,促进物联网、工业互联网的应用和发展。中国在 5G 技术和应用领域走在世界前列,2019 年 6 月 6 日,工业和信息化部正式向中国电信、中国移动、中国联通、中国广电发放 5G 商用牌照,中国正式进入 5G 商用元年。

实践探索:Packet Tracer 网络模拟器

Packet Tracer 是由 Cisco 公司发布的一个辅助学习工具,用软件模拟 PC、交换机、路由器等设备,可以让初学者在模拟环境中设计、配置、排查网络故障,可以查看各个设备的接口和配置网络;单击窗口可以查看设备属性;终端可以通过交换机或者路由器通信;通过 ping 命令可以检查网络的连通性;通过 tracert 命令可以检测网络结构。读者可以利用该软件学习网络连接方法,理解网络设备对数据包的处理,学习 iOS 的配置,锻炼故障排查能力。可以到 https://www.packettracernetwork.com/网站上下载。请自主探索:

(1) 安装和配置网络模拟器;

(2) 熟悉 Packet Tracer 模拟器;

(3) 观察与 IP 网络接口的各种网络硬件;

(4) 进行 ping 和 tracert 实验。

习题

1. 名词解释:模拟信号,数字信号,信道带宽,单工通信,半双工通信,全双工通信,数字数据编码,频带传输,调制解调,多路复用技术,频分多路复用,时分多路复用,波分多路复用。

2. 物理层的作用是什么?为了完成物理层的功能,要解决哪些问题?

3. 什么是 DTE 和 DCE?网络通信中为何需要这些设备?

4. 什么是基带传输?什么是频带传输?两者在数据通信系统的组成上有什么区别?分别要解决什么样的问题?

5. 物理层接口的作用是什么?为何说它是物理层协议的体现?

6. 通信干线中,早期常用模拟传输,现在大都用数字传输,是什么原因?为什么不用模拟传输了?

7. 数字传输中信道为何有最大速率的限制?哪些因素会影响信道的最大速率?

8. 奈氏准则与香农公式在数据通信中的意义是什么?

9. 数据在信道中的传输速率受哪些因素的限制?信噪比能否任意提高?"bit/s"和"码元/秒"有何区别?

10. 常用的传输媒体有哪几种?各有何特点?

11. 已知数据序列为 101001101,请按本章介绍的几种数字数据编码方案绘制出相应的波形。

12. 用同一信道传输数据时,用 NRZ 编码或曼彻斯特编码,哪种通信的最大比特率更高?为什么?

13. 在 NRZ、曼彻斯特编码、差分曼彻斯特编码三种编码中,使用其中两种编码方案对比特流 01100111 编码的结果如下图所示,编码 1 和编码 2 分别是哪种?【考研真题】

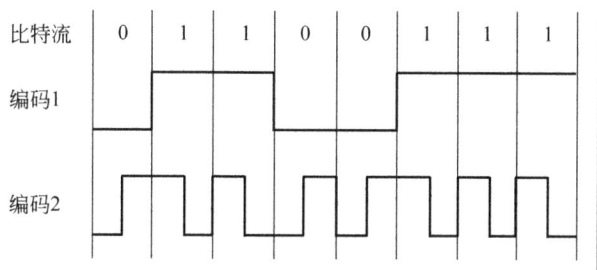

14. 有 600MB 的数据,需要从南京传送到北京。一种方法是将数据写到磁盘上,然后托人乘火车将这些磁盘捎去。另一种方法是用计算机通过长途电话线路(设信息传送的速率是 2.4kb/s)传送此数据。试比较这两种方法的优劣。若信息传送速率为 33.6kb/s,结果又如何?

15. 假定某信道受奈氏准则限制的最高码元速率为 20000 码元/秒。如果采用振幅调制,把码元的振幅划分为 16 个不同等级传送,那么可以获得多高的数据率(b/s)?

16. 假定要用 3kHz 带宽的电话信道传送 64kb/s 的数据(无差错传输),试问这个信道应具有多高的信噪比(分别用比值和分贝表示),这个结果说明了什么问题?

17. 用香农公式计算,假定信道带宽为 3100Hz,最大信息传输速率为 35kb/s,那么,若想使最大信息传输速率增加 60%,信噪比 S/N 应增大到多少倍?如果在刚才计算出的基础上将信噪比 S/N 再增大到 10 倍,最大信息速率能否再增加 20%。

18. 通过学习,我们已经了解光纤比双绞线快,那组网时为什么还用网线?

19. 计算机网络组网在选择传输介质时要考虑哪些因素?下面几种情形选择哪种传输介质较合适?

(1)在露天田径场,用户频繁移动;

(2)在生产车间有发电机和电动机设备,它们会产生大量的电磁干扰;

(3)在寝室里。

20. 为了实现源到目标的数据通信,物理层提供的功能是否足够了?还有什么未曾解决的问题?

第4章 数据链路层与数据通信

　　物理层专注的是网络最底层的信号传输,最终实现了比特流的传输,完成低级的、简单比特传输功能。这些功能是不能满足用户需求的。首先,以比特为单位交换数据属于低级通信,用户直接使用物理层链路通信显然不便;其次,物理传输中会出现信号及比特错误,更严重的是,物理层自身不能发觉这些错误,因此也就没有纠正的能力;另外,物理链路上高速率的比特流可能超出接收方的接收能力,导致接收缓冲区溢出而丢失数据;还有其他方面,例如,物理线路的共享和分配也需要高层管理等。以上诸多方面表明,物理层在数据传输上有许多缺点和不足。也就是说,物理链路仅解决了能传信号、比特的问题,但什么时候传、传多快、正确率、链路争用(物理链路的使用权分配)问题都还没有解决,即如何传才能适应用户的个性要求,解决的办法是在物理层之上设置数据链路层,以修正物理层传输的错误,弥补物理层功能上的不足,进而把物理链路改造成功能更强的数据链路,在物理层服务的基础上向高层提供功能更强的数据传输服务。数据链路层路线图如图4-1所示。

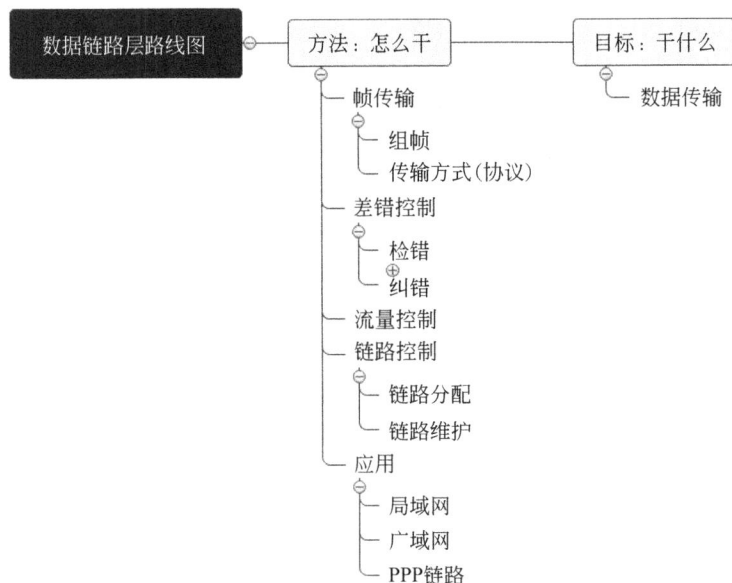

图4-1　数据链路层路线图

　　数据链路层主要是对物理链路进行控制,实现以帧为单位的批量数据传输,除此之外,它还有差错控制、流量控制、介质分配与链路管理等功能。

　　利用数据链路可以实现直连网络内的通信,生活中常见的局域网、广域网都是基于某种链路技术的网络,可以实现网内主机间的通信。现实中有各种各样的数据链路,不同的应用中有的数据链路差别很大。点到点传输的 PPP 链路以及各种局域网、广域网上都是数据链路的个例。

本章将讲述数据链路层的基本概念,介绍组帧、透明传输、差错校验等实现帧交换的基本传输技术,阐述更具一般性的可靠传输原理,最后介绍数据链路的应用特例。

4.1 数据链路层概要

数据链路很虚、很抽象,但其功能不虚,如何理解?

4.1.1 数据链路层与数据链路

物理层的工作有诸多不足:①物理层使用物理线路,以比特为单位收发数据。②接收端会因信号畸变而不能正确识别数据,造成比特错误(如把 0 识别成 1)。更可怕的是,物理层不能避免,也不能察觉这种错误,因此不能保证数据传输的正确性。③在接收端,物理层可以高速地接收物理链路发来的数据,但它不能保证这些数据都能完整地交给上层主机(在接收端,物理层把收到的数据放到缓冲区,通过缓冲区交给计算机主机,物理传输系统没法控制流量,可能导致因缓冲区溢出而丢失数据)。所以,让用户直接使用物理线路发数据没有可靠性保证,并且效率低、不方便。

在物理层上增加一个数据链路层,让数据链路层按一定的规则控制物理层工作,可以克服上述缺点。数据链路层每次交给物理链路一个数据块(帧)让它发送,并且在帧的发送中使用差错校验机制发现传输错误,出错后会让物理层重发,以修正数据错误;数据链路层还时时控制着物理链路发送的数据量,避免接收端缓冲区溢出导致数据丢失。

用户通过数据链路使用物理链路比直接使用物理链路方便、高效得多,在数据链路层的控制下,可以有序地、可靠地、以帧(数据块)为单位传输数据。也就是说,通过数据链路层的工作,在发送端和接收端之间构造了一个新的链路,它能以帧为单位可靠地批量传输数据。显然,这不同于原来的物理链路,我们称它为数据链路。它是一个虚拟的、逻辑的链路。

注意数据链路层和数据链路不是一个概念。数据链路层的工作最后实现了数据链路。数据链路层的工作集中体现在对物理链路的控制上。数据链路层把有差错的物理链路改造成无差错、块传输的数据链路。数据链路层对物理链路的控制体现在数据链路层协议上,通过附加在物理链路上的软件或硬件实现这些协议,完成对物理链路的控制。

这里要明确一下,"物理链路"和"数据链路"并不是一回事。

当需要在一条线路上传送数据时,除了必须有一条物理线路外,还必须有一些必要的通信协议控制这些数据的传输。若把实现这些协议的硬件和软件加到链路上,就构成了数据链路,如图 4-2 所示。协议实现需要硬件支持,如以太网上使用的网卡。一般的网卡都实现了数据链路层和物理层这两层的功能。

最后需要强调,数据链路实现的是相邻两结点间的数据传输,它不能跨越中间结点。哪些设备算中间结点? 例如,在互联网上的路由器就是中间结点,而物理层的中继器对数据链路来说就不算中间结点。图 4-2 展示了物理链路、数据链路在网络通信中的分工与关系。主机 1 和路由器之间是一个数据链路,路由器和主机 2 之间是另一个数据链路。

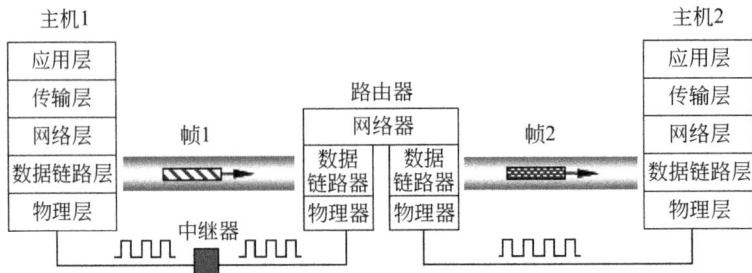

图 4-2　数据链路与帧传输示意图

4.1.2　以帧为单位的数据传输

数据链路最基本的功能是实现了以帧为单位的数据传输,并在此基础上实现了差错检测、流量控制等附加功能。帧传输的过程展示了数据链路的工作方式。

数据链路层的协议数据单元称作帧。下面介绍点对点信道的数据链路中帧的传输过程。

数据链路层把网络层交下来的数据封装成帧发送到链路上;或者接收帧,把帧中的数据取出并上交给网络层。在因特网中,网络层以 IP 数据报为单位向数据链路层传递数据。

在点对点信道的数据链路层,对图 4-2 中相邻结点间帧传输的过程如图 4-3 所示。

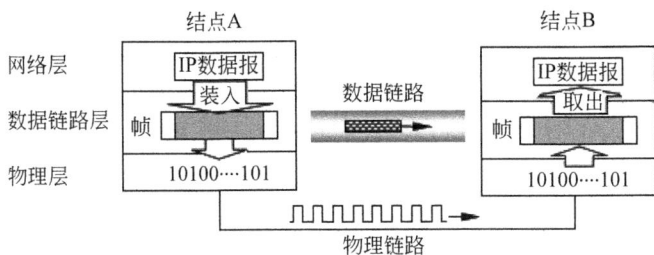

图 4-3　帧传输过程示意图

点对点信道的数据链路层在进行通信时的主要过程如下。

(1) 结点 A 的数据链路层把网络层交下来的 IP 数据报添加头部和尾部封装成帧。

(2) 结点 A 把封装好的帧通过物理链路发送给结点 B 的数据链路层。

(3) 若结点 B 的数据链路层收到的帧无差错,则从收到的帧中提取出 IP 数据报上交给上面的网络层,否则丢弃这个帧。

数据链路层不必考虑物理层是如何实现比特传输的。从数据链路层的视角可以更简单地设想:沿着两个数据链路层之间的水平方向有一个数据链路,通过它可以把帧直接发送到对方。

4.1.3 数据链路层的功能

数据链路层主要是对物理链路进行控制,这种控制是通过执行一系列的数据链路层协议实现的。综上所述,概括地说,数据链路层的主要功能有帧传输控制、差错控制、流量控制、物理寻址、链路管理与介质访问控制等。

帧传输控制。数据链路层的首要功能是实现帧传输,即以帧为单位发送数据。为此,数据链路层解决两个问题,即组帧与透明传输。组帧就是把上层送下来的数据包装成帧。透明传输可以让用户不必关心帧的组成,可以通过数据链路层传输任意数据。

差错控制。大家知道,物理层的比特传输是有差错的,差错控制就是控制数据传输的出错率,使其保持在可用范围。一般通过让物理层重发实现差错纠正,为此,要有反馈机制,还要有差错校验机制,以发现物理层的传输错误。

流量控制。流量控制就是时时控制物理层的数据发送量,防止突发数据淹没接收方。滑动窗口是一个常用的、有效的解决办法。

物理寻址。如何提供有效的物理编址与寻址功能,以能够在众多的相邻结点之间确定接收主机,从而保证每一帧都能送到目的结点,同样也让接收方知道所收的帧来自何处。

链路管理。负责数据链路的建立、维持和释放。在面向连接的通信中,为相邻结点之间的可靠数据传输提供必要的数据链路建立、维持和释放机制。

介质访问控制。对于共享物理线路的数据链路(如总线结构的以太网),各站点都使用总线(物理线路)发送数据,这就需要控制次序,互斥地使用总线,必须使用介质访问控制协议控制总线的使用。这在多用户的局域网中是一个十分突出的问题。

以上所述是数据链路层一般应有的功能。实际上,不同应用中的数据链路功能各有重点,并不具备以上所有功能,不同数据链路的帧格式也不同。例如,在局域网中,重要的是介质访问控制功能,可靠传输和链路管理并不需要。但不管是什么样的数据链路,组帧、透明传输、差错校验功能都是必须具有的,它们是帧传输中必须解决的基本问题。

4.2 帧传输中要解决的基本问题

何谓基本问题?

数据链路层必须解决帧定界、帧校验、透明传输、可靠性、流量控制、链路管理等很多环节的问题,最终才能实现帧传输。鉴于不同的应用需求,各种数据链路要处理的问题并不完全相同,但帧定界、透明传输和差错校验等问题是多数数据链路都不能回避、要处理解决的,是帧传输中要解决的基本问题。

4.2.1 组帧

组帧的主要目的是什么?如何构成帧?

数据链路实现的是以帧为单位的数据传输，首先要解决帧的构成问题，即帧的定界问题。

组帧在发送端进行，就是把高层送来的数据封装成帧。通常，在一段数据的前后分别添加首部和尾部，就构成了一个帧。一般地，在组帧的过程中还要对数据进行处理，在首部和尾部加入一些必要的控制信息以实现差错检验、传输控制等功能。

添加头部和尾部实现了帧的定界，方便接收端的数据链路层识别帧。接收端在收到物理层上交的比特流后，就能根据头部和尾部的标记，从收到的比特流中识别帧的开始和结束。图 4-4 表示用帧头部和帧尾部封装成帧的一般概念。在因特网上，所有数据都以 IP 数据报的形式传送，网络层的 IP 数据报是使用数据链路层传输的。传输时，网络层把 IP 数据报交给本端的数据链路层，这就是数据链路层要发送的数据，称为帧的数据部分。组帧时，数据部分的前面和后面分别添加上头部和尾部，构成一个完整的帧。因此，帧长等于数据部分的长度加上帧头部和帧尾部的长度，而头部和尾部的一个重要作用是进行帧定界（即确定帧的界限）。

发送帧时，从帧头部开始发送。各种数据链路层协议都明确规定了帧头部和帧尾部的格式。显然，为了提高帧的传输效率，应当使帧的数据部分长度尽可能大于头部和尾部的长度。但是，每种链路层协议都规定了帧的数据部分的长度上限——最大传送单元（Maximum Transfer Unit，MTU）。图 4-4 给出了帧的头部和尾部的位置，以及帧的数据部分与 MTU 的关系。

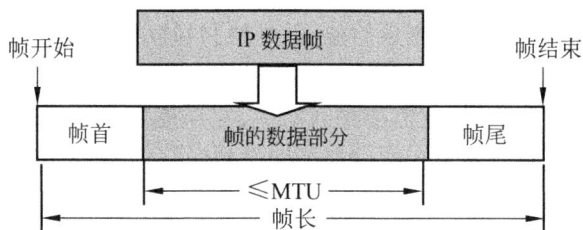

图 4-4　帧的组成与封装

用什么作帧的定界符呢？

帧的首、尾定界符可以相同，也可以不同。不同的数据链路协议对帧定界符的规定不同。

在面向字符的传输中，数据是可打印的 ASCII 码字符，帧定界符一般使用字符集中特定的控制字符充当。

在面向比特的传输中，可以使用特殊的比特模式（比特组合）作为帧定界符。例如，在高级数据链路控制（HDLC）和 PPP 中使用比特模式 01111110（即 0x7E，0x 表示其后是十六进制数）作为首、尾帧定界符。

在数据链路层这样做，传输中会出现问题吗？

4.2.2　透明传输

承上所述，帧首、尾定界符使用专门指明的字符或比特串充当时，如果所传输的数据中恰巧也有这种字符或比特模式时,接收就容易误判,致使接收端不能正确地识别、接收帧,导致接收端混乱。因此,传输中必须避免这种现象出现。

这个问题如何解决呢?

最简单的解决办法是不允许用户发送这样的数据。如果这样,用户在使用数据链路时就必须知道数据链路层里帧定界符是哪种,并且还要保证自己要发送的数据里不包含此定界符。也就是说,用户要关心帧是如何封装的,帧的封装对用户是不透明的,给用户带来不便,显然是不好的。

最好的解决办法是在帧的封装时对用户数据进行检查,如果发现有与帧定界符相同的字符或比特模式,就用转义字符进行变换,到接收端再还原,以保证用户数据不变。这样,用户就不必关心帧的封装,可以透明地使用数据链路。显然,这增加了发送端的时间开销。

根据帧定界符构成的不同,透明传输技术也有多种。对字符和比特模式的变换方式分别称为字节填充和比特填充。下面介绍两种透明传输技术。

1. 字节填充

在面向字符的传输中,用特定字符作帧的定界,此时常用字节填充法解决帧的透明传输问题。字节填充也称字符填充,基本方法是发送方在帧封装时,对用户数据进行检查,如果数据中出现用作帧定界符的字符,则在其前边插入一个转义字符(例如,用一种特殊的控制字符 ESC),由转义字符引导的标记字符接收端不再解释成帧定界符;如果数据中出现了转义字符,在其前也插入一个转义字符。当然,接收端接收帧时也要进行相应检查,需要删除转义字符,把恢复后的数据上交网络层,如图 4-5 所示。

图 4-5　用字节填充法实现透明传输

数据链路的透明传输方便了用户,但数据链路层在收发时都需要对数据进行检查处理,增加了很多开销,也影响了系统效率。

2. 比特填充

在面向比特的传输中,用特定比特串作帧的定界,此时常用比特填充法解决帧的透明传输问题。比特填充方法是发送方在帧封装时检查数据,对与帧定界符相同的比特模式进行变换,插入额外的比特,从而使数据变得与帧定界符不同。

例如,PPP 的一种常用场合是路由器点对点的连接,路由器之间的链路是 SONET/SDH 链路时,PPP 使用同步传输(一连串的比特连续传送)。在这种情况下,PPP 采用零比特填充方法实现透明传输。

零比特填充的具体做法是：在发送端，封装帧时扫描整个数据字段。只要发现有 5 个连续 1，则立即填入一个 0。因此，经过这种零比特填充后的数据，就可以保证在信息字段中不会出现 6 个连续 1。接收端对收到的帧的数据比特流进行扫描，把这 5 个连续 1 后的一个 0 删除，以还原成原来的数据，如图 4-6 所示，这样就实现了透明传输。

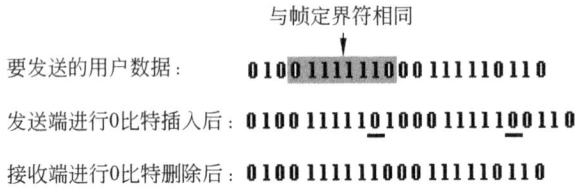

与帧定界符相同

要发送的用户数据： **0100 111111 000 111110 110**

发送端进行0比特插入后： **0100 11111 0 1 000 11111 00 110**

接收端进行0比特删除后： **0100 111111 000 111110 110**

图 4-6 零比特插入与删除

综上可见，透明传输技术就是让系统多做事，让用户傻瓜式地透明使用，也是有代价的。

4.2.3 差错检测

为何要进行差错检测？如何检测？

实际的通信链路都不是理想的。这就是说，比特在传输过程中可能会产生差错：1 可能变成 0，而 0 也可能变成 1。这就叫作比特差错。比特差错是传输差错中的一种。差错的严重程度由误码率衡量，现实的通信链路并非理想，它不可能使误码率下降到零。因此，为了保证数据传输的可靠性，需要进行差错控制。差错控制就是采用措施克服物理链路的不足，在数据链路层把差错率控制在可用范围内。要控制差错率，发现错误是前提；也只有发现错误，接收方才能做到丢弃出错的帧，只接收正常帧。可见，差错检测是数据传输的基本要求。差错检测技术就是数据链路层不可或缺的传输技术之一。

1. 差错检测的原理

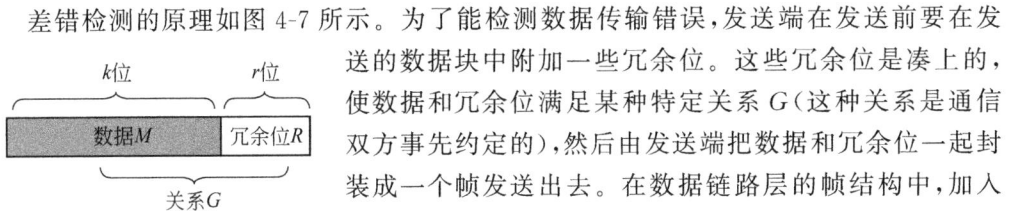

差错检测的原理如图 4-7 所示。为了能检测数据传输错误，发送端在发送前要在发送的数据块中附加一些冗余位。这些冗余位是凑上的，使数据和冗余位满足某种特定关系 G（这种关系是通信双方事先约定的），然后由发送端把数据和冗余位一起封装成一个帧发送出去。在数据链路层的帧结构中，加入的冗余码被称为校验码或帧校验序列（Frame Check Sequence，FCS）。

图 4-7 差错检测的原理示意图

接收端收到帧后，验证这个关系 G 是否成立，如果不成立，说明传输中有差错产生。一般的差错检测算法都不能检测出所有差错，但经过精心设计的算法，其检错率是很高的，接近 100%。一般地，附加的冗余位越多，检错率越高，但传输的额外开销越大。

差错检测的方法很多，最简单的是奇偶检验法。例如，偶检验法是在传输的数据块后附加 1 比特，使得数据和冗余位中"1"的个数是偶数，接收端收到帧后，通过判断"1"的数目是否为偶数判断是否有差错。显然,这种简单的方法只能检测出一半差错。

在数据链路层中用得最多的是循环冗余码(Cyclic Redundancy Code,CRC)。CRC 算法,检错能力很强,在发送端和接收端以硬件实现编码和校验,速度很快且集成电路相对简单。

2. CRC

CRC 检验算法是基于多项式理论推导和证明的。任何一个二进制编码的位串都可以用一个多项式表示,例如,110011 对应的多项式为 $x^5 + x^4 + x + 1$。

如图 4-7 所示,若 k 位数据 M 对应的 $(k-1)$ 次多项式是 $M(x)$,r 位冗余位 R 对应的 $(r-1)$ 次多项式是 $R(x)$,则要发送的数据应是数据 M 和冗余位 R 组成的数据块,它对应 $(k+r-1)$ 次多项式 $C(x) = x^r M(x) + R(x)$。

采用 CRC 校验时,发送端和接收端要事先约定一个生成多项式 $G(x)$,而冗余位的位数 r 正是 $G(x)$ 的最高次数。所以,生成多项式对应的二进制数 G 要比冗余位多一位。

发送前,在发送端根据要发送的数据 M 和 $G(x)$ 计算冗余位 R,冗余位对应的多项式 $R(x)$ 是多项式 $x^2 M(x)$ 除以多项式 $G(x)$ 得到的余式,有了 $R(x)$,也就得到了冗余位。

这 r 位冗余码可用以下方法得出。在二进制里,进行 2^r 乘 M 的运算,相当于在 M 后面添加 r 个 0,得到的 $(k+r)$ 位的数除以 $G(x)$ 对应的 $(r+1)$ 位的数 G,得出商是 Q,而余数是 R(r 位,比 G 少一位)。下面的例题展示了计算过程。

用模 2 运算进行加法、减法都是异或运算,如 $1101 + 1011 = 0110$。

例 4-1　假设要发送的数据是 $M = 101011$;生成的多项式是 $G(x) = x^3 + x + 1$,求 CRC 检验码的冗余位。

解:$G(x)$ 是 3 次多项式,所以有 $r = 3$ 位冗余位,$G(x)$ 对应代码 $P = 1011$。

$x^r M(x)$ 对应的代码 $M = 101011000$(即在数据串右边加 r 个 0,相当于数据串左移 r 位);$x^r M(x)$ 除以 $G(x)$ 用模 2 运算表示如下:

```
                         100110    ←Q(商)
      G(除数)→1011 )101011000    ←2ʳM(被除数)
                    1011
                    ────
                     1110
                     1011
                     ────
                     1010
                     1011
                     ────
                      010    ←R(余数),作为帧的FCS
```

最后的余数为 10,所以 3 位冗余位就是 010。

在接收端,对收到的帧进行校验:把收到的帧数据序列除以除数 G(模 2 运算),然后检查得到的余数 R。在接收端对收到的每一帧经过 CRC 检验后,若得出的余数 $R = 0$,则判定这个帧没有差错,就接收(accept)。若余数 $R \neq 0$,则判定这个帧有差错,就丢弃。

如果在传输过程中无差错,余数 R 肯定是 0。但如果出现误码,那么余数 R 仍等于零的概率是非常小的。如果考虑到差错检出率接近 100%,通常可以认为:“凡是接收端数据链路层接受的帧均无差错。”

在数据链路层,使用 CRC 差错检测技术只能检测出错误,至于是否要纠正错误,不同的数据链路层有不同的做法。通常的纠错办法是反馈重传,开销很大,为提高效率,很多数据链路层都没有纠错机制,错误纠正留到传输层完成。

在通信标准中,现在广泛使用的生成多项式 $G(x)$ 有以下 3 种。

$CRC-16 = x^{16} + x^{15} + x^2 + 1$

$CRC-CCITT = x^{16} + x^{12} + x^5 + 1$

$CRC-32 = x^{32} + x^{26} + x^{23} + x^{22} + x^{16} + x^{12} + x^{11} + x^{10} + x^8 + x^7 + x^5 + x^4 + x^2 + x + 1$

最后,CRC 校验除用于通信外,在数据存储中也广泛使用,以检查存储过程中产生的错误。

4.3 传输协议

数据链路层是怎么工作的?以什么方式传输帧?

数据链路层的主要功能是完成数据帧按一定方式的传输。数据链路层协议是这种控制的集中体现。停止等待(stop-and-wait)协议是最简单但也是最基本的数据链路层协议。有关协议的基本概念都可以从这个协议中学习到,体会数据链路的工作方式。

4.3.1 停止等待协议

数据链路层收发数据的方式有多种。在停止—等待方式下,发送端发出一帧之后必须停下来,等待对帧的确认(Acknowledgement)(对接收端收到的帧进行差错检验并发回确认)。若确认表明对方已经正确收到,则发送方继续发送下一个帧;否则,发送方重发该帧,如图 4-8 所示。帧的确认有肯定和否定之分,表示正确接收的被称为确认(Acknowledgement,ACK)帧,表示错误接收的被称为否认(Negative Acknowledgement,NAK)帧。

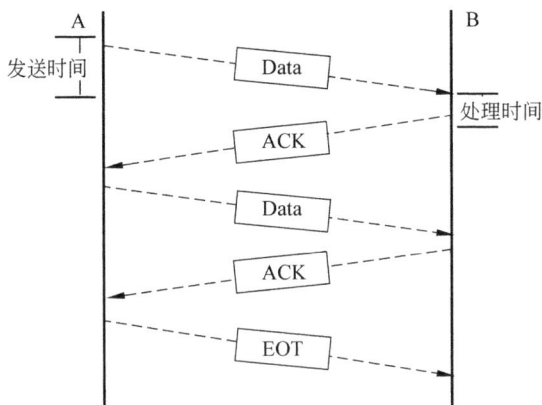

图 4-8 理想情况下的停止等待协议

在停止等待方式的一般情况下,发送站点的动作为

(1) 将从网络层下来的分组装配成帧;

(2) 将帧送到数据链路层的发送缓冲区;

(3) 将发送缓冲区中的帧发送出去;

(4) 等待对方的确认;

(5) 收到接收站点的 ACK 帧,转到(1)。

接收站点的动作为

(1) 等待;

(2) 若收到由发送站点发过来的帧,就将其放入数据链路层的接收缓冲区;

(3) 将接收缓冲区中的帧进行拆封处理,将其中的分组交给网络层;

(4) 发送一个确认帧 ACK 给发送站点,表示帧已正确接收;

(5) 转到(1)。

发送方对出错的帧要重发,所以,发过的帧要放入缓冲区暂存,直到收到对方的正确确认。接收方也有缓冲区,物理层收到帧后先放入缓冲区,数据链路层到缓冲区中取数据帧处理。注意,处理速度和物理层的接收速度不一定相同。

要实现停止等待方式的数据帧收发,就要事先与收发双方约定好,也就是制定协议,并按协议规定编写成程序放在网卡里(俗称网卡驱动程序),控制物理层的工作。编写协议控制程序,必须可能出现的情况考虑周全,否则会留下陷阱,导致系统不能正常工作。图 4-8 的停止等待方式看来简单,其实还有许多情况没处理,请读者先思考再看下文。

任何链路都存在噪声。在有噪声的情况下,帧可能被损坏,也可能完全丢失。图 4-9 展示了数据帧在发送中丢失的情况。在这种情况下,发送端 A 等待确认,由于数据帧丢失,接收端 B 没有收到数据帧当然不会确认,从而继续等待。双方进入死等状态,系统进入死锁状态。这显然是不允许的。

解决的办法是在发送端设置一个计时器。每发送一帧,就启动计时器,如果计时器超时还没收到确认,就认为帧丢失了,重发该帧。

图 4-10 展示了应答帧丢失的情况。这里再次显示了定时器的重要价值。但这一情况

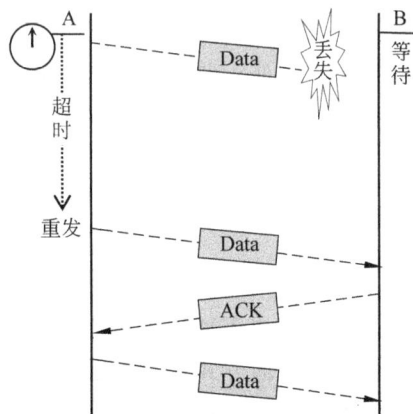

图 4-9　定时器的作用示意图　　　　图 4-10　帧编号的作用示意图

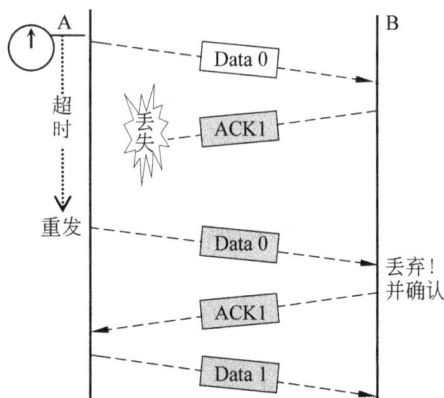

下出现了一个新问题。在这种情况下,接收方 B 已经收到数据帧。由于确认帧丢失,所以发送端计时器超时,触发重发。这样,接收端 B 就收到了第 2 个同样的帧——重复帧。重复帧也是一种不允许出现的差错。为了不引起用户数据错误,B 要丢弃这个帧,而不能再次上交给网络层。但关键问题是,B 能判断出这是第一个帧的重复帧,还是另一个新帧吗? 能不能用比较数据的办法判别? 答案是否定的。

能让接收方准确地区分帧的办法是给帧编号,如图 4-10 所示。注意,图中确认帧的编号特点是正确接收帧的编号加 1,这是接收方的期望帧号,同时表明上一帧已正确接收,也请思考否定确认的帧编号特点。帧编号给帧传输增加了额外开销。对于停止等待协议,由于每发送一个帧就停止等待,因此用 1 个比特给帧编号足够了,可以 0、1 两个编号循环使用。

停止等待方式实现简单,但是这种发送一帧等待一个确认的方式使得通信效率很低。

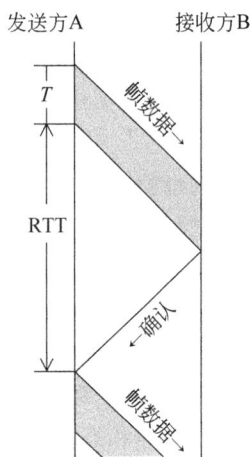

图 4-11 停止等待协议信道利用率

假设发送方 A 发送帧时,发送时间是 T,显然,T 等于帧长度除以发送速率。为了简化问题,假定帧正确到达 B 后,B 处理分组的时间和确认帧的发送时间很小,忽略不计,链路的往返时间 RTT 如图 4-11 所示,则停止等待协议控制下信道的利用率 U 可表示为:

$$U = \frac{T}{T + \text{RTT}}$$

可见,信道的利用率与 T 和 RTT 的比例有关。请大家思考如何提高系统效率。

假定 2000km 的信道的 RTT＝20ms,帧长度是 1500B,发送速率是 1Mb/s。在上述情况下,信道的利用率 $U = 37.5\%$,若把发送速率提高到 10Mb/s,则 $U = 5.66\%$;如果帧长度是 150B,在 1Mb/s 和 10Mb/s 速率下,上述信道的利用率将更低,分别是 5.66% 和 0.6%。信道在绝大多数时间内都是空闲的。

数据帧长和信道 RTT 一定时,发送速率越高,信道的利用率越低。

在信道一定的情况下,停止等待协议中发送的帧越小,信道利用率越低。

当 RTT 远大于帧的发送时间 T 时,信道的利用率会非常低。但是,当 RTT 远小于分组发送时间 T 时,信道的利用率还是非常高的。因此,停止等待协议应用于后面将要讨论的无线局域网。

4.3.2 连续发送的流水线方式

在 RTT 相对较大的情况下,为了提高传输效率,发送方可以不使用低效率的停止等待协议,而是采用流水线传输方式,如图 4-12 所示。流水线传输方式就是发送方可连续发送多个分组,不必每发完一个分组就停顿下来等待对方的确认。这样可使信道上一直有数据不间断地在传送。显然,这种传输方式可以获得很高的信道利用率。

应用连续发送的流水线技术增加了系统的复杂性,对实现可靠数据传输协议有如下要求。

(1) 必须增加帧首部的序号范围。因为每个传输中非重传的分组必须有一个唯一的序号,而且可能有多个传输中未确认的帧,要增大序号的位数。

(2) 发送方和接收方两端必须缓存多个帧。发送方最低限度应当能缓冲那些已发送但没有确认的帧。接收方也可能需要缓存那些已正确接收的帧。

在连续发出的多个帧中,可能会有一个或多个帧出现传输差错。差错帧的出现会让系统出现麻烦,当前解决流水线差错恢复的两种基本方法是:回退 N 步(Go- Back- N,GBN)和选择重传(Selective Repeat ,SR)。

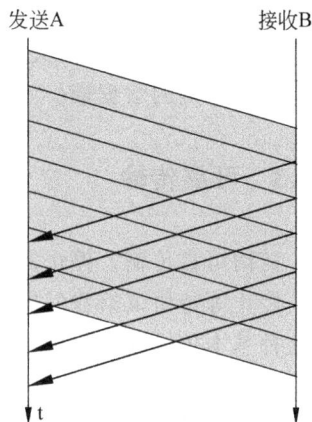

图 4-12　流水线传输方式

针对这种情况,分别采用了两种不同的处理方式,即回退方式和选择性重传方式。

在回退 N 方式中,发送方将重发出错帧及其以后的所有帧。例如,图 4-13 中,连续发了 0 到 6 号帧,而 2 号帧出错,虽然接收端正确接收了 3、4、5 和 6 号帧,但接收端都必须将这些帧丢弃,因为 2 号帧还没有正确收到,这样做是为了保障帧的有序接收。发送端再从 2 号帧开始按帧序号的顺序连续发送。显然,这种方式降低了带宽的利用率。

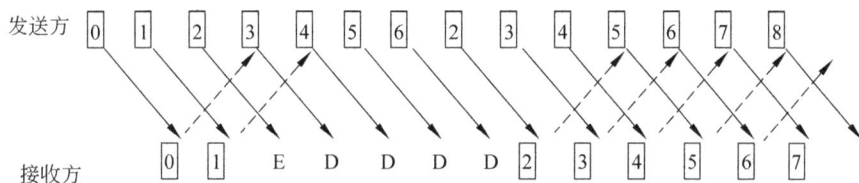

图 4-13　回退方式的连续 ARQ

在选择重传方式中,接收方缓存收到的出错帧之后的各帧,发送方只选择出错帧重发。例如,图 4-14 中,接收方将正确到达的 3、4、5 和 6 号帧缓存下来,发送方只重发 2 号帧。等正确接收 2 号帧后,接收方再把 2、3、4、5、6 号帧按次序交给网络层,以保持帧的先后次序。不过,选择性重传方式需要在接收方提供足够大小的存储缓冲暂时保存那些已经被正确接收的帧。

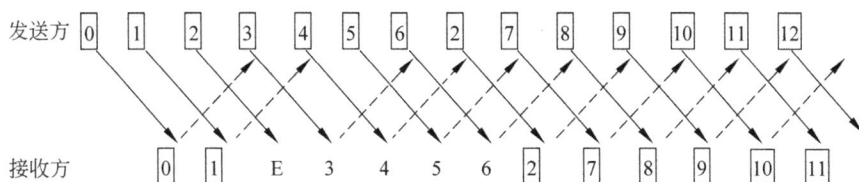

图 4-14　选择性重传的连续 ARQ

图 4-13 和图 4-14 分别给出了回退方式的连续 ARQ 与选择性重发方式的连续 ARQ

的例子。在该例子中,每次连续发送七帧。图中的数字表示帧的编号,实线箭头表示发送方发送的数据帧,虚线箭头表示接收方发送的确认帧,字母 E 表示收到出错帧,D 表示接收方丢弃对应的数据帧。

4.3.3　可靠传输

何谓可靠传输?停止等待协议是如何实现可靠传输的?

停止等待协议给我们展示了一种帧的传输方式,构建了数据传输的基本模型。下面就这种基本传输模型分析它在数据传输可靠性方面的价值、作用。

我们知道,物理链路是存在错误的。停止等待方式中,以帧为基本单位传输,也以帧为基本单位进行差错检测,从而发现帧传输中的比特错误。发现错误是纠正错误的前提,停止等待方式中,通过接收方的应答、确认把错误反馈给发送方,通过重发实现了错误的纠正。这保证了传输中没有比特错误,让数据帧无差错。

数据丢失是另一类更严重的错误。丢失的原因可能是物理层传输导致,也可能是超流量发送,导致接收缓冲区溢出而丢失(在其他协议中,停止等待协议是最严格的流量控制)。停止等待协议的超时重发机制找回所有丢失的帧。停止等待结合超时重发,实现了只有正确地传输完第一帧才会传下一帧,即第一帧不成功,绝不传下一帧,同时也保证了接收数据的有序性。帧的编号让接收方准确地识别重复帧。初看好似停止等待协议中没体现出流量控制机制,其实它执行了最严格的流量控制,每次只允许发一帧。传输机制与可靠传输的逻辑关系可归纳成图 4-15。

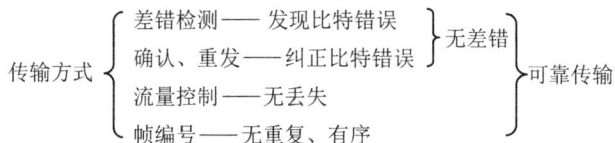

$$
传输方式
\begin{cases}
差错检测 —— 发现比特错误 \\
确认、重发 —— 纠正比特错误 \\
流量控制 —— 无丢失 \\
帧编号 —— 无重复、有序
\end{cases}
\left.
\begin{array}{l}
\\
\end{array}
\right\}无差错 \\
可靠传输
$$

图 4-15　停止等待协议实现了可靠传输

综上所述,停止等待协议下的帧传输实现的是无差错、无丢失、无重复、有序的数据传输。也就是说,数据链路层的发送方发送什么,接收方就收到什么。通常把具有这种性质的数据传输称作可靠传输。数据链路层是控制什么的,是怎么扩展物理链路功能、提高传输性能的,至此也就略见一斑。

停止等待协议虽然实现了可靠传输,但其效率很低,在实际数据链路层中很少使用。改造成连续发送、再引入滑动窗口机制可有效提高效率,传输层的 TCP 就是这样的高效、可靠传输的典型案例,将在传输层一章中具体介绍。连续发送很容易淹没接收方,会导致因缓冲区溢出而产生的数据丢失,进而导致频繁地重发而浪费网络带宽。滑动窗口技术正是对症处方的流量控制机制,但这些机制的引入使得传输系统的构成复杂、开销大、效率低。

可靠传输是高质量的通信,但实现可靠传输的机制非常复杂,系统开销大、传输效率低。早在 OSI 模型中设计的数据链路层和传输层都有可靠传输机制。现在,光纤通信的广泛使用使物理层的可靠性提高,尤其是近距离通信中,为提高效率,在数据链路层很少使用可靠传输机制,但差错校验机制还是有必要的,数据链路层的差错留给传输层最终解决。所以,大家会看到,因特网中常用的数据链路层大多数都没有实现可靠传输,如 PPP 和以太网。

尽管这样,停止等待协议还是用一个简单的传输方式构建出一个典型的传输模型,让我们从中明白了网络通信的核心内涵,对后续网络原理的学习有重要的奠基意义。

4.4　基于数据链路层的通信网络

数据链路层技术在现实中有哪些应用?

至此,我们介绍了数据链路层组帧、透明传输、差错检测 3 个帧传输的基本功能,还列举了停止等待协议,介绍了数据链路层是如何在传输方式的控制中实现差错控制、流量控制的,数据链路层根据需要还要肩负链路管理、物理寻址与介质访问控制等任务。

实际应用中的数据链路并非具备链路层的所有功能,根据应用的特点,数据链路层功能各有侧重,与帧传输相适应的数据帧格式也不同。这些不同的数据链路构成了不同的通信网络,具有不同的特点和特长,适用于不同的应用场景。常用的基于数据链路的通信网有点到点的 PPP 链路、各种局域网、各种广域网等。这些基本网络在互联网构建中扮演着不同的角色,是因特网构成的一部分。

在因特网中,广域网常充当 Internet 的主干网,实现远程数据传输,扩大互联的区域,远程用户结点相对较少;局域网主要用于 Internet 在接入地扩展网络接点,允许众多用户接入因特网;PPP 链路实现的是点对点传输,在单用户接入及主干网的路由器互连中扮演重要角色。基于以上应用的具体需求,PPP 主要解决点对点的数据传输,因此,寻址功能就不必要,介质访问控制也用不上;而局域网就不同了,它用统一的总线提供多用户接入,介质争用问题就是问题的焦点,近距离通信,可靠性也无须数据链路层做太多工作。

我们看到,广域网、局域网都涉及 OSI 体系中最下面的两层。也就是说,由物理层和数据链路层就可以构建底层通信网,解决组帧、透明传输、差错校验等基本帧传输问题。

本节将以 PPP 及广域网、局域网作为数据链路层特例为读者作简单介绍,从而让用户在前面所学知识的基础上对数据链路层有更具体的了解。

4.4.1　综述

链路管理功能主要用在面向连接的服务中。在面向连接的通信中,为相邻结点之间的可靠数据传输提供必要的数据链路建立、维持和释放机制。在链路两端的结点进行通信前,必须确认对方已处于准备好状态,并交换一些必要的信息,对序号初始化,才能建立连接。在通信的过程中,要能维持连接,包括出现差错后重新初始化,重新自动建立连接等。通信完毕后则要释放连接。另外,在多个站点共享同一物理信道(如局域网)的情况下,如何在要求通信的站点间分配和管理信道也属于数据链路层链路管理的范畴。

介质访问控制:是对物理链路的使用权进行分配,相当于设备调度员。对于共享物理线路的广播式数据链路(如总线结构的以太网),各站点都使用总线(物理线路),以广播方式发送数据。若需要互斥地使用总线,必须使用介质访问控制协议控制总线的使用,这在多用户的局域网中是一个十分突出的问题。

物理寻址:如何提供有效的物理编址与寻址功能,以能够在众多的相邻结点之间确定接收主机,从而保证每一帧都能送到目的结点,同样也让接收方知道所收的帧来自何处。

链路管理:负责数据链路的建立、维持和释放。

4.4.2 基于数据链路层的远程通信与广域网

借助广域网可以构建 Internet 的主干链路,实现远程数据传输,构建因特网的核心部分,这与局域网的职能有所不同,如图 4-16 所示。广域网由广域网交换机和高速链路组成。远程用户结点相对较少,介质共享常采用多路复用方式。

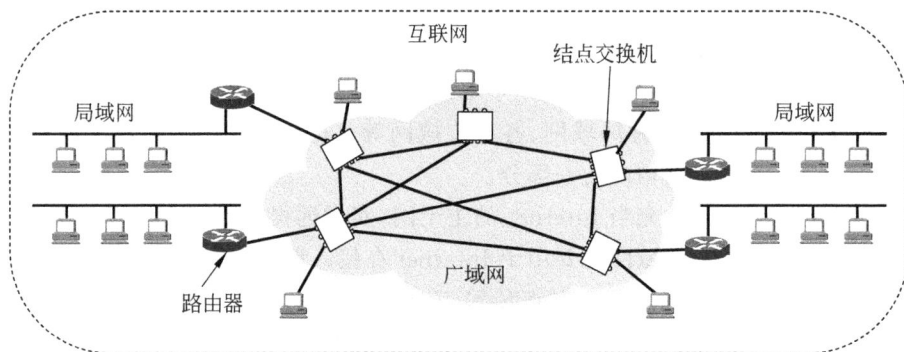

图 4-16 广域网及其应用

广域网有多种,协议体系也有差别。广域网相当于实现了 OSI 体系中物理层和数据链路层的功能,但大多广域网的体系与 OSI 体系并不相同,其分层与 OSI 体系中的分层没有严格的对应关系。例如 ATM,其层次划分与 OSI 体系不同;从功能上看,ATM 主要完成了 OSI 体系中最下两层的功能,涉及网络层的功能很少。

从应用上看,除了实现本网内通信,广域网和局域网一样,都能承载 IP 分组、实现互联网通信,构建互联网是构建互联网的基础网络。因此,功能上广域网也相当于 TCP/IP体系中的最下两层。广域网和局域网都是 TCP/IP 互联的对象,是 Internet 的构建单元,承载 IP 分组的传输。因此,可以认为 ATM 和帧中继等广域网是由物理层、链路层构建的网络。

欧洲早期的 x.25 分组交换网是曾经有很大影响的广域网。其技术标准 x.25 于 1976年由国际电报电话咨询委员会(CCITT)提出,适用于当时的电缆通信。后来,随着光纤通信技术的使用,x.25 被帧中继取代,现在 x.25 早已退出历史舞台。

帧中继(Frame Relay,FR)和异步传输模式(Asynchronous Transfer Mode,ATM)是后来光纤通信的广域网,都是使用虚电路的分级交换网,可靠性好,都曾经是构建因特网主干链路,是广域网的主流技术。继 FR 之后,ATM 以更高的速率一度扮演着 Internet 的远程主干传输的角色;近十年来,随着 10Gb/s 以太网突破局域限制,其高速率、低成本让 ATM 汗颜。近年来,ATM 开始淡出市场。

广域网和局域网一样也是两层的底层通信的网,是数据链路层的在远程通信领域的重要应用。

同样,广域网重点实现数据的远程传输,对可靠性有较高要求,因为用户较少,链路复用问题比较容易解决,介质访问控制问题也不突出。

当主机之间的距离较远时,例如,相隔几十或几百千米,甚至几千千米,局域网显然就无法完成主机之间的通信任务。这时也需要使用广域网接入 Internet,PPP 链路就常常出现在这种场景下。

4.4.3　PPP

在通信线路质量较差的年代,在数据链路层使用可靠传输协议曾经是一种好办法。因此,能实现可靠传输的高级数据链路控制(High-Level Data Link Control,HDLC)就成为当时比较流行的数据链路层协议。但现在 HDLC 已很少使用了。对于点对点的链路,简单得多的点对点协议(Point-to-Point Protocol,PPP)则是目前使用最广泛的数据链路层协议。

PPP 能够在多种类型的链路上运行。PPP 的一种应用场合是家庭用户使用电话线通过 Modem 拨号或通过 ADSL 连接到 Internet;另一种常用情况是由路由器点对点连接成 Internet 的一些主干,路由器之间可以是 SDH/SONET 等传输系统。

PPP 1992 年由因特网工程部(IETF)制定,在 1994 年成为因特网的正式标准[RFC 1661]。

1. PPP 的特点

IETF 认为,在设计 PPP 时必须考虑以下多方面的需求[RFC 1547]:

(1) 简单。RFC 1547 声称"点到点协议的口号就是简单性"。简单是 PPP 最重要的需求。

因特网体系结构中,传输层 TCP 最终保障可靠性。因此,对数据链路层的帧,不需要纠错,不需要序号,也不需要流量控制。因此,这种数据链路层的协议非常简单:接收方每收到一个帧,就进行 CRC 检验。如 CRC 检验正确,就收下这个帧;反之,就丢弃这个帧,其他什么也不做。

(2) 封装成帧。PPP 的数据链路层发送方必须能够将网络层分组封装成帧,用特殊的字符作为帧定界符,这样,接收方就可以从收到的比特流中准确地找出帧的起、止位置。

(3) 透明性。PPP 不能对网络分组中出现的任何数据进行限制,必须保证数据传输的透明性。

(4) 多种网络层协议。PPP 必须能够在同一条物理链路上同时支持多种网络层协议(如 IP 和 IPX 等)的运行。

（5）多种类型链路。除了要支持多种网络层的协议外，PPP 还必须能够在多种类型的链路上运行。例如，串行的（一次只发送一个比特）或并行的（一次并行地发送多个比特），同步的或异步的，低速的或高速的，电的或光的链路。

这里特别要提到的是 1999 年公布的在以太网上运行的 PPP，即 PPP over Ethernet，简称为 PPPoE［RFC 2516］，这是 PPP 能够适应多种类型链路的一个典型例子。PPPoE 是为宽带上网的主机使用的链路层协议。这个协议把 PPP 帧再封装在以太网帧中（当然，还要增加一些能够识别各用户的功能）。宽带上网时由于数据传输速率较高，因此可以让多个连接在以太网上的用户共享一条到 ISP 的宽带链路。现在，即使是只有一个用户利用 ADSL 进行宽带上网（并不和其他人共享到 ISP 的宽带链路），也是使用 PPPoE 协议。

（6）差错检测。PPP 必须能够对接收方收到的帧进行检测，并丢弃有差错的帧。

（7）检测连接状态。PPP 必须具有一种机制能够及时（不超过几分钟）自动检测出链路是否处于正常工作状态。

（8）网络层地址协商。PPP 必须提供一种机制使通信的两个网络层（如两个 IP 层）的实体能够通过协商知道或能够配置彼此的网络层地址。

RFC 1547 中还明确了 PPP 不需要的以下 4 种功能。

（1）纠错。PPP 只进行检错，并不纠正。也就是说，PPP 是不可靠的传输协议。

（2）流量控制。PPP 被要求能够用下面物理层的全部速率执行帧的接收，不进行流量控制。如果需要，就由高层控制流量。

（3）序号。PPP 链路交给上层的数据帧次序不一定与发送次序一致。若不是可靠传输，就不使用帧的序号。

（4）多点线路。PPP 不支持多点线路（即一个主站轮流和链路上的多个从站进行通信），只支持点对点的链路通信。

2. PPP 的组成

PPP 由三个部分组成，每部分分别完成相应的功能。

（1）成帧。将数据封装到一个 PPP 帧中、对帧的开始和终止进行识别和对帧中的错误进行检测的方法。

（2）链路控制协议。用来对 PPP 链路进行初始化、维持和拆除的协议。

（3）网络控制协议。网络控制协议是一个协议簇（每个协议对应一个上层网络层协议），它完成收发方网络层通信前的网络层地址配置或参数协商等。

3. PPP 的帧格式

PPP 的帧格式如图 4-17 所示。

标志字段 F　PPP 帧头部的第一个字段和尾部最后一个字段都是标志字段 F（Flag），规定为 0x7E（即 01111110）。标志字段表示一个帧的开始或结束。因此，标志字段就是 PPP 帧的定界符。连续两帧之间只需要用一个标志字段。如果出现连续两个标志字段，就表示这是一个空帧，应当丢弃。

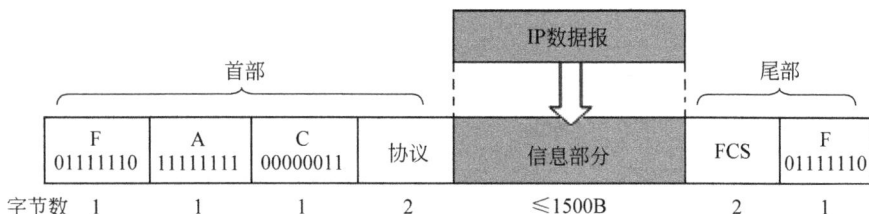

图 4-17　PPP 的帧格式

地址字段 A　规定为 0xFF(即 11111111)。

控制字段 C　规定为 0x03(即 00000011)。A、C 两字段只能取一固定值。实际上并没有携带 PPP 帧的信息。以后可以对这两个字段的值进行其他定义。

协议字段　告诉接收端此帧中的数据应该交给上层的哪个协议。当协议字段为0x0021 时,PPP 帧的信息字段就是 IP 数据报。若协议字段为 0xC021,则信息字段是PPP 链路控制协议(LCP)的数据,而 0x8021 表示这是网络层的控制数据。

信息字段　信息字段的长度是可变的,不超过 1500B。

帧检验序列(FCS)　检测帧差错的冗余码,PPP 帧中使用的是 CRC 检验。

如上节所述,当 PPP 运行在异步传输的物理链路上时,通常使用字节填充实现帧的透明传输。PPP 用在 SONET/SDH 链路时,使用同步传输。在这种情况下,PPP 采用零比特填充方法实现透明传输。

4. PPP 的工作过程与状态

当 PPP 链路的主机被开启的时候,该链路是怎样被初始化的? PPP 链路的初始化、维护、错误汇报和终止都是使用 PPP 的 LCP 和 PPP 网络控制协议簇完成的。

当用户拨号接入 ISP 后,就建立了一条从用户 PC 到 ISP 的物理连接。这时,用户PC 向 ISP 发送一系列的 LCP 分组(封装成多个 PPP 帧),以便建立 LCP 连接。

这些分组及其响应选择了将要使用的一些 PPP 参数,接着还要进行网络层配置,NCP 给新接入的用户 PC 分配一个临时的 IP 地址。这样,用户 PC 就成为因特网上有 IP地址的主机了。

当用户通信完毕时,NCP 释放网络层连接,收回原来分配出去的 IP 地址。接着,LCP 释放数据链路层连接。最后释放的是物理层的连接,如图 4-18 所示。

PPP 链路的起始和终止状态都是图 4-18 中的"链路静止"(link dead)状态。

当用户 PC 通过调制解调器呼叫路由器时,路由器检测到载波信号,就建立了物理连接。

有了物理链路后,PPP 进入"链路建立"(link establish)状态,其目的是建立链路层的LCP 连接。这时,一端使用 LCP 配置请求帧(configure-request),将它想协商的一些配置选项发出去。链路另一端的响应可能是:

(1) 配置确认帧(configure-ack):所有选项都接受。

(2) 配置否认帧(configure-nak):所有选项都理解,但不能接受。

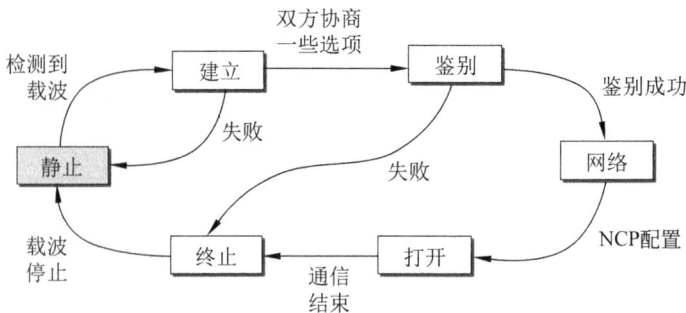

图 4-18　PPP 的状态图

（3）配置拒绝帧（configure-reject）：选项有的无法识别或不能接受，需要协商。

LCP 配置选项包括链路上的最大帧长、所使用的鉴别协议的规约（如果有），以及是否使用 PPP 帧中的地址和控制字段。

协商结束后双方就建立了 LCP 链路。

接着就进入"鉴别"（authenticate）状态。在这一状态，只允许传送 LCP 的分组、鉴别协议的分组以及监测链路质量的分组。若使用口令鉴别协议（Password Authentication Protocol，PAP），则需要发起通信的一方发送身份标识符和口令。若鉴别身份失败，则转到"链路终止"（link terminate）状态；若鉴别成功，则进入"网络层协议"（network-layer protocol）状态。

在"网络层协议"状态，PPP 链路的两端的网络控制协议（NCP）根据网络层的不同协议互相交换网络层特定的网络控制分组。如果在 PPP 链路上运行的是 IP，就要用网络协议簇中相应的 IP 控制协议（IP Control Protocol，IPCP）对 PPP 链路的每一端的 IP 模块进行配置（如分配 IP 地址、是否进行数据压缩）。IPCP 分组和 LCP 分组一样，也封装成 PPP 帧（协议字段为 0x8201）在 PPP 链路上传送。

当网络层配置完毕后，链路就进入可进行数据通信的"链路打开"（link open）状态。

此后，链路的两个 PPP 端点可以彼此向对方发送分组。两个 PPP 端点还可发送回送请求（echo-request）LCP 分组和回送回答（echo-reply）LCP 分组，以检查链路的状态。

数据传输结束后，可以由链路的一端发出终止请求（terminate-request）LCP 分组请求终止链路连接，在收到对方发来的终止确认（terminate-Ack）LCP 分组后，转到"链路终止"状态。如果链路出现故障，也会从"链路打开"状态转到"链路终止"状态。当调制解调器的载波停止后，则回到"链路静止"状态。

图 4-18 给出了对 PPP 的几个状态的说明。从设备之间无链路开始，到先建立物理链路，再建立 LCP 链路，经过鉴别后再建立 NCP 链路，然后才能交换数据。由此可见，PPP 已不是纯粹的数据链路层的协议，它还包含物理层和网络层的内容。

4.4.4　广播方式的数据链路与局域网

广播信道可以进行一对多的通信，局域网是使用广播信道的典型案例。

1. 局域网概述

局域网是在 20 世纪 70 年代末发展起来的。局域网技术在计算机网络中占有非常重要的地位,在计算机网络应用中扮演着重要的角色。

局域网的应用有两大方面:一是实现了局域计算机的互联通信和资源共享,如常用的企业网、办公网、校园网等;二是在 Internet 构建中充当本地接入网,使得众多用户计算机接入因特网。如果说广域网构造了 Internet 这棵大树的树干,那么,局域网构建的就是树枝,承载绿叶,展开树冠。因此,局域网上有很多用户站点。

局域网一般为一个单位所拥有,且地理范围有限。它具有较高的数据率、较低的时延和较小的误码率。当然,随着光纤技术在广域网中的普遍使用,现在广域网数据率也很高且误码率大大降低。

常见的局域网拓扑结构与广域网的一个重要区别在于它们的地理覆盖范围,由此两者采用了明显不同的技术路线。"有限的地理范围"使得局域网在基本通信机制上选择了"共享介质"方式和"交换"方式,并相应地在传输介质的物理连接方式、介质访问控制方法上形成了自己的特点。一般来说,决定局域网特性的主要技术要素是网络拓扑结构、传输介质与介质访问控制方法。

局域网常用的网络拓扑有总线型、环形、星形、树形,如图 4-19 所示。

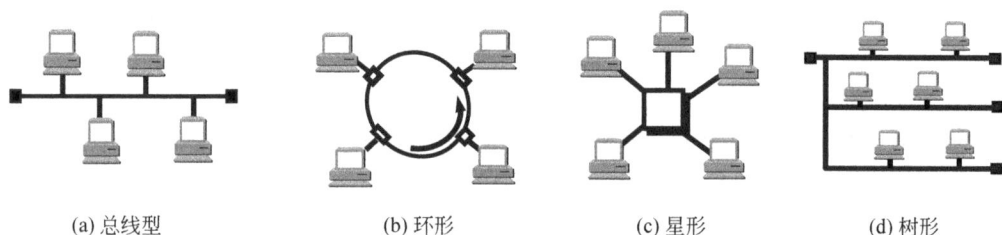

| (a) 总线型 | (b) 环形 | (c) 星形 | (d) 树形 |

图 4-19 局域网常用的网络拓扑

(1) 总线型拓扑结构如图 4-19(a)所示,它的典型代表是著名的以太网(ethernet)。各站直接连到一条作为公共传输介质的总线上。总线通常采用双绞线和同轴电缆作为传输介质。当一个结点利用总线以"广播"方式发送信号时,其他结点都可以"收听"到所发送的信号。总线两端的匹配电阻吸收在总线上传播的电磁波信号的能量,避免在总线上产生有害的电磁波反射。总线网可使用两种协议:一种是传统以太网使用的 CSMA/CD;另一种是令牌传递总线网,即物理上是总线网,而逻辑上是令牌环形网。前一种总线网现在已演进为星形网,而后一种令牌传递总线网早已退出市场。总线拓扑的优点是结构简单、实现容易、可靠性较好。

(2) 环形拓扑结构。所有的站点通过相应的网卡,使用点对点线路连接,并构成一个闭合的环,如图 4-19(b)所示。环形拓扑也是共享介质的。星形网的各站点可以有序发送数据,最典型的就是令牌环形网(token ring),简称为令牌环,也早已退出市场。其缺点是环一旦故障,整个网就不能运行,可靠性不好。

(3) 星形拓扑结构。星形网中各站点以中央结点为中心相连接,各站点与中央结点以点对点方式连接,如图 4-19(c)所示。任何两站点之间的数据通信都要通过中央结点,可在中央结点上实施集中控制。中央结点容易形成网络瓶颈,一旦故障,整个网就不能运行。由于集线器(hub)的出现和双绞线大量用于局域网中,星形以太网获得了非常广泛的应用。

(4) 树形拓扑结构是总线网拓扑结构的变形,如图 4-19(d)所示,属于使用广播信道的网络,但它主要用于频分复用的宽带局域网。

局域网可使用多种传输媒体。双绞线最便宜,原来只用于低速(1~2Mb/s)基带局域网。现在,10Mb/s 甚至 100Mb/s 乃至 1Gb/s 的局域网也可使用双绞线。双绞线已成为局域网中的主流传输媒体。50Ω 同轴电缆可用到 10Mb/s,而 75Ω 同轴电缆可用到几百 Mb/s。光纤具有很好的抗电磁干扰特性和很宽的频带,主要用在环形网中,其数据率可达 100Mb/s 甚至 10Gb/s。现在技术发展很快,点对点线路使用光纤已相当普遍。

2. 介质访问控制

在总线型、环形、树形局域网上,各站点共享传输介质,同时发送数据就会引起冲突,这就要求各站点不能同时发送数据,互斥地使用信道。为此就必须对介质的使用进行控制。而局域网上的用户众多,尤其是网络负载大的时候,介质访问控制就成为局域网数据链路层最重要,也是最困难的工作。

一般来说,局域网是近距离通信,所以没有使用可靠传输,大多是无连接、无应答、无流量控制。也就是说,数据链路层在帧传输方面做的工作非常少。局域网数据链路层的控制主要体现在介质访问控制上。

共享信道着重考虑的一个问题是如何使众多用户能够合理而方便地共享通信媒体资源。这在技术上有两种方法。

(1) 静态划分信道,如在 3.2 节中已经介绍过的频分复用、时分复用、波分复用和码分复用等。用户只要分配到信道,就不会和其他用户发生冲突。但这种划分信道的方法代价较高,只适合用户较少、数量相对固定的场合,如广域网中的一些链路,不适合于局域网使用。

(2) 动态媒体接入控制,又称为多点接入(multiple access),其特点是信道并非在用户通信时固定分配给用户。这里,动态媒体接入控制又分为随机接入和受控接入两类。

随机接入的特点是所有用户可随机地发送信息。但如果恰巧有两个或更多的用户在同一时刻发送信息,那么在共享媒体上就要产生碰撞(即发生了冲突),使得这些用户的发送都失败。因此,协议中必须有解决冲突的机制。

受控接入的特点是用户不能随机地发送信息,而必须服从一定的控制。这类的典型代表有分散控制的令牌环局域网和集中控制的多点线路探询(polling),或称为轮询。

在以太网中将重点讨论随机接入。采用受控接入机制的局域网目前已淡出市场,本书也不再讨论。

3. 局域网标准

20 世纪 80 年代是局域网的快速发展时期,市场上各种不同的局域网竞争并存。各局域网的研发背景不同,采用的拓扑结构、传输介质、介质访问策略也各不相同,导致各种局域网兼容性差、互联互通困难。为打破这一现状,促进局域网健康发展,1980 年 2 月,美国电气和电子工程师学会(IEEE)成立了局域网标准化委员会(简称 IEEE 802 委员会),研究并制定了局域网的 IEEE 802 标准。

IEEE 802 标准是一个由一系列协议共同组成的标准体系。IEEE 802 标准体系如图 4-20 所示。随着局域网技术的发展,该体系还在不断地增加新的标准与协议。例如,随着以太网技术的发展,IEEE 802.3 家族出现了许多新的成员,如 IEEE 802.3u,IEEE 802.3z,IEEE 802.3ab 等。

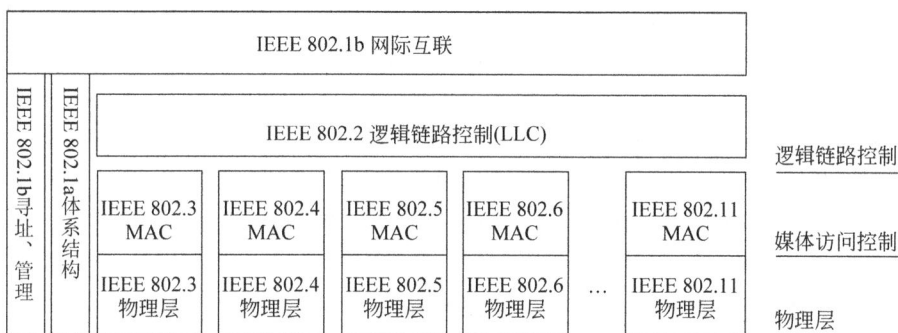

图 4-20　IEEE 802 标准体系

出于商业上的激烈竞争,IEEE 802 委员会未能形成一个统一的、"最佳的"局域网标准,而是被迫制定了几个不同的局域网标准,如 IEEE 802.3 总线局域网、IEEE 802.4 令牌总线网、IEEE 802.5 令牌环网、IEEE 802.11 无线局域网、IEEE 802.16 宽带无线局域网等。

IEEE 802 规定的局域网体系结构如图 4-21 所示,局域网涉及 OSI 的物理层和数据链路层,并将数据链路层分成链路控制与介质访问控制两个子层。这样,局域网工作中就有两种帧,即 LLC 帧和 MAC 帧,网络层分组先封装成 LLC 帧,LLC 帧再交给 MAC 层封装成 MAC 帧,然后交物理层传输。

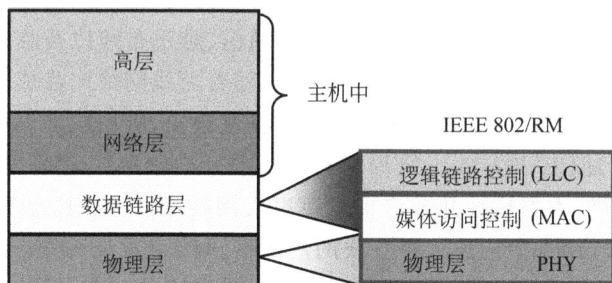

图 4-21　IEEE 802 规定的局域网体系结构

局域网为什么将数据链路层又分成逻辑链路控制(Logical Link Control,LLC)和介质访问控制(Medium Access Control,MAC)两个子层呢?

原来，不同的局域网有不同的物理层（如传输介质、网络拓扑等），所以，实现介质访问控制的 MAC 层也就不同。把与物理层相关的控制都放在 MAC 层，不管物理层如何差异，逻辑控制都是一样的（如差错检验、流量控制等方面），把与物理层无关的控制都放在 LLC 层，这样，对不同的局域网，可以共用一个 LLC 层。这有两方面的好处：第一，对不同的局域网，避免重复开发 LLC 层；第二，各种局域网都有相同的 LLC 层，为局域网互联奠定了基础，提高了局域网间的互操作性。也就是说，设计通用的 LLC，主要是为了实现不同局域网的互联。

然而，到 20 世纪 90 年代后，激烈竞争的局域网市场逐渐明朗。以太网快速发展，淘汰了其他局域网而独占市场，异构局域网不复存在，LLC 层也就失去了存在的价值。由于因特网发展很快，而 TCP/IP 体系经常使用的局域网只剩下 DIX Ethernet V2，而不是 IEEE 802.3 标准中的局域网，很多厂商生产的网卡上就仅装有 MAC 协议，而没有 LLC 协议。本书在介绍以太网时也就不再考虑 LLC 子层。

以太网是美国施乐（Xerox）公司的 Palo Alto 研究中心（简称为 PARC）于 1975 年研制成功的。那时，以太网是一种基带总线局域网，当时的数据率为 2.94Mb/s。以太网用无源电缆作为总线传送数据帧，并以曾经在历史上表示传播电磁波的以太（Ether）命名。1976 年 7 月，Metcalfe 和 Boggs 发表了他们的以太网里程碑论文［METC76］。1980 年 9 月，DEC 公司、英特尔（Intel）公司和施乐公司联合提出了 10Mb/s 以太网规约的第一个版本 DIX Vl（DIX 是这三个公司名称的缩写）。1982 年又修改为第 2 版规约（实际上也就是最后的版本），即 DIX Ethernet V2，成为世界上第一个局域网产品的规约。

在此基础上，IEEE 802 委员会的 IEEE 802.3 工作组于 1983 年制定了第一个 IEEE 的以太网标准 IEEE 802.3，数据率为 10Mb/s。IEEE 802.3 局域网对以太网标准中的帧格式做了很少的改动，但允许基于这两种标准的硬件实现可以在同一个局域网上互操作。以太网的两个标准 DIX Ethernet V2 与 IEEE 802.3 只有很小的差别，因此很多人也常把 802.3 局域网简称为"以太网"（本书不严格区分它们，严格来说，"以太网"应当指符合 DIX Ethernet V2 标准的局域网）。

局域网经过了近 30 年的发展，尤其是在快速以太网（100Mb/s）和吉比特以太网（1Gb/s）、10 吉比特以太网（10Gb/s）进入市场后，以太网已经在局域网市场中占据了绝对优势。另外，无线局域网 IEEE 802.11 在移动通信、难于布线以及临时通信等场合具有独特的优势，是有线网络所不能替代的。近年来，随着无线网络产品成本的降低，手机、平板电脑等智能移动终端的广泛使用，无线局域网普及很快，应用广泛。

鉴于以太网和 IEEE 802.11 无线局域网在当前社会中的广泛应用，是 Internet 底层通信的主要承载网络，本书后续几节将重点对以太网技术和 IEEE 802.11 无线局域网技术展开讨论。在 Internet 中构建远程互联的广域网虽然也重要，但这部分网络主要由通信公司承建、维护，一般上网用户很少直接使用，对普通用户而言，其技术的现实应用性不强；另一方面，传统经典的 x.25、帧中继都已过时，10Gb/s 以太网已突破局域的限制，实现了物美价廉的远程传输，淘汰了之前的远程通信网络，如 ATM 等，故为了突出重点、强化主流应用技术，考虑到技术的时效性，本书后续不再对广域网展开讨论。同样的原因，对已退出市场的传统经典局域网，如令牌环形网、令牌总线网、FDDI 等，除了了解其介质访问控制策略,以便与以太网形成对比,也无细究的必要。

扩展阅读:令牌环网

令牌环网(token ring)由 IBM 公司于 1969 年推出,后来被列为 IEEE 802.5 标准协议,它在物理和逻辑上均基于环结构,该网络通过一个很小的自由令牌(free token),一种有别于数据帧的特殊帧在环上单向循环控制和管理传输介质的使用,以保证整个环路最多只有一个站处于发送状态,其他站都处于接收或转发方式。令牌环网是早期比较有名的局域网之一,现在已经很少见。令牌环网与以太网都是很经典的局域网代表,其介质控制策略明显不同,它提供了一种有序访问控制机制,请大家课外线上搜索,了解更具体的原理算法,以对比理解以太网的特点。

习题

1. 名词解释:差错检测;流量控制;差错控制;帧;面向连接的服务;面向无连接的服务;物理地址。

2. 数据链路(即逻辑链路)与链路(即物理链路)有何区别?"电路接通了"与"数据链路接通了"的区别何在?

3. 数据链路层中的链路控制主要指哪些方面的控制?

4. 什么是成帧? 数据链路层常用的成帧方法有哪些?

5. 何为差错? 引起差错的原因是什么? 如何进行差错检测?

6. 试计算传输信息 1011001 的 CRC 编码,假设其生成多项式为 x^3+x+1。

7. 设收到的信息码字为 1101111001,生成多项式为 $G(x)=x^4+x^3+1$,收到的信息有错吗? 为什么?

8. 网卡的主要功能有哪些? 网卡地址的作用是什么?

9. PPP 用同步传输技术传送比特串 01100011111011110001。经过零比特填充后变成怎样的比特串? 若接收端收到的 PPP 帧的数据部分是 000110111110110,发送端实际发送的数据串是什么?

10. 何谓可靠传输? 试述停止等待协议是如何实现可靠传输的。

11. 在停止等待协议算法中若不使用帧的序号,会出现什么后果?

12. 假设主机甲采用停-等协议向主机乙发送数据帧,数据帧长与确认帧长均为 1000B。数据传输速率是 10kb/s,单向传播时延是 200ms,则主机甲的最大信道利用率是多少?

13. 假定在一条无错线路上采用选择性重传的滑动窗口协议,线路速率是 1Mb/s,最大帧长度是 1000b,每秒产生一个新帧,超时间隔是 10ms。如果删除 ACK 超时机制,将会发生不必要的超时事件,平均每个报文要传送多少次?

14. 若数据链路的发送窗口尺寸为 4,在发送了 3 号帧,并收到 2 号帧的确认后,发送方还可连续发几帧？试给出可发帧的序号。

15. 数据链路层采用选择重传协议(SR)传输数据,发送方已发送了 0~3 号数据帧, 现已收到 1 号帧的确认,而 0、2 号帧依次超时,则此时需要重传的帧数是多少?

16. 试对数据链路层功能进行简要总结,并说明你对物理层之上的数据链路层存在意义的认识。

第 5 章　底层通信网络与应用

　　物理层完成基于信号的比特传输,着眼于信号处理与传输;数据链路层实现了数据通信,着眼于带有校验和流量控制的块数据处理,实现了数据通信的基本功能。至此,基于物理层、数据链路层就可实现基本的数据通信,组成数据通信网络,即我们常用的局域网、广域网、城域网等,这些网是当年网络研发的基本网络产品,也是当今承载 Internet 互联的底层主体,或者称作 Internet 的底层网络。历史上,局域网、广域网、城域网等产品有很多,目前社会上广泛应用的是以太网和无线局域网。

　　本章以局域网诞生时代的各种问题追寻为主线,对以太网的原理和技术进行剖析,揭示发明人精准地解决难题的智慧。技术创新也直接推动以太网演变升级,在产品市场上呈现出强大的生命力。在内容呈现上,力图让读者置身于工匠环境思考问题,亲历问题,体验创新,体会创新的价值。底层网络路线图如图 5-1 所示。

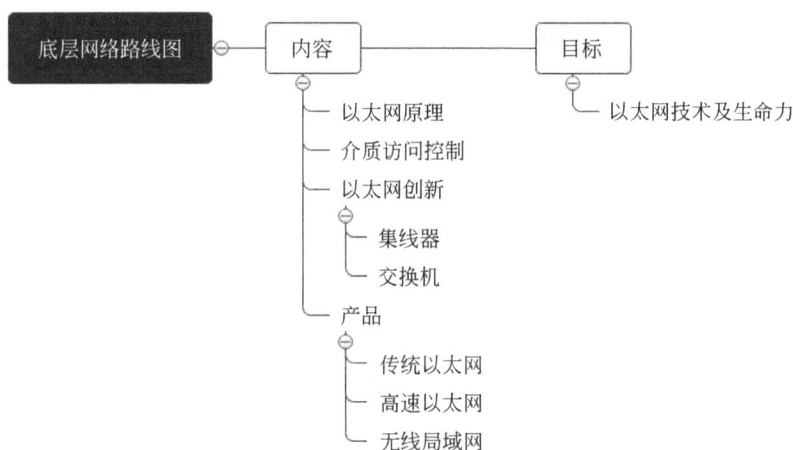

图 5-1　底层网络路线图

5.1　以太网的构成及原理

5.1.1　以太网及其构成

　　以太网的研发主要解决本地计算机间的数据通信问题。以太网是一种基带总线局域网,用无源电缆作为总线传送数据帧,以最简单的方式实现本地计算机的可靠互联。

　　当初提出以太网的方案是基于下面的思路:要寻找很简单的方法把一些相距不太远的计算机互相连接起来,使它们可以很方便和很可靠地进行较高速率的数据通信。

最早的以太网采用总线结构,将许多计算机都连接到一根总线上构成网络,如图 5-2 所示。当初认为这种连接方法既简单又可靠,因为在那个时代普遍认为:"有源器件不可靠,而无源的电缆线才是最可靠的。"

计算机是通过网卡接到总线上的。网卡又称作网络适配器(适配器的概念更一般化,我们称之为网卡,以适应大众习惯),现在大多数计算机主板上都集成有以太网网卡。网卡是计算机与网络的接口设备,负责网络主机数据的收发,实现以太网协议。网卡功能结构图如图 5-3 所示。由图可见,网卡实现了网络体系中的数据链路层和物理层。

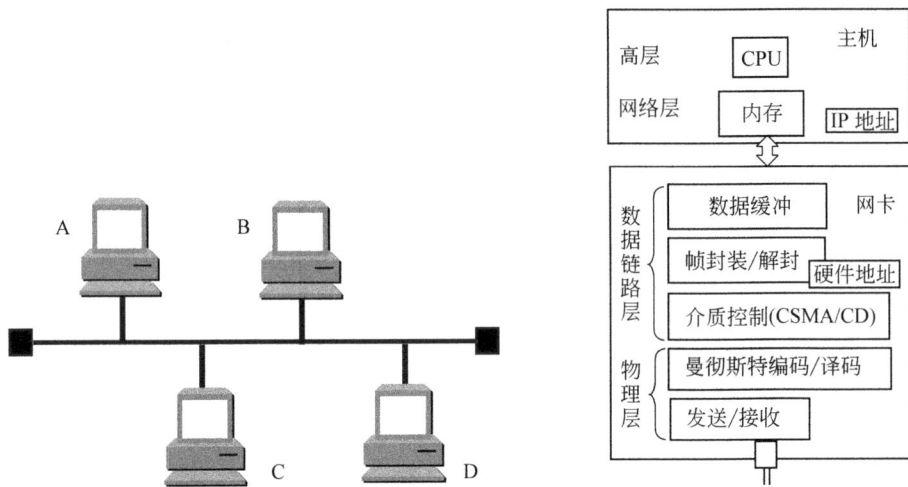

图 5-2　总线型以太网

图 5-3　网卡功能结构图

网卡接收和发送各种帧时不使用计算机的 CPU,这时 CPU 可以处理其他任务。当网卡收到有差错的帧时,就把这个帧丢弃,而不必通知计算机。网络层及高层协议是在主机中运行的。当网卡收到正确的帧时,它就使用中断通知该计算机并交付给协议栈中的网络层。当计算机要发送数据时,就由网络层把 IP 数据报向下交给网卡,组装成帧后发送到局域网。计算机的硬件地址就存储在网卡的 ROM 中。

网卡到局域网的通信是通过电缆或双绞线以串行传输方式进行的,而网卡和计算机之间的通信则是通过计算机主板上的 I/O 总线以并行传输方式进行的。因此,网卡的一个重要功能就是进行数据串行传输和并行传输的转换。由于网络上的数据率和计算机总线上的数据率并不相同,因此在网卡中装有对数据进行缓存的存储芯片。

5.1.2　以太网的帧传输方式

人们常把局域网上的计算机称为"主机""工作站""站点"或"站"。

总线型结构的以太网上,当一台计算机发送数据时,总线上的所有计算机都能检测到这个数据。这种方式就是广播通信方式。但我们并不总是要在局域网上进行一对多的广播通信。发给某主机的数据帧,其他主机没有必要接收。为了在总线上实现一对一的通信,每台计算机网卡上都拥有一个代表本主机的地址,该地址具有全球唯一性。发送数据帧时,须在帧的头部写明接收站的地址。现在的电子技术可以很容易地做到:仅当数据帧中的目的地址与本网卡 ROM 中的硬件地址一致时,网卡才能接收这个帧。不是发送给自己的帧,网卡不予接收。这样,具有广播特性的总线上就实现了一对一的通信。

考虑到是近距离通信,以太网没有采用可靠传输,帧传输控制简单,主要特点为:

第一,采用较为灵活的无连接的工作方式,即不必先建立连接就可以直接发送数据。

第二,网卡发送数据时不给帧编号,也不要求对方确认,但有帧的校验机制。这样做的理由是局域网信道的质量很好,产生差错的概率很小。

因此,以太网提供的服务是不可靠的交付,即尽最大努力地交付。目的站收数据帧时,进行差错检测,一旦检测到有差错的帧就丢弃,其他什么也不做。在因特网上,出错的帧是否需要重传由高层决定。如果高层使用 TCP,那么 TCP 就会发现丢失了一些数据。经过一定的时间后,TCP 就把这些数据传递给以太网进行重传。但以太网并不知道这是重传帧,而是将其当作新的数据帧发送。

初期,以太网发送数据都使用曼彻斯特(Manchester)编码。但是,曼彻斯特编码有缺点,不能有效利用带宽提高数据速率,其频带宽度比原始的基带信号增加了一倍(因为每秒传送的码元数加倍了),所以在以后的高速以太网中改用其他形式的编码。

综上所述,以太网是无连接、无确认的不可靠交付。以太网上,各站点共享总线,以广播方式发送数据帧,以地址区分用户,对帧进行选择性接收。因此,没有差错控制、流量控制等可靠机制,传输控制非常简单。在以太网上需要重点解决的是信道争用问题,如图 5-4 所示。

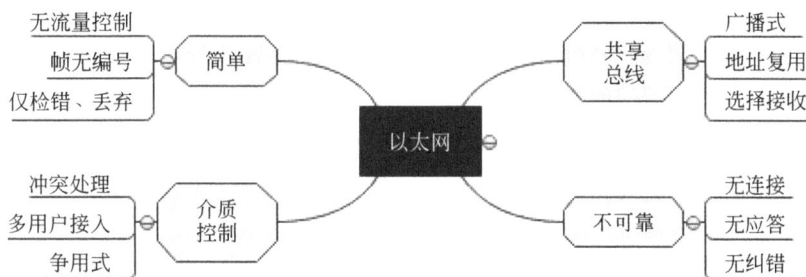

图 5-4　以太网的特点示意图

5.2　以太网的数据链路技术

5.2.1　介质访问控制协议 CSMA/CD

为何介质访问控制构成了以太网的核心问题?

以太网介质访问控制协议是以太网工作的基础,决定了以太网的特性,继而决定了以太网的应用。介质访问控制技术集中体现了以太网研发的创新智慧,挖掘分析、深刻理解其原理技术对创新应用至关重要。下面探讨和体验以太网中要面对的一系列问题及解决思路。

以太网的总线型结构如图 5-2 所示,各站点共享传输介质,同时发送数据就会在总线上发生信号冲突,导致主机不能正确接收数据帧。这就要求各站点不能同时发送数据,必须互斥地使用信道。因此,必须使用一个策略,为站点合理分配信道的使用权,对介质访问进行控制。

1. 介质访问控制协议及原理

以太网采用的介质访问控制策略是载波监听多路访问/冲突检测,即 CSMA/CD (Carrier Sense Multiple Access with Collision Detection)协议。也就是说,每个站点在发送数据时先运行 CSMA/CD 算法,按其规则申请总线,得到总线的控制权才能发送数据。

(1)策略分布在各主机上,由各主机自觉实施,发送数据帧前执行,属于"自主遵守规则,保证系统顺畅"。

(2)CSMA/CD 协议的规则,可简单地概括为"先听后发,边发边听,冲突立止,延时重发"。

"先听后发"的意思是"发送前先监听",即每一个站在发送数据之前先要检测一下总线上是否有其他站在发送数据,如果有,则暂时不发送数据,要等待信道变为空闲时再发送。如果信道空闲,则立即发送。其实,总线上并没有什么"载波","载波监听"就是用电子技术检测总线上有没有其他计算机发送的数据信号。

"边发边听"即"边发送边监听",监听的目的是"冲突检测",是一个冲突发现机制。冲突后,总线上传输的信号产生了严重的失真,接收站点无法从中恢复出有用的信息。因此,一旦发现冲突,网卡就要立即停止发送,让出总线,然后等待一段随机时间后重发,这就是"冲突立止,延时重发"的含义。

"先听后发"机制保证了拿到总线使用权的站点可以完整地发送完数据帧,站点一旦确定无疑地抓住了信道,冲突就不会再发生。发送过程中不会再有其他站点的冲撞,这降低了系统的冲突概率。

(3)CSMA/CD 策略意图。CSMA/CD 是分布式地控制,就像开车上路,忙就等,闲就行,既不碰撞,又不空路。

2. CSMA/CD 机制分析

CSMA/CD 的前身是 CSMA,是由其改进而来,冲突检测的意义在哪里?

冲突检测的目的是发现冲突,以便站点发现冲突之后立即停止帧的后续数据的发送,让出信道,以提高信道利用率;而 CSMA 机制下,即使冲突了,也不知道,会把帧发完。

"先听后发"还会冲突吗?哪种情况下会冲突?

"先听后发",站点听到信道忙就不会再去打扰,如图 5-5(a)所示;如果两个站点都先后"同时"听到信道为"空闲"而"同时"发数据帧,导致冲突出现,如图 5-5(b)所示。这种同时发送导致冲突,看起来是小概率事件,但当网络上主机很多,很繁忙时,可能就小事变大事,成为大概率事件了。

上述情形出现是因为电信号在总线上传输是有时延的。传输时延的存在意味着站点

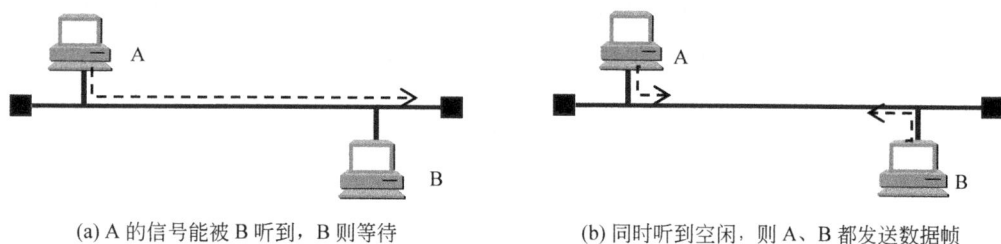

(a) A 的信号能被 B 听到，B 则等待　　　　(b) 同时听到空闲，则 A、B 都发送数据帧

图 5-5　导致冲突的情形

发出的信号不能立即传遍总线,此时,总线另一端的站点没检测到信号,误认为信道空闲而发送数据,从而造成冲突。当然,由于电磁波在电缆上的传输速率接近光速(约230 000km/s),因此在局域网上的这个传输时延很小。但这段时间内的冲突概率不一定小,因为网络繁忙时等待发数据的站点可能很多,所以还要"边发边听"地检测冲突。

冲突有什么现象? 站点怎么检测冲突?

冲突检测的原理是：当几个站同时向总线上发送数据时,总线上的信号就会叠加,信号电压变化幅度将会增大。当网卡检测到的信号电压变化幅度超过一定的门限值时,就说明有信号叠加,表明产生了冲突。

注意,检测是在网卡处进行的,即网卡边发送数据、边检测总线上的信号电压的变化情况,以便判断自己在发送数据时其他站是否也在发送数据。

如前所述,冲突检测是有意义的,但冲突检测也是有开销的。

主机发送后多久才会知道有冲突?

有最晚的冲突吗? 检测到最晚的冲突需要多久?

在图 5-6 中,信号叠加(冲突)最早出现在总线中间的某个位置,但此时主机并不知道发生冲突。因为发送者进行冲突检测时,监听的是本网卡处的信号,所以只有当造成冲突的另一路信号到达检测者的网卡时,才会检测出冲突,这是需要时间的。从主机发送数据开始到主机检测到冲突的这段时间不妨记为 T_{cd}, $T_{cd}=2L_{ac}/C$,其中 C 为信号在总线上的传播速率,如图 5-6 所示。显然,对不同的冲突,T_{cd} 大小是不同的,对主机 A 来说,冲突发生得越晚,检测到冲突也会越晚,有没有一个最晚的冲突呢? 检测到最晚的冲突需要多久?

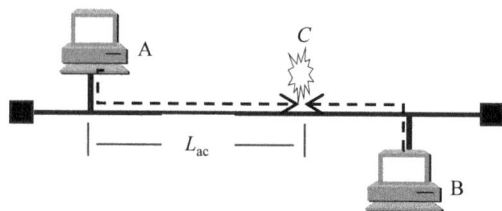

图 5-6　信号冲突示意图

因为是局域网,总线长度不限,所以答案是肯定的。应该是在总线上最远处、最晚发生的冲突将最晚检测出来。因此,如图 5-7 所示的情形是合理的。

设图 5-7 中的站 A 和站 B 是局域网两端相距最远的两个站点,A、B 间总线长度为 L,单程端到端传播时延记为 τ,则 $\tau = L/C$(C 为电磁波在电缆中的传输速率)。

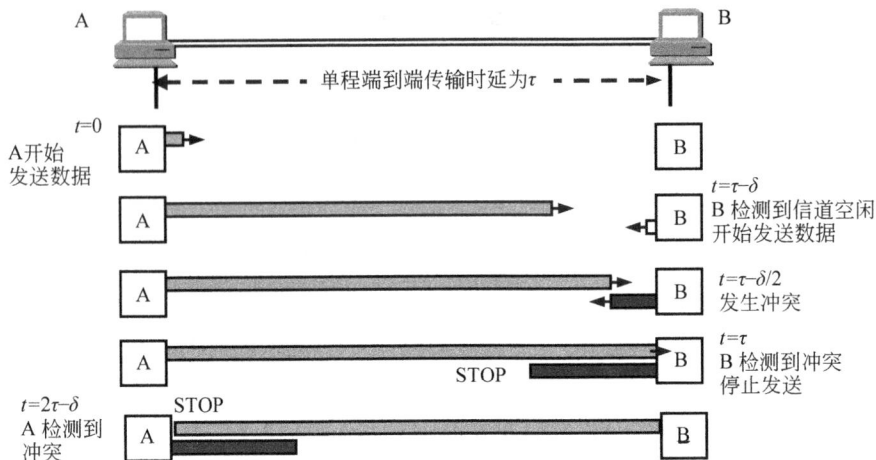

图 5-7 冲突检测示例

假设 A、B 要相继发送数据。

在 $t = 0$ 时,A 检测到信道空闲,开始发送数据。

在 $t = \tau - \sigma$ 时(这里,σ 远小于 τ,趋于 0),A 发送的信号即将到达 B 但还没有到达 B 时,B 检测到信道为空闲,因此 B 开始发送数据。

经过时间 $\sigma/2$ 后,即在 $t = \tau - \sigma/2$ 时,A 的信号和 B 的信号在总线上相遇,发生冲突。但这时 A 和 B 都不能检测到此冲突,尚不知道发生了冲突。

在 $t = \tau$ 时,A 的信号到达主机 B,B 检测到了冲突,于是停止发送数据。此时 A 仍然检测不到这个冲突。

在 $t = 2\tau - \sigma$ 时,B 发出的信号到达了 A 主机,A 检测到了冲突,因而也停止发送数据。

当冲突发生处离 B 很近,σ 趋于 0 时,A 主机发现冲突的时间即为 2τ。由假设知,这是最晚到达 A 的冲突。所以,A 主机从发送数据开始,经历 2τ 的检测时间就会检测到所有的冲突。也就是说,A 主机如果在 2τ 的时间内没有检测到冲突,以后也就不会有冲突发生了。这意味着,A 主机的这次发送成功了,也意味着站点发数据时要边发送边监听,这种小心翼翼的过程是有限的,不需要全程监听,从而减少开销。从另一方面理解,因为一旦信号传遍总线,其他站点就会监听到总线忙而放弃发送,导致冲突的时间阈是有限的,可以找到一个最晚的冲突。

从图 5-7 可看出,最先发送数据帧的 A 站在发送数据帧后经过时间 2τ 检测不到冲突,就说明 A 站真正抢到了信道,此帧能成功发送。否则,在时间 2τ 内 A 随时都可能因检测到冲突而放弃信道。也就是说,在 2τ 时间内还不能说 A 拿到了总线使用权,只有通过争用期的"考验"才能肯定争得了信道。因此,以太网的端到端往返时间 2τ 称为争用期(contention period),它是一个很重要的参数,又称为冲突窗口(collision window),因为冲突都发生在这个时段。信道空闲后，可能要经过多个这样的冲突窗口，才能被某站点争到，完成一个帧的传输。

研究最晚冲突的意义在于发现了数据发送过程中的有限检测，而不必全程检测。冲突的有限检测减少了系统开销，但也导致后来以太网的诸多局限性。

3. 以太网的局限性

以太网为什么是局域的？

以太网帧长有什么限制？

以太网把争用期定为 $51.2\mu s$。这个参数的确定，实际上也同时确定了以太网的最大跨度（即总线的最大长度）。换句话说，以太网的最大跨度是有限的。

为了简化问题，我们不考虑中继器的转发时延，取 $\tau=L/C$，τ 为 $25.6\mu s$，所以总线长度 $L=C\tau$，其值是确定的。也就是说，如果两台计算机间的距离超过这个值，将导致这个最晚的冲突不能在 2τ 时间内被检测到，从而使冲突检测失效，局域网不能正常工作。另外，这个单程时延 τ 还包括中继器的转发时延，因此，实际应用以太网的总线长度比这个计算值要小很多。

思考：故意加长总线，接入 PC，通信会怎么样？

看似一马平川，实则陷阱重重。

其实，导致冲突检测失效的情况还不止这些，如图 5-8 所示。当 B 的信号到达 A 时，A 早已完成了帧的发送，从而在 A 处的总线上不会出现两路信号叠加的情况，这也导致 A 检测不到冲突，冲突检测失效，局域网不能正常工作。

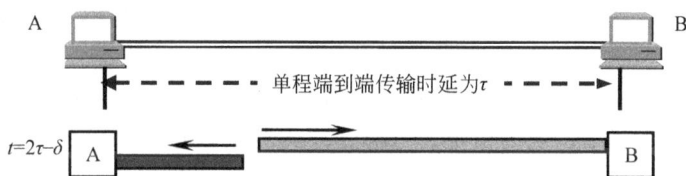

图 5-8 短帧导致冲突检测失效

这个问题也必须解决，不能让这种情况出现。导致这种情况出现的根本原因是 A 主机要发送的数据太少，没能坚持到 B 的信号到来，即没能坚持 2τ 的时间。坚持 2τ 的时间需要有多少数据呢？不难计算，对于 10Mb/s 的以太网，在 2τ（即 $51.2\mu s$）的时间，发送了 512b 的数据，即 64B。综上我们规定，以太网的帧最小不能低于 64B，也就是说，以太网有一个最小帧的要求。或者说，在以太网上，小于 64B 的帧一定是坏帧。

以太网上有小于 64B 的帧吗？

事实上，在竞争窗口中因冲突停止导致以太网上有大量小于 64B 的帧片段，这些都是坏帧，习惯上称为碎片。

可见，冲突的处理是以太网中核心的问题，饱含学问。冲突的问题处理好了，剩下算法中的最后一个问题——延时重发。

为何延时重发，立即重发不行吗？

首先,因冲突停止了发送,但主机交给网卡的数据发送任务并没有完成,所以,网卡需要试图重发数据帧,以完成主机的托付。

为什么不立即重发呢?发生冲突了,说明总线上要发数据的站点不止一个,如果都立即重发,肯定会再次冲突。所以,延时重发是必要的。

怎么延时,如果各站点都延时相同的间隔,会有效吗?读者自明。延时的目的是各站点在冲突后相互避让,避开冲突,至于如何避让,还有很多学问需要讨论。

4. 冲突避让算法

发生冲突后,站点停止发送,并试图重发。假如规定各主机都立即重发,肯定会发生第二次冲突、第三次冲突……,永远不止,使系统死锁。所以,在重发时为了相互避让,要延迟一定的时间间隔再重发,能不能延时相同的时间呢?显然不行,只有延迟不同的时间,才能实现相互避让。

以太网使用截断二进制指数退避(truncated binary exponential backoff)算法避让冲突。在这种算法中,以争用期 2τ 为退避时间间隔,各站点的退避时间 T 是 2τ 的整数倍,即 $T=n(2\tau)$。如果 n 不同,各站点的退避时间 T 就不同。n 的取值与冲突的次数有关,设冲突的次数为 k,n 就在整数集合 $[0,1,2,\cdots,(2^k-1)]$ 中随机取值。例如,n 取到 3,则站点就要延时 6τ 后重发。例如,对于一个主机来说,如果是

第一次冲突。$k=1,2^k=2,n$ 从 $[0,1]$ 中随机取一个值。重发可能会出现第二次冲突。

第二次冲突后。$k=2,2^k=4,n$ 从 $[0,1,2,3]$ 中随机取一个值。

第三次冲突后。$k=3,2^k=8,n$ 从 $[0,1,2,3,4,5,6,7]$ 中随机取一个值。

……

显然,冲突的次数越多,各重发站延时取值越分散,越容易相互避让开,因而减小发生冲突的概率,有利于整个系统的稳定。考虑到冲突的次数超过 10 次以后,取值范围已经足够大,故让 k 值都取 10 并不再增大(截断指数)。工作站如果重发 16 次还不能成功,就要放弃发送。

明白了算法原理,请思考算法中 n 取值的学问。

n 的取值范围是大点好,还是小点好?

这需要主机考虑群体特性进行抉择。退避算法是在各主机上执行的,遇到冲突,以太网上有多少个站点等待发送,参与信道竞争,主机是不知道、不明确的。n 的取值范围越大,各站点重发的时机越分散,避让效果越好,尤其是在站点多、网络忙的时候;但在网络负载小、较清闲时可能出现总线空闲,站点还迟迟傻等的状况,系统效率低。

主机如何知道此时网络忙、闲,合理选取 n 的取值范围呢?

退避算法中采用了一种模糊处理方式,根据冲突次数逐步增加 n 的取值范围,兼顾了退让和效率,实现双赢。这让我们再次体会到研发人员在技术创新中的心思和处理问题的智慧。

至此,如果认为算法已经非常圆满,那么请看算法中的最后一条:工作站如果重发 16 次还不能成功,就要放弃发送。

请问,为什么要放弃?

CSMA/CD 算法看似简单,但一路走来,倍感陷阱重重。研发者缜密的思维、智慧的处理让我们的思想生花,对当初的研发创新由衷敬佩。

根据以上所讨论的,可以把 CSMA/CD 协议的要点归纳如下。

(1) 网卡从网络层获得一个分组,加上以太网的头部和尾部,组成以太网帧,放入网卡的缓存中,准备发送。

(2) 若网卡检测到信道空闲(即在 96 比特时间内没有检测到信道上有信号),就立即发送这个帧。若检测到信道忙,则继续检测并等待信道转为空闲(加上 96 比特时间),然后发送这个帧。

(3) 在发送过程中继续检测信道,若一直未检测到冲突,就顺利把这个帧成功发送完毕。若检测到冲突,则中止数据的发送,并发送人为干扰信号。

(4) 在中止发送后,网卡就执行指数退避算法,等待 n 倍 $51.2\mu s$ 后,返回到步骤(2)。

以太网还规定,帧间最小间隔为 $9.6\mu s$。这样做是为了使刚刚收到数据帧的站来得及清理接收缓存,做好接收下一帧的准备。

5. CSMA/CD 以太网的特性

由 CSMA/CD 算法可见,以太网站点在总线使用权分配上是一种竞争机制,哪个站点能够获得总线使用权限是随机的。以太网具有随机性。

每一个站在自己发送数据之后的一小段时间内,存在遭遇冲突的可能性。并且在以后的冲突重发中,也不能保证什么时候会得到信道完成发送,甚至最后因重发不成功而不得不放弃发送。也就是说,在以太网中,各主机共同竞争信道,想发送数据的主机什么时候获得总线的使用权,完成数据发送具有不可预期性、不确定性。这一特点称为以太网发送的不确定性。

以太网的随机性和不确定性决定了以太网应用的局限性,尤其不适合实时性要求高的网络控制传输。但现实社会中,以太网的确太普遍、太廉价,以至于后期有大量的人员研究如何对以太网进行改造,以便能用于网络控制领域。

同时可见,以太网是以半双工、无连接的方式提供不可靠的传输服务。在 CSMA/CD 控制下,每个时刻总线上只能有一路传输,所以,发送站点不能同时接收数据。后来,在 IEEE 802.3x 标准中又定义了全双工以太网。全双工以太网能够同时发送和接收数据,可以提供两倍带宽;它不再使用 CSMA/CD,网络长度不受冲突域的限制;使用和半双工以太网一样的帧格式。全双工以太网使用交换机通过点对点链路连接计算机,传输链路、网络接口和交换机也必须支持全双工模式。

冲突的存在,决定了以太网上站点数量的上限。随着以太网上发送数据的用户增多,以太网的工作效率是变化的,如图 5-9 所示。为了克服这些缺点,以太网后期的研发、改进从未间断,一系列的创新持续赋予以太网强大的生命力。本

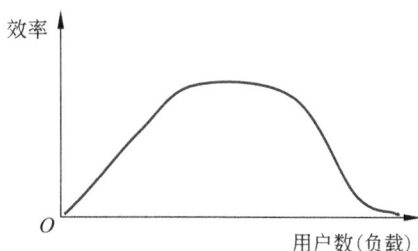

图 5-9　以太网的效率

章后续将探讨网桥等系列设备的研发是如何持续改进以太网性能的。

扩展阅读：CSMA/CD 算法探源

CSMA/CD 技术的产生不是一蹴而就的，它最早来源于 Aloha，为了提高效率，后来对 Aloha 进行改进形成 CSMA 算法，以太网研发者加上冲突检测之后用于以太网总线控制。Aloha 是美国夏威夷大学 20 世纪 70 年代初研制成功的一种使用无线广播技术的分组交换网络，目的是解决夏威夷群岛之间的通信问题；Aloha 是最早、最基本的无线数据通信协议，其控制算法比较简单、原始，站点"想说就说"，繁忙时冲突多；CSMA 的主要思想是"先听后说"，以减少相互干扰；CSMA/CD 的高明之处是加入了冲突检测机制，目的是"冲突立止"。请查找和搜索 Aloha 无线分组网，了解更多关于 Aloha、CSMA 算法的细节，并结合 CSMA/CD 原理分析解决以下问题。

（1）Aloha 无线分组网的背景应用，Aloha 控制算法。

（2）了解 CSMA 种类及算法，体会它的改进是如何利于效率提升的。

（3）冲突检测的意义是什么？从 Aloha 到 CSMA/CD 是如何一步步进行技术改进，提高网络效率的？

（4）体会技术进步的过程、规律，体验技术创新中的智慧与思维。

5.2.2 以太网物理地址

CSMA/CD 解决了介质访问控制问题，以太网的传输还要解决用户标识和帧构建等问题。

以太网中有众多站点用户，要区分和寻址用户，首先要标识用户。以太网中用 MAC 层的硬件地址标识工作站，同时在以太网帧中指明接收站。

以太网中使用的硬件地址是 6B 的网卡编号，具有全球唯一性。它在网卡生产时固化在网卡的 ROM 里，又称为物理地址，因为在 MAC 帧中也用这种地址，故也称为 MAC 地址。确切地说，每个网卡都有一个局域网地址。如果连接在局域网上的主机或路由器安装有多个网卡适配器，那么这样的主机或路由器就有多个"地址"，这种"地址"是网络接口的标识符。

现在 IEEE 的注册管理机构（Registration Authority，RA）是局域网全球地址的法定管理机构，它负责分配地址字段的 6B 中的前三个字节（即高 24 位）。世界上凡要生产局域网网卡的厂家，都必须向 IEEE 购买由这三个字节构成的这个号（即地址块），这个号的正式名称是组织唯一标识符（Organizationally Unique Identifier，OUI），通常叫作公司标识符（companyid）。例如，3Com 公司生产的网卡的 MAC 地址的前三个字节是 02-60-8C。地址字段中的后三个字节（即低 24 位）则由厂家自行指派，称为扩展标识符（extended identifier），只要保证生产出的网卡没有重复地址即可，如图 5-10 所示。可见，一个地址块有 2^{24} 个不同的地址。用这种方式得到的 48 位地址称为 MAC-48，它的通用名称是 EUI-48。

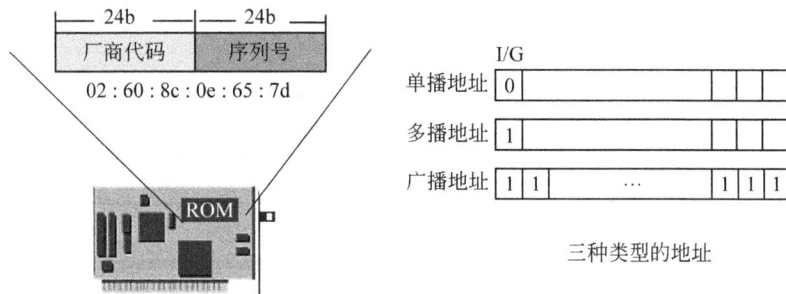

图 5-10　硬件地址的组成与类型

我们知道,网卡有过滤功能。网卡是根据帧里的目的 MAC 地址选择性地接收数据帧的。每当网络有 MAC 帧到来时,网卡就先用硬件检查帧中的目的地址。如果是发往本站的帧,则进行接收,然后再对其进行其他处理,否则将不接收此帧。这样做就不浪费主机的处理机和内存资源。

IEEE 规定地址字段的第 1 个字节的最低位为 I/G 标识。当 I/G 为 0 时,表示该地址是单个站的地址;当 I/G 为 1 时,表示该地址是组地址,用来进行多播,如图 5-10 所示。相应地,以太网上的帧有 3 种。

(1) 单播(unicast)帧,用来进行一对一通信,发给指定工作站,帧中使用单播地址。

(2) 广播(broadcast)帧,发送给本局域网上的所有站点,目的地址为全 1 地址。

(3) 多播(multicast)帧,使用组地址实现一对多通信,发送给本局域网上的一部分站点。

所有网卡至少应当能够识别前两种帧,即能够识别单播和广播地址。有的网卡可用编程方法识别多播地址。当操作系统启动时,它就把网卡初始化,使网卡能够识别某些多播地址。显然,只有目的地址才能使用广播地址和多播地址。

以太网网卡可设置为一种特殊的工作方式,即混杂方式(promiscuous mode)。工作在混杂方式的网卡只要"听到"有帧在以太网上传输,就都悄悄地接收下来,而不管这些帧是发往哪个站。网络上的黑客和网络管理员常用这种方式抓捕网络数据帧进行网络分析。

最后说明的是硬件地址数据链路层使用的地址,不同于网络层使用的 IP 地址。

实践探索:查看主机的物理地址

用 ipconfig /all 命令查看主机的物理地址;还有其他方法可以查看主机的物理地址吗?

探索:在常见的操作系统中,允许用户对网卡进行配置,用指定的 MAC 地址发送数据帧,结合下一个实践项目用 Wireshark 捕获主机发出的帧,验证其使用的 MAC 地址。

5.2.3　MAC 帧格式

常用的以太网 MAC 帧格式有两个标准:一个是 DIX Ethernet V2 标准;另一个是

IEEE 802.3 标准。使用最多的以太网 V2 的 MAC 帧格式如图 5-11 所示。图中,假定网络层使用的是 IP。

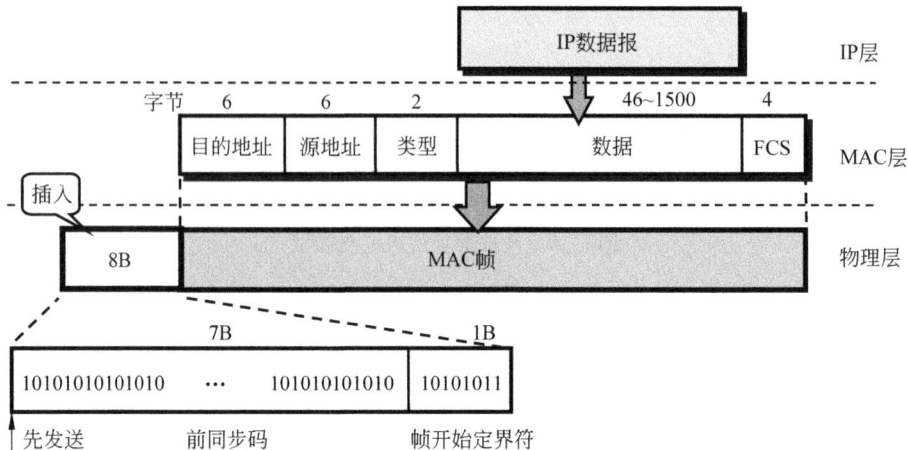

图 5-11　以太网 V2 的 MAC 帧格式

以太网 V2 的 MAC 帧比较简单,由 5 个字段组成。前两个字段分别为 6B 长的目的地址和源地址字段。第三个字段是 2B 的类型字段,用来标志上一层使用的是什么协议,以便把收到的 MAC 帧的数据上交给上一层的这个协议。例如,当类型字段的值是 0x0800 时,就表示上层使用的是 IP;类型字段的值是 0x0806 时,表示帧中承载的是 ARP 的数据;若类型字段的值为 0x8137,则表示该帧是由 Novell IPX 发过来的。第四个字段是数据字段,其长度在 46~1500B(最小长度 64B 减去 18B 的头部和尾部就得出数据字段的最小长度)。最后一个字段是 4B 的 FCS(使用 CRC 检验)。当传输媒体的误码率为 1×10^{-8} 时,MAC 子层可使未检测到的差错小于 1×10^{-14}。

当数据字段的长度小于 46B 时,MAC 子层就会在数据字段的后面加入一个整数字节的填充字段,以保证以太网的 MAC 帧长不小于 64B。应当注意到,MAC 帧的头部并没有指出数据字段的长度是多少。在有填充字段的情况下,接收端的 MAC 子层在剥去头部和尾部后就把数据字段和填充字段一起交给上层协议。现在的问题是:上层协议如何知道填充字段的长度(IP 层要丢弃没有用处的填充字段)? 可见,上层协议必须具有识别有效的数据字段长度的功能。我们知道,当上层使用 IP 时,其头部就有一个“总长度”字段。因此,“总长度”加上填充字段的长度应当等于 MAC 帧数据字段的长度。例如,当 IP 数据报的总长度为 42B 时,填充字段共有 4B。当 MAC 帧把 46B 的数据上交给 IP 层后,IP 层就把其中最后 4B 的填充字段丢弃。

从图 5-11 可看出,在传输媒体上实际传送的要比 MAC 帧还多 8B。为了接收端迅速实现位同步,从 MAC 子层向下传到物理层时还要在帧的前面插入 8B(由硬件生成),它由两个字段构成。第一个字段是 7B 的前同步码(1 和 0 交替码),它的作用是使接收端的网卡调整其时钟频率,使它和发送端的时钟同步,也就是实现位同步。第二个字段是帧开始定界符,定义为 10101011。它的前六位的作用和前同步码一样,最后的两个连续的 1 就是告诉接收端网卡:“以下是 MAC 帧了,请注意接收”。MAC 帧的 FCS 字段的检验范围不包括前同步码和帧开始定界符。

以太网在传送帧时,各帧之间还必须有一定的间隙。因此,接收端只要找到帧开始定界符,其后面的连续到达的比特流就都属于同一个 MAC 帧。可见,以太网不需要使用帧结束定界符,也不需要使用字节插入保证透明传输。

IEEE 802.3 标准规定凡出现下列情况之一的,即为无效的 MAC 帧。

(1) 帧的长度不是整数个字节;

(2) 用收到的帧检验序列(FCS)查出有差错;

(3) 收到帧的长度不在 64~1518B 的范围。

对于检查出的无效 MAC 帧,接收者就简单地丢弃,不必重传出错的帧。

最后要提一下,IEEE 802.3 标准规定的 MAC 帧格式与上面所讲的以太网 V2 MAC 帧格式稍有区别。现在广泛使用的局域网只有以太网,网络传输的都是以太网 V2 的 MAC 帧。

实践探索:分析 Ethernet 帧

以太网是人们应用最多的局域网,大多数应用都是用 Ethernet 帧传输数据。对 Ethernet 帧的认识和分析是网络从业者的基本技能,请使用 Wireshark 分析俘获 Ethernet 帧并分析 Ethernet 帧的结构。

(1) 用 Wireshark 分析俘获 Ethernet 帧;

(2) 分析 Ethernet 帧的结构。

5.3　传统以太网

现在人们习惯把早期使用 CSMA/CD 协议、10Mb/s 速率的各种以太网产品称作传统以太网。各种以太网的 MAC 层协议及帧格式都相同,只因物理层使用传输介质和中继设备不同,先后出现了 5 种以太网产品。

5.3.1　传统以太网产品

传统以太网最初是粗同轴电缆,后来演进到使用比较便宜的细同轴电缆,最后发展为使用更便宜和更灵活的双绞线。根据物理层选择的不同,传统以太网共有 5 种产品。

最早的以太网是使用粗同轴电缆和中继器连成的总线型网络,又称粗缆以太网,IEEE 称之为 10BASE-5 局域网,如图 5-12(a)所示。10BASE-2 是改进后使用细同轴电缆的总线以太网,连网形式与 10BASE-5 差不多。10BASE-T 用的是非屏蔽双绞线;此外,还有使用 75Ω 同轴电缆的 10BROAD-36 和使用光纤的 10BASE-F。除了 10BROAD-36 是宽带传输,其他的 4 种都是基带传输,使用了曼彻斯特编码。

由于冲突检测中的往返时延的限制,传统以太网都要遵循 5-4-3 的规则,即最多可以接 5 个网段(电缆段),任意两个收发器之间的中继器不能超过 4 个,其中 3 个网段可以连接站点。例如,10BASE-5 中的最大网段长度是 500m,因此网络的最大直径是 2500m。网络最大直径因传输介质不同而不同。

采用非屏蔽双绞线的以太网采用星形拓扑,在星形的中心增加了一种可靠性非常高的设备,叫作集线器(hub),如图 5-12(b)所示。双绞线以太网总是和集线器配合使用。每个站需要用两对非屏蔽双绞线,分别用于发送和接收。双绞线的两端使用 RJ-45 插头。由于集线器使用了集成电路芯片,因此可靠性有了很大提高。1990 年,IEEE 制定出星形以太网 10BASE-T 的标准 802.3i。"10"代表 10Mb/s 的数据率,BASE 表示连接线上的信号是基带信号,T 代表双绞线。实践证明,这比使用有大量机械接头的无源电缆可靠得多。由于使用双绞线的以太网价格便宜、连接方便、可靠性高,因此粗缆和细缆以太网现在都已成为历史,已从市场上消失。

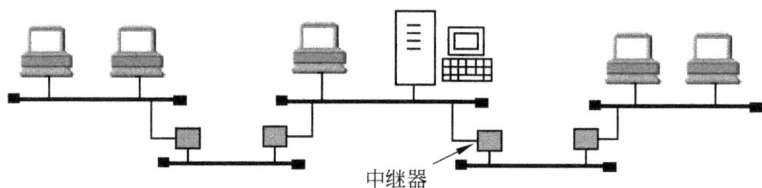

中继器

(a) 10BASE-5 直径:500×5=2500m

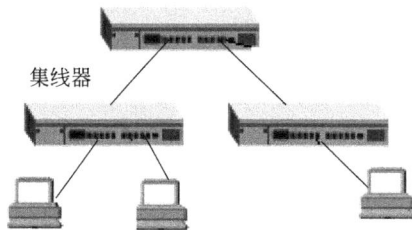

集线器

(b) 10BASE-T 直径:100×5=500m

图 5-12　传输以太网产品

10BASE-T 以太网的通信距离稍短,每个站到集线器的距离不超过 100m,网络最大直径是 500m。这种性价比很高的 10BASE-T 双绞线以太网的出现,是局域网发展史上的一个非常重要的里程碑,它为以太网在局域网中的统治地位奠定了牢固的基础。10BASE-T 以太网中的关键设备是集线器。

5.3.2　中继器与集线器

集线器和中继器都是传统以太网中的中继转发设备。在网段间对基带信号进行识别、转发,类似于模拟信道上的放大器,其工作原理如图 5-13 所示。中继器从收到的失真畸形信号中识别出数字数据,之后重新生成一个标准的数字方波转发到下一网段。

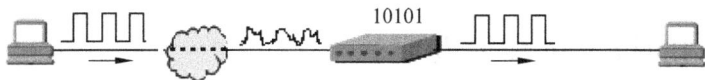

图 5-13　中继器的原理

中继器安装简单、使用方便、价格便宜。中继器处理的对象是数据比特,它不能识别数据链路层的帧或网络层的分组;受冲突检测的限制,中继器不能无限制地扩展网络长度;中继器不提供网段之间的隔离,也就是说,中继器连接的两个网段在一个局域网里。

集线器是在中继器基础上发展、改进而来的,是集成的、多端口的中继器。一个集线器有许多接口,很像一个多接口的转发器。每个接口通过 RJ-45 插头用两对双绞线与一个工作站上的网卡相连,发送和接收各使用一对双绞线。主机使用集线器接入以太网,比总线更容易、更可靠。

集线器在以太网中的使用,使得以太网的物理拓扑变成了星形。集线器使用电子器件模拟实际电缆线的工作,像一条压缩的总线。因此,使用集线器的以太网在逻辑上仍是一个总线网,各站共享逻辑上的总线;集线器把从某一端口上收到的数据帧复制转发给其他各个端口,因此,在同一时刻只允许一个站发送数据。介质访问控制使用的还是 CSMA/CD 协议,各站点必须竞争媒体的控制权。因此,集线器的加入改变了网络的物理拓扑,但并没有改变局域网的基本特性。

集线器工作在物理层,它的每个接口仅简单地转发比特,收到 1 就转发 1,收到 0 就转发 0,不进行碰撞检测。若两个接口同时有信号输入会发生冲突,所有的接口都将收不到正确的帧。

集线器采用了专门的芯片,进行自适应串音回波抵消。这样就可使接口转发出去的较强信号不对该接口接收到的较弱信号产生干扰(这种干扰即近端串音)。每个比特在转发之前还要进行再生整形并重新定时。

由多个集线器互连在一起的计算机处在同一个冲突域内。所谓冲突域,是指一个 CSMA/CD 以太网区域,该区域中的两个或多个站点同时发送数据就会产生冲突。如果使用多个集线器,就可以连接成覆盖更大范围的多级星形结构的以太网,如图 5-14 所示。三个部门用集线器组成三个 10BASE-T 以太网,各部门内的主机可以相互通信,每个部门的计算机属于一个冲突域。现在用一个主干集线器把三个部门的以太网互联起来构成一个更大的以太网,三个冲突域就合并为一个更大的冲突域。虽然可以实现各部门间的通信,但某部门的两个站在通信时所传送的数据会通过所有的集线器进行转发,使得其他部门的内部在这时都不能通信。这相当于三个部门的所有主机共享 10Mb/s 带宽,平均带宽降低了。

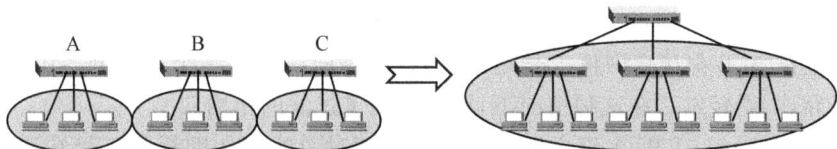

图 5-14　集线器实现的网络互联

5.4 以太网的技术进步与发展

传统以太网在应用中遇到了什么问题？

随着网络的发展和普及,越来越多的用户通过以太网接入网络。在传输以太网里,随着站点的增多,站点的平均带宽降低;另一方面,站点增多使冲突的概率增多,系统的效率降低,网络的可用性急剧下降,这限制了网络的规模和用户数量。一方面,局域网要满足众多用户连网的需求;另一方面,又要保持网络的性能。也就是说,以太网遇到了用户数量和性能的天花板,面对这种强烈的现实需求,研发人员展开了这类问题的研讨,拉开了网桥的序幕。

5.4.1 网桥

网桥有什么用,它是如何解决现实难题的?

网桥是一种数据链路层设备,它实现两个局域网互连,或者用于把局域网各部分隔离开,既允许众多用户连到网上,又不降低网络效率。其工作原理如图 5-15 所示。

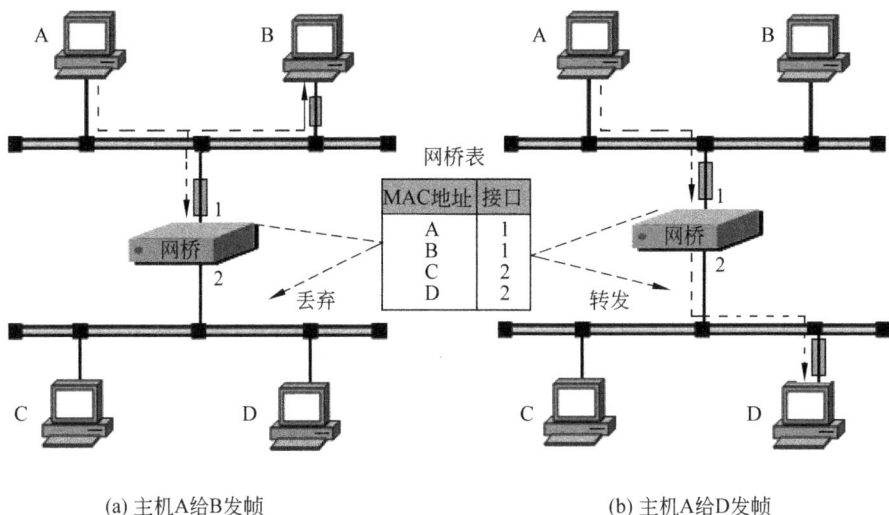

(a) 主机A给B发帧　　　　　　　(b) 主机A给D发帧

图 5-15　网桥的工作原理示意图

网桥连接上下两个局域网,网桥自身维护一个转发表,格式如图 5-15 所示。在图 5-15(a)中,主机 A 给主机 B 发送的帧通过总线传输给主机 B,同时,此帧也通过总线到达网桥的 1 号端口(接口)。网桥收到该帧后获得帧的目的地址 B、源地址 A,并查找转发表得知主机 A、B 都接在网桥 1 号端口上,在网桥同一侧的一个局域网。由此决定,将这个帧丢弃,不予转发。在这种情况下,网桥起到了过滤的作用。

在图 5-15(b)中,主机 A 给主机 D 发送的帧通过总线到达网桥的 1 号端口。网桥收到该帧后获得帧的目的地址 D、源地址 A,并查找转发表得知主机 A、D 分别接在网桥 1、2

号端口上,在网桥的两侧。网桥将这个帧转发到 2 号端口,主机 D 最终可接收到 A 发来的这个帧。在这种情况下,网桥起到了转发的作用。

　　网桥为什么把帧过滤掉,价值何在,转发到下边网段有什么不好?

　　首先,过滤掉的这个帧属于同一个局域网内主机 A、B 间的通信,与网桥下边的局域网无关;如果将这个帧放到下边网段,它要占用下边局域网的总线时间,会给下边局域网内通信造成冲突,对下边局域网造成干扰。可见,网桥通过过滤机制把上下两个局域网隔离开,使得各局域网内部通信时互不影响。因此,我们说网桥能隔离冲突。当然,网桥的转发机制实现了跨网通信,把上下两个局域网互联了起来,又保持了两个局域网的联通性,体现出网桥的互联作用。

　　这种隔离又互联的功能有什么现实意义? 如何看待网桥,它扮演了什么角色?

　　在图 5-16 中网桥的位置,如果把网桥视作短路,网络的上、下两部分是直接连通的,则这是一个局域网;加入网桥之后,把局域网分成上、下两个,这体现出网桥的隔离作用。很显然,此时的局域网用户主机没变少,但由于网桥的隔离,网络中的冲突变少了,网络的效率提升了;或者说,为了保持一定的效率(见图 5-9),原来受限不能接入的用户现在可以接入了,局域网能容纳更多的用户,这就解决了 5.2.1 节中的问题:以太网中的用户数受到限制。很显然,这并没有影响上、下两部分网络用户之间的通信。按照这一思路,在一个单位的局域网中只要加入更多的网桥,就能容纳足够多的用户。所以,网桥的这一应用解决了局域网应用中的一个重大难题,网桥的研发价值和意义也就不言而喻。

　　从另一视角看,在图 5-16 中网桥的位置如果把网桥视作断路,则上、下两部分是两个独立的局域网,苦于不能互联互通(如果直接联通,可能因用户多、冲突多,网络变得不可用)。加入网桥后,两个局域网得以互通而不降低效率。值得说明的是,对网桥互联起来的两个局域网,人们习惯上、不严格地还称它是局域网。从这个意义上说,网桥通过局域网互联,解决了更多用户入网的问题,这体现出网桥的互联作用和价值。

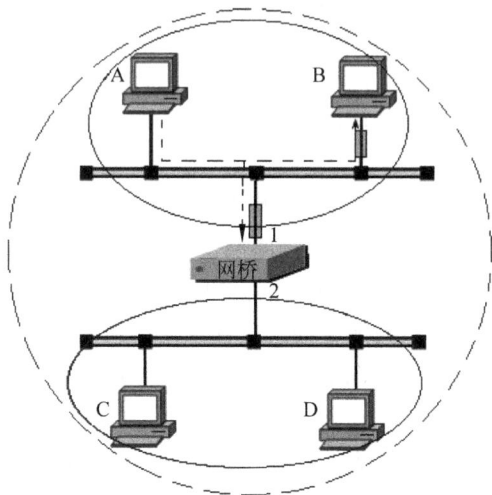

图 5-16　网桥的隔离与互联作用

图 5-17 是一个网桥最初的应用案例,它把一个大的局域网隔离成多个小的局域网,降低冲突,以承载更多的用户接入。

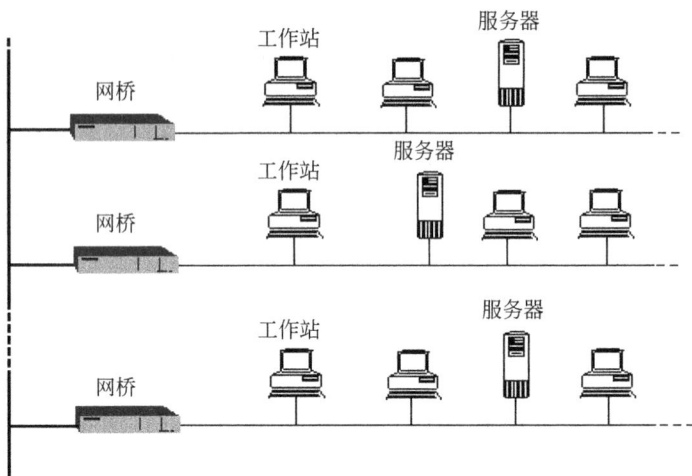

图 5-17　网桥的应用示意图

网桥就像在局域网中安插了一个智能门,该开时开,该闭时闭。一个简单的网桥的过滤和转发机制,使得网桥很完美地解决了难题。

如果网桥收到一个目的地址不明确的帧(即在转发表里查不到目的地址的帧),网桥该如何操作? 是转发,还是过滤?

是的,这种情况是存在的。此时如果转发,很可能无意义且干扰其他局域网;如果过滤掉,可能导致网络间通信失败的后果。如何取舍? 两害相权取其轻,应该首保联通性,此时网桥采用了一种更强功能的转发,即扩散。网桥对这种帧会向除了接收端口之外的所有端口扩散。扩散不同于转发,转发的目标是明确的,只向一个端口转发,而扩散是无目标的,对于多端口,网桥会向所有端口转发。

另外还有广播帧的处理问题,网桥会把广播帧(目的地址全 1)向其他所有端口扩散,以彰显其广而告之的功能。因此,用网桥互联的两个局域网处在同一个广播域,或者说,网桥不隔离广播。

综上可见,网桥是一个网间设备,它以帧为单位转发数据,对帧进行过滤或转发。因此,网桥是数据链路层设备,工作在数据链路层。这显然不同于中继器或集线器。

网桥可互联不同物理层、不同 MAC 子层和不同速率(如 10Mb/s 和 100Mb/s 以太网)的以太网,实现不同介质、不同速率的网段互联。网桥端口在向网段转发帧之前,也像主机网卡一样,要运行 CSMA/CD 算法取得总线控制权。网桥在转发帧时,并不改变帧的源地址。

网桥是智能的,这得益于转发表的存在。问题来了,工作基础的问题解决了吗?

网桥转发表是怎么得来的?

逆向学习。当网桥刚刚连接到以太网时,其转发表是空的。如图 5-18 所示的局域网中,首先看 A 向 B 发送帧。连接在同一个局域网上的站点 B 和网桥 B1 都能收到主机 A

发送的帧。网桥 B1 先根据源地址 A 查找转发表。B1 的转发表中没有 A 的地址,于是把地址 A 和收到此帧的接口 1 写入转发表中。这就表示,主机 A 接在 1 号端口上。接着再按目的地址 B 查找转发表。转发表中没有 B 的地址,于是向除收到此帧的接口 1 之外的所有接口扩散该帧。因此,网桥 B2 可以收到这个帧,网桥 B2 按同样方式处理收到的帧,并更新自己的转发表。

从这个过程可以看出,网桥第一次工作时,虽然不能根据目的地址转发帧,但它却根据帧的源地址发现了发送主机的位置。

同样,当 E 向 C 发送帧时,网桥 B2 从其接口收到这个帧。由于 B2 的转发表中没有 E,因此在转发表写入地址 E 和接口 2。由于在 B2 的转发表查不到 C,因此 B2 要向其他所有的接口转发此帧。于是,C 和网桥 B1 都能收到这个帧。当然,网桥 B1 还要更新自己的转发表,并向外扩散此帧,尽管目的主机 C 已收到了这个帧。

之后,假如 B 向 A 发送帧。网桥 B1 从其接口 1 收到这个帧。B1 的转发表中没有 B,因此在转发表写入地址 B 和接口 1。再查找目的地址 A,并判断出 B、A 都接在接口 1 上,于是网桥 B1 把这个帧丢弃,不再转发。这次网桥 B1 的转发表增加了一个项目,网桥 B2 却没有收到这个帧。

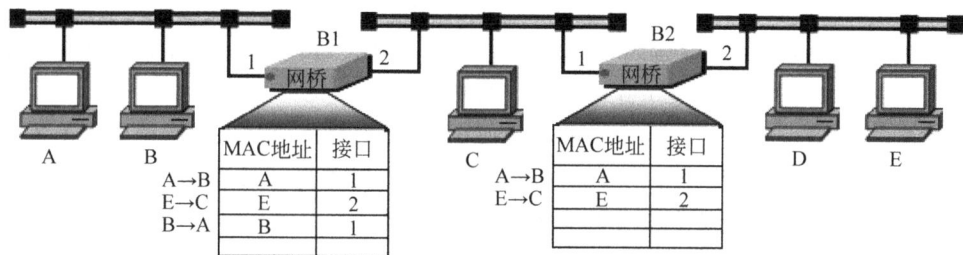

图 5-18　网桥的逆向学习

虽然网桥刚工作时,其转发表是空的,但只要网上的主机一"讲话",网桥就能发现并记录它的位置,从而建立起转发表,为以后的正常转发奠定了基础。转发表是网桥通过逆向学习得到的,不用人工干预。只要把网桥接入局域网,不用人工配置就能工作,是一种即插即用设备(plug-and-play device)。网桥的帧转发工作对主机来说是透明的,因此把这种网桥称作透明网桥。

实际上,网桥还要对每个转发表项设置一个计时器,每次收到一帧就在转发表中查找其源地址,如果转发表中已经有此地址,就进行更新(可能位置已经变了),并重置计时器,如果计时超过一定时间(如几分钟),则将删除此表项(例如,主机关机了),以保证网桥中的转发表能反映当前网络的最新拓扑。

最后强调,网桥是按存储转发方式工作的。一定是先把整个帧收下来再进行处理(例如 CRC 校验等),而不管其目的地址是什么。此外,网桥丢弃 CRC 检验有差错的帧以及帧长过短和过长的无效帧,也就是说,网桥只转发有效帧。

如果说网桥能隔离冲突,扬长避短提升以太网性能、扩展以太网规模,那么交换机则把这种性能发挥到了极致。

扩展阅读：网桥的应用

许多单位都有多个局域网，并且希望能够将它们连接起来。出于以下原因，需要应用网桥。

首先，许多大学的院系或公司的部门都有各自的局域网，主要用于连接他们自己的个人计算机、工作站以及服务器。由于各院系（或部门）的工作性质不同，因此选用了不同的局域网，这些院系（或部门）之间需相互交往，因而需要网桥。

其次，一个单位在地理位置上较分散，并且相距较远，与其安装一个遍布所有地点的同轴电缆网，不如在各个地点建立一个局域网，并用网桥和红外链路连接起来，这样费用可能会低一些。

第三，可能有必要将一个逻辑上单一的 LAN 分成多个局域网，以调节载荷。例如，采用由网桥连接的多个局域网，每个局域网有一组工作站，并且有自己的文件服务器，因此大部分通信限于单个局域网内，减轻了主干网的负担。

第四，在有些情况下，从载荷上看，单个局域网是毫无问题的，但是相距最远的机器之间的物理距离太远（如超过 IEEE 802.3 规定的 2.5km）。即使电缆铺设不成问题，但由于来回时延过长，网络仍将不能正常工作。唯一的办法是将局域网分段，在各段之间放置网桥。通过使用网桥，可以增加工作的总物理距离。

第五，可靠性问题。在一个单独的局域网中，一个有缺陷的结点不断地输出无用的信息流会严重破坏局域网的运行。网桥可以设置在局域网中的关键部位，就像建筑物内的防火门一样，防止因单个结点失常而破坏整个系统。

第六，网桥有助于安全保密。大多数 LAN 接口都有一种混杂工作方式（promiscuousmode），在这种方式下，计算机接收所有的帧，包括那些并不是编址发送给它的帧。如果网中多处设置网桥并谨慎地拦截无须转发的重要信息，那么就可以把网络分隔，以防止信息被窃。

5.4.2 交换机

网络设备为何不断更新？它是如何工作的？

初期的交换机功能像网桥，外观像集线器，又称交换集线器，集网桥和集线器的优点于一体，是技术与设备进化演变的范例。可以认为交换机是多端口的网桥，或者是集线器的功能升级；当然，交换机并非集线器、网桥的简单集成，因为它在应用中不断提升性能、扩充功能，取代集线器和网桥组合，成为以太网构建的核心设备，引领以太网升级换代，推动以太网快速发展。在交换机基础上发展起来的三层交换技术及三层交换机更是模糊了交换机与路由器的界限，兼备了路由的功能。这些演变看似水到渠成，实质上是受应用需求驱使，也是人类不断创新的体现。网络的进步体现在以下几个方面。

受集线器的改造，以集线器为核心的星形以太网取代了总线式以太网。其进步是：连接可靠、插接方便、造价低廉。

网桥的介入降低了冲突,提升了性能,极大地扩充了可接入用户数量,推动了以太网发展,形成网桥＋集线器模式的以太网产品,如图 5-19(a)所示。

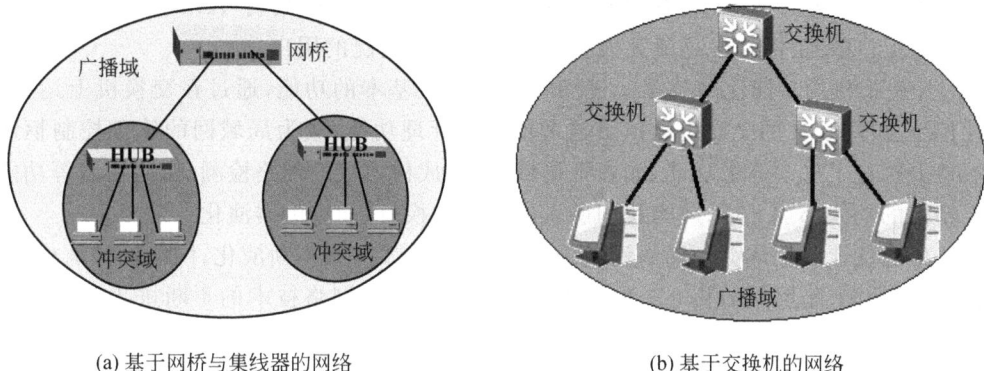

(a) 基于网桥与集线器的网络   (b) 基于交换机的网络

图 5-19　网络产品

基于交换机的网络如图 5-19(b)所示。以太网交换机的每个接口都直接与一个单个主机或另一个集线器相连,并且一般都工作在全双工方式。当主机需要通信时,交换机能同时连通许多对接口,使每一对相互通信的主机都能像独占通信媒体那样,无碰撞地传输数据,如图 5-20 所示。当两个站通信完成后,就断开连接。以太网交换机和透明网桥一样,也是一种即插即用设备,其内部的帧转发表也是通过自学习算法自动建立起来的。交换机像网桥一样可以用于局域网互联,或者用于分隔局域网。交换机可以隔离冲突域,但不能隔离广播域,如图 5-19(b)所示。显然,基于交换机的以太网转发速率更高,冲突更小,或者说无冲突,以交换的方式工作,形成交换式以太网。之前基于总线或集线器的以太网是共享式以太网。

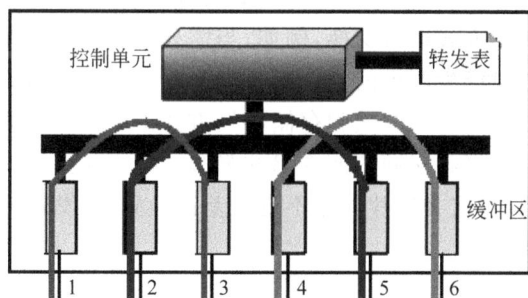

图 5-20　交换机工作原理示意图

交换机是网桥发展来的,它们之间有相同点,也有区别,表现在以下几个方面:

(1) 交换机是多端口的网桥,端口比网桥多。网桥的接口数很少,一般只有 2～4 个,而以太网交换机通常都有十几个以上的接口。

(2) 交换机以硬件方式实现,出现得比网桥晚。以太网交换机由于使用了专用的交换结构芯片,其交换速率很高。网桥可以用软件实现。现在已很少用网桥。

(3) 交换机集成度比网桥高,交换机造价比网桥也高。

（4）交换机转发速率比网桥快。与网桥相比，在硬件上交换机采用了集成电路及更先进的算法技术，其交换速率及吞吐量都有极大的提升，且一直处于不断的研究和改进中。以太网交换机一般都具有多种速率的接口，例如，可以具有 10Mb/s、100Mb/s 和 1Gb/s 的接口的各种组合，这就大大方便了各种不同情况的用户。

（5）交换机的功能比网桥多。过滤转发是其最基本的功能，通过在交换机上运行更多的控制程序，现在的交换机承担了越来越多的管理功能，成为局域网的管理控制枢纽。交换机上扩充了许多高级功能，如虚拟局域网、生成树协议的环路检测、访问控制等功能，甚至路由的功能都加上了，成为我们所说的三层交换机，向路由器演化。

这里也能让我们体会到网络设备的不断发展，在发展中不断演化；网络设备承载网络交换、管理功能，是网络的核心。网络设备的演化体现了网络技术的不断进步，推动网络不断升级、应用不断拓展。

以太网交换机支持建筑物结构化布线，这也是交换机面向市场的应用之一。在结构化布线系统中，广泛使用了以太网交换机。

交换机转发数据的方式有 3 种，即直通转发方式、存储转发方式和无碎片直通方式。虽然许多以太网交换机对收到的帧采用存储转发方式进行转发，但也有一些交换机采用直通（cut-through）的交换方式。

直通交换不必把整个数据帧先缓存后再进行处理，而是在接收数据帧的同时就立即按数据帧的目的 MAC 地址决定该帧的转发接口，从而提高了帧的转发速度。如果在这种交换机的内部采用基于硬件的交叉矩阵，交换时延就非常小。直通交换的缺点是它不检查差错就直接将帧转发出去，因此有可能也将一些无效帧转发给其他的站。直通方式也不能对不同速率的端口进行转发。

存储转发方式中，交换机在转发之前先把整个帧全部读入内部缓冲区中，并对帧进行差错校验，过滤掉有差错的帧。存储转发方式下帧转发时延较大。在某些情况下，仍需要采用基于软件的存储转发方式进行交换，例如，当需要进行线路速率匹配、协议转换或差错检测时。现在有的厂商已生产出能支持两种交换方式的以太网交换机。

无碎片直通方式是介于直通方式和存储转发方式的一种交换方式，它结合了以上两种方式的优点。其做法是接收完帧的前 64B 再转发，丢弃小于 64B 的帧。因为小于 64B 的帧肯定是错误帧，通常称之为碎片。它不进行差错检测，转发效率和速度是前两种方式的折中。

5.4.3 虚拟局域网

虚拟局域网解决什么问题？

集线器可以用于局域网互联，但互联后的各局域网合成了一个更大的局域网，各工作站在同一个冲突域内。并且由于站点增多，以太网冲突增多，效率下降，参见图 5-14。用交换机互联的各个局域网，它们处在不同的冲突域里。这样就克服了以上用集线器互联时的弊端，既能接入更多的工作站，又不影响站点的可用带宽，不降低网络效率，参见图 5-19（a）。可以说，网桥或交换机的使用突破了传统以太网 5-4-3 的规定，突破了单个以太网用户数的天花板,可以连接更多的主机,覆盖更大的区域。局域网互联中,局域网的个数、工作站数不受限制。

但这也会导致新问题的产生,用交换机互联起来的各局域网处在同一个广播域中,也就是说,一个主机的广播会被交换机转发到所有的局域网里。在网络高层设计中,常用广播的方式完成一定的网络功能,如网络层用 ARP 广播获取主机硬件地址。如果互联的局域网很多,主机数目众多,网络中的广播就会很多,这会导致网络中的广播数据包不断,形成广播风暴。广播风暴占用了大量的带宽,从而使用户可用带宽降低,导致网络不可用。

用路由器实现网络互联会隔离广播,从而控制了广播风暴的发生,如图 5-21 所示。但这样做有诸多不便。路由器把局域网分隔成两个网络,局域网的共享性就没有了;路由器成本高,在两个网络间进行三层的数据转发速度慢、效率低等,应该说这不是最好的解决方案。

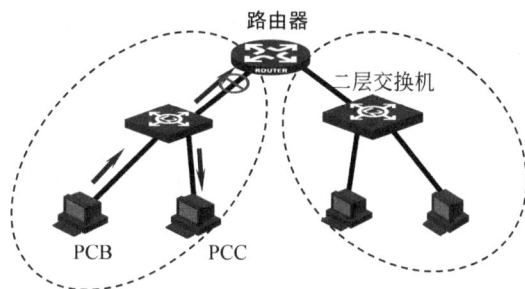

图 5-21　路由器隔离广播域

最终,人们对交换机的功能进行了扩充,增加了一些控制功能,实现了虚拟局域网(Virtual Local Area Network,VLAN),完成了对广播域的隔离,并在社会上得到广泛应用。

可以这样理解虚拟局域网:在由交换机构建的物理局域网中,把连在交换机上的诸多计算机分成多个工作组,每个工作组的计算机有共同的需求,并且与物理位置无关。工作组内的计算机可直接相互通信,处在同一个广播域中,而不同工作组中的计算机不能直接通信(可以通过路由器通信),且处在不同的广播域中。这样,从通信特性上看,好似各工作组是一个独立的局域网,尽管各工作组都在同一个物理局域网上,我们称之为虚拟局域网。图 5-22 展示了虚拟局域网的构成。

图 5-22 中,在大楼的两个不同楼层中,连在楼层交换机上的计算机各自构成了一个局域网;它们通过相连的交换机互联在一起。把其中的 4 个用户划分为两个工作组,每个工作组构成一个虚拟局域网 VLAN,即 VLAN1:(PCA,PCC),VLAN2:(PCB,PCD)。

从图 5-22 中可看出,每个 VLAN 的工作站可接在不同的交换机上,处在不同的局域网中,也可以不在同一楼层中。

利用以太网交换机可以很方便地将这 4 个工作站划分为两个虚拟局域网。不同VLAN 的 PC 处在不同的广播域中,实现了广播域的隔离,这可以防止广播风暴的发生;同时,不同 VLAN 间不能相互访问,这样可以对同一局域网中的不同应用进行隔离,增强

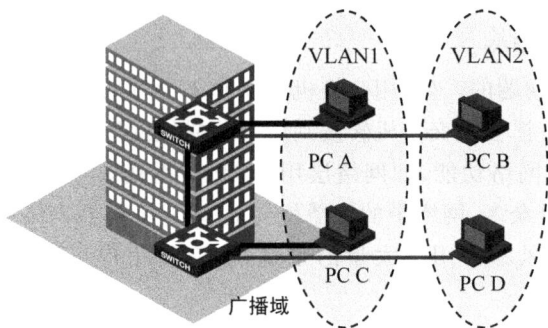

图 5-22　虚拟局域网的构成

了网络安全性。例如,要把校园网中的学生实验室机器与财务处机器划分在不同的虚拟局域网中,可保护财务系统的安全性;当然,管理员可以通过简单的配置调整 PC 的虚拟局域网所属,增强网络管控手段,能方便、灵活地管理网络。由于虚拟局域网是用户和网络资源的逻辑组合,因此可按照需要将有关设备和资源非常方便地重新组合,使用户从不同的服务器或数据库中存取所需的资源。

　　虚拟局域网是基于交换机实现的,是交换机上增加的一个管理功能。IEEE 802.1q 标准就是关于虚拟局域网技术的详细规定。各虚拟局域网的数据帧在通过交换机时,交换机给它们加上不同的标号。带有虚拟局域网标号的帧只能在本虚拟局域网的主机间进行交换。

　　1988 年,IEEE 批准了 802.3ac 标准,这个标准定义了以太网的帧格式的扩展,以便支持虚拟局域网。虚拟局域网协议允许在以太网的帧格式中插入一个 4B 的标识符,称为 VLAN 标记(tag),用来指明发送该帧的工作站属于哪一个虚拟局域网。如果还使用原来的以太网帧格式,就无法划分虚拟局域网。

　　注意,虚拟局域网其实只是局域网给用户提供的一种服务,并不是一种新型局域网。

实践探索：交换机与集线器原理体验

　　交换机与集线器在工作中的表现差异,可以借助 Packet Tracer 模拟器观察体验,以加深对网络环境、网络设备和网络过程的理解。

　　(1) 在 Packet Tracer 模拟器中配置网络拓扑;

　　(2) 通过针对性的操作,结合抓包分析,观察交换机处理广播和单播报文的过程;

　　(3) 体验交换机和集线器的工作过程及差异。

5.5　高速以太网

　　速率达到或超过 100Mb/s 的以太网称为高速以太网。1995 年,100Mb/s 以太网出现,当时称其为快速以太网,1998 年开发出吉比特以太网,2002 年 10 月,10 吉比特以太网问世,以太网速率的提升一次次超过了摩尔定律,牢牢地占据着主流局域网的地位。

在传统以太网的基础上发展起来的高速以太网保持了传统以太网的帧格式,帧的最小长度 64B 没变,半双工方式下的介质访问控制策略使用 CSMA/CD 没变。因此,以太网的根本特性没变,提速后仍然是以太网,能向下兼容。这样可以充分利用原有网络设施,使得早期的以太网能平滑升级,最大程度地保护了原有用户的利益。

如前所述,以太网中由于 CSMA/CD 冲突检测的原因,在确定往返时延 2τ 为定值 $51.2\mu s$ 的前提下,以太网有一个最大跨度和最小帧的限制。

设以太网的数据传输速率为 v,则最小帧长度 $F_1 = 2\tau v$。高速以太网的数据传输速率 v 增大,同时要保持最小帧长度 F_1 不变,那么,往返时延就要变小,导致高速以太网的覆盖范围变小。高速以太网的覆盖范围变小,降低了网络的可用性。因此,在后续的高速以太网中采用光纤传输等技术提高网络的有效覆盖范围。

5.5.1 快速以太网

从 20 世纪 80 年代初至 90 年代初,10Mb/s 以太网在 LAN 产品中占有很大的优势,特别是以 10BASE-T 标准组建的网络得到了广泛应用。那时很少有人想到以太网还会升级。然而,在 1992 年 9 月,100Mb/s 以太网的设想提出后仅过了 13 个月,100Mb/s 以太网的产品就问世了。1995 年,IEEE 已把 100BASE-T 的快速以太网定为正式标准,其代号为 IEEE 802.3u。快速以太网的标准得到所有主流网络厂商的支持。

100BASE-T 是在双绞线上传送 100Mb/s 基带信号的星形拓扑以太网,仍使用 IEEE 802.3 的 CSMA/CD 协议,它又称为快速以太网(Fast Ethernet),用户只要更换一个网卡,再配上一个 100Mb/s 的集线器,就可很方便地由 10BASE-T 以太网直接升级到 100Mb/s,而不必改变网络的拓扑结构。所有在 10BASE-T 上的应用软件和网络软件都可保持不变。100BASE-T 使用的自适应网卡能够自动识别 10Mb/s 和 100Mb/s。

100BASE-T 快速以太网也有共享式与交换式两种。使用交换机时可工作在交换式下实现全双工通信而无冲突发生。CSMA/CD 协议对全双工方式工作的快速以太网不起作用。只有在半双工方式工作时才使用 CSMA/CD 协议。读者不禁要问,既然不使用 CSMA/CD 协议了,为什么还叫作以太网呢?这是因为快速以太网使用的 MAC 帧格式仍然是 IEEE 802.3 标准规定的帧格式。

值得强调的是,当数据率提高到 10 倍时,为了保持最小帧长不变,需要将网络电缆长度(或 τ)减小到原有数值的 1/10。在 100Mb/s 的快速以太网中,保持最短帧长不变,仍为 64B,即 512b,但把一个网段的最大电缆长度减小到 100m。因此,100Mb/s 以太网的争用期是 $5.12\mu s$,帧间最小间隔现在是 $0.96\mu s$,都是 10Mb/s 以太网的 1/10。

100Mb/s 以太网的新标准在保留 CSMA/CD 介质访问控制协议和 IEEE 802.3 帧格式的同时,为了实现 100MB 的传输速率,它在物理层做了一些重要的改进。例如,在编码上采用了效率更高的编码方式。传统以太网采用曼彻斯特编码,其优点是具有自带时钟特性,能够将数据和时钟编码在一起,但其编码效率只能达到 1/2。所以,快速以太网没有采用曼彻斯特编码,而采用效率更高的 4B/5B 等编码。在传输介质上,快速以太网取消了对同轴电缆的支持。

100Mb/s 以太网的新标准规定了组建快速以太网可用的 3 种不同的介质标准。表 5-1 给出了这 3 种物理层标准的简单描述。

表 5-1 快速以太网的 3 种物理层标准

物理层方案	线缆类型	线缆对数	最大分段长度	编码方式	主要优点
100BASE-T4	3/4/5 类 UTP	4 对（用 3 对传数据、1 对检测冲突）	100m	8B/6T	UTP 3 类线升级用此方案
100BASE-TX	5 类 UTP 1 类 STP	2 对（1、2 对用来发送数据，3、6 对用来接收数据）	100m	4B/5B	支持全双工通信
100BASE-FX	62.5/125μm 多模光纤或 9/125μm 单模光纤	2 芯（一芯发送，一芯接收）	半双工 2km，全双工 40km	4B/5B	支持全双工、长距离通信

100BASE-T4 使用 4 对 UTP 3 类线，是为已使用 UTP 3 类线的大量用户升级而设计的。它使用 3 对线同时传送数据，用一对线作为碰撞检测的接收信道。

快速以太网的最大优点是结构简单、实用、成本低并易于普及，目前其主要用于快速桌面系统。

5.5.2 吉比特以太网

随着多媒体技术、高性能分布计算和视频应用等的不断发展，用户对局域网的带宽提出了越来越高的要求，特别是局域网主干带宽和服务器的访问带宽。在这种需求的驱动下，1996 年 3 月，IEEE 802 委员会成立了 IEEE 802.3z 工作组，专门负责吉比特以太网及其标准，并于 1998 年 6 月正式公布关于吉比特以太网的标准。

吉比特以太网基本保留了原有以太网的帧结构，所以向下和以太网与快速以太网完全兼容，从而使原有的 10Mb/s 以太网或快速以太网可以方便地升级到千兆以太网。

吉比特以太网的标准 IEEE 802.3z 有以下 4 个特点。

（1）允许在 1Gb/s 下以全双工和半双工两种方式工作。

（2）使用 IEEE 802.3 协议规定的帧格式。

（3）在半双工方式下使用 CSMA/CD 协议（全双工方式不需要使用 CSMA/CD 协议）。

（4）与 10BASE-T 和 100BASE-T 技术向后兼容。

吉比特以太网可用作现有网络的主干网，也可在高带宽（高速率）的应用场合中（如医疗图像或 CAD 的图形等）用来连接工作站和服务器。

吉比特以太网的物理层使用两种成熟的技术：一种来自现有的以太网；另一种则是 ANSI 制定的光纤通道（Fibre Channel，FC）。采用成熟技术能大大缩短吉比特以太网标准的开发时间。

吉比特以太网标准包括了支持光纤传输的 IEEE 802.3z 和支持铜缆传输的 IEEE 802.3ab 两大部分。

(1) 1000BASE-X(IEEE 802.3z 标准)是基于光纤通道的物理层,即 FC-0 和 FC-1。它采用 8B/10B 编码,使用的媒体有以下 3 种。

- 1000BASE-SX。SX 表示短波长(使用 850nm 激光器)。使用纤芯直径为 $62.5\mu m$ 和 $50\mu m$ 的多模光纤时,传输距离分别为 275m 和 550m。

- 1000BASE-LX。LX 表示长波长(使用 1300nm 激光器)。使用纤芯直径为 $62.5\mu m$ 和 $50\mu m$ 的多模光纤时,传输距离为 550m。使用纤芯直径为 $10\mu m$ 的单模光纤时,传输距离为 5km。

- 1000BASE-CX。CX 表示铜线。使用两对短距离的屏蔽双绞线电缆,传输距离为 25m,主要用于服务器到千兆主干交换机之间的短距离连接。

(2) 1000BASE-T (IEEE 802.3ab 标准)是使用 4 对 UTP 5 类线,传送距离为 100m。

在吉比特以太网的 MAC 子层,除了支持以往的 CSMA/CD 协议外,还引入了全双工流量控制协议。其中,CSMA/CD 协议用于共享信道的争用问题,即支持以集线器作为星形拓扑中心的共享式以太网;全双工流量控制协议适用于交换机到交换机或交换机到站点之间点-点连接,两点间可以同时进行发送与接收,即支持以交换机作为星形拓扑中心的交换式以太网。

吉比特以太网工作在半双工方式时,必须进行碰撞检测。吉比特以太网仍然保持最短帧为 64B(这样可以保持兼容性),但最大电缆长度将减小到 10m,实际价值大大减小。为让网段的最大长度仍然保持 100m,吉比特以太网引入了"载波延伸"(carrier extension)的方法,即将争用期增大为 512B。凡发送的 MAC 帧长不足 512B 时,就用一些特殊字符填充在帧的后面,使 MAC 帧的发送长度增大到 512B,这对有效载荷并无影响。接收端收到以太网的 MAC 帧后,要把所填充的特殊字符删除后才向高层交付。

当原来仅 64B 长的短帧填充到 512B 时,所填充的 448B 就造成了很大的开销。为此,吉比特以太网还增加了分组突发(packet bursting)的功能。这就是当很多短帧要发送时,第一个短帧要采用上面所说的载波延伸的方法进行填充。随后的一些短帧则可一个接一个地发送,它们之间只留有必要的帧间最小间隔即可。这样就形成一串分组的突发,直到达到 1500B 或稍多一些为止。

当吉比特以太网工作在全双工方式时(即通信双方可同时发送和接收数据),不使用载波延伸和分组突发。

5.5.3　10 吉比特以太网

在以太网技术中,快速以太网也是重要的里程碑之一,它确立了以太网技术在桌面的统治地位。随后出现的千兆比特以太网更是稳固了以太网技术在局域网中的绝对统治地位。很久以来,人们普遍认为以太网技术只能用于局域网通信,直到 10 吉比特以太网出现。1999 年 3 月,IEEE 成立了高速研究组(High Speed Study Group, HSSP)致力于 10Gb/s 高速以太网技术的研究,并于 2002 年正式发布 IEEE 802.3ae 10GE 标准。10Gb/s 以太网的问世不仅再度扩展了以太网的带宽,更使传输距离达到了城域网、广域网的要求。

10GE 的帧格式与之前以太网的帧格式完全相同。10GE 还保留了 IEEE 802.3 标准规定的以太网最小和最大帧长。这就使用户在将其已有的以太网进行升级时,仍能和较低速率的以太网很方便地通信。

为了提供 10GE 的传输速率,IEEE 802.3ae 10GE 标准在物理层只支持光纤作为传输介质。它使用长距离(超过 40km)的光收发器与单模光纤接口,以便能够工作在广域网和城域网的范围。10GE 也可使用较便宜的多模光纤,但传输距离为 65~300m。

在 10GE 的 MAC 子层已不再采用 CSMA/CD 机制,因此不存在争用问题,只支持全双工方式。这就使得 10GE 的传输距离大大提高了,不再受冲突检测的限制。事实上,尽管在吉比特以太网协议标准中提到对 CSMA/CD 的支持,但基本上只采用全双工方式,而不再采用共享带宽方式。

在物理拓扑上,万兆以太网既支持星形连接或扩展星形连接,也支持点到点连接以及星形连接与点到点连接的组合。星形连接或扩展星形连接主要用于局域网组网,点到点连接主要用于城域网组网,星形连接与点到点连接的组合则用于局域网与城域网的互联。

它提供了两种物理连接类型:一种是提供与传统以太网进行连接的速率为 10Gb/s 的 LAN 物理层设备,即"LAN PHY";另一种是提供与 SDH/SONET 进行连接的速率为 9.58464Gb/s 的 WAN 物理层设备,即"WAN PHY"。通过引入 WAN PHY,提供了以太网帧与 SON NET OC-192 帧结构的融合,WAN PHY 可与 OC-192、SONET/SDH 设备一起运行,从而在保护现有网络投资的基础上,能够在不同地区通过 SONNET 城域网提供端到端以太网连接。

由于 10GE 的出现,以太网的工作范围已经从局域网(校园网、企业网)扩大到城域网和广域网,从而实现了端到端的以太网传输。其优点是显而易见的。首先,端到端的以太网连接使帧的格式全都是以太网的格式,而不需要再进行帧的格式转换,这就简化了操作和管理。其次,以太网是一种经过实践证明的成熟技术,无论是因特网服务提供者(ISP),还是端用户,都很愿意使用以太网。当然,以太网的互操作性也很好,不同厂商生产的以太网都能可靠地进行互操作。更诱人的是它的性价比,在广域网中使用以太网时,其价格大约只有 SONET 的 1/5 和 ATM 的 1/10,一举把 ATM 推向市场的边沿。

以太网的发展证明,技术进步是产品的生命,是稳立市场的保障。纵览以太网历史可见,以太网描绘了局域网的辉煌,改写了广域网的历史,必将在未来网络中谱写宏伟篇章;以太网更新着网络历史,更新着网络教科书的内容,也更新着人们的思维,从以太网的演进中体会创新、智慧,感悟创新的魅力;需要我们学习的不仅是技术。

5.5.4　以太网接入与企业网构建

以太网接入与企业网构建是系列以太网在社会上的重要应用。以太网接入是指相对集中的群体用户使用以太网接入 Internet;企业网构建是指利用系列以太网技术构建企业网、校园网、园区网,这些园区网络一方面是自动化生产、办公的载体,同时也是 Internet 的接入网,是 Internet 的重要组成部分。

3.6 节介绍了几种接入技术,主要针对的是分散居住的用户。对于相对集中、有一定量的群体用户,使用以太网接入是一种廉价而又方便的接入方式。

以太网接入可以和 FTTx 技术结合,实现光纤和电缆的融合、宽带和廉价的兼顾。例如,在光纤到大楼 FTTB 的方案中,通过一条光纤到大楼,在大楼安装一台 1000Mb/s 的交换机,通过双绞线到各楼层,在各楼层用 100Mb/s 的交换机分开到房间、到桌面。这样就把光纤的远程宽带传输和双绞线的廉价方便进行了完美结合,既实现了局域网内的资源共享,又满足了各用户的宽带接入。同样,光纤到小区、以太网入户的模式在社会上采用得也越来越多。

以太网的系列产品更是构建城域网、企业网的不二选择。在企业网构建中常采用层次化的网络设计。在这种设计方法中,通常将网络中直接面向用户连接、访问网络的部分称为接入层(access layer),而将网络主干部分称为核心层(core layer),将位于接入层和核心层之间的部分称为分布层或汇聚层(distribution layer)。接入层的目的是允许终端用户连接到网络,因此接入层交换机具有低成本和高端口密度的特性;汇聚层交换机是多台接入层交换机的汇聚点,它必须能够处理来自接入层设备的所有通信量,并提供到核心层的上行链路,因此,汇聚层交换机与接入层交换机比较,需要具备更高的性能、更少的接口和更高的交换速率;核心层的主要目的是通过高速转发通信,提供优化、可靠的骨干传输结构,因此,核心层交换机应拥有比汇聚层交换机更高的可靠性、性能和吞吐量。

图 5-23 给出了一个将千兆比特以太网用于网络主干,将快速以太网用于桌面环境的网络示意图。该网络采用了典型的层次化网络设计方法。其中,最下面一层由 100Mb/s 以太网交换机加 100Mb/s 上行链路组成;第二层由 1000Mb/s 以太网交换机加 1000Mb/s 上行链路组成;最高层由 10Gb/s 以太网交换机组成。

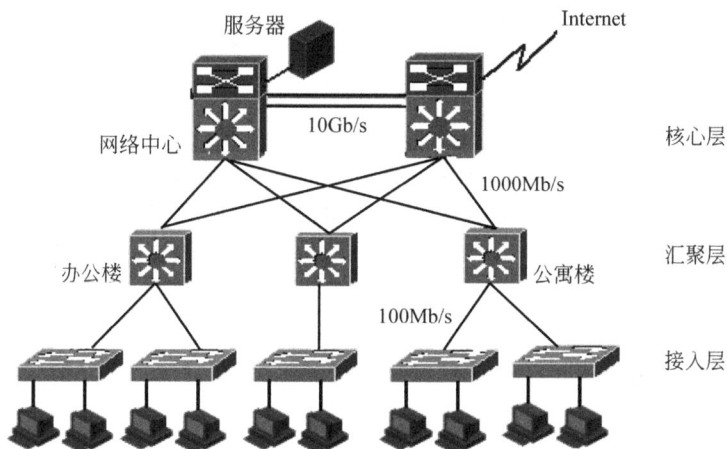

图 5-23　用以太网构建企业网示意图

5.6　技术创新推动设备演变,促进网络发展

因为对接入可靠性、方便性及对综合布线的追求,诞生了集线器;面对冲突对用户数的限制,研发了网桥;随着网络规模的扩展,广播风暴给网络编制了新的外壳,基于交换机

的 VLAN 应时而生;高速交换式以太网与三层交换完美融合打造出现代高速企业网。其产品与时代同行,如图 5-24 所示。

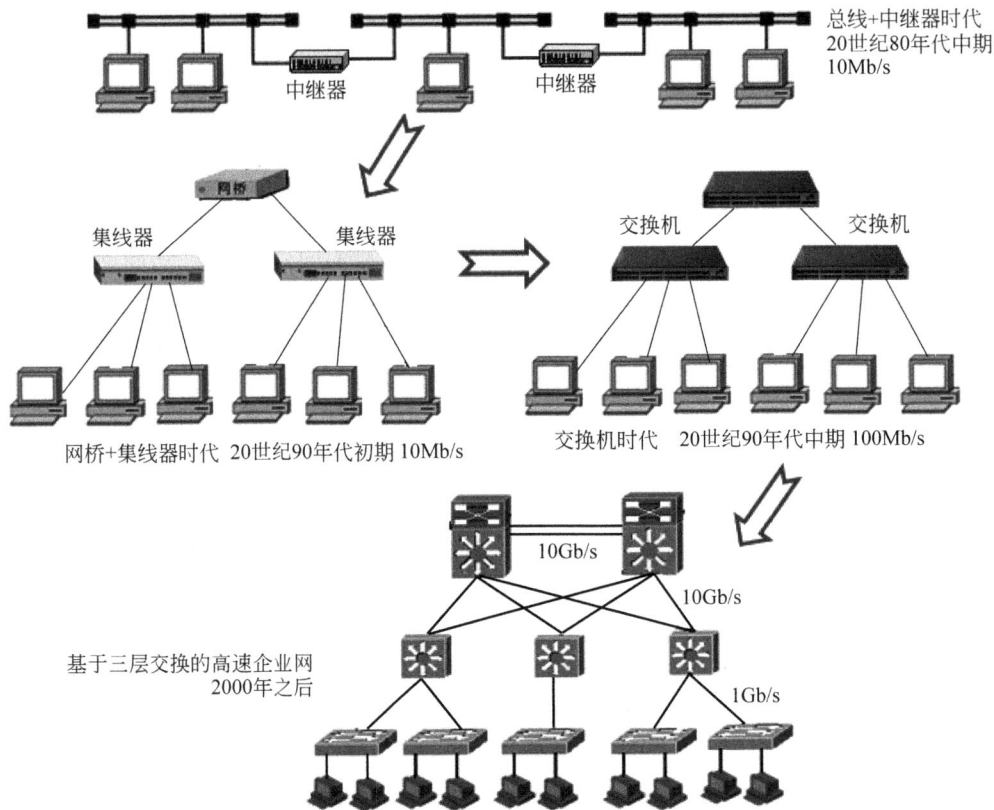

图 5-24   技术创新引领网络进步

不期而至的时代难题驱动技术创新,推动设备演变,引领以太网产品推陈出新,展现出强大的生命力。翻越高山,回望历程,突现美丽的以太网风景线,这是一个不断应对挑战的主线,是一个持续发展的脉络,是一个技术创新与进步的画卷。应用驱动创新,技术引领进步,未来亦当如此。

5.7   无线局域网

无线局域网越来越普及,家庭、办公室、咖啡厅、图书馆、机场、动物园等公共场所都有相应的设施,通过它们可以把计算机、平板电脑和智能手机连接到 Internet。无线局域网也可用来使附近的两台或多台计算机直接进行通信,而无须接入 Internet。无线局域网提供的移动接入的功能,给许多需要发送数据但又不能坐在办公室的工作人员提供了方便,特别适合使用便携式笔记本电脑、办公位置常移动的网络办公场景,例如,在新闻发布会或在证券公司的大厅里,不需要布线,就可以方便地在大厅里变换位置、相互交流。

无线局域网常简写为 WLAN(Wireless Local Area Network),其主要标准是 IEEE

802.11。凡使用 IEEE 802.11 系列协议的局域网又称为 WiFi(Wireless Fidelity,无线高保真)。因此,在许多文献中,WiFi 几乎成为 WLAN 的同义词。

本节将考察 IEEE 802.11 的组网方式、物理层无线传输技术、MAC 子层协议、帧结构等。

5.7.1　IEEE 802.11 局域网的组成与应用

无线局域网可分为两大类: 一类是有固定基础设施的;另一类是无固定基础设施的。

1. 使用接入点的无线局域网

这是无线局域网最普遍使用的方式,它通过一个无线接入点把无线客户端(如笔记本电脑或智能手机)组成一个无线网络,并连接到其他有线局域网或 Internet。这种使用模式如图 5-25 所示。

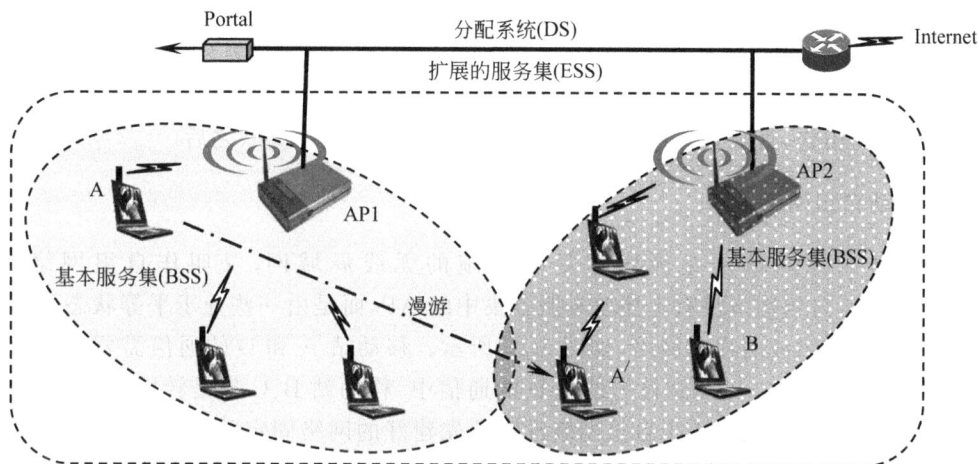

图 5-25　IEEE 802.11 无线局域网

这种有架构模式需要有一个基站,即接入点(access point,AP)。每个客户端与一个接入点关联,几个接入点可通过一个称为分布式系统(distribution system)的有线网络连接在一起,形成一个扩展的 IEEE 802.11 网络。

基本服务集(Basic Service Set,BSS)由一个 AP 和若干个移动站构成。所有的站在本 BSS 以内都可以直接通信,但在和本 BSS 以外的站通信时都必须通过 AP。每个 AP 都有一个网络管理员为其分配的不超过 32B 的服务集标识符(Service Set Identifier,SSID)和一个信道。一个 AP 覆盖的范围直径一般不超过 100m。

扩展的服务集(Extended Service Set,ESS)由连接到一个分配系统(DS)上的多个基本服务集构成。分配系统的作用是使扩展的服务集(ESS)对上层的表现就像一个基本服务集(BSS)一样。分配系统常使用以太网、点对点链路或其他无线网络充当。通过一种叫 Portal(门户)的设备还可以接到 IEEE 802.x 局域网。Portal 是 IEEE 802.11 定义的新名词,其实它的作用就相当于一个网桥。在一个扩展服务集内的几个基本服务集也可能有相交的部分。这允许一个无线站点漫游到另一个基本服务集。图 5-25 中,移动站 A 从一个基本服务集漫游到另一个基本服务集(图中的 A′),而仍然可保持与另一站 B 的通信。移动站漫游到另一个 BSS 时要更换 AP。

IEEE 802.11 提供一种关联(association)服务,被移动站用来把自己连接到 AP 上。典型情况下,当一个移动站进入某个 AP 的无线电覆盖范围之内时,就会用到这种服务。抵达 AP 覆盖范围后,移动站通过 AP 发送的信标帧获知 AP 的标识符和能力,或者它直接询问 AP 获得这些信息。AP 能力包括所支持的数据率、安全考虑、节能能力、支持的服务质量等。移动站向 AP 发出一个与之关联的请求,AP 接受后即完成了站的关联。当然,AP 也可能拒绝该请求。

重新关联(reassociation)服务允许站改变它的首选 AP。这项服务对于那些从一个 AP 移动到另一个 AP 的移动站来说非常有用,就像蜂窝网络中的切换。不管是移动站,还是 AP,都有可能解除关联(disassociation)。一个站在离开本地或者关闭之前,应该先解除关联。AP 在停下来进行维护之前也要先解除关联。

站在通过 AP 发送帧之前必须认证(authentication)。处理认证有多种方式,具体采用哪种方式取决于选择的安全模式。如果 IEEE 802.11 网络是"开放"(open)的,那么任何人都可以使用它,否则必须进行身份验证。身份验证发生在关联之后。

2. 移动自组网络

另一类无线局域网是无固定基础设施的无线局域网,又叫作自组网络(ad hocnetwork)。自组网络没有上述基本服务集中的 AP,而是由一些处于平等状态的移动站之间相互通信组成的临时网络,如图 5-26 所示。移动站 A 和 D 的通信需要经过 B、C 的转发。因此,在源结点 A 到目的结点 D 的通信中,移动站 B、C 都是转发结点,这些结点都具有路由器的功能。由于自组网络没有预先建好的网络固定基础设施(基站),因此自组网络的服务范围通常是受限的,而且自组网络一般也不和外界的其他网络相连。

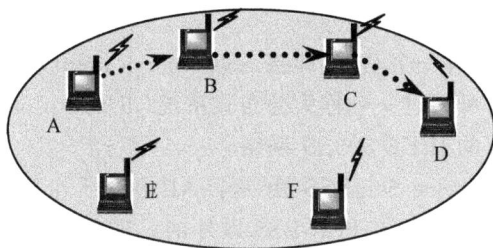

图 5-26　移动自组网络

随着便携式电脑的大量普及,自组网络的组网方式已受到人们的广泛关注。由于在自组网络中的每一个移动站都要参与到网络中的其他移动站的路由的发现和维护,同时由移动站构成的网络拓扑有可能随时间变化得很快,因此,在固定网络中行之有效的一些路由选择协议对移动自组网络已不适用。这样,在自组网络中路由选择协议就引起了特别的关注。另一个重要问题是多播。在移动自组网络中往往需要将某个重要信息同时向多个移动站传送。这种多播比固定结点网络的多播要复杂得多,需要有实时性好而效率又高的多播协议。在移动自组网络中,安全问题也是一个更为突出的问题。

移动自组网络在军用和民用领域都有很好的应用前景。在军事领域中,由于战场上往往没有预先建好的固定接入点,其移动站就可以利用临时建立的移动自组网络进行通信。这种组网方式也能够应用到作战的地面车辆群和坦克群,以及海上的舰艇群、空降兵联络。由于每一个移动设备都具有路由器转发分组的功能,因此分布式的移动自组网络的生存性非常好。在民用领域,如出现自然灾害时,在抢险救灾等多种场合移动自组网络的通信很有效。

近年来,移动自组网络中的一个子集——无线传感器网络(Wireless Sensor Network,WSN)引起人们的关注。无线传感器网络是由大量传感器结点通过无线通信技术构成的自组网络。无线传感器网络的应用就是进行各种数据的采集、处理和传输,一般并不需要很高的带宽,但是在大部分时间必须保持低功耗,以节省电池的消耗。由于无线传感结点的存储容量受限,因此对协议栈的大小有严格的限制。此外,无线传感器网络还对网络安全性、结点自动配置、网络动态重组等方向有一定的要求。

WSN 是近年来兴起的物联网的重要组成部分,为物联网提供传输支撑。据统计,全球 98% 的处理器并不在传统的计算机中,而是处在各种家电设备、运输工具以及工厂的机器中。如果在这些设备上能够嵌入合适的传感器和无线通信模块,就能把数量惊人的结点连接成分布式的无线传感器网络,能够实现连网、计算和处理,形成物联网。

5.7.2　IEEE 802.11 体系结构

IEEE 802.11 和以太网一样,都具有 IEEE 802 体系结构的共性。图 5-27 展示了IEEE 802.11 体系结构的组成。

IEEE 802.11 物理层对应于 OSI 的物理层,但所有 802 协议的数据链路层分为两个或更多个子层。在 IEEE 802.11 中,介质访问控制(Medium Access Control,MAC)子层决定如何分配信道。在它上方的是逻辑链路控制(Logical Link Control,LLC)子层,它的工作是隐藏 IEEE 802 系列协议之间的差异,使它们在网络层看来并无差别。

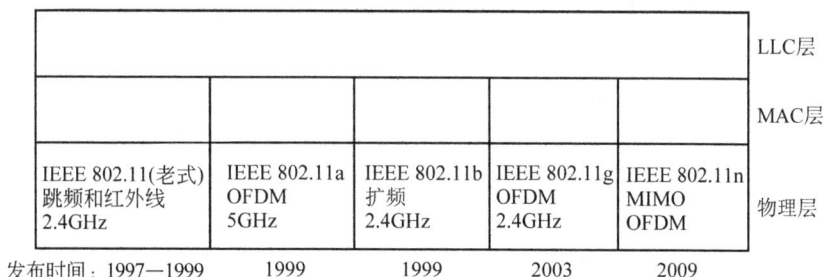

					LLC层
					MAC层
IEEE 802.11(老式)跳频和红外线2.4GHz	IEEE 802.11a OFDM 5GHz	IEEE 802.11b 扩频 2.4GHz	IEEE 802.11g OFDM 2.4GHz	IEEE 802.11n MIMO OFDM	物理层
发布时间: 1997—1999	1999	1999	2003	2009	

图 5-27　IEEE 802.11 体系结构的组成

根据物理层的不同(如工作频段、数据率、调制方法等),IEEE 802.11 无线局域网可再细分为不同的类型。最早流行的无线局域网是 IEEE 802.11b、IEEE 802.11a 和 IEEE 802.11g。

自从 IEEE 802.11 在 1997 年首次出现以后,不断演变,在物理层有多种传输技术。最初采用的红外技术 IR(InfraRed)和 2.4GHz 频段的跳频扩频现在很少用了。最常用的 IEEE 802.11b 局域网使用了直接序列扩频技术,网络运行速率高达 11Mb/s,所工作的 2.4～2.485GHz 频率范围中有 85MHz 的带宽可用,IEEE 802.11b 定义了 11 个部分重叠的信道集,但仅当两个信道由 4 个或更多信道隔开时,它们才无重叠。

IEEE 802.11a、IEEE 802.11g 分别在 1999 年和 2003 年采用基于正交频分复用 (Orthogonal Frequency Division Multiplexing,OFDM)编码方案的新传输技术后,使网络可提供高达 54Mb/s 的数据率。首先是 IEEE 802.11a,它使用了 ISM 的 5GHz 频段;后来的 IEEE 802.11g 仍使用 2.4GHz 频段,并保持与 IEEE 802.11b 兼容。

同时使用多个天线的技术被引入到无线局域网,使得发送器和接收器的数据速率达到令人吃惊的 600Mb/s。相应的标准在 2009 年 10 月定为 IEEE 802.11n,有 4 根天线和更宽的信道。

近年来又相继推出一些新标准。2012 年推出的 IEEE 802.11ad,工作频段为 60GHz,最高数据速率可达 7Gb/s,但不能穿越墙壁,适用于单个房间内的高速数据传输,如高清电视传输。2013 年推出的 IEEE 802.11ac 是 802.11n 的升级版,工作频段为 5GHz,最高数据速率为 1Gb/s。2016 年推出的 IEEE 802.11ad,工作频段为 900MHz,最高数据速率为 18Mb/s,这种局域网的功耗低、传输距离长(最长可达 1km),很适合物联网设备间的通信。

5.7.3　IEEE 802.11 物理层

IEEE 802.11 标准中物理层相当复杂,在此仅简单介绍基本情况。

IEEE 802.11 有许多种物理层标准。这些物理层彼此之间的区别主要体现在使用的技术和可以达到的速度上。

所有的 IEEE 802.11 在物理层都使用短程无线电传输信号,通常在 2.4GHz 或 5GHz 频段(见图 3-28)。ISM 频段的最大优点是无须许可证,任何人都可免费使用。2.4GHz 频段上的应用很多,如车库门遥控、无绳电话等都使用这个频段,已经非常拥挤,易受干扰。相比之下,5GHz 频带更好,但它的频率高,导致传输范围较小。

所有的物理层传输方法都定义了多个速率。设计多速率的主要想法在于根据当前的条件采用不同的速率。如果无线信号较弱,则采用较低的速率;如果信号很清晰,可使用最高速率。这种调整速率的方法就是速率自适应(rate adaptation)。

IEEE 802.11b 无线局域网工作的 2.4～2.485GHz 频率范围中有 85MHz 的带宽可用。它是一种扩展频谱的方法,支持 1Mb/s、2Mb/s、5.5Mb/s 和 11Mb/s 这 4 种速率。但实际上运行速率几乎总在 11Mb/s。IEEE 802.11b 定义了 11 个部分重叠的信道集,但仅当两个信道由 4 个或更多信道隔开时它们才无重叠。因此,信道 1,6 和 11 的集合是唯一的 3 个非重叠信道的集合。因此,在同一个位置上可以设置 3 个 AP,并分别给它们分配信道 1、6 和 11,然后用一个交换机把这 3 个 AP 连接起来,这样就可以构成一个最大传输速率为 33Mb/s 的无线局域网。

接下来看 IEEE 802.11a,它使用 5GHz 的 ISM 频段支持的速率可高达 54Mb/s。IEEE 802.11a 使用 OFDM 技术,这使得频谱更有效率,并且能抵抗多径等无线信号的衰减。IEEE 802.11a 可以运行在 8 个不同的速率上,6~54Mb/s 不等,但覆盖范围约为 IEEE 802.11b 的 1/7。在许多情况下,用户在选择产品时这是更重要的考量。

或许你已经预料 IEEE 802.11a 应该比 IEEE 802.11b 早出现,但事实并非如此。虽然 IEEE 802.11a 小组先成立,但 IEEE 802.11b 标准先获得批准,并且其产品投放市场的时机也远远领先于 IEEE 802.11a 产品,这里面的原因部分在于 5GHz 频段实现技术上的困难。

IEEE 802.11g 于 2003 年获得 IEEE 批准。它复制了 IEEE 802.11a 的 OFDM 调制方法,但工作在狭窄的 2.4GHz ISM 频段,与 IEEE 802.11b 一起工作在同一频段,这是为了与 IEEE 802.11b 设备兼容。它提供了与 802.11a 相同的速率(6~54Mb/s)。为了不让客户对所有这些不同的选择产生混淆,常见的无线局域网产品在单一的网卡上同时支持 IEEE 802.11a/b/g。

IEEE 委员会并没有就此满足而停滞不前,他们又继续开展高吞吐量物理层的工作,这个物理层称为 IEEE 802.11n。这个标准在 2009 年获得批准。IEEE 802.11n 的目标是去掉所有无线开销后吞吐量至少达到 100Mb/s。这个目标要求原始速率至少要增加 4 倍。为了做到这一点,委员会把信道加宽一倍,从 20MHz 扩大到 40MHz,并且允许同时发送一组帧降低成帧的开销。然而,更重要的是,IEEE 802.11n 在同一时间可以使用 4 根天线发送 4 个信息流。这些流的信号虽然在接收端会相互干扰,但可以通过使用多入多出(Multiple Input Multiple Output,MIMO)通信技术把它们分离开。多天线的使用带来了速度上的极大提升,但没有带来更大的覆盖范围和更高的可靠性。像 OFDM 一样,也是那些巧妙通信想法中的一种,人类的聪明才智正在改变着无线网络的设计。

5.7.4 IEEE 802.11 的 MAC 层

1. 无线局域网中的冲突检测问题

与以太网类似,无线局域网也是共享传输介质的,站点同时发送数据也会引起冲突。但 IEEE 802.11 的 MAC 子层协议与以太网有很大的不同,特别是冲突检测部分,IEEE 802.11 中不能使用冲突检测。这种本质上的差异来自无线通信的两大因素。

首先,无线电几乎总是半双工的,这意味着它们不能在一个频率上传输的同时侦听频率上的突发噪声。无线局域网的网卡上接收到的信号往往比发射信号弱 100 万倍,因此它无法在同一时间听到这么微弱的信号。因此,对于无线介质,不能进行冲突检测。

其次,在无线局域网中并非所有的站点都能够听见对方,而"所有站点都能够听见对方"正是实现冲突检测的前提条件。图 5-28 展示了由传输范围导致的传输问题的几种情况。

虽然无线电波能够向所有方向传播,但其传播距离受限,而且当电磁波在传播过程中遇到障碍物时,其传播距离更短。图 5-28(a)中,站 A、C 同时给站 B 发送数据,在 B 发生了冲突。而由于障碍物的原因,站 A、C 相互接收不到对方的信号,从而检测不到冲突存在。

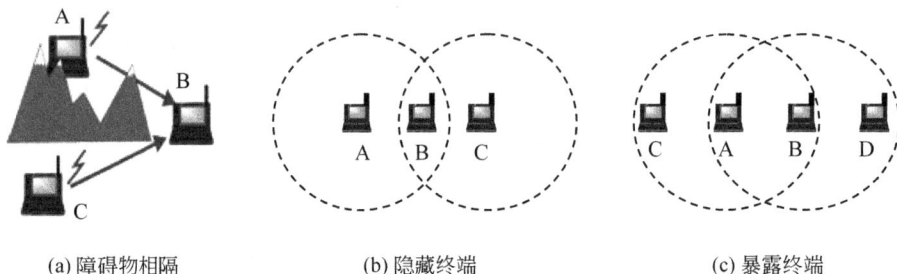

(a)障碍物相隔   (b)隐藏终端   (c)暴露终端

图 5-28   由传输范围导致的问题

图 5-28(b)说明了隐藏终端问题。因为不是所有的站都在彼此的无线电广播范围内,因此无线网中一部分正在进行的传输无法被其他地方收听到。在这个例子中,C 站正在给 B 站发送数据。如果 A 站侦听通道,它将听不到任何东西,因而错误地认为现在它可以开始给 B 站传输了。显然,这一决定将导致冲突的发生。这种未能检测出信道上其他站点信号的问题叫作隐蔽终端问题(hidden station problem)。

相反的情况是暴露终端问题,如图 5-28(c)所示。这里,A 正在给 C 发数据,这时 B 想给 D 发数据,所以它去侦听信道。当 B 听到信道上有帧在传送,为防止冲突而不敢向 D 发送数据,而是等待。其实这两对传输同时进行并不冲突。显然,这个决定浪费了一次传输机会。这就是暴露终端问题(exposed station problem)。在无线局域网中,在不发生干扰的情况下允许多个移动站同时进行通信。这一点与有线局域网有很大的差别。

由此可见,无线局域网可能出现检测错误的情况:检测到信道空闲,其实并不空闲;而检测到信道忙,其实并不忙。

2. CSMA/CA 冲突避免机制

既然无线局域网不能使用冲突检测,就应当尽量减少碰撞的发生。为此,IEEE 802.11 委员会对 CSMA/CD 协议进行了修改,把碰撞检测改为碰撞避免(Collision Avoidance,CA)。这样,IEEE 802.11 局域网就使用 CSMA/CA 协议。碰撞避免的思路是:协议的设计要尽量减少碰撞发生的概率。注意,在无线局域网中因为不能检测冲突,所以即使发生了冲突,帧的发送也不会停止,直到整个帧发完。冲突的代价是昂贵的。

发送站是怎么知道是否冲突了呢?原来,IEEE 802.11 局域网在使用 CSMA/CA 的同时还使用停止等待协议。无线站点每发送完一帧后,对方要进行确认,发送站点收到确认帧后才能继续发送下一帧。如果在规定时间内收不到确认,发送站就认为是冲突了,就会启动超时重发机制。这和以太网不同,因为无线信道的通信质量远不如有线信道。

IEEE 802.11 是在发送前避免冲突的。站点发送数据前也先侦听信道,根据侦听到的情况有以下 4 种选择。

（1）若检测到信道空闲，并且是站点第一次发送数据（即不是重发或连续发的第二帧），则在检测到空闲起再等待时间 DIFS（帧间隔），如果信道仍空闲，就发送整个数据帧。

（2）否则（即信道忙或不是第一次发送数据），站点执行 CSMA/CA 协议的退避算法确定一个退避时间，当检测到信道空闲时开始退避（倒计时）。一旦检测到信道忙，就冻结退避计时器。只要信道空闲，退避计时器就进行倒计时。

（3）当退避计时器时间减少到零时（这时信道只可能是空闲的），站点就发送整个数据帧并等待确认。

（4）发送站若收到确认，就知道已发送的帧被目的站正确收到了。这时如果要发送第二帧，就要从步骤（2）开始，执行 CSMA/CA 协议的退避算法，随机选定一段退避时间。

若源站在规定时间内没有收到确认帧 ACK，即重传计时器超时，就要重传此帧（从上面的步骤（2）开始），直到收到确认为止，或者经过若干次的重传失败后放弃发送。

图 5-29 给出了一个发送帧的时序例子。A 站首先发出一个帧。当 A 发送时，B 站和C 站准备就绪欲发送，它们听到信道正忙，便等待信道变成空闲。不久，A 站收到一个确认，信道进入空闲状态。然而，此时并不是 B、C 两个站都发送帧从而立即产生冲突，而是B 站和 C 站都执行退避算法。C 站选择了一个较短的后退时间，因而先获得发送权。B站侦听到 C 站在使用信道时暂停自己的倒计时，冻结后退时间，并在 C 站收到确认之后立即恢复倒计时。一旦 B 站完成了后退，就发送自己的帧。

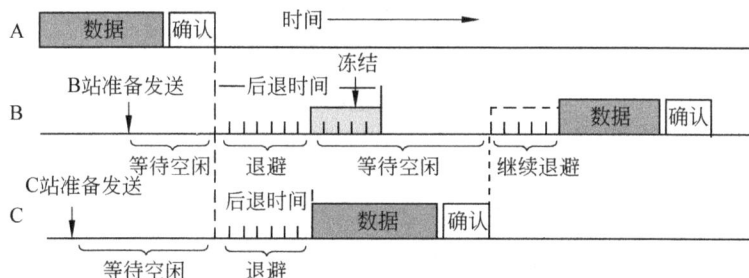

图 5-29　CSM/CA 中避免冲突的退避机制示意图

特别说明的是，在上述过程中，B、C 站随机选择的退避时间是 DIFS（分布式帧间隔）的 n 倍（n 是整数）。IEEE 802.11 使用的退避算法和以太网的稍有不同。第 k 次退避的时隙数 n 是在 $\{0, 1, \cdots, 2^{2+k}-1\}$ 中随机选择一个。这样做是为了使不同站点选择相同退避时间的概率减少。也就是说，第 1 次（$k=1$）退避要推迟发送的时隙数 n 是在 $\{0, 1, \cdots, 7\}$ 中随机选择一个，而第 2 次退避的时隙数 n 是在 $\{0, 1, \cdots, 15\}$ 中随机选择一个。当选择范围的上限达到 255 时（这对应于第 6 次退避）就不再增加了。

退避时间选定后，就相当于设置了一个退避计时器（backoff timer）。站点每经历一个时隙的时间，就检测一次信道。若检测到信道空闲，退避计时器就减 1。若检测到信道忙，就冻结退避计时器的剩余时间，重新等待信道变为空闲并再经过时间 DIFS 后，从剩余时间开始继续倒计时。如果退避计时器的时间减小到零，就开始发送整个数据帧。

和以太网相比，这里有两个主要区别：首先，早期的退避有助于避免冲突；其次，利用确认推断是否发生冲突，因为冲突无法被检测出来。

综上所述,当一个站要发送数据帧时,仅在下面的情况下才不使用退避算法:检测到信道是空闲的,并且这个数据帧是它想发送的第一个数据帧。除此以外的所有情况,都必须使用退避算法。具体来说,以下3种情况都必须使用退避算法。

(1)在发送第一个帧之前检测到信道处于忙态。

(2)每一次重传。

(3)每一次成功发送后再发送下一帧。

3. 信道预约机制

使用信道预约机制和虚拟侦听技术,可以有效地解决隐藏终端问题。

信道预约具体的做法是:如图 5-30 所示,源站 A 在发送数据帧之前先发送一个短小的控制帧,叫作请求发送(Request To Send,RTS)。若信道空闲,则目的站 B 就响应一个控制帧,叫作允许发送(Clear To Send,CTS)。A 站收到 CTS 帧后就可发送其数据帧。可见,这种做法实际上就是在发送数据帧之前先对信道进行预约。

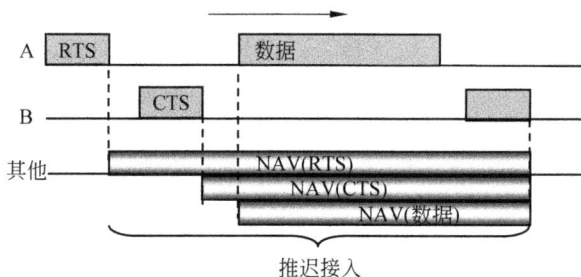

图 5-30　信道预约与虚拟侦听

为了尽量减少碰撞的机会,IEEE 802.11 标准采用了一种叫作虚拟侦听(virtual carrier sense)的机制。在发送站点发出的每个帧(包括 RTS、CTS 及数据帧)里都有一个 NAV 字段,指明这次通信直到结束(包括收完 ACK 帧)所持续的时间。听到这个帧的其他站点,就知道信道什么时候会空闲下来。据此,各站点设置自己的网络分配向量(Network Allocation Vector,NAV),使它指向信道空闲的时刻,并根据自己的 NAV 推迟发送。

RTS/CTS 预约机制使用 NAV 防止隐藏终端在同一时间发送。

例如,对于图 5-28(c)的情形,图 5-30 展示了使用信道预约和虚拟侦听的发帧过程。当 A 站决定向 B 站发送数据时,A 站首先给 B 站发送一个 RTS 帧,请求对方允许自己发送一个帧给它。如果 B 站接收到这个请求,它就以 CTS 帧作为应答,表明可以发送。一旦收到 CTS 帧,A 站就发送数据帧,并启动一个 ACK 计时器。当正确的数据帧到达后,B 站用一个 ACK 帧回复 A 站,完成此次交流。如果 A 站的 ACK 计时器超时前,ACK 没有返回,则可视为发生了一个冲突,经过一次后退,整个协议重新开始运行。

在 A 站发出的 RTS 帧里包含这次通信(包括相应的 ACK 帧)所需的持续时间。C 站在 A 站的范围内,因此它可能收到 RTS 帧。如果收到了,它就可以从 RTS 请求帧提供的持续时间估算出这次帧传输需要持续的时间,包括最后的 ACK。因此,它采取了有利于所有人的做法,停止传输任何东西,直到此次数据交换完成。它通过更新自己的 NAV 记录表明信道正忙,如图 5-30 所示。D 无法听到 RTS 帧,但它确实听到了 CTS 帧,所以它也更新自己的 NAV。推迟到同一时刻接入的 C、D 站点需要运行退避算法,以避开冲突。

然而,尽管 RTS/CTS 理论上听起来不错,但它却落入那些已被证明在实践中几乎没有价值的设计之列。使用 RTS 帧和 CTS 帧会使整个网络的效率有所下降。它对短帧(替代 RTS 发送)一点好处都没有,只会降低操作速度。其次,无助于暴露终端问题的解决,只对隐藏终端有好处。大多数情况下,隐藏终端很少,而且不管什么原因,CSMA/CA 通过退避发送失败的站缓解隐藏终端问题,使得传输更可能获得成功。

因此,在 IEEE 802.11 中,该协议设计了 3 种情况供用户选择:一种是使用 RTS 和 CTS 帧;另一种是只有当数据帧的长度超过某一数值时,才使用 RTS 帧和 CTS 帧(显然,当数据帧本身很短时,再使用 RTS 帧和 CTS 帧只能增加开销);还有一种是不使用 RTS 帧和 CTS 帧。

4. IEEE 802.11e 优先机制

以上介绍的是 IEEE 802.11 中的分布式协调功能。IEEE 802.11 的 MAC 层包括以下两个子层。

(1) 分布协调功能(Distributed Coordination Function,DCF)。DCF 不采用任何中心控制,而是在每一个结点使用 CSMA 机制的分布式接入算法,让各个站通过争用信道获取发送权。因此,DCF 向高层提供的是争用服务。IEEE 802.11 协议规定,所有的实现都必须有 DCF 功能。

(2) 点协调功能(Point Coordination Function,PCF)。PCF 是可选项,是用 AP 集中控制整个 BSS 内的活动,因此自组网络就没有 PCF 子层。PCF 使用集中控制的接入算法,用类似于探询的方法把发送数据权轮流交给各个站,从而避免了碰撞的产生。对于时间敏感的业务,如分组语音,就应使用提供无争用服务的 PCF。

PCF 是在 DCF 上的可选功能,其实现非常巧妙,这依赖于 2005 年被引入 IEEE 802.11 中的一个巧妙设计的机制,标准命名为 IEEE 802.11e。

当无线局域网中 VoIP 流量与对等流量(pcer-to-pcer)竞争时,VoIP 通信将受到影响。尽管 VoIP 流量需要的带宽较低,但在和高带宽的对等流量竞争中还是有可能被延迟,这些延迟极有可能降低语音通话的质量。IEEE 802.11e 能巧妙地实现优先发送,从而能提供高质量的服务。

IEEE 802.11e 扩展了 CSMA/CA,并且仔细定义了帧之间的各种帧间间隔。站点在完成帧发送后,必须再等待一段很短的时间(继续监听)才能发送下一帧。这段时间的通称是帧间间隔(InterFrame Space,IFS)。这里的关键在于为不同类型的帧确定不同的帧间间隔。

5 个帧间间隔如图 5-31 所示。常规的数据帧之间的间隔称为 DCF 帧间隔(DCF InterFrarne Spacing,DIFS)。任何站都可以在介质空闲 DIFS 后尝试占用信道发送一个新帧。采用通常的竞争规则,如果发生冲突,或许还需要二进制指数后退。最短的间隔是短帧间间隔(Short InterFnurne Spacing,SIFS),它允许一次对话的各方具有优先抓住信道的机会。使用 SIFS 的帧类型有 ACK 帧、CTS 帧、由过长的 MAC 帧分片后的数据帧,以及所有回答 AP(接入点)探询和在 PCF 方式中 AP 发送的任何帧。这样做是为了阻止一次数据交流中间被其他站横插一帧。

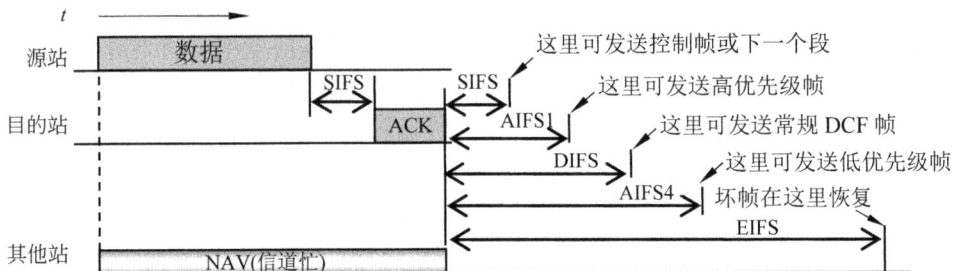

图 5-31　IEEE 802.11 中的帧间隔

两个仲裁帧间间隔(Arbration InterFrame Space,AIFS)。较短的帧间间隔 AIFS1 小于 DIFS,但比 SIFS 长。它被 AP 用来把语音或其他高优先级流量移到前头。AP 将等待一段较短的帧间间隔,然后发送语音流量,这样,语音流量得以在常规流量之前发送出去。较长的帧间间隔 AIFS4 比 DIFS 还大,用它发送可以延迟到常规流量之后发送的背景流量。AP 在发送这种流量之前将等待较长的帧间间隔,以便给常规流量优先发送的机会。完善的服务质量机制定义了 4 种不同的优先级别,分别具有不同的后退参数和不同的空闲参数。

最后一个帧间间隔是扩展帧间间隔(Extended InterFrame Spacing,EIFS),仅用于一个站刚刚收到坏帧或未知帧后报告问题。设置这个间隔的想法是因为接收方可能不知道该怎么处理,所以应该等待一段时间,以免干扰两站之间正在进行的对话。

可见,用不同帧间间隔的办法实现了对不同数据的优先发送,也实现了 PCF 中 AP 控制权的切换。

5.7.5　IEEE 802.11 帧结构

IEEE 802.11 标准定义了空中 3 种不同类型的帧:数据帧、控制帧和管理帧。每种帧都有一个头,包含与 MAC 子层相关的各种字段。图 5-32 所示是 IEEE 802.11 的数据帧格式。

首先是数据帧的帧控制(Frame Control)字段。它本身有 11 个子字段,其中第一个子字段是协议版本(protocol version),正是有了这个字段,将来可以在同一个蜂窝内同时运行协议的不同版本。接下来是类型(type)字段(如数据帧、控制帧或者管理帧)和子类型(subtype)字段(如 RTS 或者 CTS)。去往 DS(To DS)和来自 DS(From DS)标志位分别表明该帧是发送到或者来自于与 AP 连接的网络,该网络称为分布式系统。更多段(more fragment)标志位意味着后面还有更多的段。重传(retry)标志位表明这是以前发送的某一帧的重传。电源管理(power management)标志位指明发送方进入节能模式。

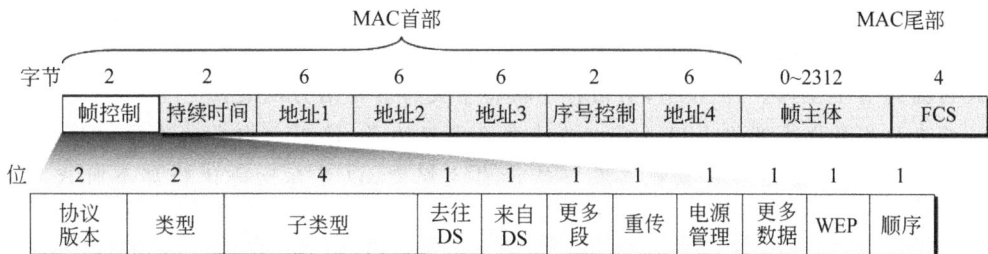

图 5-32　IEEE 802.11 的数据帧格式

更多数据(more data)标志位表明发送方还有更多的帧需要发送给接收方。有线等效保密字段(Wired Equivalent Privacy,WEP)标志位为 1 时,表明采用了 WEP 加密算法,WEP 表明无线信道上用了这种加密算法在效果上可以和有线信道的通信一样保密。最后,顺序(order)标志位告诉接收方高层希望严格按照顺序处理帧序列。

数据帧的第二个字段为持续(duration)时间字段,它通告本帧和其确认帧将会占用信道多长时间,按微秒计时。该字段会出现在所有帧中,包括控制帧,其他站使用该字段管理各自的 NAV 机制。

接下来是地址字段。发往 AP 或者从 AP 接收的帧都具有 3 个地址,这些地址都是标准的 IEEE 802 格式。第一个地址是接收方地址,第二个地址是发送方地址。显然,这两个地址是必不可少的,那么第三个地址是做什么用的呢? 记住,当帧在一个客户端和网络中的另一点之间传输时,AP 只是一个简单的中继点。这个网络中的另一点或许是一个远程客户端,或许是 Internet 接入点。第三个地址就指明了这个远程端点。

序号(sequence)字段是帧的编号,可用于重复帧的检测。序号字段可用 16 位,其中 4 位标识了段,12 位标识了帧,每发出一帧该数字递增。

数据(data)字段包含了有效载荷,其长度可以达到 2312B。有效载荷中前面部分字节的格式称为逻辑链路控制(Logical Link Cortrol,LLC)。这层是一个黏胶层,标识有效载荷应该递交给哪个高层协议处理(如 IP)。

最后是帧校验序列(Frame Check Sequence,FCS)字段。

管理帧的格式与数据帧的格式相同,其数据部分的格式因子类型的不同而变(例如信标帧中的参数)。控制帧要短一些,它们只有一个地址,没有数据部分。

扩展阅读：典故寻源

19 世纪的物理学家(包括牛顿)都认为光、电磁波的传播是在一种媒介物质中进行的,但当时并未发现这种物质,于是将之设想为"以太"(ether)。后来证明这是假说。

1972 年,罗伯特·梅特卡夫(Robert Metcalfe)和施乐公司的同事们研制出了世界上第一套实验型的网络系统,当时称为 Alto Aloha 网,数据速率达到 2.94Mb/s。该网不但支持 Alto 工作站,还可以支持任何类型的计算机,而且整个网络结构已经超越 Aloha 系统。罗伯特·梅特卡夫在他的论文中提到：以太网的共享通信设备是一种没有中央控制的无源广播媒体。他用"以太"这一名词描述网络的这一特征:物理介质(电缆)将比特流传输到各个站点,就像古老的"以太理论"(luminiferous ether)所阐述的那样,"以太"将电磁波传播到整个空间。1973 年,罗伯特·梅特卡夫将其命名为以太网。

后来的发展也表明以太网一直以其速率名誉网络界,像以太中光的速率一样独占鳌头,"以太"恰喻其高速。更多观点及详情请自主探索,以更真切地体验那个时代、那种创新。

百度搜索:以太、以太网。

习题

1. 局域网的主要特点是什么?为什么说局域网是一个通信网?

2. 试比较以太网的数据链路层协议和停止等待协议的相同点和不同点,为什么这样设计?

3. CSMA/CD 协议的作用是什么?简述其主要算法思想。

4. 为什么说 CSMA/CD 协议决定了以太网的特性与用途。

5. 当采用 100Mb/s 集线器组建局域网时,尽管理论上其速度可达 100Mb/s,但实际上的速度一般只有 20~30Mb/s,而在数据传输量大时还会变得更慢,请分析这是什么原因造成的?

6. 某局域网采用 CSMA/CD 协议实现介质访问控制,数据传输速率为 10Mb/s,主机甲和主机乙之间的距离为 2km,信号传播速率是 200000km/s。请回答下列问题,并给出计算过程。

(1) 若主机甲和主机乙发送数据时发生冲突,则从开始发送数据时起,到两台主机均检测到冲突时止,最短需经过多长时间?最长需经过多长时间?(假设主机甲和主机乙在发送数据过程中其他主机不发送数据)

(2) 若网络不存在任何冲突与差错,主机甲是以标准的最长以太网数据帧(1518B)向主机乙发送数据,主机乙每成功收到一个数据帧后,立即发送下一个数据帧。此时主机甲的有效数据传输速率是多少?(不考虑以太网帧的前导码)

7. 试说明以太网交换机的工作原理。

8. 在以太网应用的发展历程中,不同时期分别遇到哪些问题?用哪些技术或设备解决的?这一系列问题的解决对应哪些以太网产品,有哪些进步?

9. 什么是 VLAN?引入 VLAN 有哪些优越性?VLAN 是如何实现的?

10. 10Mb/s 的以太网,其码元传输速率是多少波特?

11. 有 10 个站连接到以太网上,试计算以下 3 种情况下每一个站所能得到的带宽。

(1) 10 个站都连接到一个 10Mb/s 以太网集线器;

(2) 10 个站都连接到一个 100Mb/s 以太网集线器;

(3) 10 个站都连接到一个 10Mb/s 以太网交换机。

12. 试说明 10BASE-5,10BASE-2,10BASE-T 所代表的意思。

13. 10Mb/s 以太网升级到 100Mb/s 和 1Gb/s 甚至 10Gb/s 时,需要解决哪些技术问题？在帧的长度方面需要有什么改变？为什么？传输媒体应当有什么改变？

14. 假定 1km 长的 CSMA/CD 网络的数据率为 1Gb/s。设信号在网络上的传播速率为 200000km/s，求能够使用此协议的最短帧长。

15. 假设一个采用 CSMA/CD 协议的 100Mb/s 局域网最小帧长是 128B，则在一个冲突域内两个站点之间的单向传播时延最多是多少？【2019 年考研真题】

16. 以太网使用的 CSMA/CD 协议是以争用方式接入到共享信道的。这与传统的时分复用 TDM 相比优缺点分别是什么？

17. 网桥的工作原理和特点是什么？网桥与中继器以及以太网交换机有何异同？

18. 与有线局域网比较，无线局域网具有哪些优越性？

19. 无线局域网的 MAC 协议有哪些特点？为什么在无线局域网中不能使用 CSMA/CD 协议，而必须使用 CSMA/CA 协议？结合隐蔽站问题和暴露站问题说明 RTS 帧和 CTS 帧的作用。

20. 无线局域网的 MAC 协议中的 SIFS、PIFS 和 DIFS 的作用分别是什么？

21. 组建一个局域网时需要考虑哪些问题？请撰写一个关于局域网的设计报告，介绍局域网的主要组建方法与步骤。

22. 对于从源到目标的数据传送而言，数据链路层的功能是否足够完善？若认为不够，请说明还有哪些问题有待于进一步解决？

第 3 篇

网络互联与应用

第6章　网络层与网络互联

在网络的分层体系,物理层完成了信号传递;数据链路层已经完成了数据传输;把物理层、数据链路层技术应用于局域、广域范围内的通信,实现了局域网、广域网等网络产品;至此,网络通信问题好似已经解决,网络层还有什么用处? 它存在的价值和必要性从何处体现。

原来,数据链路虽然实现了数据传输,但数据链路是不跨结点的,完成的是相邻结点间的数据传输,仅限于同网(局域网、广域网)内有直接连接的主机间进行数据传输;当收发主机不在一个网内,跨网传输时就需要经过中间结点的转发才能实现,而转发的前提是先确定到达目的站点的路径,即路由选择。路由选择是转发的前提,也是互联网中最难实现的关键。因此,要实现跨网通信,路由选择是必须解决的问题,网络层也就至关重要,其存在的价值不言而喻。在 Internet 上,这个转发结点就是路由器。

在网络发展的历史上,由于二层网络的多样性和异构性,网络互联是困扰人们的难题。网桥或交换机在数据链路层可实现 IEEE 802 体系中部分网络的互联,面对更多结构、技术上千差万别的网络,交换机并不通用。TCP/IP 的网络层进行了独立于底层的设计,通过提供选路和转发功能,实现了跨网通信,即网络互联。网络层克服(屏蔽)了链路层的差异,在高一个层次上实现了异构网间的互联互通,这也体现出了网络层的功能和价值。网络互联提升了网络的联通性,极大地促进了网络的扩展,现实应用广泛。网络层路线图如图 6-1 所示。

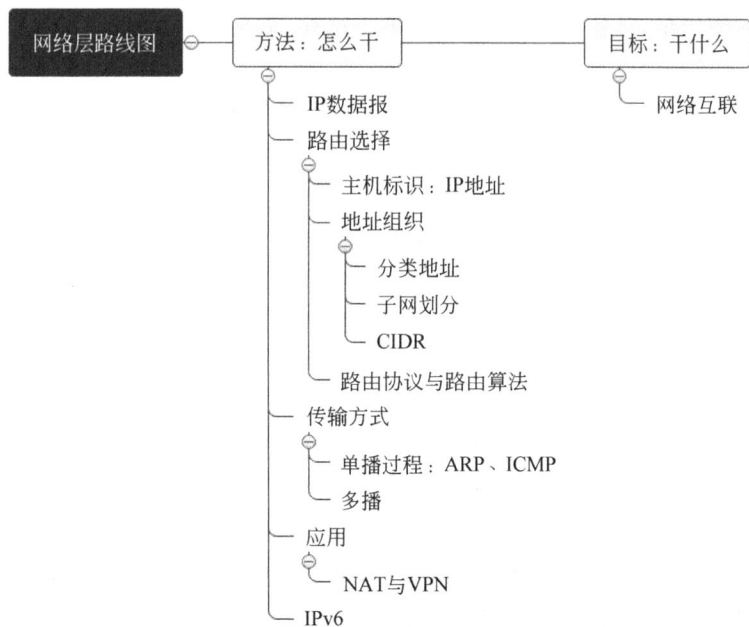

图 6-1　网络层路线图

当网络系统庞大、结构复杂、网络繁忙时,很可能导致网络在局部拥塞,这可能是路由选择不当的结果,所以拥塞控制也是网络要考虑的问题之一。

归纳起来,网络层的功能有三个。从互联网寻址、跨网寻路等技术的视角看,网络层实现了路由选择;从克服网络链路差异、实现相互通信等应用的视角看,网络层实现了网络互联;当然,路由选择是导致网络拥塞的原因之一,不当的路由选择是网络拥塞的成因之一,因此,拥塞控制是网络层义不容辞的责任。

实现网络互联的原理技术集中体现在 IP 上。网络层最重要的目标是路由选择,而 IP 地址及管理(分类 IP、子网划分、无分类域间路由 CIDR)、IP 地址与物理地址的映射、路由算法与路由协议等都是围绕路由选择的需要而设计的,最终是为了路由选择功能的实现。

鉴于 Internet 在社会各行业广泛而重要的应用,本章内容是计算机网络课程的核心和重点之一,请读者熟练掌握、深刻理解、创新应用。

6.1 网络层的背景与作用

6.1.1 网络互联综述

是什么催生了 IP 的诞生?

20 世纪 Internet 诞生的年代正是计算机网络大量研发、各种网络并存的时期。不同的网络使用了不同的传输技术、传输设备和网络协议,网络的体系结构、拓扑结构、数据格式也各异,称之为异构网。因为上述差异,异构网之间还不能互联互通。各种网络在社会上都有一定的使用量,且各有特长,共存共生。这样,如何将异构网互联就成为十分急迫的社会需求。

当时社会上有一定影响的网络很多,分别属于局域网、广域网或城域网范畴。局域网也有许多种,如第 5 章学习的以太网、无线局域网,还有令牌环形网、令牌总线网、FDDI 等。属于广域网的如早期的 x.25 分组交换网、帧中继(FR)和后来的 ATM 等。就局域网来说,不同的局域网拓扑结构不同;物理层的传输媒体、编码方式、速率甚至信号形式都不同;数据链路层的介质访问控制协议、帧的格式、帧的最大值和最小值、主机的地址标识也都各不相同,这都是互联互通的障碍。也就是说,即使另外一个局域网里的帧正确到达了接收主机,由于通信协议的不同,接收主机也不能正确识别和处理这个帧,从而不能正确还原用户数据。

局域网和广域网之间的差别更大,且各有不同的特点和用途。一般地,局域网接入的主机多,传输范围有限,主要用于本地有限范围的多用户接入问题。由于局域网大多共享介质,接入的主机又多,数据链路层的重点在多用户共享介质处理上。因为是近距离传输,差错相对较少,对数据的可靠传输做的工作少,实现简单,相对广域网,当时局域网速率高、误码率低。广域网在传输方式及通信协议上的特点适于远程传输,因为接入点相对少且固定,数据链路层的介质访问控制简单;早期,广域网速率小、误码率高,所以链路层重点在远距离可靠传输的控制上做工作。各种广域网技术差异也很大,不同广域网的网络体系结构也有差异,当然,广域网和局域网体系结构也有差别。有些广域网,如 ATM,其体系分层与 OSI 模型不同,甚至没有可比性,这些差异最终导致互联的困难。

1969 年,美国国防部创建了第一个分组交换网 ARPAnet,最初它只是一个单个的分组交换网络。到 20 世纪 70 年代中期,人们已经认识到不可能仅使用一个单独的网络就能满足所有的通信需求问题。ARPA 工作组开始研究网络互联的技术,提出了 TCP/IP,出现了互联网。1983 年,TCP/IP 成为 ARPAnet 上的标准协议,实现了众多的单个 ARPAnet 互联。由于 TCP/IP 设计独立于链路层,所以后来用于各种局域网、广域网互联,实现了互联网,并发展为全球规模的因特网。

IP 是怎么做到互联的?

IP 实现互联的原理可以这样理解:当直接使用局域网(如以太网)时,用户数据直接包在以太帧里。当然,以太帧只能传输到以太网的最远端,用户数据也就不能超出以太网范围;同样,令牌环形网运载的用户数据也局限在令牌环形网的范围里。这就像火车只能运载货物到海岸,轮船只能载着货物在海里转一样,它们不能互通。试想,如果把用户的货物封装到集装箱里,再用火车或轮船运载,在水陆交接处设立码头,对集装箱进行转运,那么,在用户看来,货物是不是就可以跨越水陆运输了?

IP 互联的思想正是在数据链路层之上再加上一层,即网络层。在网络层,以 IP 数据报(6.1.3 节详细讲解)为单位传输数据,用户不直接使用数据链路层,而是通过网络层传输数据。也就是说,用户数据首先包在 IP 数据报里,然后把 IP 数据报交给数据链路层封装到帧里,以帧的形式运输。在不同种局域网间设置转发设备,即路由器。连接两个网络的路由器接口上分别运行相应网络里的数据链路层协议。路由器收到帧后把 IP 数据报解出来交给网络层选择路径,然后转发给另一接口,该接口重新把 IP 数据报封装成帧通过另一个局域网链路转发到目的主机,目的主机的链路层把 IP 数据报解出来交到网络层,由网络层处理后把数据交给用户。这样用起来,用户就感觉使用网络层可以跨网传输数据,即网络实现了互联;而且互联起来的网络像一个网一样。如图 6-2 所示,为了简化问题,图中暂且不考虑主机上的其他高层。实现跨网通信的关键是路由器的网络层负责在两个网络间自动转发,把 IP 数据报转发到另一网络,从而在高层看来实现了互联互通,尽管这两个底层网的数据链路层不通。

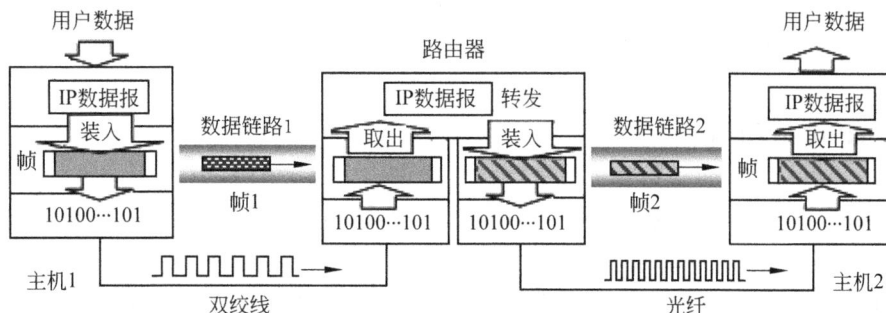

图 6-2 IP 实现网络互联的原理示意图

图 6-2 中,主机 1 上的用户把数据交给网络层,网络层把数据包装成 IP 数据报交给数据链路层发送,左边局域网的链路层用帧 1 把数据运输到路由器,路由器接口 1 的链路层接收到帧 1,并把 IP 数据报提取出来交给网络层由 IP 处理(如差错检测、选择转发路径)后,从另一接口 2 转发出去。该接口通过另一种局域网与目的主机 2 互联,接口 2 的数据链路层把 IP 数据报重新包装成帧 2,然后发送到目的主机 2。最终,主机 2 的网络层把数据交给用户。

从上述过程看,尽管网络的数据链路层及以下是有差异的,但在主机 1、主机 2 及路由器上的网络层是一样的,所以 IP 数据报能通行,从而实现了互联互通。也就是说,IP 通过在各种不同的底层网上构建相同的网络层,实现了统一的网络层,从而让用户觉得网络是一样的,没有区别。这对用户来说,可以实现网间通信,实际上从数据链路层看,各种局域网、广域网依然不能相互通信。

现实生活中,在济南如果直接把信件交给铁路系统,它不能把信件运到三沙市;同样,在三沙市也不能直接把运到济南内陆的信件委托给船运公司独立完成。但是,如果雇用快递公司,快递公司再分别雇用铁路和船务公司,则可以实现用户意义上的直达。也就是说,如果使用快递公司,快递能送达三沙市;如果直接使用铁路运输系统,则信件不能送达三沙市。从这个意义上说,快递公司租用不同的运输网络为用户提供服务,可实现快递的通达,如图 6-3 所示。

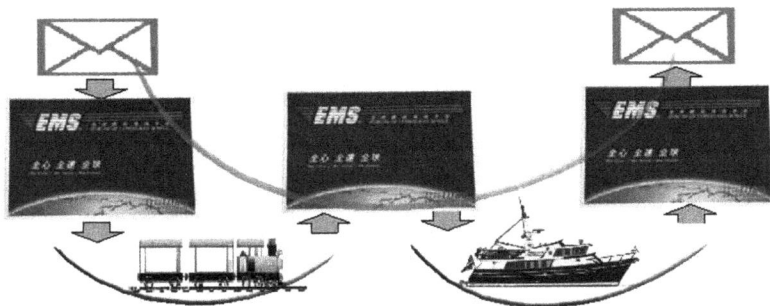

图 6-3　用户通过快递实现信件直达

网络层的 IP 正像快递公司,实现了异构网络的互联互通。也就是说,在底层(数据链路层)看来,各种网是互不相通的,但在高层的用户看来,各种网可以用不同的底层网络接力传输数据,是相通的。

6.1.2　IP 虚拟网络

Internet 是全球最大的互联网,可以用图 6-4(a)表示其构成。从用户使用的视角看,互联网就像一个网络一样,或者说,IP 把众多的异构网通过互联虚拟成了一个网络,即所谓的虚拟互联网络。它的意思是互联起来的各种物理网络的异构性本来是客观存在的,但是利用 IP 可以使这些性能各异的网络在网络层上看起来像一个统一的网络,如图 6-4(b)所示。

当然,由于底层通信网种类繁多,不同网络的速率、传输质量差异很大,因此运行在它们之上的 Internet 互联网也就不能保证最终点到点的速率和服务质量,只能是尽力服务了。

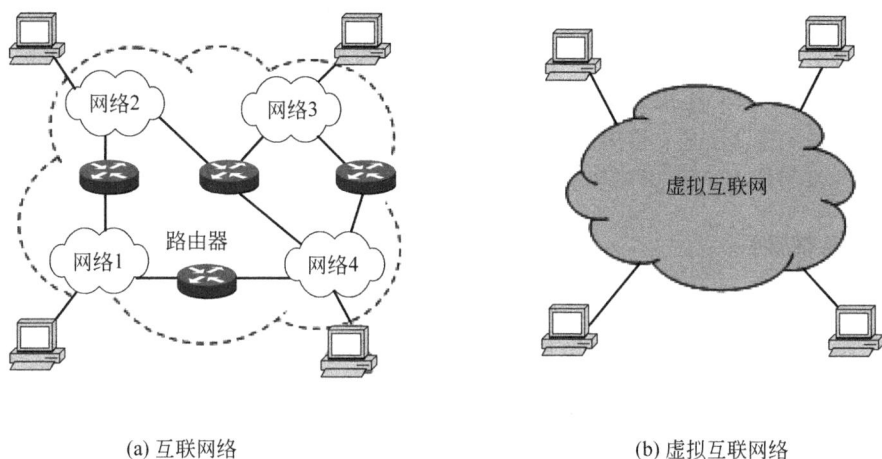

(a) 互联网络　　　　　　　　　　　　　　　　(b) 虚拟互联网络

图 6-4　互联网的构成

在以太网里也介绍过使用中继器、网桥对网络互联。中继器是在物理层进行互联,用中继器互联的两个网实际上是一个网。网桥是在数据链路层实现的互联,一般用在相同或相近的局域网间互联扩大距离,网桥主要通过帧的转发实现互联,对异构网互联的能力有限,这与 IP 层实现的互联不同。从互联的一般概念来讲,将网络互相连接起来要使用一些中间设备。根据中间设备所在的层次,可以有中继器、网桥、路由器、网关 4 种不同的中间设备。路由器是在网络层互联使用的中间设备。在 OSI 体系中,把在网络层以上(传输层或应用层)互联使用的网络互联设备叫作网关(gateway)。实际上,网关就是一台计算机,用网关连接两个不兼容的系统需要在高层进行协议的转换。除了考虑政治因素,很少使用网关互联。由于历史的原因,许多有关 TCP/IP 的文献曾经把网络层的路由器称为网关,对此请读者加以注意。

当中间设备是转发器或网桥时,从网络层的角度看,这仍然是一个网络。现在我们讨论的网络互联是指网络层意义上的互联,在路由器上是通过路由选择实现的。

6.1.3　数据报服务

什么是数据报服务？如何理解服务方式？

数据报服务即因特网的网络层向高层提供数据报方式的服务。在网络体系结构中我们讲到,网络层要向传输层提供服务,提供功能上的支持,但以什么方式服务,或提供什么方式的服务,这在高层是看不到的,对高层是透明的。但对网络层来说,确实要涉及以何种方式服务的问题,即以何种方式做事,以什么方式为高层传数据。采用不同的方式、方法做事,影响到网络层的服务质量与性能,导致网络层提供的服务质量不同。

服务方式影响到服务质量,不同的网络在设计时出于不同的考虑,可能采用不同的服务方式。网络层提供给传输层的服务有面向连接和面向无连接之分。面向连接是指在数据传输之前通信双方需要为此建立一种连接,利用连接提供传输服务,即在该连接上实现有次序的分组传输,直到数据传送完毕连接才被释放。面向无连接则不需要事先建立连接,它只提供简单的源和目标之间的数据发送与接收功能。

通常,网络层使用的服务方式有虚电路和数据报两种。帧中继、ATM 都是典型的虚电路服务方式,是面向连接的服务;因特网的 IP 提供数据报方式的服务,属于面向无连接的服务。所以,人们习惯上将因特网的网络层协议数据单元称为 IP 数据报。下面分别对虚电路和数据报服务方式作简要介绍。

1. 虚电路服务

在虚电路服务方式中,网络使用虚电路为高层传输数据。虚电路(Virtual Circuit,VC)类似电路。使用虚电路传输数据需要经历建立虚电路、传输数据、拆除虚电路 3 个阶段。

建立连接时,根据目标结点的地址信息在网络中选择一条从源主机到目标主机的网络路径,为该路径加上虚电路标识后,再将其作为连接建立的一部分加以保存;在数据传输过程中,在虚电路上传送的分组不需要再携带目的地址,而且不同的分组总是取相同的路径(即所建立的虚电路)通过通信子网;数据传输完毕后需要拆除连接。

图 6-5 中,当主机 H1 要和主机 H2 传输数据时,H1 先发送一个建立连接的请求分组,该分组到达结点 A 后,结点根据路由算法选择一条转发路径,确定下一站为 B,在 A、B 间建立一虚电路,并把该请求分组转发给 B 结点,同时记录下 A、B 间的虚电路号;B 结点收到请求分组后,会选择并建立 B、D 间的虚电路,记录虚电路号并转发分组到结点 D;如此下去,最终 H2 收到此请求分组,若 B 同意,并做好了接收准备后会发送一个应答分组原路返回给 H1,至此,H1 到 H2 的虚电路建立。

之后进入传输数据阶段,主机 H1 连续发出系列分组,这些分组沿着刚建立的虚电路依次到达主机 H2,分组需要携带相应的虚电路号,虚电路上的各结点会按建立虚电路时选择的路径有序地转发各分组,分组到达 H2 的次序与 H1 的发送次序一致。在此过程中,H2 也可以同时向 H1 发送数据分组,即虚电路可以实现全双工通信。

数据传输结束后,主机会发出拆除虚电路的请求,各结点会回收虚电路占用的资源,依次拆除虚电路。

虚电路传输方式中,各结点都要维护一个经过本结点的虚电路表,记录各虚电路的编号、入口、出口等信息;同一虚电路上的分组都要携带虚电路号;结点无须进行路由选择,会按既定路线转发分组;所有分组最终沿同一路径有序到达目标主机。通过某一结点的虚电路可能不止一条,例如,在图 6-5 中,在上述虚电路工作的同时,完全可能有一条通过 B、D 到达 C 的虚电路实现主机 H3 和 H4 的通信。

2. 数据报服务

与虚电路相比,数据报方式要简单得多,提供数据报服务的网络在通信前不需要建立虚电路。在数据报方式中,每个分组的传送是被单独处理的,与先前传送的分组无关。发

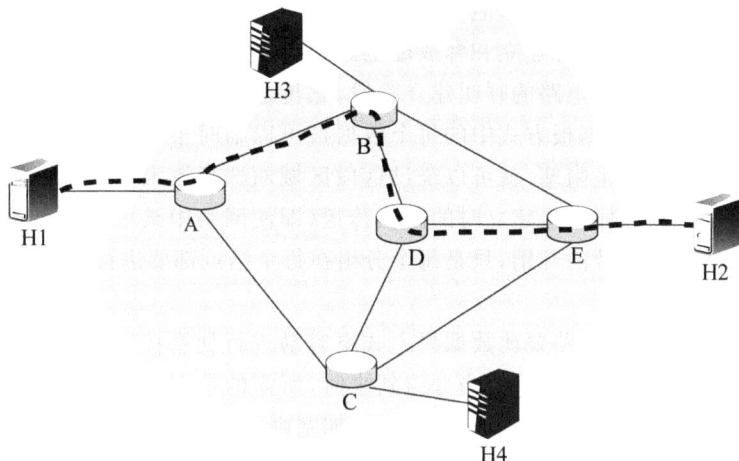

图 6-5 虚电路示意图

送主机发出的各个分组都携带源地址、目的地址;分组到达结点后,结点分别对其进行路由选择,决定下一站并转发分组;结点并不记录分组转发的任何信息,下一个分组到达该结点时,结点需要再次进行路由选择,选择的结果可能与上一次不同。因此,各分组可能沿着不同的路径到达目标主机,这就会导致先发送的分组可能后到,不能保证分组到达目标主机的次序与发送次序一致,还可能出现分组丢失、重复的现象。数据传输的可靠性不如虚电路。

3. 虚电路与数据报的特点与应用

如果以生活化的实例进行类比,面向无连接的数据报服务类似于中国邮政的平信服务,而虚电路更像是电话服务。

通过以上学习,可知虚电路服务与数据报服务的特点不同,总结其特点见表 6-1。

表 6-1 虚电路与数据报的比较

特性	虚电路	数据报
连接	建立连接	不建立连接
地址	各分组只携带虚电路号	各分组携带源地址、目的地址
路由选择	建连接时选择、各分组同路径	各分组单独选择、路径不同
结点故障影响	所有通过故障结点的虚电路皆故障	丢失部分分组,路由表会更新
分组到达次序	有序	无序
服务质量	可靠性高	可靠性低
实现复杂度	相对高	相对低

如果两个端系统间要长时间进行数据传输,特别是在交互式应用中每次传输的数据很短的情况下,使用虚电路方式可能更适合一些,它免去了数据报方式中每个分组中必须

包括地址信息而带来的额外开销,但是每个结点必须维持一张虚电路的表格,因此,要权衡这两个因素,同时还要考虑建立和释放虚电路的次数太多而带来的开销。

数据报方式免去了虚电路的呼叫建立阶段,它传输少数几个分组时的速度比使用虚电路要简便灵活得多;数据报方式中的每个数据报可以临时根据网络中的流量情况选取路由,(比如某段网络发生阻塞,就可以绕过这段区域而选择不太拥挤的链路),不像虚电路中每个分组都必须按照连接建立时的路径传送(即便网络中某段出现严重拥塞);数据报方式每个结点没有额外的开销,只是每个分组在每个结点都要进行路由选择,会增大传输时延。

在通信子网内部,虚电路要比数据报方式更容易进行拥塞控制。这是因为虚电路建立好后,可以预约所需的网络资源,当分组到来时,所需的带宽和路由器的缓冲区已经预留了,可以立即转发。而对于数据报子网,避免拥塞则更困难一些。

虚电路子网一般提供比数据报子网更可靠的通信功能。虚电路能保证每个分组正确到达,并且分组的到达保持原有的顺序;虚电路子网还可以对通信双方的流量进行控制,接收方在来不及接收数据时,可以通知发送方暂缓发送分组。而在数据报子网中,有时结点收到过多的分组,缓冲区不够时就不得不丢弃某些分组;而分组可能经过不同的路径,也许后面传送的分组反而会先到达目的站点,这样源端的分组没法保证能够正确、不失序地传递给目的站点,数据的丢失也没法立即通知。

但虚电路有一个弱点,当某个结点或某条链路出现故障而崩溃后,所有经过它的虚电路就会断掉而没法正常工作。在数据报方式中,这种故障带来的影响要小得多,只有暂时缓存在该结点上的分组才可能丢失,而其他分组可以绕过故障区而到达目的站点,或者一直被耽搁,直到故障被排除后继续传输。

4. 思考与启迪

学习时要注意与前边所学的数据交换技术相区分,常用、典型的数据交换有电路交换和分组交换两种。网络的两种服务方式和交换技术不是一个层面的概念,数据报服务和虚电路服务都是基于分组交换的。

何谓虚电路?怎么理解这个"虚"?

我们知道,电路交换和分组交换各有千秋。电路交换的优点是有连接、可靠性高、时延小、传输有序等,缺点是通信双方在通信过程中要独占整个信道,不能共享,传输效率低;分组交换无连接、可共享信道、分组可在不同路径并行传输、传输方式灵活、传输效率高;缺点是不能保证有序传输、可靠性不高。

基于电路交换和分组交换各有优点,人们就想能不能把分组交换按电路交换的特点进行改造,获得既有分组交换的高效和共享优点,又保证传输的有序性、可靠性。于是就仿照电路,通过结点的资源预约建立虚拟的连接,对分组交换进行改造,实现分组的同路、有序传输,获得类似于电路交换的优点。其实,建立虚电路的过程就是为数据传输向各结点进行预约,预约转发路径、缓冲区及用于记录的数据结构等资源,转发结点记录相应的转发状态,实现的是逻辑上的关联,所以称之为虚连接、虚电路,有别于物理电路;在每个结点上仍然采用存储-转发的方式处理分组。可见,虚电路的实质是分组交换技术的一种应用,是分组交换。从这一点上看,它和数据报一样,只不过是数据报服务中使用了原始的、没有改造的分组交换。

俗语说:"鱼和熊掌不可兼得",但在人的无穷欲望和不懈追求下,虚电路实现了鱼和熊掌的兼得。可见,敢想才能成功,不懈的执着是成功的保障;从分组交换到虚电路的智慧,体现了前人创新的思维。

由于虚电路和数据报有不同的特点,因此它们各适于不同的应用。从数据通信的历史上看,早期的通信主要是语音通信,即电话通信。由于早期电话线路的传输质量低,作为通信网终端的电话机智能程度低,所以,终端对差错处理的能力很低,通信的可靠性主要由网络保障。因此,早期的电话网使用的是电路交换,后来引入分组交换后,主要使用虚电路的方式,优先保障通信的可靠性,如 x.25 网络、帧中继、ATM。Internet 的设计者们针对计算机网络终端的特点有不同的考虑。计算机网络的终端是计算机,智能程度远胜于电话机,因此,差错和异常处理的工作可以由终端承担,网络传输就可以做得简单、简约,从而换来效率的提高。因此,在 Internet 中网络层使用了数据报服务方式。

6.1.4 路由与转发

我们知道,结点的跨网转发是实现网络互联的基础;互联网上的路由选择是转发的前提;而实现路由选择和转发的结点设备就是路由器。以上讲述的数据转发、路由选择、拥塞控制功能都是在路由器上进行的,都是由路由器实现的。也就是说,路由器是实现网络层功能的设备,是网络层实体的办公场所。因此,路由器是网络互联,是互联网上的核心设备。下面对路由器上的转发功能和路由选择的实现作初步介绍,以让读者深入、具体地理解这两个功能,也为后续原理的展开奠定基础。

1. 路由器的转发原理与过程

路由器有许多接口(网卡),不同的接口属于不同的网络,可能是不同种网络的接口卡。例如,一个路由器上有两个以太网接口、两个 PPP 链路接口、一个 ATM 接口及帧中继接口等。路由器就像生活中的码头,它连接铁路运输网、船运运输网、公路运输网,有与铁路的接口、与公路的接口、与船运的接口。

因特网路由器的逻辑结构如图 6-6 所示。

数据到达输入端口,首先经过物理层处理,把信号识别成比特数据,把收到的比特串交数据链路层;数据链路能从物理层提交的比特流中识别出帧,再对帧进行差错检验,根据帧头中的控制信息对帧进行相应的处理,最后把从帧中提取出的数据部分按要求交给网络层;在网络层看来,数据

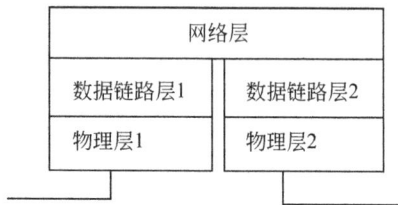

图 6-6 因特网路由器的逻辑结构

链路层提交过来的就是一个 IP 数据报,它会识别 IP 报头中的各种信息并进行检错处理,之后根据目的 IP 选择路由,然后交转发机构转发。转发机构根据转发表转到相应的输出端口。输出端口的链路层会将之重新封装成与出口链路一致的帧(这个帧与输出端口收

到的帧不是一个帧,也可能不是一种帧),然后交物理层发送出去,传送到另一网络,由下一路由器接力传送,直到目标主机。

如果所有的网络都使用相同的 IP,异构网络通过路由器就可以互联起来了。

综上可见,路由器具有协议转换的功能,相当于把不同数据链路的协议进行转换使之相互联通。

2. 路由选择的实现

路由器转发 IP 数据报的过程已经实现,但一个路由器可能连接多个网络,有多个出口方向,数据报应该向哪转发呢? 这就是路由选择的问题。这个问题比转发更重要,在拓扑复杂的互联网上实现起来更难。

因特网跨越全球,本地的一台路由器是如何引导数据报到达异地主机的? 它是如何知道路径的? 路由器上都保存和维护一个路由表,路由表里记录了到某网络或某主机的距离、转发出口等信息,路由器收到 IP 数据报后,根据目的 IP 地址判断出目的主机所在的网络,然后查路由表可得到去往目的主机的转发接口,以后的事就可以调用转发模块完成了。当然,如果不能从路由表中查到目的出口,路由器只能将 IP 数据报丢弃,数据传输不成功。由此可见路由选择的重要性,现在通过一个具体实例认识路由表及路由选择。图 6-7 展示了网络结构及路由器 R2 的路由表。

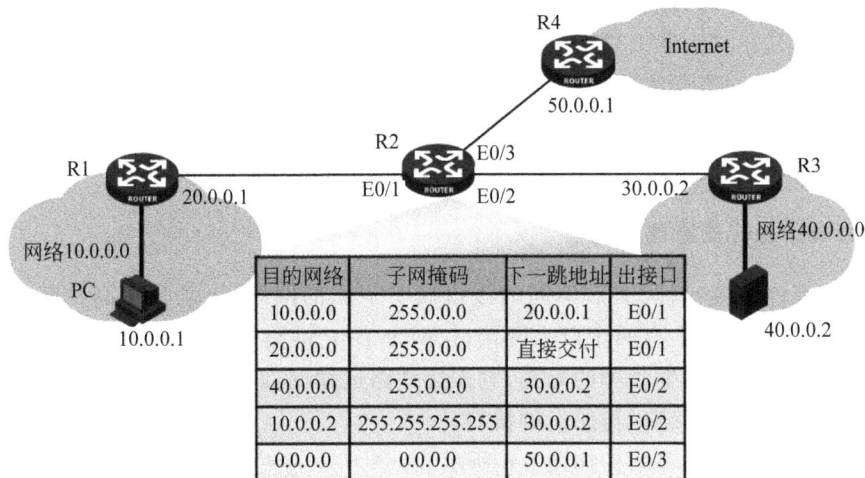

目的网络	子网掩码	下一跳地址	出接口
10.0.0.0	255.0.0.0	20.0.0.1	E0/1
20.0.0.0	255.0.0.0	直接交付	E0/1
40.0.0.0	255.0.0.0	30.0.0.2	E0/2
10.0.0.2	255.255.255.255	30.0.0.2	E0/2
0.0.0.0	0.0.0.0	50.0.0.1	E0/3

图 6-7　网络路由与路由表

我们常把路由器比喻成长途汽车站,售票员替旅客完成的是路由选择,确定车次;检票员完成的是旅客转发,检票口就是出接口。

图 6-8 结合实际网络展示了互联网上数据的传输过程。

路由器根据路由表进行路由选择,转发实现了 IP 数据报的跨网传输,网络互联就实现了。看似简单,其实里面还有很多问题没有解决。例如,路由表是怎么来的? 这个问题解决不好,一切皆空。整个网络层的多个协议、整个网络层的工作机制都围绕路由选择及转发,并最终实现这两个功能;IP 数据报、IP 地址、地址管理等机制都是服务于路由选择的。本章将从 IP 地址、地址管理、IP 数据报、路由协议、网络层辅助协议等多个方面,分析整个网络层的功能实现。在全面展开之前,先从总体上了解网络层的协议组成。

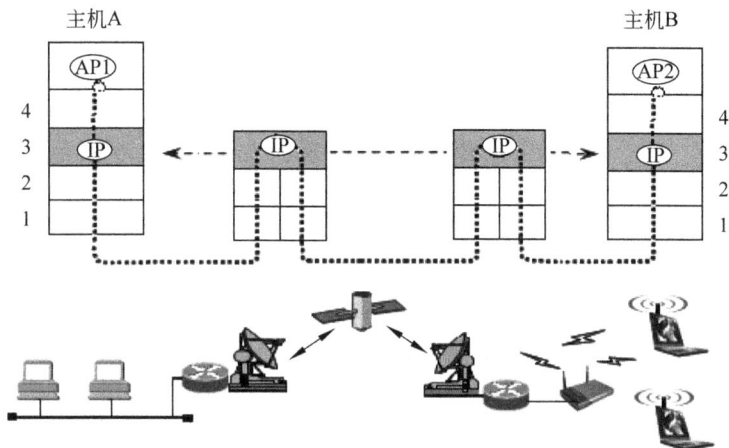

图 6-8　IP 数据报在互联网中的传送示意图

6.1.5　Internet 的网络层协议

　　TCP/IP 的网络层被称为网络互连层或网际层(internet layer),该层负责以数据报形式向传输层提供面向无连接的分组传输服务。

　　IP 是 TCP/IP 体系中两个最主要的协议之一,是最重要的因特网标准协议之一。与 IP 配套使用的还有地址解析协议(Address Resolution Protocol,ARP)、逆地址解析协议(Reverse Address Resolution Protocol,RARP)、网际控制报文协议(Internet Control Message Protocol,ICMP)、网际组管理协议(Internet Group Management Protocol,IGMP)。网络层协议如图 6-9 所示。

应用层	HTTP、FTP、SMTP…
传输层	TCP UDP
网络层 (网际层)	ICMP、IGMP IP ARP、RARP
网络接口层	各种网络接口

图 6-9　网络层协议

　　网络层有 5 个协议,其中 IP 是主要的,其他 4 个协议可以理解为 IP 的助手。

　　网络层使用的数据传输单元是 IP 数据报。IP 数据报的字段组成与 IP 的工作机制配套,下边先从 IP 数据报结构讲起。

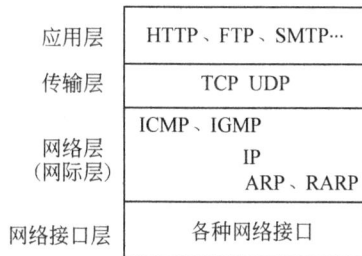

6.2　IP 数据报

　　在网络层,数据以 IP 数据报为单位进行转发和处理。

　　传输层的报文段(如 TCP 报文段)在传输时要交给网络层,由网络层包装成 IP 数据报,然后以 IP 数据报的形式在网络间转发。IP 数据报与传输层单元的关系如图 6-10 所示。

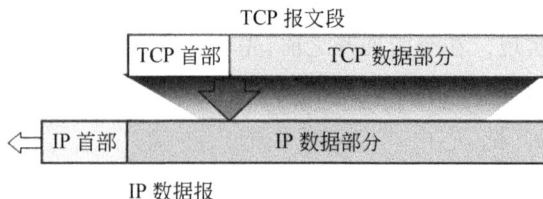

图 6-10　IP 数据报与传输层单元的关系

IP 数据报是网络层数据传输的基本单元,它由 IP 首部和数据两部分组成,数据部分就是 TCP 报文段,是用户数据,这里重点探究 IP 首部结构。

图 6-11 给出了 IP 分组的格式,其最早在 RFC 791 中定义。IP 数据报的长度是可变的,它分为报头和数据两大部分。IP 数据报中的有关字段说明如下。

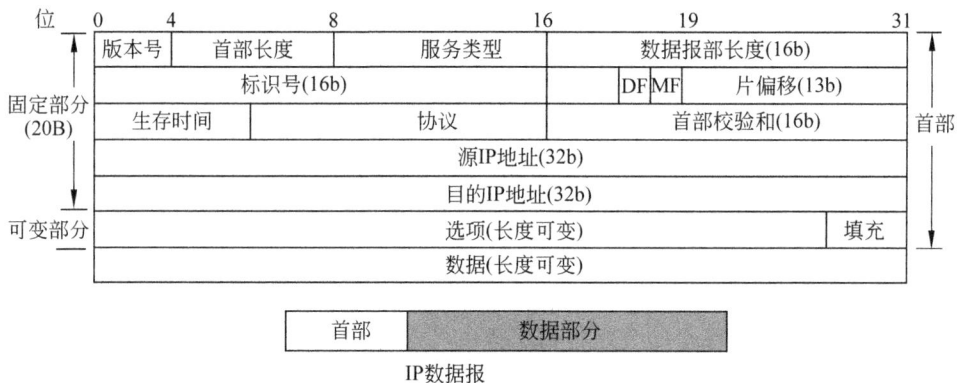

图 6-11　IP 数据报的结构

版本号(version):占 4 位,表示数据报协议的版本。不同版本的 IP 所规定的数据报格式不同,所以必须提供一个字段用以说明数据报的版本信息,以免主机或路由设备上的 IP 软件在处理数据报时出现错误。目前广泛使用的 IP 版本号为 4(即 IPv4)。下一代协议的版本为 IPv6.0。

首部长度:占 4 位,指示首部的长度。请注意,这个字段所表示数的单位是 32 位(4B)。4 位二进制数可表示的最大十进制数值是 15。因此,IP 的首部长度最大为 60B。当首部中无可选项时,报头的固定长度为 5,相当于 20B;若一个 IP 首部有选项字段,选项长度不是 4B 的整数倍时,必须利用最后的填充字段加以填充。因此数据部分永远在 4B 的整数倍时开始,这样在实现 IP 时较为方便。

服务类型(Type of Service,ToS):占 8 位,包括 3 位长度的优先级和 4 位长度的服务类型,另有 1 位保留未用;指示路由器如何处理数据报,以提供不同的服务。这个字段在旧标准中叫作服务类型,但实际上一直没有被使用过。1998 年,IETF 把这个字段改名为区分服务(Differentiated Services,DS)。只有在使用区分服务时,这个字段才起作用。一般情况下都不使用这个字段[RFC 2474]。

数据报总长度:包括头部和数据。数据报的总长度以字节为单位。总长度为 16 位,因此数据报的最大长度不超过 2^{16}B,即最多 65535B。

IP 数据报是要交给下面的数据链路层封装成帧的。每种数据链路层都有其自己的帧格式,其中包括帧格式中的数据字段的最大长度,这称为最大传送单元(Maximum Transfer Unit,MTU)。当一个 IP 数据报封装成链路层的帧时,此数据报的总长度(即首部加上数据部分)一定不能超过下面的数据链路层的 MTU 值。

虽然使用尽可能长的数据报会使传输效率提高,但由于以太网的普遍应用,所以实际上使用的数据报长度很少有超过 1500B 的。为了不使 IP 数据报的传输效率降低,有关 IP 的标准文档规定,所有的主机和路由器必须能够处理的 IP 数据报长度不得小于 576B。这个数值也就是最小的 IP 数据报的总长度。当数据报长度超过网络所容许的 MTU 时,就必须把过长的数据报进行分片后才能在网络上传送(见后面的"片偏移"字段)。

标识号(identification):占 16 位。IP 发送数据报的流水号。但这个"标识号"并不是序号,因为 IP 是无连接服务,数据报不存在按序接收的问题。当数据报长度超出下一转发网络的最大传输单元时,路由器必须对该数据报进行分片,并且需要为各分片(fragment)提供标识。所有属于同一数据报的分片被赋予相同的标识值,以便接收端能正确地重装各分片,还原原来的数据报。

标志(flag):占 3 位,但目前只有两位有意义。标志字段中间的一位记为 DF (Don't Fragment),意思是"不能分片"。只有当 DF=0 时才允许分片。标志字段中的最低位记为 MF (More Fragment)。MF=1 即表示后面"还有分片"的数据报。MF=0 表示这已是若干数据报片中的最后一个,显然 MF 对于未分片的数据报没有意义。

片偏移(fragment offset):占 13 位,表示该数据段在当前数据报中的位置,为目标主机(或路由器)重装数据报提供位移量。片偏移指出:大的数据报在分片后,某片中的数据在原数据中的相对位置。也就是说,相对于用户数据字段的起点,该片从何处开始。片偏移以 8B 为单位,请读者思考原因。因此,分片时要注意每个分片的长度一定是 8B 的整数倍。

IP 数据报是用链路层的帧传输的。MTU 是一个链路层帧能承载的最大数据量,它严格地限制了 IP 数据报的长度。一个长 IP 数据报的数据被分成几个小块,再分别封装成多个较小的数据报,并用单独的链路层帧封装这些较小的 IP 数据报。封装时,长数据报的首部基本上都会复制到较小数据报的首部中,只是有几个字段的值需要改写。这些较小的数据报都称为片(fragment)。一个长数据报被分成多个片后,它们会单独传输,分别到达目的主机,目的主机要对这些分片重新组装,还原后才可以将数据上交传输层。

关于分片原因及方法,请结合具体例子进一步理解,明确标识、标志和片偏移的关系。

假设某路由器收到一个 IP 数据报,其总长度为 4020B,使用固定首部,数据报标识号为 6666,数据长度为 4000B。经路由选择,路由器要向以太网转发此数据报,请问能直接转发吗? 如果要进行分片,请问分片的长度最大可以是多少,并分析各分片的情况。

问题分析:IP 数据报向以太网中转发时,要交给以太网的链路层封装成以太帧,以帧的方式传输。以太网帧的数据部分就是 IP 数据报,以太网的 MTU 是 1500B,即可以封装到以太网帧的最大 IP 数据报总长度不能超过 1500B。现在路由器要转发的 IP 数据报总长度为 4020B,显然不能直接封装到以太网帧中,需要先在路由器上进行分片,再转发各个子片。

以太网的 MTU 是 1500B,所以 IP 数据报总长度不能超过 1500B。IP 固定首部占20B,因此,分片的数据最大长度是 1480B,并且这个值能被 8 整除,分片的最大长度是1480B。数据报的分片示例如图 6-12 所示。

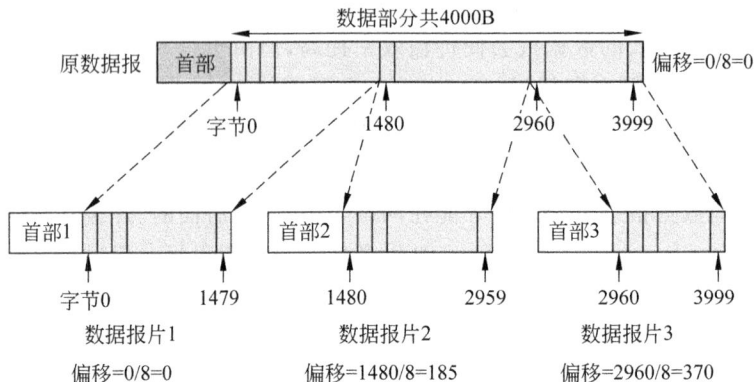

图 6-12　数据报的分片示例

表 6-2 记录了原数据报和各分片首部相关字段的关系。

表 6-2　IP 数据报分片与首部参数设置

数据报	总长度/B	标识	MF	DF	片偏移
原数据报	4020	6666	0	0	0
数据报片 1	1500	6666	1	0	0
数据报片 2	1500	6666	1	0	185
数据报片 3	1060	6666	0	0	370

结合实例,请读者进一步讨论:分片的背景、原因;分片发生在哪里,是哪一层的功能;片偏移取 8B 为单位的原因;MF 位的作用;分片重组在下一路由器上行吗,最好在哪里重组;分片还可以进行第二次分片吗? 深刻体会研发人员在技术设计方面的严谨性。

IP 分片在黏合异构链路层技术方面发挥了重要作用,但是,分片会导致路由器和端系统更加复杂,也可能被用于生成致命的 DoS 攻击。一旦攻击者发送了一系列古怪的片,就会使端系统无法处理,从而导致操作系统崩溃。因此,人们在对链路层长度取得基本共识后,就不再需要 IP 分片机制了。事实上,IPv6 已经停止使用分片技术。

生存时间(Time To Life,TTL):占 8 位,是一个用于限定数据报生存期的计数器。这里的计数单位最初设置为秒,因此最大生存期为 255s。时间计数在传输中受路由器上排除因素的影响较大,后来改为跳数计数。数据报到达路由器,路由器先把其 TTL 值减1,若 TTL 值不为 0,再转发;当生存时间减到 0 时,数据报就要被丢弃。实践中,初值大小因不同的操作系统而异。设定生存时间的目的是防止无法交付的数据报无限制地在因特网中兜圈子,而白白消耗网络资源。

协议：占 8 位。协议字段指出此数据报承载的是哪个协议的数据，用来指示目的主机的 IP 层把该数据报的数据送给哪个高层协议处理。表 6-3 列出了常用的一些协议和相应的协议字段值。

表 6-3　常用协议代码值

高层协议	ICMP	IGMP	TCP	EGP	IGP	UDP	IPv6	OSPF
协议字段值	1	2	6	8	9	17	41	89

首部校验和（Header Checksum）：占 16 位，这个字段只检验数据报的首部，不包括数据部分。这是因为数据报每经过一个路由器，路由器都要重新计算首部检验和（一些字段，如生存时间、标志、片偏移等都可能发生变化）。为减小计算量，不检验数据部分，并且 IP 首部的检验和不采用复杂的 CRC，而采用另一种更简单的计算方法。

源 IP 地址和目的 IP 地址：占 32 位。源 IP 地址与目的 IP 地址分别指出数据报的源主机和目的主机的网络地址。

选项和填充：长度范围为 0～40B，用于支持排错、测量以及安全等，提供控制与测试功能。根据选项的不同，该字段是可变长的。但是，一旦在使用选项过程中造成报头长度不是 32 位长度的整数倍，则必须通过位填充补齐。实际上，这些选项很少被使用，IPv6 已把 IP 数据报的首部做成固定的长度。有兴趣的读者可参阅 RFC 791。

实践探索：分析 IP 数据报结构

作为因特网的核心协议，IP 数据报承载了互联网上所有应用的网络层数据传输。其报头结构与 IP 数据报的传输方式与机理相匹配，在用户网的链路层 IP 大多数时候是封装到以太帧中完成链路层传输的。请使用 Wireshark 在以太网环境中俘获以太帧，找到其中的 IP 数据报，并分析 IP 头结构，弄清 IP 数据报和以太帧的关系与关联。

（1）用 Wireshark 俘获 IP 数据报；

（2）识别以太帧结构，找到并分析 IP 数据报头结构。

（3）理清 IP 数据报和以太帧的关系与关联。

6.3　IP 地址及组织方式

6.3.1　IP 地址与网络互联

设置 IP 地址的目的是什么？

网络层通过转发分组完成跨网络的主机间通信的过程，实际上就是一个不断为 IP 数据报寻址并转发的过程，而寻址的前提是系统能够标识主机。也就是说，目的主机要有一个标识、地址；互联网上的所有主机和设备要按照统一的方式编址，形成标识和寻址体系。为了标识互联网上的主机和设备，支持 IP 的数据传输，设计了 IP 地址。

IP 地址由一组 32 位的二进制编码构成,理论上总共能编出 2^{32}（约 40 亿）个全球地址。为了人工识读方便,常将 IP 地址用点分十进制的方式表示,如地址：11000000 00001011 00000010 00001000 记作 192.11.2.8。

IP 地址是用来标识主机的。一台主机通常只有一个链路与网络连接,此时一个 IP 地址就可以代表这台主机,同时也表示了这台主机在网络上的位置。有些主机和路由器一样,可能有多个网络接口,有多条链路与网络相连,主机或路由器与物理链路之间的边界叫接口,这时 IP 地址只能标识一个接口。因此,更准确地说,IP 地址是标识网络接口的。给主机一个标识的目的是为了能在互联网上定位、寻找这个主机。另外,互联网上的一些设备(如路由器)也需要 IP 地址标识。路由器一般有多个接口与网络互联,每个接口要占用一个 IP 地址,只能说其接口属于某一网络,不能说路由器属于某网络。因此,更准确地说,IP 地址是标识接口的,不能唯一地标识设备。同样,网络打印机、交换机等设备也可以有 IP 地址。

推而广之,任何设备,如果给它有一个 IP 地址,我们就能在互联网上寻找到它,就能与之通信,就能控制它。如果是传统非智能设备,只要给这个设备加上一个通信模块和电子控制模块,就可以实现设备的网络控制,这也正是形成物联网的思路。按此思想,未来能够联网进行远程控制的防盗门、监控器、电视机、电冰箱、洗衣机等将比比皆是。当然,现在广泛使用的智能手机、平板电脑联网也需要 IP 地址。因此,IP 地址的使用量远超出当初设计者的想象,即便是人们曾想象多如沙粒的 IPv6,在这种应用趋势下也显得捉襟见肘了。

底层网络在链路层已经用物理地址寻址主机,为什么还要在网络层另外设计 IP 地址?

IP 地址是在网络层对主机的统一的逻辑标识,常称作逻辑地址。它不同于物理地址,如以太网的 MAC 地址。物理地址是网卡的编号,它固化在物理硬件中,与硬件绑定不变化,又称作硬件地址。

能否在网络层继续沿用硬件地址呢? 如何理解 IP 地址设计的必要性和重要性,这要结合 IP 的使命来认识。当初研发 IP 网际的目的是把异构的底层网络互联起来,使 IP 数据报可以在各种底层网络中穿行。由于各网络的硬件地址是不同的,一种网络的硬件地址不能被另一种网络所识别,显然不支持 IP 数据报的通用性。其实,IP 层本来就是要在物理网络上构建起一个软件层,以克服、屏蔽物理网络的各种差异,达到网络层的统一与互通。IP 地址的重新规划和使用是建构这个软件层、实现互联的环节之一。可见,IP 中定义的 IP 编寻址模式有效实现了跨越不同 LAN、MAN 和 WAN 的主机寻址能力。

互联网是一个由设计者抽象出来的虚拟结构,IP 层及以上层次的协议功能完全由软件实现。除了 IP 地址,设计者还通过 IP 数据报以及传输交付方式的有效定义,以统一的 IP 数据报传输提供了对异构网络互联的支持,将各种网络技术在物理层和数据链路层的差异统一在 IP 之下,向传输层屏蔽了通信子网的差异,不受底层网络硬件的支配,与底层网络无关。可见,正是在网络层重新规划 IP 编址、IP 数据报以及交付技术,才屏蔽了底层网络的差异,实现了互联。IP 地址实现对各种物理地址的统一,即 IP 层以上各层均使用 IP 地址。通过 IP 互联技术的实现,深刻理解研发者这种解决疑难问题的思想,能帮我们积淀经验、体验智慧、启发创新。

后面我们会看到,IP 地址的设计与 IP 地址的管理、IP 数据报的路由转发技术和方法是相适应的。也就是说,IP 编址与管理方式是路由选择、数据报转发的基础。Internet 发展的历史上,IP 地址的编址、管理方法共经过了 3 个阶段。这 3 个阶段是:

(1) 分类的 IP 地址。这是最基本的编址方法,在 1981 年就通过了相应的标准协议。

(2) 子网的划分。这是对最基本的编址方法的改进,其标准 RFC 950 在 1985 年通过。

(3) 无分类编址。1993 年提出后很快就得到推广应用。

这 3 个阶段是 IP 地址管理与路由选择技术不断改进与优化的过程,体现了问题解决与技术进步的规律。下面跟随这个过程展开相关内容。

6.3.2 分类 IP 地址与路由选择

对 IP 地址组织方式进行规划的目的是什么?

在 1993 年以前,IP 地址被划分为图 6-13 列出的 5 个固定类别,通常称其为分类寻址(classful addressing)。每一类地址都由两个固定长度的字段组成。其中第一个字段是网络号(net-id),它标志主机(或路由器)所连接到的网络。一个网络号在整个因特网范围内必须是唯一的。第二个字段是主机号(host-id),它标志该主机(或路由器接口),如图 6-14所示。一个主机号在它前面的网络号所指明的网络范围内必须是唯一的。因此,一个 IP地址在整个因特网范围内是唯一的。

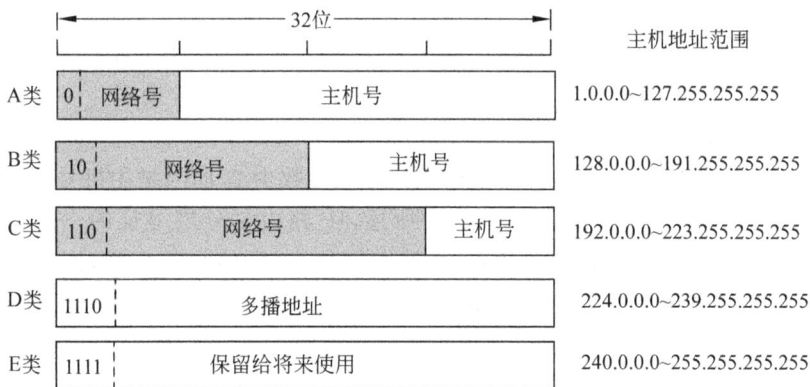

图 6-13 IP 地址的分类

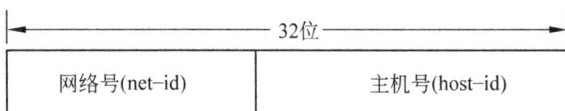

图 6-14 IP 地址的构成

这就像身份证编号,最开始的几位指示出主人的省市归属。IP 地址由两部分构成,属于分层地址;与之对应,以太网的 MAC 地址属于平面地址。分层地址的优点是检索时效率高,先检索主机所在的网络,再到网络里查找主机。这为互联网上路由器的数据投递提供了支持,路由器可以只考虑把数据报投递到目的网络,不必关心具体的主机地址。因此,路由表里只需登记目的网络,不必登记主机,从而大大缩减了路由表的大小。其实,生活中通信地址也由单位地址和个人名字两部分构成,邮递员只负责投递到单位。

两级编址的另一个好处是 IP 地址管理机构在分配 IP 地址时可以按网络分配,只分配网络号,而剩下的主机号由得到该网络的机构自行分配。

IP 地址是怎么分类的,网络号又是怎么规定的? 分类编址方式设计了适应不同规模网络的编址方案。如图 6-13 所示,IP 地址分为 A、B、C、D 和 E 5 类。其中 A、B、C 这 3 类地址都是单播地址,是最常用的。

A、B、C 类地址的网络号字段长(图中灰色的部分)分别为 1、2 和 3B,在网络号字段的最前面有 1～3 位的类别位,其数值分别为 0、10 和 110。

D 类地址用作多播组的地址,支持组播,即 IP 数据报直接发送给多台主机。E 类地址以 1111 开头,是保留地址,以备将来使用。

地址最前面的类别位不同,决定了各类 IP 地址的范围不同。因此,根据 IP 地址的首字节值就能判断出其类别,从而知道其网络号的长度,进而推知主机所在的网络和主机号。例如,路由器收到一个 IP 数据报,其目的地址为 211.64.20.18,则可推知此 IP 为 C 类地址,前 3B 为网络号,所以目的主机在网络 211.64.20.0 中,主机号是 18。这为路由器查路由表奠定了基础。就像邮递员要能根据目的地址判断出收件人单位,才能按单位投递。

A 类地址的网络号字段占 1B,首位固定为 0,所以 A 类网络个数为 128 个;每个网络里的主机数达 2^{24} 个。同理,C 类地址的网络数为 2^{21},每个网络里的主机数为 2^8。可见,A 类网络属于大网,但网络数量少;C 类网络属于小网,但网络数量多。B 类网络介于 A 类网络与 C 类网络之间。

实际应用中,A、B、C 类网络中的主机数都比地址数少 2,原因是主机号全为 0 的地址用来表示网络,做网络地址。正如本节前面所述,IP 路由是分层寻址的,先按网络寻址,路由器仅负责把数据报投到网络。因此,要区分网络,对网络也要标识,网络的标识也占用了 IP 地址,这个地址就不能再分给主机,以免混淆;主机号全为 1 的地址用来标识指定全网络中的所有主机,为广播地址,广播地址只能做目的地址。故 C 类网络主机数最多为 254。

128 个 A 类地址的网络中,可指派的网络号有 $2^7 - 2 = 126$ 个,原因是网络号字段为全 0 的 IP 地址是一个保留地址,意思是"本网络",这些地址允许机器在不知道网络号的情况下访问自己所在的网络(但它们必须知道网络掩码包括多少个 0)。IP 地址 0.0.0.0 表示"本机",由主机在启动时使用。网络号为 127(即 01111111)保留作为环回地址,用于测试 TCP/IP 软件以及本机进程间的通信。若主机发送一个目的地址为环回地址(如 127.0.0.1)的 IP 数据报,则本主机中的协议软件就处理数据报中的数据,而不会把数据报发送到任何网络。目的地址为环回地址的 IP 数据报永远不会出现在任何网络上,因为网络号为 127 的地址根本不是一个网络地址。

B、C 类地址的网络号字段不可能出现整个网络号字段为全 0 或全 1 的情况,因此这里不存在网络总数减 2 的问题。但实际上 B 类网络地址 128.0.0.0 是不指派的,可以指派的 B 类最小网络地址是 128.1.0.0;C 类网络地址 192.0.0.0 也是不指派的,可以指派的 C 类最小网络地址是 192.0.1.0〔COME06〕。特殊 IP 地址如图 6-15 所示。

000…000	000…000	本机
000…000	主机号	本网络中的主机
111…111	111…111	对本网络广播
网络号	111…111	对指定网络广播
网络号	000…000	网络地址
127	任意	回环

图 6-15 特殊 IP 地址

例 6-1 图 6-16 为局域网通过 3 个路由器互联起来接入因特网的一个典型实例,展示了主机及路由器接口 IP 地址的分配使用情况,以及网络的构成。其中 B 是连接两个局域网的网桥。

请结合 IP 的构成、主机及路由器上 IP 地址的使用,总结互联网的组成特点,分析网络组成与边界。

解:分析图 6-16,可得到以下结论:

(1) 在同一个局域网上的主机或路由器的 IP 地址中的网络号必须是一样的。网络地址可以用主机号为全 0 的 IP 地址标识。

(2) 一个网络是指具有相同网络号(net-id)的主机及路由器接口的集合,用转发器或网桥连接起来的若干个局域网仍为一个网络,因为这些局域网都具有同样的网络号。具有不同网络号的局域网必须使用路由器进行互联。

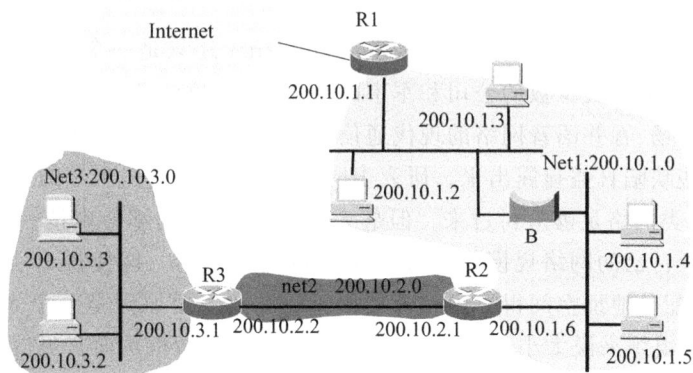

图 6-16 IP 地址与互联网

(3) 路由器总是具有两个或两个以上的 IP 地址,即路由器的每一个接口都有一个不同网络号的 IP 地址。可见,路由器的不同接口属于不同的网络,不能说路由器属于某个网络。实际上,正是路由器把各个网络分隔开的,路由器是网络的物理边界;具有共同 IP 网络号的接口构成了网络全体成员,此处的网络是 IP 视角下的概念。这与链路层网桥视角下的网络概念不同。正如中继器对数据链路层来说是透明的,网桥对 IP 来说也是透明的。

(4) 实际上,IP 地址是标志一个主机(或路由器)和一条链路的接口。当一个主机同时连接到两个网络上时,该主机就必须同时具有两个相应的 IP 地址,其网络号必须是不同的。这种主机称为多归属主机(multihomed host)。

(5) 两个直接相连的路由器间也构成了一个只包含一段线路的特殊"网络"。为了节省 IP 地址资源,对于这种仅由一段连线构成的特殊"网络",现在也常常不分配 IP 地址,叫作无编号网络(unnumbered network)或无名网络(anonymous network)〔COME06〕。

IP 地址由互联网名称与数字地址分配机构(Internet Corporation for Assigned Names and Numbers,ICANN)进行分配。ICANN 是总部设在美国加利福尼亚州的一个非营利性国际组织,在美国商务部的提议下于 1998 年 10 月成立,负责 IP 地址分配、协议标识符的指派、顶级域名的管理及根域名服务器的管理等。美国政府机构于 2014 年 3 月 14 日宣布放弃对 ICANN 的管理权,这标志着因特网全球共治时代的到来。

经过上述介绍,大家是否明白设计者的心思?使用分类地址机制,设计者把网络有规律地规划为几类网络,然后在应用中以网络为单位分配 IP 地址;这样,在路由器上就可以以网络为单位对主机进行寻址,确定路由。也就是说,这种地址组织的目的是方便 IP 地址分配和路由选择。试想,茫茫的互联网上查找主机的算法是多么难且重要。至于在分类地址模式下路由选择的方法和过程,请大家继续构思设想,6.3.3 节将给出分析。

6.3.3 子网划分与路由选择

1. 子网划分的背景原因

当时决定创建 A、B、C 三个类别的地址时,Internet 还只是一个连接美国主要研究型大学的研究网络(加上极少数的公司和军事网络研究基地)。没有人认为 Internet 将成为一个具有大众市场、吞并语音网络的现代通信系统。随着因特网的快速发展,这种分类的编址方案的一些缺陷日益显露出来。研究表明,历史上曾有超过半数的 B 类网络少于 50 台主机,一个 C 类网络足够应付过来。但毫无疑问,每个机构都会申请一个 B 类地址,它们想到总有一天自己的网络规模将超过 8 位主机地址空间。这使得 B 类地址空间快速消耗,并且已分配的地址空间得不到充分利用。问题的主要原因是一个 8 位地址空间的 C 类网络对很多组织来说太小了,而一个 B 类网络对大多数机构而言显得过于庞大。

随着 Internet 的大规模普及,计算机的上网数量剧增,IP 地址的需求增多,可用 IP 资源日益枯竭,如何提高 IP 地址空间的利用率成为改进的重点。正是在这种背景下,人们对分类编址进行了改进,提出了子网划分技术。

其实,分类地址方案在 IP 地址的管理、分配、路由寻址方面有许多优点。它使得 IP

地址按网络号分配,管理简单;分类方法从网络号的字节上看比较规整,利于识别网络类别和网络地址,支持按网络转发数据报,路由寻址简单。但面对日益高涨的 IP 需求,一方面 IP 地址不足,另一方面 IP 地址空间浪费严重。

分析其原因就是,分类地址贯彻按网络分配的原则,要分就是一个网络的 IP,而 IP 规划的网络与现实中机构的网络大小不尽合适,出现小孩穿大鞋的现象。解决的思想是把大网络划分成更多较小的网络(网络数目增多、规模变小),使 IP 逻辑网络大小对物理网络来说更合体,从而减少浪费。

子网划分的适用前提是组织机构的物理网络规模较小,而申请的 IP 逻辑网络地址空间大,不能全部利用。

2. 子网划分的方法

从主机号部分拿出若干位作为子网号,使网络数变多,主机地址变少,网络变小。

$$IP 地址::=\{<网络号+子网号>,<主机号>\}$$

例 6-2　对 C 类网络 200.100.1.0 进行子网划分,主机号部分的前三位用于子网号标识。

解:为了理解方便,将 200.100.1.0 写成二进制形式,主机号部分的前三位作子网号:

11001000　01100100　00000001　xxxyyyyy

网络号+子网号　　新的主机号部分

子网号为全"0"或全"1"的子网不能指派使用,于是划分出 $2^3-2=6$ 个可用子网,子网地址分别为

二进制形式　　　　　　　　　　　　十进制形式
11001000 01100100 00000001 001 00000 — 200.100.1.32
11001000 01100100 00000001 010 00000 — 200.100.1.64
11001000 01100100 00000001 011 00000 — 200.100.1.96
11001000 01100100 00000001 100 00000 — 200.100.1.128
11001000 01100100 00000001 101 00000 — 200.100.1.160
11001000 01100100 00000001 110 00000 — 200.100.1.192

请注意,根据因特网标准协议的 RFC 950 文档,子网号不能为全1或全0。随着后来的无分类域间路由选择(CIDR)的广泛使用,现在全1和全0的子网号也可以使用了,实际应用中一定要谨慎使用,要弄清具体的路由器是否支持全0或全1的子网号这种用法。

通过上例可以看到,200.100.1.32 划分子网之前是 C 类网的一个主机,划分子网之后是一个子网地址,标识一个网络。200.100.1.33 在未划分子网时是网络 200.100.1.0 的一个主机,在划分子网后是网络 200.100.1.32 的一个主机。所以,子网划分使得原来一个 IP 地址的标识意义变了,使主机的网络归属变了,影响到路由器对 IP 数据报向目的网络的路由转发。这个结果是由于 IP 地址中的网络号倍数变化所致。系统如果不能确定 net-id 的长度,就不能正确判定 IP 主机所在的网络,也就不能查路由表进行路由选择,为此引入子网掩码,以标识 net-id 的长度。

3. 子网掩码

子网掩码的作用是什么?

子网掩码也是 32 位,由一串 1 和跟随的一串 0 组成。子网掩码中的 1 对应 IP 地址中原来的 net-id 位和子网位,而子网掩码中的 0 对应现在的 host-id 位。虽然 RFC 文档中没有规定子网掩码中的一串 1 必须是连续的,但极力推荐在子网掩码中选用连续的 1,以免出现可能发生的差错。

上例中,网络号 24 位,子网号 3 位,总共 27 位。对应于这种子网划分的子网掩码为

11111111　11111111　11111111　11100000

即 255.255.255.224。

依此规则,原来 A、B、C 类网络的默认子网掩码分别是:

A 类:255.0.0.0

B 类:255.255.0.0

C 类:255.255.255.0

子网掩码的作用是用于系统根据主机 IP 推算主机的网络地址,从而知道主机所在的网络,以便进行路由转发。

例 6-3　路由器收到一 IP 数据报,目的 IP 地址是 200.100.1.207,子网掩码是 255.255.255.224,试判断该主机所在的网络地址。

解:将 IP 地址和子网掩码进行二进制与运算,其结果即 IP 所属的网络地址。

```
    11001000  01100100  00000001  110 01111
∧   11111111  11111111  11111111  111 00000
    ─────────────────────────────────────────
    11001000  01100100  00000001  110 00000
```

所以,主机的子网地址为 200.100.1.192,主机号为 15。

子网掩码像一个筛选器,把主机地址中的主机号部分全变成 0,网络号部分不变,其结果正是网络地址!

以上是计算机计算网络地址的方法,它擅长逻辑运算。而我们不必如此麻烦,可以通过思维分析得出:根据子网掩码判断出网络号和主机号的分界,把主机号部分清零即可得到网络地址。像邮递员判断信件的单位地址一样容易。

对于例 6-2 中划分出来的子网,主机号还剩 5 位,所以每个子网的主机数为 $2^5-2=30$ 个,子网中主机号全 0 和全 1 的 IP 地址分别用作网络地址和广播地址。例如,子网 200.100.1.32 中有 30 个主机,最小的主机地址是 200.100.1.33,最大的主机地址是 200.100.1.62,广播地址是 200.100.1.63。

4. 子网划分的实现

以上子网划分方案要在具体应用中实现需要路由器的支持,主要体现在网络的接入和路由表的变化。如图 6-17 子网的实现所示,图中列出了 R1 路由器在子网划分前后的路由表,配置是不同的。

子网划分后需要占用路由器 R1 的多个接口。

路由器 R1 的路由表配置要发生变化。①路由表多了子网掩码一列,以便计算子网地址。②子网划分使得网络变多了,路由表变长了。③子网划分对 R2 的路由表没有影响,对 R2 来说其表现仍然相当于一个网络,也就是说,子网划分对 R2 来说是透明的;当然,让 R2 看得见也可以,只会增长 R2 的路由表,增加 R2 的麻烦。

例 6-4 在图 6-17(a)中,路由器 R1 收到一个数据报,其目的地址是 200.100.1.32,讨论路由器 R1 对其进行的路由选择的过程。

解:路由器 R1 收到这个数据报,首先提出其目的地址是 200.100.1.32;然后根据首字节判断出是 C 类地址,故得知其网络号占 3B,网络地址是 200.100.1.0;然后到路由表里查找此网络,得知可直接交付,从路由器 E1 接口转发即可到达主机 200.100.1.32。

强调一下,对于未划分子网的分类地址,在路由选择时,根据 IP 类型判断网络号长度,确定网络地址,通过网络地址查路由表,以达到按网络投递数据报的目的。

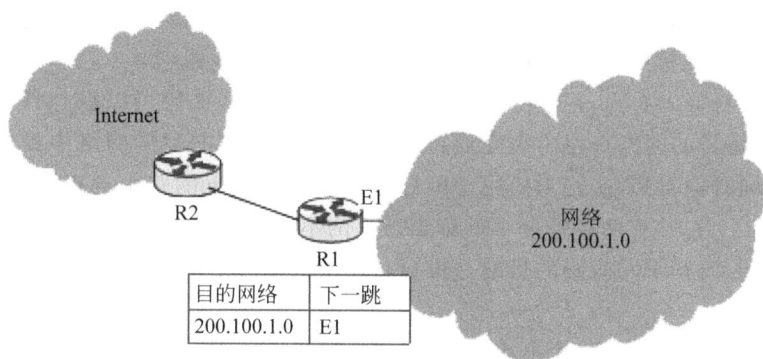

(a) 子网划分前

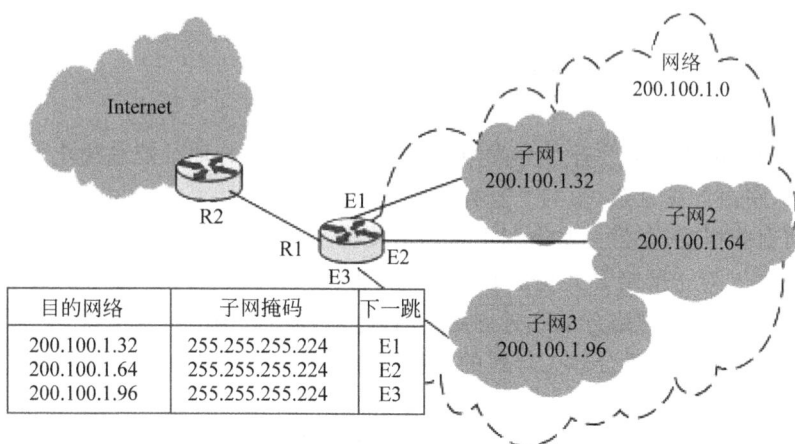

(b) 子网划分后

图 6-17 子网的实现

例 6-5　在图 6-17(b)所示的互联网中,子网掩码和路由表如图所示。主机 A 的 IP 是 200.100.1.62,主机 B 的 IP 是 200.100.1.65,现在主机 A 向 B 发送数据,试讨论主机 A 发送 IP 数据报和路由器 R1 查找路由表转发 IP 数据报的过程,说明 IP 编址、子网划分是如何支持路由选择的。

解:主机 A 向 B 发送 IP 数据报的目的地址是 200.100.1.65。主机 A 先将 B 的 IP 地址 200.100.1.65 与本子网的子网掩码 255.255.255.224 逐位相"与",得到 B 主机的网络地址是 200.100.1.64,这与主机 A 所在的网络地址 200.100.1.32 不同。这说明 A 与 B 不在同一个子网上。因此,A 不能把 IP 数据报直接交付给 B,而必须交给主机 A 的默认网关(即路由器 R1),由 R1 转发。

路由器 R1 收到 IP 数据报后,先提出目的 IP 地址 200.100.1.65,然后与路由器第一行的子网掩码相"与",得到目的网络 200.100.1.64,这与路由表的第一行的网络地址 200.100.1.32 不匹配。继续用第二行的子网掩码计算目的网络是 200.100.1.64 并查路由表,正与路由表第二行的目的网络匹配,则将数据报由接口 E2 转发出去,投递到网络 200.100.1.64。这样,主机 B 就收到了主机 A 的数据报。请自我思考。

从以上分析可以看到,在子网划分的情况下,根据子网掩码可以得到目的 IP 所在的网络,然后依据目的网络查路由表完成路由选择,把数据报向目的网络中投递,并不关心主机是谁。同时也看到,这比未使用子网划分时分类地址下的路由选择过程复杂。注意 IP 地址 200.100.1.32 在两种情况下的标识意义的不同。

在此强调,设置子网掩码的目的是推算目的主机的网络地址,以便查路由表实现按网络投递数据报。

上述方法划分的各子网大小相同,其子网掩码长度一样。1987 年,RFC 1009 又规定可以在子网划分时使用几个不同的子网掩码。使用变长子网掩码(Variable Length Subnet Mask,VLSM)能划分成不同大小的子网,可进一步提高 IP 地址资源的利用率。请大家自主探究 VLSM。

6.3.4　无分类编址与路由选择

子网划分一定程度上弥补了分类地址的不足,提高了 IP 地址的利用率,当然,也使得路由表变长,路由计算复杂,影响了查找效率。

与子网划分相反,在另一些情况下可能需要多个小网络合并,以适应组织机构对更多 IP 地址的需要。对于网络合并构造超网,从技术上没有问题,但这时人们有了另外的思考,认识到分类编址把网络分成几种固定的规模,对具体机构的网络来说,要么太大,需要子网划分,要么太小,需要合并。合适的时候不多,大多时候不方便。这种麻烦的根源在于当初 IP 地址的固定分类。

想到现实中的一个案例。有一个服装裁剪培训班要实习,学校购来一匹布料。为了方便,教师预先把布都裁成一米长的布块,每人一块分给学生用。但实践中,有的学生设计短裤,用不了一块布导致浪费;有的学生设计了孔乙己式的长袍,需要两块布拼接,麻烦且不说,也不美观。此做法的初衷是为了简单、方便,但实践中事与愿违。后来,教师放弃了这一做法,不再预先裁布料,而且每个人用多少裁多少,这样便有效地避免了上述弊端。

因特网的设计者也许是根据上述思路改进了 IP 地址空间的划分方式,放弃了分类地址,改为连续的地址块分配。这就是目前因特网采用的无类别域间路由选择(Classless Inter-Domain Routing,CIDR)编址方法。最初在 1993 年由 IETF 发布,它的最新版本由 RFC 4632 说明。

CIDR 消除了传统的 A 类、B 类和 C 类地址,以及子网划分的概念。它带来以下几个好处:首先是它能更加有效地分配 IPv4 的地址空间,提高利用率;其次是能实现路由聚合,有效地缩短主干路由器的路由表,提高检索效率;最后是支持最长前缀匹配。下面以案例形式分析其原理、做法。

CIDR 把 32 位的 IP 地址划分为两部分:前面的部分是"网络前缀"(network-prefix)(或简称为"前缀"),相当于原来的"网络号",用来指明网络;后面的部分则用来指明主机。CIDR 使用"斜线记法",或称为 CIDR 记法,即在 IP 地址后面以斜线"/n"的形式指明网络前缀的位数,如 10.5.5.8/20 表示地址中的前 20 位是网络前缀。

1. CIDR 的地址块

CIDR 把原来 A 类、B 类、C 类地址的地址空间划分为多个地址块,以地址块的形式分配和管理 IP 地址(这时不再强调网络的概念,也就不必为之保留网络地址)。原来 D 类、E 类地址部分的用途不变。

所谓地址块,就是一个具有相同网络前缀的连续的 IP 地址空间。只要知道 CIDR 地址块中的任何一个地址,就可以知道这个地址块的起始地址(即最小地址)和最大地址,以及地址块中的地址数。例如,已知 IP 地址 160.10.86.6/18 是某 CIDR 地址块中的一个地址,现在把它写成二进制表示,其中前 18 位是网络前缀,而前缀后面的 14 位是主机号:

$$160.10.86.6/18=\textbf{10100000}\quad\textbf{00001010}\quad\textbf{01}010110\quad00000110$$

很容易得出这个地址所在的地址块中的最小地址和最大地址:

最小地址 160.10.64.0　　**10100000**　　**00001010**　　**01**000000　　00000000
最大地址 160.10.127.255 **10100000**　　**00001010**　　**01**111111　　11111111

不难看出,这个地址块共有 2^{14} 个地址。当然,这两个主机号是全 0 和全 1 的地址一般不使用。通常用地址块中的最小地址和网络前缀的位数指明这个地址块。例如,上面的地址块可记为 160.10.64.0/18,或 160.10.64/18,这相当于分类地址中的网络地址,地址块相当于分类地址中的网络。但此时并不以网络的视角看事情;以后还会看到,地址块的划分取代了子网划分,前缀"/18"的意义相当于指明了子网掩码(值为 255.255.192.0)。

斜线记法还有一个好处是它除了表示一个 IP 地址外,还提供了其他一些重要信息。例如,地址 160.10.86.6/18 不仅表示 IP 地址是 160.10.86.6/18,还表示这个地址块的网络的前缀有 18 位,地址块包含 2^{14} 个 IP 地址。通过简单的计算还可得出,这个地址块的最小地址是 160.10.64.0,最大地址是 160.10.127.255。

这时请读者注意,须区分一个 IP 地址是一个块标识,还是主机标识。如上例中的 160.10.86.6/18 是一个主机的 IP 地址,虽然从它能推得块地址 160.10.64.0/18,但同样形式的 160.10.64.0/17 却是一个主机地址。

一个大的地址块可以继续划分为若干个小的地址块,如 160.10.64.0/18 可以分为 4 个地址块:160.10.64.0/20、160.10.80.0/20、160.10.96.0/20、160.10.112.0/20,如图 6-18 所示。注意,地址块 160.10.64.0/18 与 160.10.64.0/20 虽然开始地址相同,但块大小不同。当然,若干个子块也可以合并成一个大块。

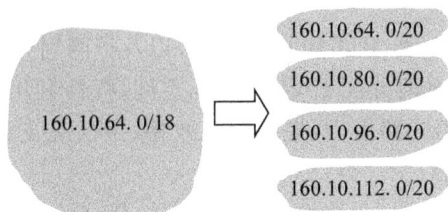

160.10.64.0/18 →
- 160.10.64.0/20
- 160.10.80.0/20
- 160.10.96.0/20
- 160.10.112.0/20

图 6-18 地址块划分示例

这不是子网划分,但功能上相当于子网划分。由此可见,CIDR 方式与之前的分类地址及子网划分技术并不冲突,实际上它相当于随意性最强的子网划分。

2. 以块为单位的地址分配与路由选择

在 CIDR 中,以地址块的形式分配 IP 地址,以块为单位寻址。

CIDR 中,可根据客户的需要分配适当大小的 CIDR 地址块,这样可以更加有效地分配 IPv4 的地址空间。在分类地址中,向一个机构分配 IP 地址,就只能以/8、/16 或/24 为单位分配,这就不如 CIDR 方式灵活。

通过一个实例了解 CIDR 的地址块分配。假定某地区 ISP 中国联通公司已拥有地址块 160.10.64.0/18(相当于有 64 个 C 类网络)。现在某大学需要 3500 个 IP 地址。ISP 可以给该大学分配一个地址块 160.10.80.0/20,它包括 4096(即 2^{12})个 IP 地址,相当于 16 个连续的 C 类/24 地址块,占该 ISP 拥有的地址空间的 1/4。之后,这所大学可自由地对本校的各学院分配地址块,如图 6-19 所示。

从图 6-19 中可见 CIDR 的地址块划分及分配办法。因特网管理机构给 ISP 指派了一个地址块 160.10.64.0/18,ISP 又划分成若干块继续分配给各机构,其中把地址块 160.10.80.0/20 分给某大学,大学又分块后给各学院使用。在此机制下,路由器 R1、R2、R3 的路由表配置如图 6-19 所示。这种分块相对连续,分块大小更适合机构的物理网络大小,所以,方法灵活,地址空间的利用率高。

与地址块划分相反,可以看到,在图 6-19 中,大学四个学院的地址块 160.10.80.0/22、160.10.84.0/22、160.10.88.0/22、160.10.92.0/22 的地址范围与地址块 160.10.80.0/20 相同,也就是说,这 4 个块合并成一个块。这样,在路由器 R2 的路由表里就可以登记 160.10.80.0/20 一个地址块,占一个表项,无须分别登记这 4 个小块,从而缩短了主干路由器的路由表。我们把多个长前缀的小地址块合并成一个短前缀的大地址块的过程称为路由聚合(route aggregation),由此产生的较短前缀的大地址块有时称为超网(supernetting),以便有别于地址块的分割。路由聚合能有效地减小路由表长度,同时有利于减少路由器之间的路由信息的交换,从而提高了整个因特网的性能。

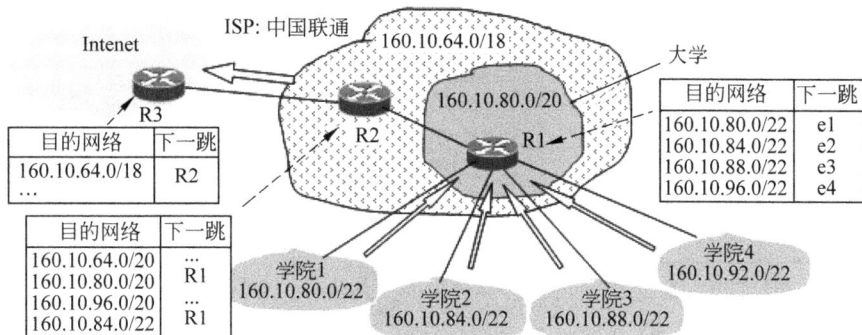

图 6-19 CIDR 地址块分配示例

在本实例中，包括大学的地址块和 ISP 划分的其他地址块在路由器 R3 上可进一步聚合为地址块 160.10.64.0/18。

从以上的讨论可以看出，如果 IP 地址的分配一开始就采用 CIDR，那么可以按网络所在的地理位置分配地址块，这样就可大大减少路由表中的路由项目。但是，在使用 CIDR 之前，因特网的地址管理机构没有按地理位置分配 IP 地址。现在把已分配出的 IP 地址收回再重新分配是十分困难的事，因为这牵涉很多正在工作的主机必须改变其 IP 地址。尽管这样，CIDR 的使用已经推迟了 IP 地址将要耗尽的日期。

3. 最长前缀匹配

由于地址聚合，路由表中很可能同时出现有包含关系的多个地址块，如图 6-19 所示 R2 的路由表中，第 4 个表项的地址块 160.10.84.0/22 包含在第 2 个表项的 160.10.80.0/20 中。这时，R2 对去往主机 160.10.84.10/22 的数据报如何转发呢？因为此主机地址同时属于以上两个块，所以查路由表时有两个匹配结果，应该以哪个路由为准呢？

结论是：应当从匹配结果中选择具有最长前缀的路由。这叫作最长前缀匹配，因为网络前缀越长，其地址块越小，主机定位越精确，路由就越具体。因此，最长前缀匹配又称最佳匹配。

最长前缀匹配还能解决有少量"空洞"CIDR 地址块的聚合问题。例如，图 6-19 中的学院 3，因为对中国联通的网络质量不满或中国移动给出了更优惠的服务，学院 3 决定不再使用中国联通的服务，于是接入中国移动，而又不想更换 IP 地址。如图 6-20 所示，此时 R2 上还能使用 160.10.80.0/20 地址块进行地址聚合吗？这样会不会导致学院 3 收不到数据？通常的做法是在 R2 的路由表中依然保留 160.10.80.0/20 的项目，使用路由聚合，但需要在 R2 的路由表中增加一个 160.10.88.0/22 的表项。虽然学院 1、学院 2、学院 4 的地址块聚合成 160.10.80.0/20 存在"空洞"，由于采用最长前缀匹配算法，这样设置后路由表依然能正常工作。当然，也需要向 R3 声明一个指向 R4 的 160.10.88.0/22 表项。

此外，通过最长前缀匹配还可以方便地实现特定主机路由和默认路由。最长前缀的地址块只有一个地址，在路由表中加入一条前缀为"主机 IP/32"的路由表项即可实现特定主机路由。因为只有目的地址为该特定主机的数据报才能与该表项最长前缀匹配。主

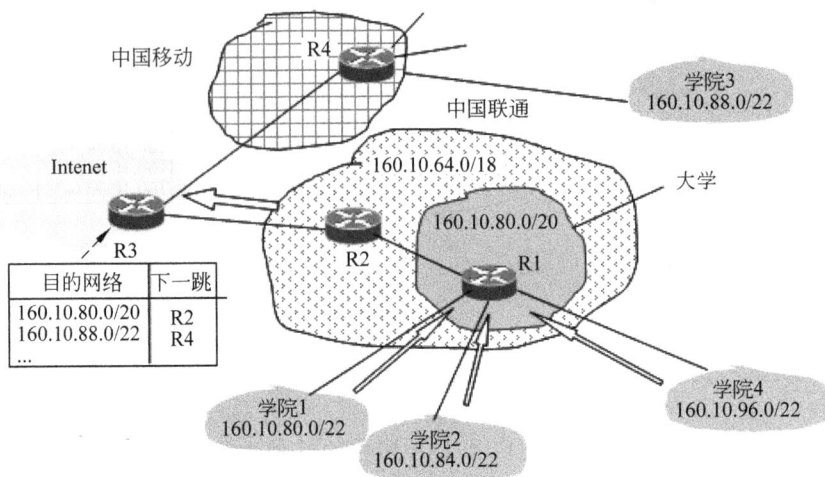

图 6-20 最长前缀匹配与路由聚合

机地址最先查找和匹配。所谓特定主机,是指一般的主机地址不能都加到路由表中,否则会增加路由表的长度。

在使用最长前缀匹配的路由表中,默认路由的表项为 0.0.0.0/0,这能保证所有的目的 IP 地址都能和它匹配,保证最后才匹配默认路由。

最长前缀匹配算法也有缺点,主要是路由表查找的时间变长了,因为要遍历整个路由表,才能找到最长匹配的前缀表项。对此,很多人正在研究提高路由表查找速度的算法,并取得了一些成果。

实践探索:配置与查看 TCP/IP

TCP/IP 作为操作系统的一个组件已经在操作系统中实现,以完成主机的网络层、传输层功能。为了 TCP/IP 正常工作,需要提供本主机的 IP 地址、网关等参数。在 Windows 操作系统中,利用下面两种方法观察主机的 IP 配置,并注意该主机 IP 地址的类型、地址配置的方式(是静态获得,还是动态获得)、子网掩码的值和默认网关的配置等问题:

(1)右击"本地连接",从弹出的快捷菜单中选择"属性"之后,选择"Internet 协议(TCP/IP)",再单击"属性"可查看主机的 IP 配置,并测试能否更改 IP 配置。

(2)在 cmd 窗口中输入"ipconfig /all"查看本机的 IP 配置。思考两种方法的不同。

(3)课外探索 IP 地址绑定的作用与方法。

6.4 地址解析协议与数据转发

地址解析协议(ARP)和逆地址解析协议(RARP)为 IP 的数据报传输提供特定的功能支持,可以视之为 IP 的助手。ARP 提供 IP 地址解析;RARP 提供逆向地址解析,过去曾起到重要作用。但现在这一功能在因特网上主要由 DHCP 实现,故很少单独用 RARP,因此对 RARP 不再做过多解读。首先看 ARP 的技术背景。

6.4.1　IP 数据报的转发

ARP 要解决什么问题? 有什么用途?

主机发送 IP 数据报时,使用目的 IP 封装好 IP 数据报,再根据目的 IP 和路由表判断出转发出口,就可以发送 IP 数据报了。但这时遇到了一个新的问题。

我们知道,网络的 IP 数据报实际上是通过数据链路层转发的,如图 6-21 所示。也就是说,在传输时,"IP 数据报"是乘坐"帧"这种交通车到达目的站点的,帧是数据报的运载工具。因此,主机发送数据报实际上就是把 IP 数据报交给主机的数据链路层,封装成帧,以帧的形式传输出去。而数据链路层是使用硬件地址标识主机的,封装成帧就需要用硬件地址,例如,以太网就使用 MAC 地址(鉴于因特网上以太网的广泛使用,后续以 MAC 地址为例讲解)。网络层的 IP 地址,数据链路层不使用、不认识,也看不到。也就是说,对网络层来说,知道了目的 IP 就可以封装和传输数据报,但转发时还需要知道对方的 MAC 地址。

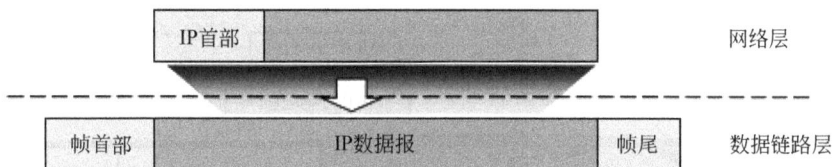

图 6-21　以帧运载 IP 数据报

获得对方的 MAC 地址的工作由网络层负责,还是让数据链路层解决?

如前所知,数据链路层并没有这个功能;另一方面,数据链路层并不认识 IP,也根本不具备解决这个问题的能力。因此,获取对方的 MAC 地址应该在网络层完成。在网络层,IP 承担的路由转发功能,已经足够复杂和繁忙,所以把此功能单独赋予 ARP 实现,相当于给 IP 配了一个助手。可见,地址解析是在网络层实现的。在实际 IP 数据报传输中,网络层会把 IP 数据报和目的 MAC 地址一起交给数据链路层,由其代为转发。

如何获得对方的 MAC 地址? ARP 是如何解析到硬件地址的呢?

6.4.2　ARP 的工作原理

在以太网支持的因特网上,IP 在发送数据报前会调用 ARP,以获得下一站点的 MAC 地址。

ARP 解决的思路是:把要解析的 IP、自己主机的 IP、自己主机的 MAC 地址封装制作成一个包,我们称之为"ARP 请求分组"(即 ARP 数据单元,或称 ARP 报文,简称 ARP 包)。将这个"ARP 请求分组"在网上发出去,收到的主机识别其中有要解析的 IP,如果是自己的 IP,则回复其 MAC 地址。

图 6-22 展示了主机 A 解析主机 B 的 MAC 地址的过程。ARP 请求分组的主要内容表明:我的 IP 是 222.2.2.6,硬件地址是 00-00-00-1A-2B-3C,请主机 222.2.2.8 回复自己的硬件地址;主机 222.2.2.8 收到后会发回一个"响应分组",响应分组的主要内容是:我是 222.2.2.8,我的硬件地址是 00-00-00-11-22-33,从而实现预期目的。

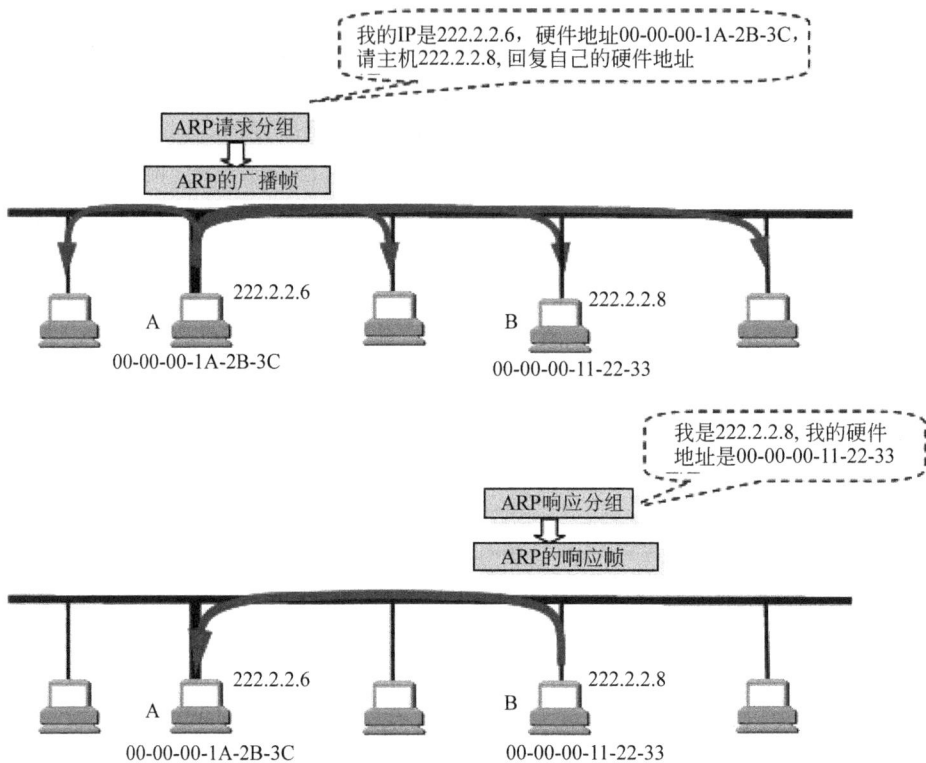

图 6-22 ARP 解析示意图

要明确的是,ARP 的"请求分组""响应分组"是网络层的一种数据单元,像 IP 数据报一样,它们在局域网上传输也需要封装到帧里,用帧承载。但不知道目的主机 B 的 MAC 地址,怎么封装成帧?

在缺少主机 B 的 MAC 地址的情况下,ARP 请求分组怎么能传输到 B 主机?

不知道主机 B 的 MAC 地址,就相当于不知道 B 是谁、在哪里。A 主机解决的办法是在局域网上广而告之,用广播的办法茫无目的地高调呼唤,因为广播帧中使用了局域网上全 1 的广播地址,不需要使用 B 的 MAC 地址,从而可以在缺少目的 MAC 地址的情况下传输数据给主机 B。

主机 B 的 ARP 响应分组是如何传输回主机 A 的?用广播方式可以吗?

从图 6-22 可以看到,主机 B 的 ARP 响应分组是以单播帧的方式传输回主机 A,主机 B 是如何知道 A 的 MAC 的?这是因为在主机 A 的请求分组里携带了 A 的 IP、MAC。在这种情况下,B 响应 A 有单播、广播两种技术可选择。选择广播会打扰局域网中的所有主机,对众多主机来说,接收并处理一个与自己无关的广播帧,无疑是一种干扰。

可见,广播是一个有力的工具,很多情况下它能帮我们解决一些难题,但广播有副作用,要慎用、少用,不得不用时才用。正因如此,ARP 响应在能使用单播的情况下就不使用广播。

ARP 获得目的主机的 MAC 地址后可以向 IP 交差,使得 IP 数据报可以向目的主机发送。ARP 的任务是完成了,但此时进一步想一下:

如果以后主机 A 还要向主机 B 发送数据呢？ 每次都要 ARP 广播吗？

考虑到此,聪明的做法是把 B 的 MAC 地址记下来,下次就不必兴师动众地广播了。事实上,ARP 正是这么做的。其实,ARP 比我们想象得更聪明,在上述 ARP 的解析过程中,主机 B 还悄悄记下了主机 A 的 MAC 地址,故 ARP 在主机里维护一个记录表,记录下最近查获的主机 MAC 地址,我们常称之为 ARP 表。图 6-23 是用 arp -a 命令查到的某主机的 ARP 表。

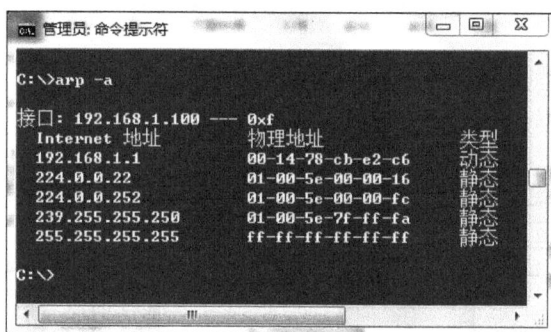

图 6-23　主机的 ARP 表

在系统的 ARP 表里还有一列,它记录了 ARP 表项的有效期或生命期,表项的生命期为 0 时,系统将清除此记录,以免长时间不联系的主机关机或因更换网卡而失准。

有了 ARP 表,再需要 IP 地址解析时,ARP 就不必每次都动用广播了。只在 ARP 表里查找不到时,才进行 ARP 广播解析。

ARP 是不是构建了一个网络层上的 114 查询台？

至此,尽管处处融入了设计者的智慧,但它仍存瑕疵。你是否认识到,如果 ARP 表记录被篡改或伪造,那么网络传输就会失败,或者会发向错误的接收者。黑客和网络病毒常常利用 ARP 的无状态、无认证缺陷进行 ARP 攻击。如何防御？

6.4.3　不同网络间的数据转发

ARP 用广播解决了网络数据传输过程中的地址解析问题,成为不可或缺的一个环节。在我们庆幸小胜之际,新问题来了。

广播是有局限性的,当跨网传输时,ARP 也能解析到目的主机的 MAC 地址吗？ 那又如何传输数据呢？

ARP 解析使用了广播技术,如果目的主机 B 与源主机 A 不在同一个网络里,由于路由器隔离广播,A 主机是广播不到 B 的。因此,主机 A 解析不到 B 的 MAC 地址。那时,数据报将如何传输? 其实,即使解析到了也没用,因为数据链路是不能跨越结点的,A 到 B 没有直连的数据链路,A 发出的帧也不可能直接到达 B;另一方面,主机 B 和主机 A 所在的网络很可能是异构网络,其硬件地址不同,主机 A 也不能识别 B 的硬件地址。那么,现实中跨越网络的传输是怎么实现的?

如图 6-24 所示,IP 数据报从主机 A 发出,要到主机 B。其发送过程是:首先根据源 IP1、目的 IP2 判断出主机 A、B 不在同一个网络,此时要进行路由选择,把数据报送给网关 R1,由它转发;下一步是调用 ARP,根据主机默认网关的 IP(即图中的 IP3)解析网关的硬件地址 M3;链路层用 M3 把数据报封装成帧 F1,用此帧把数据报运载到网关,即路由器 R1。

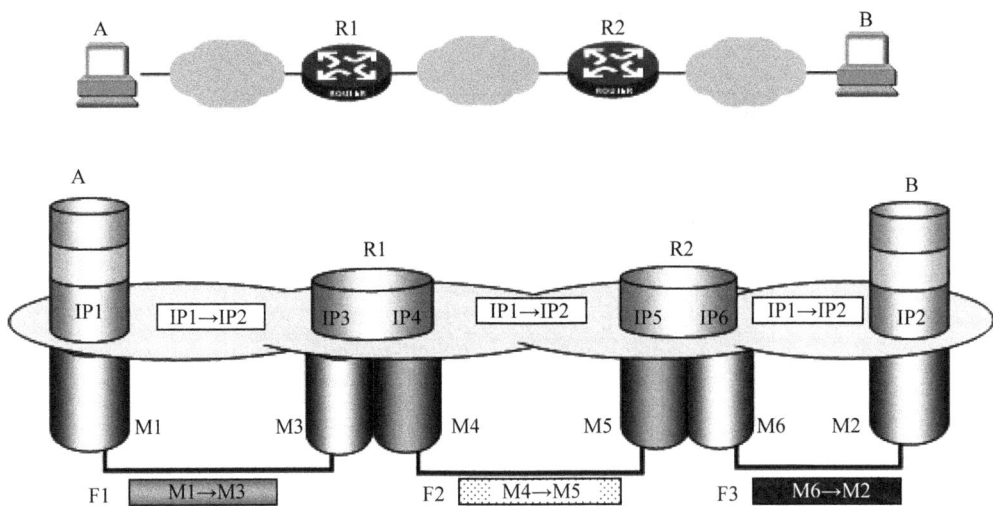

图 6-24 不同链路帧对 IP 数据报的接力传输

路由器 R1 的网卡收到帧 F1,解帧,把其中的 IP 数据报交给路由器网络层处理;网络层的 IP 识读出目的 IP,查路由表,取得下一站的地址 IP5;再由 ARP 解析其硬件地址 M5;路由器把数据报转发给出境接口,由它的链路层封装成帧 F2,帧 F2 将数据运送到路由器 R2。如此下去,直到主机 B。就像上海的公交车不能到达清华大学,主机 A 的帧也传输不到 B 所在的网络。所以整个跨网通信是根据路由选择进行分段转发、分段解析硬件地址、用不同的帧分段运载,直到终点。从这个实例中可以看出,在跨网通信中根本不需要跨网进行 ARP 解析。

最后,再次提醒读者,在类似于图 6-24 中互联网上数据传输的过程中,在传输的各个网络段,IP 数据报是一样的,目的 IP、源 IP 是不变的。但各网络段的帧是不同的,它们的硬件地址不同,甚至各网络段的数据链路也可能不同,如可能是以太网链路、PPP 链路、IEEE 802.11 无线链路等。

由此也看到,路由器和主机一样,也需要有 ARP,也要维护一个 ARP 表。

至此,我们分析了当单击"发送"按钮时,因特网上到底发生了什么,理清了数据在互联网上反复路由、转发的主要传输过程。初识路由选择,体会到路由选择的重要作用。其实,我们目前看到的还只是冰山一角,全因特网下的路由与互通尚未涉猎,路由选择的基石——路由表的获得,才是 Internet 的核心和关键。

实践探索：探索 ARP 过程与 ARP 表

为使广播量最小,ARP 维护 IP 地址到介质访问控制地址映射的缓存,以便将来使用,ARP 缓存可以包含动态和静态项目。静态项目一直保留在缓存中,直到重新启动计算机为止。动态项目随时间推移自动添加和删除,每个动态 ARP 缓存项目的潜在生存时间是 10min。如果某个项目添加后 2min 内没有再使用,则此项目过期并从 ARP 缓存中删除。如果某个项目已在使用,则又有 2min 的生存时间;如果某个项目始终在使用,则会继续维持 2min 的生存时间,一直到 10min 的最长生存时间为止。

在主机的 cmd 窗口中用命令"arp -a"查看本机上 ARP 缓存中的内容;

在主机上使用 ping 命令检查位于同一网段中的两个主机是否连通,重复查看 ARP 表是否产生了变化;

对上述过程使用 Wireshark 抓包分析 ARP 过程。

扩展阅读：ARP 欺骗

ARP 设计时并没有考虑到更多的网络安全问题,ARP 是一个无状态的协议,后期应用中,一些人利用 ARP 设计中的漏洞进行欺骗,引发了多种形式的网络攻击,请查阅和搜索 ARP 欺骗与攻击的具体原理和技术,思考相应的防御技术。

6.5　路由选择与路由器

路由选择是实现互联的关键;其实,整个网络层的工作都是为绕着路由选择进行的,都是为路由选择提供支持,最终实现路由选择。

6.5.1　路由选择

路由选择是在路由器上进行的,由路由器负责实施。路由器根据路由表进行路由选择,路由表是路由选择的依据。

图 6-25 是互联网的一部分,图中列出了路由器 R2 的路由表。

路由表由目的网络、子网掩码、下一跳地址、转发接口等字段组成。第一行是一个路由表项。路由表项一般是网络或地址块的登记,通常并不直接登记主机,那将会使路由表的长度大大增加。因特网所有的分组转发都是基于目的主机所在的网络,但大多数情况下也允许对特定的目的主机指明一个路由。这种路由叫作特定主机路由。图 6-25 中,表项 40.0.0.2/32 是一个特定主机路由。采用特定主机路由可使网络管理人员能更方便地控制网络和测试网络,同时也可在需要考虑某种安全问题时采用这种特定的主机路由。

在对网络的连接或路由表进行排错时,指明到某一个主机的特殊路由十分有用。

图 6-25 中,R2 路由表的最后一个表项是默认路由(default route)。使用默认路由可以涵盖不能穷举的路由,同时也可以减少路由表占用的空间和搜索路由表所用的时间。默认路由往往用在 Internet 的末端,在一个网络只有很少的对外连接时很有用。实际上,网络上主机的默认网关就是默认路由,主机发送 IP 数据报时往往更能显示出它的好处。默认路由使得我们可以在不了解或根本不能了解互联网结构的情况下,能够向互联网上的主机发数据。图 6-25 把路由表中没有列举的其他情况的数据报都通过默认路由转发给了路由器 R4,可见其魅力强大。默认路由设置为 0.0.0.0/0,这种记法保证了默认路由会和任何目的 IP 匹配,在最长前缀匹配的原则下,它是路由查找最后的匹配项。

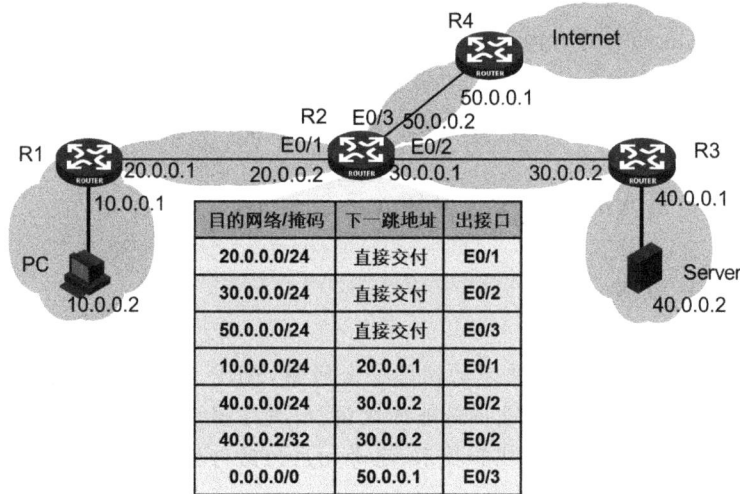

目的网络/掩码	下一跳地址	出接口
20.0.0.0/24	直接交付	E0/1
30.0.0.0/24	直接交付	E0/2
50.0.0.0/24	直接交付	E0/3
10.0.0.0/24	20.0.0.1	E0/1
40.0.0.0/24	30.0.0.2	E0/2
40.0.0.2/32	30.0.0.2	E0/2
0.0.0.0/0	50.0.0.1	E0/3

图 6-25 路由表与路由选择

路由器收到 IP 数据报后提出其目的地址,查找路由表,根据路由结果进行转发。路由器上路由选择的流程如图 6-26 所示。

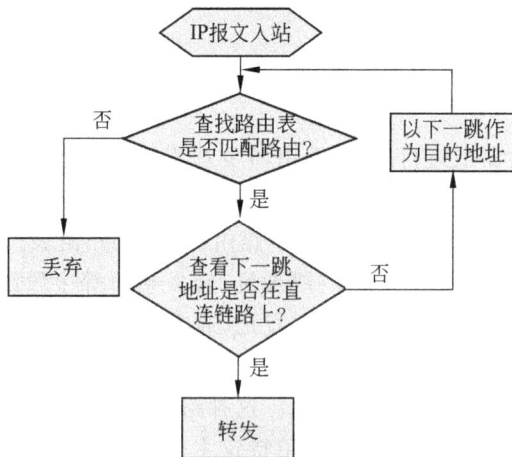

图 6-26 路由选择的流程

路由选择的重要步骤是根据目的 IP 查找路由表。通过本章前面的内容我们已经对路由表的使用有了初步了解,在分类地址方式下路由选择的过程最简单,在使用子网划分或 CIDR 技术后,路由选择中计算目的网络的过程要复杂一些,路由器转发分组的算法如下:

(1) 路由器从收到的数据报的头部提取目的 IP 地址 D。

(2) 先判断是否为直接交付。对路由器直接相连的网络逐个进行检查:用各网络的子网掩码和 D 逐位相“与”(AND 操作),看结果是否和相应的网络地址匹配。若匹配,则把分组进行直接交付,转发任务结束,否则就是间接交付,执行(3)。

(3) 若路由表中有目的地址为 D 的特定主机路由,则把数据报传送给路由表中指明的下一跳路由器;否则执行(4)。

(4) 对路由表中的每一行(目的网络地址、子网掩码、下一跳地址),用其中的子网掩码和 D 逐位相“与”(AND 操作),其结果为 N。若 N 与该行的目的网络地址匹配,则把数据报传送给该行指明的下一跳路由器;否则执行(5)。

(5) 若路由表中有一个默认路由,则把数据报传送给路由表中指明的默认路由器;否则执行(6)。

(6) 丢弃分组,向源主机报告转发分组出错。

根据以上原理,结合 IP 地址解析、路由选择、数据转发原理,以图 6-25 中 PC 访问服务器 Server 发送数据报为例,对互联网上主机通信的一般过程作总结分析如下。

(1) 主机 PC 根据目的 IP、源 IP 将高层数据封装成 IP 数据报;然后根据使用的子网掩码对目的 IP 与源 IP 分别计算出其网络地址,判断出不在同一网络,决定转发给主机的默认网关(路由器 R1);根据默认网关的 IP 地址调用 ARP 解析其物理地址 MAC1;把数据报和 MAC1 一起交付给网卡的数据链路层,数据链路层使用目的 MAC 将 IP 装成帧;通过底层网络转发帧到路由器 R1。

(2) 路由器 R1 的接口卡从底层网络上接收该帧;对帧进行差错校验,若有错,则丢弃;接口卡的链路层解帧,将 IP 数据报交付到路由器网络层;路由器网络层检验 IP 版本;对数据报首部进行差错校验,若有错,则丢弃;将 IP 首部 TTL 减 1,等于 0 丢弃,重新计算校验和;计算目的网络,查路由表,得到转发的下一站地址(路由器 R2);调用 ARP 解析一下站接口的物理地址 MAC2;把数据报和 MAC2 一起交付给转发接口网卡,数据链路层使用目的 MAC2 将 IP 重新封装成另一个帧;转发接口通过底层网络转发帧,此帧将数据运载到路由器 R2。各路由器依此反复转发,直到数据报到达服务器 Server。

Internet 上数据报的传输处理流程如图 6-27 所示。

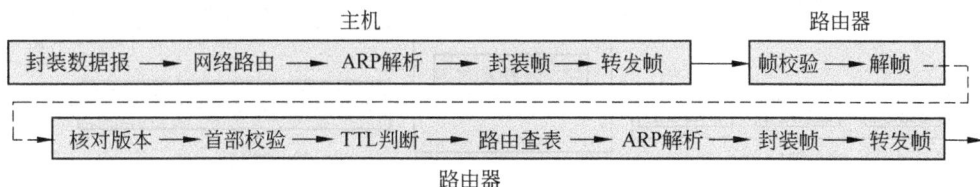

图 6-27 Internet 上数据报的传输处理流程

从以上处理环节可以看到,IP 在首部校验出错、生存期到限、无路由等很多情况下都将数据报丢弃。因此,IP 提供的服务是不可靠的,是尽力服务。IP 用这种代价换得网络的简单、高效,这与以太网的设计初衷相合,给我们以启示。

同时看到,上述的这种校验、判断、查找路由表、ARP 解析、封帧、解帧等过程,将不断重复进行,造成了一定的开销,也导致一定的时延。面对蜂拥而至的数据报,路由器的转发能力和效率对网络性能就很关键了。当今,面对普遍使用的光纤宽带传输,路由转发日趋竭力,路由结点成为网络瓶颈,很多人投入到交换技术、路由算法的研发中,以期改进路由交换技术。为了理清和引发读者的更多思考,6.5.2 节将介绍路由器原理与交换技术。

6.5.2 路由器与分组交换

路由器是 Internet 上 IP 数据报的关键转发设备,其交换性能直接影响互联网的性能。IP 数据报就是 OSI 体系中所称的分组,目前业界对分组交换的技术有很深入的研究,不同场景下的分组交换也有差异。本节期望通过路由器学习对分组的交换技术有所认识,对现代各种交换技术及其最新发展有所了解。

1. 路由器的构成

路由器是一种具有多个输入端口和多个输出端口的专用设备,充当互联网的转发结点,实现分组(即 IP 数据报)路由、转发的功能,相当于现实交通网中的车站、码头。

从路由器某个输入端口收到的分组,按照分组要去的目的地(即目的网络),把该分组从路由器的某个合适的输出端口转发给下一跳路由器。路由器的转发分组正是网络层的主要工作。图 6-28 给出了常见的路由器高级视图。

从图 6-28 可以看出,路由器由输入端口、输出端口、路由选择处理器、交换结构四大部件构成。这四大部件承担了路由器路由选择和分组转发的两大功能。路由选择处理器实现路由选择的相关功能;输入端口、输出端口、交换结构主要实现分组转发的功能。

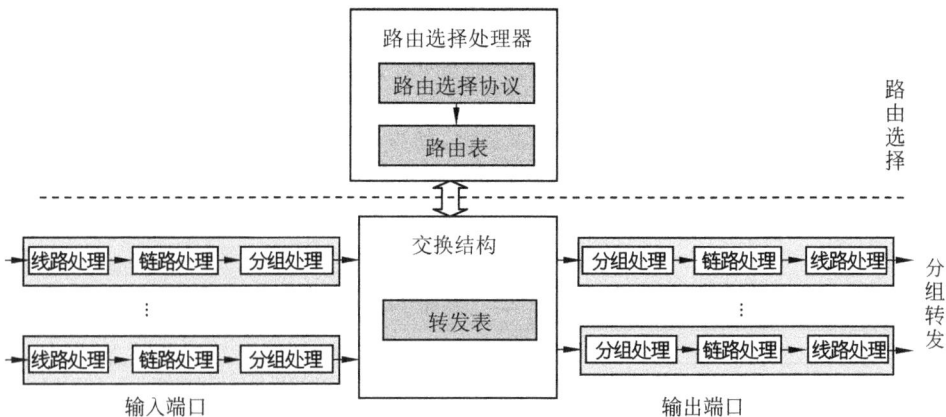

图 6-28 路由器的结构

路由选择处理器是实现路由选择的核心部件。路由选择处理器在路由器内部执行路由选择协议(如 6.6 节将讲述的 RIP、OSPF)、维护路由表,并执行网络管理功能。它执行所配置的路由协议构造出路由表,通过与区域内其他路由器交换路由信息不断地更新维护路由表,保持其时效性和可用性。图 6-29 描述了路由选择处理器执行路由协议维护路由表的原理和过程。读者可以结合 6.6 节的内容进一步理解。

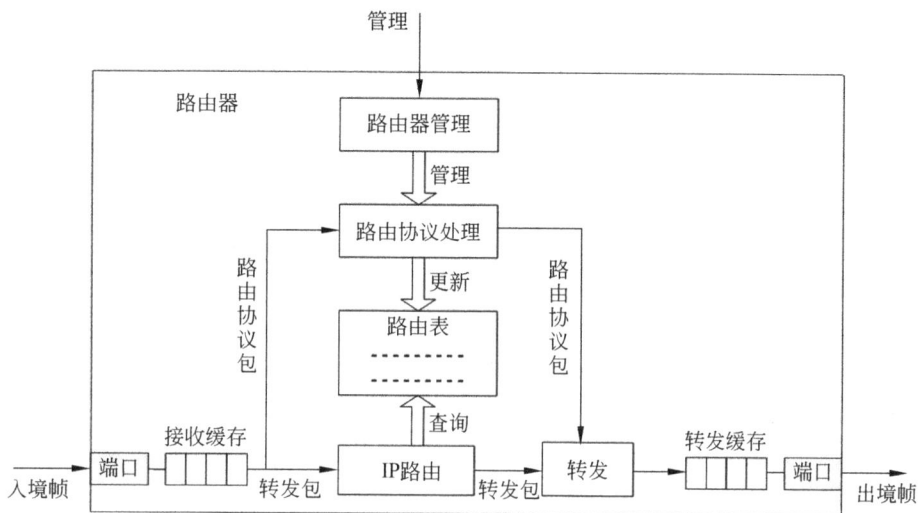

图 6-29 路由协议与路由表

输入端口有多种功能。它完成物理信号传输、比特接收等物理层的功能;它还执行数据链路层的功能,实现帧的传输与处理,将分组从帧中解出送交网络层。如果分组的接收地址是路由器自己,分组就由路由器上相应的上层协议处理,特别是路由器间相互传递路由信息的控制分组(如 OSPF、BGP 的分组)时,要由输入端口输送到路由选择处理器处理。对过路分组,分组处理模块按分组中的目的地址查找转发表,决定分组的输入端口,然后送到交换结构,以便到达合适的出口。因此,输入端口有分组处理功能,对分组进行缓存、查找、转发,为分组进入交换结构上进行交换做准备,相当于查路由表。

交换结构实现路由器的输入端口和输出端口之间的连接,构建一个转换通道,使分组从输入端口到达输出端口。

输出端口把从交换接口过来的分组缓存,然后将这些分组从输出链路发送出去,执行和输入端口相反的链路层和物理层功能。路由器的输入、输出端口都在路由器的线路卡上,实际上,一个路由器的一个线路卡中通常集合了多个端口。

从上述过程可以看出,物理层、数据链路层的功能在路由器端口上实现;路由器输入、输出端口的分组处理模块、路由选择处理器实现的是网络层的功能。

下面对影响路由器性能的输入端口与交换结构等核心部件进行深入分析。

1) 路由器的输入端口

输入端口的结构和主要功能如图 6-30 所示。如前所述,输入端口实现了物理层和数据链路层与发送端的对接,这两部分功能相对单纯。但输入端口的查找、转发功能对于路由器的交换功能非常重要。很多路由器就是在这个环节决定分组的转发出口,然后通过交换结构让分组到达输出端口。也就是说,在这里进行路由表查找,选择出口。

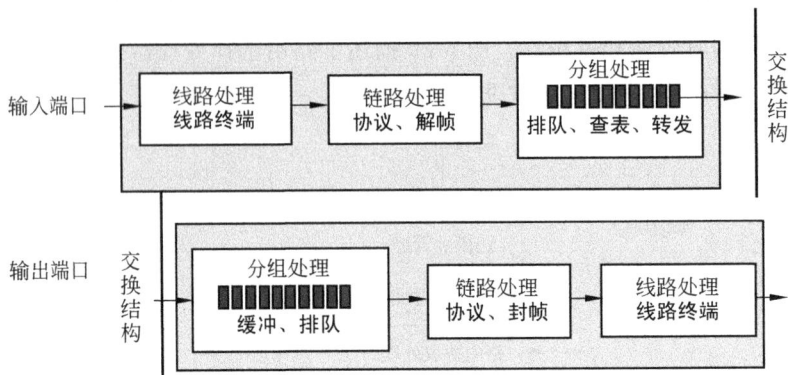

图 6-30 输入、输出端口处理

输入端口的查找、转发功能是决定路由器转发性能的重要环节。路由表一般仅包含从目的网络到下一跳的映射,目的网络映射到下一跳 IP,转发时还要进行 ARP 解析其 MAC 地址。为了提高路由和转发效率,常根据路由表的查找结果形成转发表,在转发表里包含目的网络、输出端口及转发所需的 MAC 地址等转发所需的全部信息。之后直接使用转发表进行目的 IP 的匹配并转发,以提高效率。这是因为路由表主要是对网络拓扑变化的计算最优化,查找效率不一定高,不包含 MAC 地址等转发信息;转发表的结构主要保障查找过程最优化;另外,路由表是用软件实现的,转发表可以由专用硬件实现。所以,直接使用转发表查表快,根据查表结果可直接转发,从而大大提高了路由器的转发性能。

为了使交换功能分散化,避免在路由器的一个点上产生转发瓶颈,常常把路由器的转发表复制一份存放在每个输入端口。路由选择处理器负责及时更新各转发表的副本。这样,在输入端口就可以对分组使用转发表进行查表、转发。

通过查找转发表转发分组并不难实现,难的是如何在实现中让路由器以很高的速率及时转发分组。怎样算高速,何谓及时,就是路由器的转发速率能跟上线路的传输速率,不让分组在路由器积聚以形成阻塞,这种速率称为线速。在一个 2.5Gb/s 的 OC-48 链路上,假设分组长度为 256B,线速就意味着输入端口每秒查找处理 100 万个以上的分组。现在常用百万分组每秒(Million packet per second,Mpps)计量路由器的处理速率。面对日益提升的宽带光纤通信,如何提高路由器的速率是一个急迫的研究课题。

例如,路由器正在为一个分组的转发查找转发表,此时输入端口又收到下一个分组,这个后到的分组就需要在缓冲区里排队等待,并因此产生了一定的时延。

输出端口的分组处理比较简单,主要是因输出链路忙所导致的排队缓冲管理,链路层的帧封装与发送也无须赘述。

从以上讨论可以看出,分组在路由器的输入端口和输出端口都可能在队列中排队等候处理。若分组处理的速率赶不上分组进入队列的速率,则队列的存储空间最终必定减少到零,这就使后面再进入队列的分组由于没有存储空间而只能被丢弃。以前提到过的分组丢失就是因路由器的输入或输出缓冲区溢出导致的。当然,设备或线路出故障也可能使分组丢失。

2) 交换结构

交换结构是路由器的关键构件。它是在对分组查找转发后,将分组从输入端口移到输出端口的机构。交换结构的速率是决定路由器交换性能的重要因素。正像分组的查表转发一样,如果交换结构的速率跟不上所有输入端口分组的到达速率,分组会因为等交换而排在输入端口的队列中。因此,网络发展的历史上,人们对交换结构和交换技术进行了大量的研究,以提高路由器的转发速率。交换结构可以使用多种不同的技术实现。迄今为止使用最多的交换结构技术是共享存储器、总线和交叉结构,如图 6-31 所示。

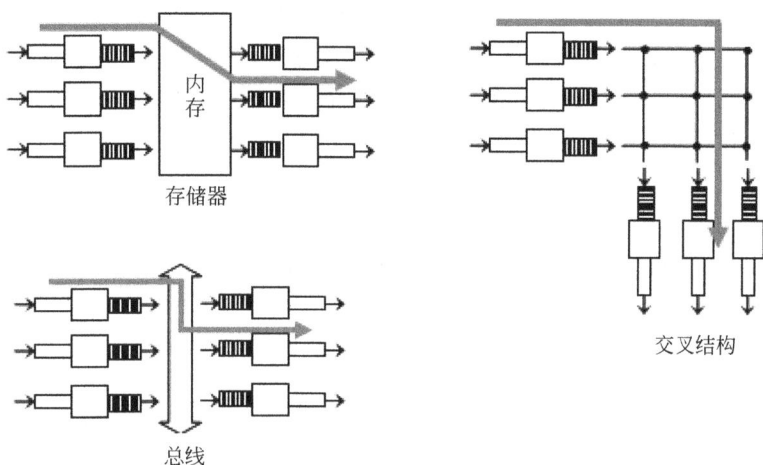

图 6-31　三种基本的交换结构

(1) 共享存储器的交换。在共享存储器路由器中,进来的包被存储在共享存储器中,所交换的仅是包的指针。当路由器的某个输入端口收到一个分组时,就用中断方式通知路由选择处理机,然后分组就从输入端口复制到存储器中。路由器处理机从分组首部提取目的地址,查找路由表,再将分组复制到合适的输出端口的缓存中。若存储器的带宽(读或写)为每秒 M 个分组,那么路由器的交换速率(即分组从输入端口传送到输出端口的速率)一定小于 $M/2$。这是因为存储器对分组的读和写需要花费的时间是同一个数量级。这种方式下,交换的速率受限于存储器的存取速率。尽管存储器容量每 18 个月能够翻一番,但存储器的存取时间每年仅能降低 5%,这是共享存储器交换结构的一个固有限制。

许多现代的路由器也通过存储器进行交换。与早期的路由器的区别是,目的地址的查找和分组在存储器中的缓存都是在输入端口中进行的。Cisco 公司的 Catalyst 8500 系列路由器和 Bay Network 公司的 Accelar 1200 系列路由器就采用了共享存储器的方法。

(2) 通过总线的交换。最简单的交换结构使用一条总线连接所有输入端口和输出端口。这种方式中,数据报从输入端口通过共享的总线直接传送到合适的输出端口,而不需要路由选择处理机的干预。但是,由于总线是共享的,因此在同一时间只能有一个分组在总线上传送。当分组到达输入端口时,若发现总线忙,则被阻塞而不能通过交换结构,并在输入端口排队等待。因为每个要转发的分组都要通过这条总线,所以总线结构的缺点是其交换容量受限于总线容量。现代的技术已经可以将总线的带宽提高到每秒吉比特的速率,因此许多路由器产品都采用这种通过总线的交换方式。例如,Cisco 公司的 Catalyst 1900 系列交换机就使用了带宽达到 1Gb/s 的总线(叫作 Packet Exchange Bus)。

(3) 通过交叉结构的交换。这种交换结构常称为互联网络(interconnection network)。交叉结构通过开关提供多条数据通路。具有 $N \times N$ 个交叉点的交叉开关可以被认为具有 $2N$ 条总线。可以使 N 个输入端口和 N 个输出端口相连接,这取决于相应的交叉结点是使水平总线和垂直总线接通,还是断开。当输入端口收到一个分组时,就将它发送到与该输入端口相连的水平总线上。若通向所要转发的输出端口的垂直总线是空闲的,则在这个结点将垂直总线与水平总线接通,然后将该分组转发到这个输出端口。但若该垂直总线已被占用(有另一个分组正在转发到同一个输出端口),则后到达的分组就被阻塞,必须在输入端口排队。交叉点的闭合与打开由调度器控制,因此,调度器限制了交换开关的速度。采用这种交换方式的路由器例子是 Cisco 公司的 12000 系列交换路由器,它使用的互联网络的带宽达 60Gb/s。

随着 Internet 的快速膨胀,路由器得到了广泛的应用和快速的发展。结合原理对目前市场路由器的现状也应该有所了解。

路由器按性能、结构、功能有不同的分类。从结构上分,路由器可分为模块化结构与非模块化结构。模块化结构可以灵活地配置路由器,以适应企业不断增加的业务需求。非模块化结构只能提供固定的端口。通常,中高端路由器为模块化结构,低端路由器为非模块化结构。从功能上划分,可将路由器分为核心层(骨干级)路由器、分发层(企业级)路由器和访问层(接入级)路由器。

(1) 骨干级路由器。骨干级路由器是实现企业级网络互连的关键设备,它的数据吞吐量较大,非常重要。对骨干级路由器的基本性能要求是高速度和高可靠性。为了获得高可靠性,网络系统普遍采用诸如热备份、双电源、双数据通路等传统冗余技术,从而使得骨干路由器的可靠性一般不成问题。骨干路由器的主要性能瓶颈是在转发表中查找某个路由所耗的时间。骨干级路由器中常将一些访问频率较高的目的端口放到缓存(Cache)中,从而达到提高路由查找效率的目的。另外,路由器的稳定性也是一个不容忽视的问题。

(2) 企业级路由器。企业级或校园级路由器连接许多终端系统,连接对象较多,但系统相对简单,且数据流量较小,对这类路由器的要求是以尽量便宜的方法实现尽可能多的端点互连,同时还要求能够支持不同的服务质量。路由器连接的网络系统因为能够将机器分成多个碰撞域,所以可以方便地控制一个网络的大小。此外,路由器还可以支持一定的服务等级,至少允许将网络分成多个优先级别。当然,路由器的平均端口造价要高一些,在使用之前要求用户进行大量的配置工作。因此,企业级路由器的成败就在于是否可提供大量端口且每一端口的造价很低,是否容易配置,是否支持 QoS,是否支持广播和组播等多项功能。

（3）接入级路由器。接入级路由器主要应用于连接家庭或 ISP 内的小型企业客户群体。接入级路由器在不久的将来不得不支持许多异构和高速端口，并能在各个端口运行多种协议。

2. 路由器与交换机的区别

路由器具有分组转发及网络互连的功能，是重要的网络互连设备。具有与路由器类似用途的还有交换机，交换机也有转发和互联功能。但这两种设备及转发、互联是不同的，适用的互联基础和需求也不同，各有各的适用场景，也各有优缺点。

首先要从转发和互联的原理上认识和区分它们。交换机从网桥发展而来，属于第二层（即数据链路层）设备。它根据 MAC 地址寻址，通过转发表选择路由，转发表的建立和维护由交换机自动进行。路由器属于第三层（即网络层）设备，它根据 IP 地址进行寻址，通过路由表路由协议产生。从转发数据的视角看，交换机实现的是对链路层数据帧的转发，依据帧的 MAC 地址；从网络互联的视角看，交换机是在数据链路层实现的互联，相对于 Internet 互联，它实现的是底层网络的互联，一般用于同类网间互联，异构网互联的能力差。现在最常用的是以太网交换机。路由器是在网络层实现的互联，互联异构网的能力强，互联网视角下的网络是根据 IP 地址区分的，这与局域网所言的网络的概念不同，以太网里区分网络的视角是冲突域。交换机对 IP 来说是透明的，IP 视交换机为"短路"，视交换机互联的几个二层网络为一个网络。

除此之外，交换机互联与路由器互联的网络在数据转发速率、资源共享、网络隔离、成本造价、可操作性、网络安全等方面皆有不同的表现，所以在应用上看各有优点，究竟选用哪种方案，根据网络实际情况和应用需求而定，合适的就是好的。所以，要有区分和鉴别能力，不但要会用，还要善于巧用，构造价廉物美的网络。

交换机最大的好处是快速，由于交换机在第二层进行转发处理，且只需识别帧中的 MAC 地址，因此直接根据 MAC 地址产生选择转发端口算法简单，便于 ASIC（专用集成电路）实现，因此转发速度极高。而路由器则不同，它要对第三层进行处理才能转发，且实现的是软件转发，因此效率低，速度慢。另外，交换机是即插即用的，不需要配置，使用方便，这也是路由器所不能比的。

交换机的工作机制也带来一些问题。交换机只能隔离冲突域，而不能隔离广播域。整个交换式网络就是一个大的广播域，广播帧传到整个交换式网络。而路由器可以隔离广播域。由于 MAC 地址是平面的，一个大型交换机网络要求交换机维护一个大的转发表，也将要求在主机中维护大的 ARP 表，会产生和处理大量的广播，容易形成广播风暴，导致整个网络崩溃。根据交换机地址学习和转发表建立算法，交换机之间不允许存在回路。交换机不能进行负载均衡，交换机之间只能有一条通路，使得信息集中在一条通信链路上，不能进行动态分配，以平衡负载。

相对交换机，路由器正好相反。其优点是能提供智能的路由选择，能隔离广播。在路由器互联的网络中，网络拓扑不再被限制为一棵树，可以通过路由选择在多条通路间选择一条最佳路由，也可用于负载均衡。路由器依据的 IP 地址是分层结构，大大缩小了路由表，不需维护所有主机信息。路由器不会无目的地转发广播，它能为第二层的广播风暴提供隔离保护。

路由器的缺点为不是即插即用，需要管理员专业配置，需要运行复杂的路由选择协议。路由器对分组的转发处理复杂、时延大，速率低。

交换机作为桥接设备，也能完成不同链路层和物理层之间的转换，但这种转换过程比较复杂，不适合 ASIC 实现，势必降低交换机的转发速度。因此，目前交换机主要完成相同或相似物理介质和链路协议的网络互联，而不会用来在物理介质和链路层协议相差甚远的网络之间进行互联。而路由器则不同，它主要用于不同网络之间的互连，因此能连接不同物理介质、链路层协议和网络层协议的网络。路由器互联的一般性更强，互联范围更大，能在更大范围、更复杂拓扑下寻址转发。路由器在功能上虽然占据了优势，但价格昂贵，报文转发速度慢。

综上，一般包含几百台机器的小型网络用交换机就足够了，它可以减少配置、方便使用，提供高性能的交换。但对包含几千台的更大网络，通常在网络中还要使用路由器，这时路由器提供健壮的流量隔离，控制广播风暴，并在众多的主机间智能路由。另一种情况是网络差异大，联网范围大也需要使用路由器。

3. 三层交换机

三层交换机是交换机功能的扩展，它在交换机上融合了三层路由的功能，是在现代企业网中 VLAN 广泛应用的背景下，为实现 VLAN 间快速转发的需求而发展起来的一种设备。逻辑上可以认为它是支持 VLAN 的二层交换机和一个简单路由器的集成，使得对 VLAN 的支持和 VLAN 间路由统一到交换机上，实现了虚拟局域网间的快速转发。

与路由器相比，交换机的数据转发速率高有两方面原因：一是交换机的转发基于硬件实现；二是交换机是二层转发，不处理第三层，时延要小。现代企业网中广泛使用 VLAN 隔离广播防范广播风暴，而 VLAN 间通信需要使用路由器在第三层进行路由转发。路由器是基于软件的三层转发，包交换机率自然与交换机没法比。不同的 VLAN 同属企业网，由于业务联系紧密，数据交换量大且频繁，很显然，VLAN 间的路由器跟不上节奏。人们希望 VLAN 间的路由转发，有路由器的功能、交换机的速率，在这种追求下开发出了三层交换机。三层交换机巧妙使用了一次路由多次转发的技术，既完成了 VLAN 间路由职能，又保持了高速交换，取代路由器完美地构建起大规模高速企业网络，推动网络进步。

从技术上讲，路由器和三层交换机在数据包交换操作上存在着明显区别。路由器一般由基于微处理器的软件路由引擎执行数据包交换，而三层交换机通过硬件执行数据包交换。三层交换机在对第一个数据流进行路由后，它将产生一个 MAC 地址与 IP 地址的映射表，当同样的数据流再次通过时，将根据此表直接从二层通过，而不必再次路由，从而消除因路由选择产生的延迟，提高了数据包转发的效率。同时，三层交换机的路由查找是针对数据流的，它利用缓存技术，很容易利用专用集成电路（ASIC）技术实现，因此可以大大节约成本，并实现快速转发。而路由器的转发采用最长匹配的方式，实现复杂，通常使用软件实现，转发效率较低。正因如此，从整体性能上比较，三层交换机的转发性能远优于路由器，非常适用于数据交换频繁的企业网；而路由器虽然路由功能非常强大，但它的数据包转发效率远低于三层交换机,更适合数据交换不是很频繁的不同类型网络的互联,如企业网与因特网互联。如果把路由器(特别是高档路由器)用于局域网中,则在相当大程度上是一种浪费(就其强大的路由功能而言),而且还不能很好地满足局域网通信性能需求,影响子网间的正常通信。

路由器则不同,它的设计初衷是为了满足不同类型的网络连接,它的路由功能更多地体现在不同类型网络之间的互联上,它最主要的功能是路由转发,解决好各种复杂路由路径网络的连接就是它的最终目的,所以路由器的路由功能通常非常强大,不仅适用于同种协议的局域网间,更适用于不同协议的局域网与广域网间。它的优势是选择最佳路由、负荷分担、链路备份及和其他网络进行路由信息的交换等路由器所具有的功能。为了与各种类型的网络连接,路由器的接口类型非常丰富,而三层交换机一般为同类型的局域网接口,非常简单。

三层交换机的出现体现了网络设备的发展、演化与融合。在网络发展的历史上,从中继器到网桥,从集线器到交换机,到路由器,再到三层交换机的过程,是网络设备演化、融合、发展的进程,是网络性能和控制管理改进的过程。网络互联设备的发展推动了网络的发展和进步。三层交换机基于流的快速转发技术打破了网络体系中层次的概念,技术的简约与融合换得高速的转发效率,三层交换机是三层和二层体系的融合,是交换机和路由器设备的融合,是在特定网络环境下的技术优化。

实践探索:网络与 IP

在 PacketTracer 中探索验证:同一二层交换机上、同一 VLAN 的主机,即同一局域网里的主机 IP 地址必须在同一网络里,否则不能相互 ping 通。试分析原因。

6.6 路由算法与路由协议

6.6.1 路由综述

1. 生成路由的基本思想

路由选择是网络层的主要功能,正是因为网络层有路由选择的能力,才能跨网转发数据,才实现了网络互联;路由选择的依据是路由表,路由表是路由选择功能的基石,没有路由表,一切皆空。因此,路由表的生成至关重要。

路由表是怎么来的?

它有两种来源。静态路由来源于人工配置,它的好处是简单,缺点是不能及时体现网络拓扑变化,仅适用于少数末端路由。事实上,管理员不可能掌握整个 Internet 的结构,况且国家和组织也不允许他人了解其内部拓扑组成,所以,人工配置的静态路由是极其有限的。大量的路由是动态路由,由系统自动生成,动态地维护网络路由与拓扑结构的一致性。动态路由是在特定参考数据基础上系统按一定的路由算法计算生成的,路由取决于两个因素：一个是路由算法；一个是路由参数（即算法＋参数）。

算法即路由的计算方法。条条大路通罗马，对路由算法的要求是能生成最佳路由。这个"佳"是指找到的网络路径距离、跳数、时延、带宽、误码率、费用等性能指标最好。因为鱼和熊掌常不能兼得，难求十全十美，所以不同的算法常常只追求其中的一两个指标最佳，常称之为距离最近，或代价最小。一个算法，首先要确定关注哪个性能指标，让计算出来的路由在这个性能上达到最佳；其次是得到最佳的方法。也就是说，算法要确定一个"价值观"，然后是实现这个价值的方法。

要计算出路由，只有算法是不够的，它仅提供了一个计算方法。要得出结果，还需要参考数据，即参数。就像大学生放假回家的旅程，回家的路有多条，如高速客车、火车、飞机等，如图 6-32 所示。不同的行程有不同的好处，需要不同的代价，如路程的远近、行程的时间、舒适性、费用、方便性等。选取哪种旅程，首先要有一个原则，是追求更快，还是着眼于省钱。就像路由算法一样，不同的旅客有不同的关注重点，不同的价值观，所以有不同的行程。

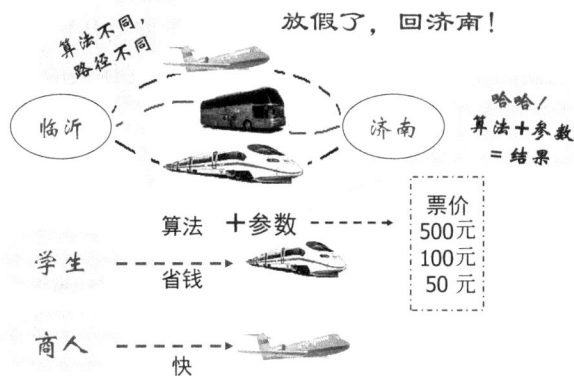

图 6-32　算法与参数的生活写照

学生常常更看重省钱而选择火车出行，商人更关心行程时间而乘飞机。省钱就选择火车吗？确定了"省钱"的目标，就能得出"火车"这个结论吗？显然，只有这个条件是不够的，还需要与这个原则相关的参考数据"票价"，对票价使用一定方法的计算才能得出结论，即算法需要与参数结合，才能得出结果。

参数从哪里来的？

当然，现实中学生是通过向车站、机场咨询或搜集信息获得的票价。互联网上，计算路由也需要参考数据，即参数，这些数据也是路由器间相互咨询、交流得到的。也就是说，网络上，除了用户的数据外，也需要传输路由器间窃窃私语相互交流的信息，这些信息与用户无关，是系统维护路由选择机制所必需的成本，它占用了用户的传输带宽，属于系统开销。当然，我们希望这种开销越小越好。大家知道，在网络上传输的任何数据都要封装成一定格式的数据包，使用一定的传输方式才能实现。也就是说，要规定一种协议实现这种数据传输，这就是路由选择协议，简称路由协议。路由器间交流的这些信息称为路由信息。路由协议实现了路由器间路由信息的传输，为路由算法提供了参考数据。同时请注意,就像以省钱为原则的算法参考的是票价,以省时间为原则的算法参考的是行程时间。不同的路由算法需要的参考数据是不同的,传输这些参数的路由协议也就不同。路由协议为路由算法提供参数的搜集与传输支持,提供路由算法得以执行的条件、构建平台;路由算法是生成路由表的关键环节;路由协议与路由算法是相关的、配套的,是一体的。但是,路由算法与路由协议又是不同的概念,在路由生成机制中扮演着不同的角色,起不同的作用,它们协调配合,最终实现路由表的维护。

至此,我们梳理了路由选择机制中的相关概念。路由选择机制的相关概念与关系如图 6-33 所示,这些概念相互关联而又不同,自成体系,作为实现路由选择功能的一个环节,共同构成了路由选择的支撑链条,缺一不可。

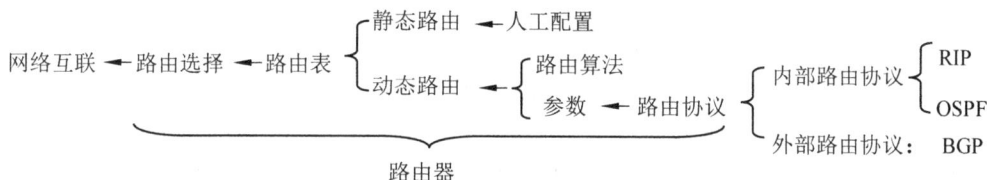

图 6-33 路由选择机制的相关概念与关系

网络互联是路由选择实现的结果,路由选择是网络层的主要功能,路由选择的依据是路由表,路由表是根据路由算法和参考数据生成的,参考数据是路由器之间相互交流的结果,路由协议是参考数据的承运者。路由选择、路由表、路由算法、路由协议都是在路由器上实现的,路由器是设备载体,是路由选择机制的办公大楼。

2. 路由算法

在上述体系中,路由算法是路由选择的核心,它是指需要何种算法获得路由表中的各路由表项,是路由选择效果的关键,也是因特网技术中最复杂的部分之一。一个理想的路由算法应该具有以下特性。

(1)正确性。沿着各路由表所指引的路由,分组一定能够到达目的网络和目的主机。

(2)简单性。路由的计算要尽量地简单,以减少最佳路径计算的复杂度和相应的资源消耗,包括路由器的 CPU 资源和网络带宽资源等。

(3)健壮性。算法具备适应网络拓扑和通信量变化的足够能力,有自适应性。当网络中出现路由器或通信线路故障时,算法能及时改变路由,以避免数据包通过这些故障路径;当网络中的通信流量发生变化时,如某些路径发生拥塞时,算法能够自动调整路由,以均衡网络链路中的负载。

(4)稳定性。当网络拓扑发生变化时,路由算法能够很快地收敛,即网络中的路由器能够很快地捕捉到网络拓扑的变化,并在最快时间内对到达目的网络的最佳路径有新的一致认识或选择。

(5)最优性。相对于用户关心的那些开销因素,算法提供的最佳路径确实是一条开销最小的路径。但是,由于不同的路由选择算法通常会采用不同的评价因子及权重进行最佳路径的计算,因此在不同的路由算法之间,并不存在关于最优的严格可比性。路由选择算法在计算最佳路径时所考虑的因素被称为评价因子(metric)。常见的评价因子包括带宽、可靠性、时延、负载、跳数和费用等。

3. 分层路由

Internet 是一个快速膨胀的庞大网络集团,上百万的路由器间的路由信息传输会导致巨大的带宽开销,为了降低开销,对外屏蔽组织内的网络实现,Internet 上采用了分层路由。将整个 Internet 分成若干个较小的自治系统(autonomous system)一般都记为 AS。

RFC 4271 给出了 AS 的经典定义:AS 是在单一的技术管理下的一组路由器,而这些路由器使用一种 AS 内部的路由选择协议和共同的度量,以确定分组在该 AS 内的路由,同时还使用一种 AS 之间的路由选择协议用以确定分组在 AS 之间的路由。自从有了这个经典定义后,使用多种内部路由选择协议和多种度量的 AS 也是很常见的。因此,现在对 AS 的定义是强调下面的事实:尽管一个 AS 使用了多种内部路由选择协议和度量,但重要的是一个 AS 对其他 AS 表现出的是一个单一的和一致的路由选择策略。

在目前的因特网中,一个大的 ISP 就是一个 AS。这样,因特网就把路由选择协议划分为内部路由协议和外部路由协议两大类。因特网在新的 RFC 文档中使用了"路由器"这一名词,但在早期 RFC 文档中未使用"路由器",而是使用"网关"这一名词,因此称路由协议为网关协议。内部网关协议(Interior Gateway Protocol,IGP)是在一个 AS 内部使用的路由选择协议,这与在互联网中的其他 AS 选用什么路由选择协议无关。因特网上最常用的内部路由协议有 RIP、OSPF。外部网关协议(External Gateway Protocol,EGP)是 AS 的边界路由器在 AS 之间交换路由信息使用的协议。目前使用最多的 EGP 是BGP-4。

AS 之间的路由选择也叫作域间路由选择(interdomain routing),而在自治系统内部的路由选择叫作域内路由选择(intradomain routing)。

AS 和路由选择协议如图 6-34 所示。每个自治系统内自主决定运行哪一个内部路由选择协议(例如,可以是 RIP,也可以是 OSPF)。每个自治系统都有一个或多个路由器(图中的路由器 RA、RB 和 RC)除运行本系统的内部路由选择协议外,还要运行 AS 间的路由选择协议(BGP-4),在 AS 间交换路由信息。

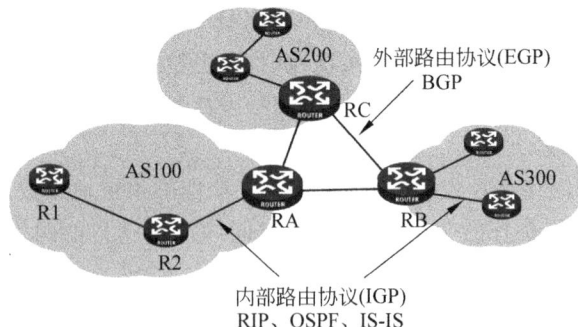

图 6-34 AS 和路由选择协议

6.6.2 RIP

路由信息协议(Routing Information Protocol,RIP)是最先得到广泛使用的内部路由协议,最早出现在 RFC 1058 中。RIP 是一种适于小型自治系统的内部路由选择协议,协议的实现非常简单。

RIP 采用了距离矢量的设计思想,基于分布式 Bellman-ford 算法,该算法继承自 ARPAnet。运行 RIP 的路由器都要维护从它自己到其他每一个目的网络的距离记录(<目的网络,距离,下一跳>,这是一组距离,即"距离向量",就是路由表项)。RIP 是一种分布式的基于距离矢量路由协议(Distance Vector Routing,DVR)。这里所谓的距离就是"跳数"(hop count),可理解为从当前结点到达目的网络所需经过的路由器数目。每经过一个路由器,跳数就加 1。RIP 认为经过的路由器数目少的路径就是好路由,即"距离短"。RIP 的一条路径最多只能包含 15 个路由器。因此,"距离"等于 16 时即相当于不可达。可见,RIP 只适用于小型自治系统。

1. RIP 的路由信息交换

运行 RIP 的各路由器间周期性地相互交换路由信息,默认的交换周期是 30s。然后路由器根据收到的路由信息更新路由表。

RIP 交换信息的特点是:

(1) 仅和相邻路由器交换信息。路由器间有直接的链路相通,这两个路由器就是相邻的。

(2) 路由器交换的信息是当前本路由器所知道的全部信息,即自己的路由表。也就是说,路由器把自己的路由表的所有路由信息都发送给相邻路由器。

对以上两个特点,可以形象地描述为:邻居相告;知无不言。

从这里可以看到,RIP 传送的是全部路由表信息,信息量较大,但其交换范围较小,仅限相邻的路由器,从而控制了整体上的系统开销,这也是 RIP 不适用于大型网络的重要方面。

路由器在刚刚开始工作时,只知道到直接连接的网络的距离。接着,每个路由器也只和数目非常有限的相邻路由器交换并更新路由信息。但经过若干次的更新后,所有的路由器最终都会知道到达本自治系统中任何一个网络的最短距离和下一跳路由器的地址。虽然"我的路由表中的信息要依赖于你的,而你的信息又依赖于我的",但一般情况下 RIP 可以收敛(convergence),并且过程也较快。"收敛"就是在自治系统中所有的结点都得到正确的路由选择信息的过程。

2. RIP 的工作过程

运行 RIP 的路由器都要维护从它自己到其他每个目的网络的距离记录,即距离矢量(路由表是距离矢量的集合),并把这些距离矢量与其他路由器交换,最后各路由器要根据收到的相邻路由器的距离矢量更新自己的路由矢量。这类路由选择被称为距离矢量路由选择。虽然这类距离矢量路由选择有很多,但 RIP 是其中最著名的一个。下面的实例展示了距离矢量路由选择的算法思想。

正如前所述,路由器运行 RIP 获得了其他路由器的路由信息(距离矢量),以这些距离矢量为参照,使用 Bellman-ford 算法,就可以计算本路由器通过各相邻路口到其他网络的距离,选择最小距离的路径进入路由表,更新原来的路由表。图 6-35 展示了路由器 A 通过 RIP 获得相邻路由器的距离矢量、计算路由维护路由表的过程与策略。

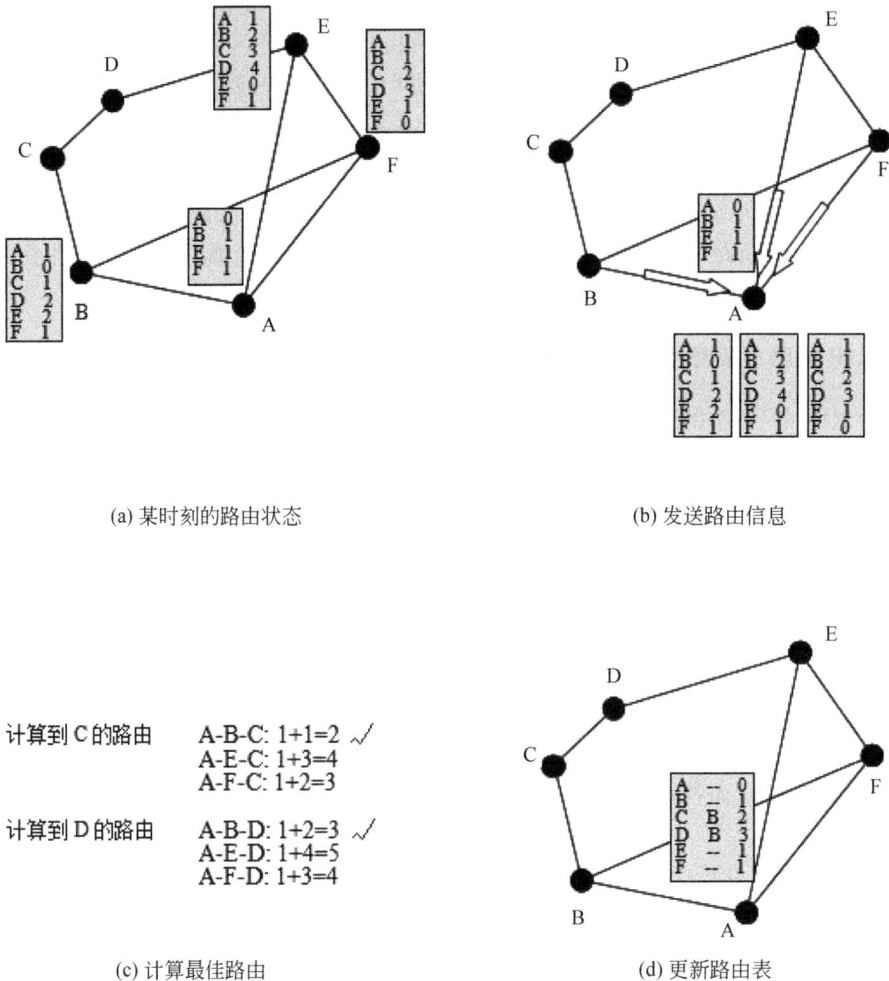

(a) 某时刻的路由状态	(b) 发送路由信息

计算到 C 的路由　　A-B-C: 1+1=2 √
　　　　　　　　　A-E-C: 1+3=4
　　　　　　　　　A-F-C: 1+2=3

计算到 D 的路由　　A-B-D: 1+2=3 √
　　　　　　　　　A-E-D: 1+4=5
　　　　　　　　　A-F-D: 1+3=4

(c) 计算最佳路由	(d) 更新路由表

图 6-35　距离矢量路由选择的算法思想

图 6-35(a)是网络上某时刻各路由器的距离矢量,即路由器所了解的路由信息。路由器会将掌握的路由信息封装成 RIP 报文发给相邻路由器。B、E、F 是 3 个与 A 相邻的路由器,它们周期性地将各自的路由信息发送给相邻路由器 A。图 6-35(b)中,路由器 A 收到相邻路由器的距离矢量。然后路由器 A 开始根据其他路由器提供的距离矢量计算到非直联结点的路由,如图 6-35(c)所示。A 到 B 的距离是 1,B 路由器发来的距离矢量表明 B 到 C 的距离是 1,所以 A 经过 B 转发到达 C 的距离就是 1+1=2;同理可计算经过

E、F 到达 C 的距离分别是 4、3；不难得出 A 到达 C 的最短距离是 2，下一跳是路由器 B。同样可计算出 A 到达 D 的最短距离是 3，下一跳是 B。将以上结果添加到 A 的路由表，更新原来的距离矢量。

同样的过程也会发生在其他路由器上，在网络拓扑有变化的时候通过路由器的相互转告，就会使所有路由器的路由表得到更新，反映出网络的新状态。

不难想象，当自治系统中的 15 个路由器形成串联拓扑的时候，一端的网络拓扑变化要经过 15 个周期才能让最后一个路由器知道，达到平衡，即需要 15 个周期的时间才能收敛。

3. 路由表更新

图 6-35 展示的是距离矢量路由的一般算法。其实，路由器每收到一个相邻路由器发送过来的 RIP 报文都要去计算，并根据结果对照更新路由表。更新路由表时有以下 3 种情况。

（1）如果是路由表中原来没有的路由，要增加新表项。例如，图 6-35 在过程中计算出了到 C、D 的路由，而原来 A 的路由表中没有，就要增加到路由表中。实际上是路由器 A 发现了新路由。

（2）对路由表中已有的路由项，如果同一邻居发来了新的 RIP 报文，要根据计算结果更新路由表的此表项。例如，路由器 A 的路由表已经达到图 6-35(d) 所示的状态后，又收到了 B 发来的 RIP 报文，计算出了经过 B 到 C 的新距离 X，这时不管 X 比原来的距离大，还是小，都要更新这个表项。因为这是最新的消息，要以最新的消息为准。

（3）对路由表中已有的路由项，如果其他邻居发来了 RIP 报文，若计算出路由比原来的小，就要更新这个路由表项的距离值和下一跳；否则，不更新。例如，路由器 A 的路由表已经达到图 6-35(d) 所示的状态后，又收到了 E 发来的 RIP 报文，计算出了经过 E 到 D 的新距离是 2，这比原来经过 B 到 D 的距离小，就要更新这个表项，将下一跳改为 E。因为这相当于发现了一个新的更短路径。

同时值得说明的是，如果超过 3min 收不到某相邻路由器的 RIP 报文，则把此相邻路由器记为不可达，即把距离置为 16，意味着这一路由器断路或故障。

4. RIP 收敛慢

网络拓扑变化后，RIP 网络里会引发一轮更新，直到达到新的平衡，这一过程所需的时间较长，也就是说收敛慢。当网络出现故障时，要经过比较长的时间，才能将此信息传送到所有的路由器，尤其是在一些极端的情况下。

图 6-36 所示的情况就是一个典型的例子。设 3 个网络通过两个路由器互联起来，并且都已建立了各自的路由表。图 6-36 中路由器交换的信息只给出了我们感兴趣的一行内容。路由器 R1 中的"1，1，—"表示"到网 1 的距离是 1，直接交付"。路由器 R2 中的"1，2，R1"表示"到网 1 的距离是 2，下一跳经过 R1"。

现在假定路由器 R1 到网 1 的链路出了故障，R1 无法到达网 1，于是路由器 R1 把到网 1 的距离改为 16，并更新自己的路由表，把 R1 的路由表中的相应项目变为"1，16，—"。

因为每隔 30s RIP 才发送一次路由信息,这一变化 R1 很可能要经过 30s 钟发送给 R2。在此期间,R2 可能已经先把自己的路由表发送给了 R1,其中有"1,2,R1"这一项。

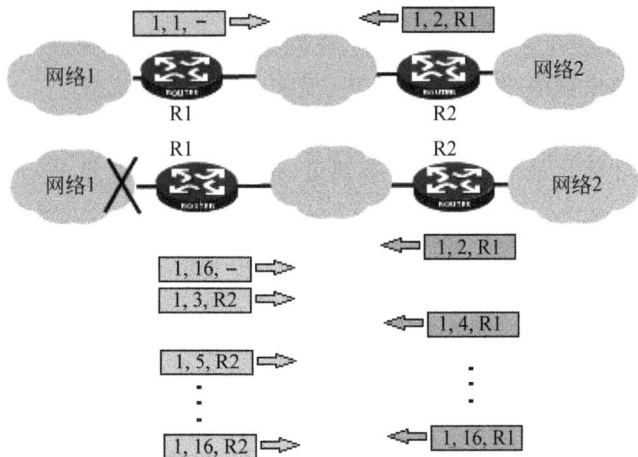

图 6-36　RIP 极端情况下的收敛慢

　　R1 收到 R2 的更新报文后,误认为可经过 R2 到达网 1,于是根据 R2 的路由信息"1,2,R1"把自己的路由表修改为"1,3,R2",表明"我到网 1 的距离是 3,下一跳经过 R2",并把更新后的信息发送给 R2。

　　同理,R2 接着又更新自己的路由表为"1,4,R1",表明"我到网 1 距离是 4,下一跳经过 R1"。

　　这样的更新一直继续下去,直到 R1 和 R2 到网 1 的距离都增大到 16 时,R1 和 R2 才知道原来网 1 是不可达的。RIP 的这一特点叫作:好消息传播得快,而坏消息传播得慢。网络出故障的传播时间往往需要较长的时间(例如数分钟),这是 RIP 的一个主要缺点。

　　但如果一个路由器发现了更短的路由,那么这种更新信息就传播得很快。

　　为了使坏消息传播得更快一些,可以采取多种措施。例如,让路由器记录收到某特定路由信息的接口,而不让同一路由信息再通过此接口向反方向传送;还可以采用触发更新,即有网络状态变化,立即发送更新信息。

　　从这个过程中也会看到,为什么为 RIP 设定了距离最大值 16。如果没有这个设定,以上过程将无限循环下去。

　　综上所述,RIP 最大的优点是实现简单,开销较小,其缺点也较多。首先,RIP 限制了网络的规模,它能使用的最大距离为 15(16 表示不可达)。其次是其收敛时间长。

　　RIP 报文是封装到传输层的 UDP 中传输的,使用 UDP 传输,端口号为 520。

　　RIP 有两个版本:RIPv1 不支持子网划分;RIPv2 是作为 RIP 的改进版本而推出的,它在保留了 RIP 简单性的基础上提供了更好的路由性能。

　　RIPv2 在三方面做了改进:首先,RIPv2 是一种无类别路由协议(Classless Routing Protocol),RIPv2 协议报文中携带掩码信息,支持 VLSM(可变长子网掩码)和 CIDR;其次,RIPv2 支持以组播方式发送路由更新报文,组播地址为 224.0.0.9,减少了网络与系统资源的消耗；最后，RIPv2 支持对协议报文进行验证，并提供明文验证和 MD5 验证两种方式，增强安全性。

　　路由器之间交换的路由信息是路由器中的完整路由表，交换信息量大，收敛时间过长，不适合大型网络。这促使人们研发新的协议，以用于规模较大的网络，于是 OSPF 协议应运而生。

6.6.3　OSPF

　　RIP 路由协议存在无法避免的缺陷，多用于构建中小型网络；随着网络规模的日益扩大，RIP 路由协议已经不能完全满足需求；开放最短路径优先（Open Shortest Path First，OSPF）路由协议解决了很多 RIP 路由协议无法解决的问题，因而得到了广泛应用。

　　OSPF 是 IETF 在 1989 年开发出的基于链路状态的自治系统内部路由协议。"开放"的意思是 OSPF 协议不受某一家厂商控制，而是公众可免费使用的。"最短路径优先"是因为使用了 Dijkstra 提出的最短路径算法（SPF），并不表示其他的路由选择协议不是"最短路径优先"。当前使用 OSPF 是第 2 版，最新的 RFC 是 RFC 2328。OSPF 的原理很简单，但实现起来却较复杂。

　　OSPF 里更关注链路状态（LS），根据链路状态选取最短路由。"链路状态"是指网络拓扑和所有链路的费用（代价）。链路状态包括两部分信息：一是本路由器与哪些路由器相邻；二是该链路的"度量"（metric）是多少。"度量"用来综合衡量费用、距离、时延、带宽等性能，又称作"代价"。在 OSPF 中，这些都可以由网络管理人员决定，因此较为灵活；也比 RIP 按路由器个数评估更合理，因为在一些情况下以跳数评估的路由并非最优路径。

1. OSPF 的路由信息交换

　　OSPF 是触发更新，当网络拓扑发生改变时就触发更新；同时，为了防止链路状态数据失效，每 30min 会定期发送更新，对链路状态数据进行刷新。

　　OSPF 交换信息的特点是：

　　（1）使用洪泛法向本自治系统中的所有路由器发送信息。洪泛法（flooding）使得路由器通过所有输出端口向所有相邻的路由器发送链路状态，相邻路由器又向除接收端口之外的端口转发此信息。最终整个区域中所有的路由器都得到这个链路状态。

　　（2）只传送相邻路由器的链路状态，路由器并不发送自己知道的全部信息。OSPF 是增量更新，邻居都已知的信息就不再传送。

　　上述两个特点可以形象地描述为 OSPF 只公告自己的友邻。

　　与 RIP 相比，OSPF 与 AS 内的所有路由器交换信息，传输范围大；但它只增量传送相邻路由器的链路状态，从而控制了整体的带宽开销。另外，OSPF 只有当链路状态发生变化时，路由器才向所有路由器用洪泛法发送此信息。而不像 RIP，不管网络拓扑有无发生变化，路由器之间都要定期交换路由表的信息。虽然 OSPF 也周期性地洪泛链路状态信息，但其周期比 RIP 大得多，这也使得 OSPF 不会在网络上产生太大的通信量。

2. OSPF 协议的原理过程与路由计算

OSPF 使用 Dijkstra 的最短路径路由算法计算路由。OSPF 协议的工作过程主要有
5 个阶段：寻找邻居、建立邻接关系、链路状态信息传递、更新链路状态数据库、计算路
由。其主要过程与路由算法如图 6-37 所示。图中以路由器 A 为例，说明了 OSPF 下自动
生成路由表的主要过程，可分为 5 个阶段。

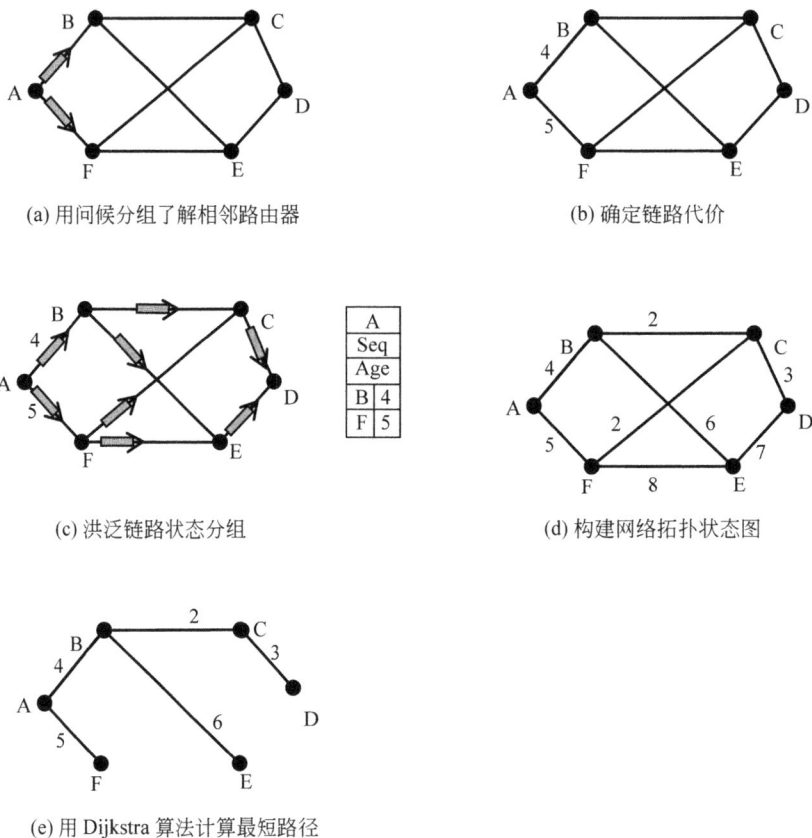

(a) 用问候分组了解相邻路由器   (b) 确定链路代价

(c) 洪泛链路状态分组   (d) 构建网络拓扑状态图

(e) 用 Dijkstra 算法计算最短路径

图 6-37 OSPF 的过程与算法

（1）了解相邻路由器。启动 OSPF 进程后，路由器 A 向其各输入端口发送问候分组，
若对方路由器正常，则发回响应，从而让 A 路由器确认相邻路由器的存在，即图 6-37(a)
所示的情况。

（2）确定链路代价。A 路由器通过发送分组，测试相邻链路的代价，如图 6-37(b)所
示。至此，路由器 A 就确定了自己的链路状态，即与谁相连及代价。

（3）洪泛链路状态分组。路由器 A 用本路由器的链路状态制作链路状态分组，以洪
泛的方式公告给自治系统中的所有路由器，如图 6-37(c)所示。链路状态分组中指明了发
送者是 A；Seq 是序号，指明该分组在路由器 A 所发的系列分组中的次序；age 指明了链
路状态分组的有效期，然后指明与之相邻的路由器及链路代价（即路由器 A 的链路状态）。

路由器 A 用洪泛法发出链路状态分组,OSPF 使用的是可靠的洪泛法。第一次先发给相邻的两个路由器 B、F。这两个路由器将收到的分组再向除了 A 之外的其他路由器转发,这样就保证所有路由器都能收到 A 的链路状态分组。可靠的洪泛法是在收到更新分组后要发送确认(收到重复的更新分组只需要发送一次确认)。依此原理,路由器 A 也能获得所有路由器的链路状态分组。

OSPF 是触发更新,只有链路状态变化了才会公告链路状态更新分组。所以,为了确保链路状态数据库与全网的状态保持一致,OSPF 还规定每隔一段时间(如 30min)要发送链路状态分组,以刷新数据库中的链路状态。

(4)维护链路状态数据库,构建带权的网络拓扑。经过前 3 个阶段,路由器 A 会得到网络上所有路由器的链路状态。路由器将这些链路状态集中保存,形成链路状态数据库。因此,路由器 A 能了解网络上的所有路由器、彼此的相互连接及代价,从而可构建出图 6-37(d)所示的带权网络拓扑图。当然,其他路由器也能如此。

(5)计算最短路径。有了拓扑及链路代价,就有了计算路由的基础。以网络拓扑及链路代价为输入,使用 Dijkstra 算法,A 路由器可计算出到其他所有子网的最短路径,如图 6-37(e)所示,从而构建出 A 的路由表。不难理解,其他各路由器也如此。

以上过程可以视作 OSPF 协议的原理或算法思想,但计算路由的算法是 Dijkstra 算法,要注意区分。

图 6-38 进一步说明了路由器的链路状态数据库的形成与作用。洪泛的链路状态交换协议保证了各路由器数据库的形成及一致性。

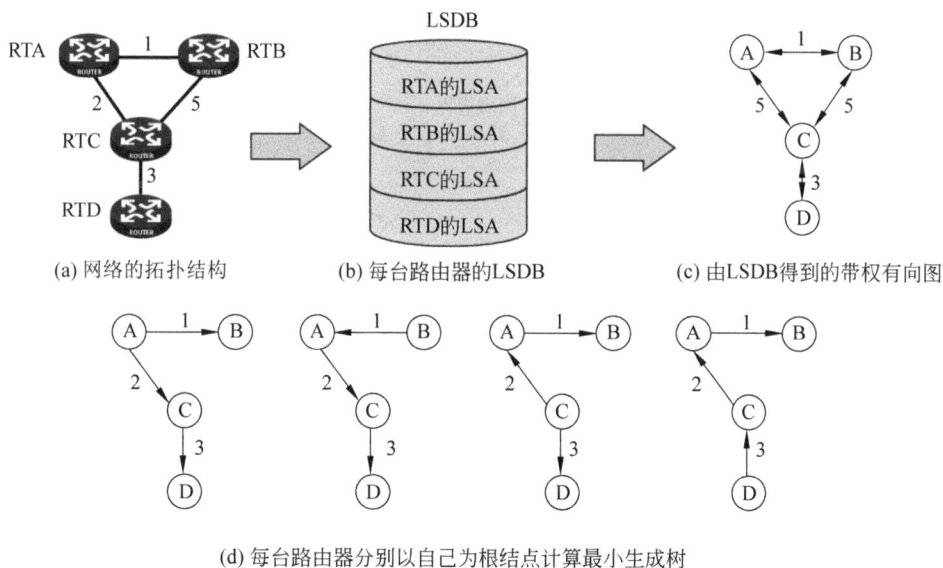

(a) 网络的拓扑结构　　(b) 每台路由器的LSDB　　(c) 由LSDB得到的带权有向图

(d) 每台路由器分别以自己为根结点计算最小生成树

图 6-38　链路状态数据库的形成与作用

可以看到,OSPF 的每一个路由器都维护一个链路状态数据库,能构造出全网拓扑,生成自己的路由表。RIP 的每一个路由器虽然知道去所有网络的距离以及下一跳路由器,但却不知道全网的拓扑结构,因此只有到了下一跳路由器,才能知道再下一跳应当怎样走,所以存在环路、收敛慢等问题。

尽管 OSPF 使用了触发更新,但只有当链路状态发生变化时才洪泛信息。虽然为了协议的可靠性,路由器也周期性地洪泛链路状态信息,但周期要超过 30min 比 RIP 大得多,长周期可以确保洪泛不会在网络上产生太大的通信量。所以,OSPF 不像 RIP,不管网络有无变化,都会频繁地交换路由信息,能管理大的自治系统。

虽然如此,但为了更好地适应大的自治系统,OSPF 还通过分层路由和增量传输改进了上述做法,进一步减小通信量。

3. 区域划分与分层路由

为了使 OSPF 能够用于规模很大的网络,OSPF 将一个自治系统再划分为若干个更小的范围,通常称为区域(area)。图 6-39 表示一个自治系统被划分为 3 个区域。每个区域都有一个 32 位的区域标识符(可用点分十进制或一个十进制数表示)。一个区域内的路由器最好不超过 200 个。

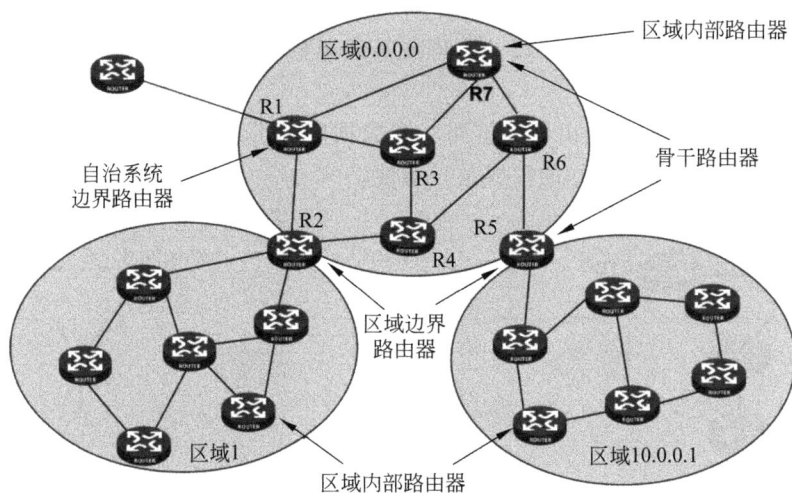

图 6-39　OSPF 的区域划分

划分区域的目的是把洪泛法交换链路状态信息的范围局限于每个区域,而不是整个自治系统,进而减少整个网络上的通信量。在一个区域内部的路由器只知道本区域的完整网络拓扑,而不知道其他区域的网络拓扑的情况。为了使每个区域能够和本区域以外的区域进行通信,OSPF 使用层次结构的区域划分。在上层的区域叫作主干区域(backbonearea)。主干区域的标识符规定为 0.0.0.0,称为区域 0。主干区域的作用是连通其他在下层的区域。从其他区域来的信息都由区域边界路由器(area border router)进行汇总。在图 6-39 中,路由器 R2 和 R5 都是区域边界路由器,每个区域至少通过一个区域边界路由器与主干区域相连。

在主干区域内的路由器叫作主干路由器(backbone router),如 R1~R7。一个主干路由器可以同时是区域边界路由器,如 R2 和 R5。在主干区域内还要有一个路由器专门和本自治系统外的其他自治系统交换路由信息,这样的路由器叫作自治系统边界路由器(如图 6-39 中的 R1)。

采用分层次划分区域的方法使交换信息的种类增多了,也使 OSPF 协议更加复杂,但这样做却能使每个区域内部交换路由信息的通信量大大减小,因而使 OSPF 协议能够用于规模很大的自治系统中。从这里可以再次看到划分层次在网络设计中的重要性。

4. 增量传输

为了减少通信量,不但划分了区域进行层次路由,OSPF 还采取措施尽量压缩链路状态的信息量,把洪泛与定向传输结合。

当一个路由器刚开始工作时,它只能通过问候分组得知它有哪些相邻的路由器在工作,以及将数据发往相邻路由器所需的“代价”。如果所有的路由器都把自己的本地链路状态信息对全网进行广播,那么各路由器只要将这些链路状态信息综合起来,就可得出链路状态数据库。但这样做开销太大,因此 OSPF 采用下面的办法。

OSPF 使用数据库描述分组。每个路由器用数据库描述分组,和相邻路由器交换自己数据库中已有的链路状态信息摘要。信息摘要主要指出了数据库有哪些路由器的链路状态信息(以及其序号)。经过与相邻路由器交换数据库描述分组后,路由器再使用链路状态请求分组,向对方请求发送自己所缺少的某些链路状态项目的详细信息。通过一系列的这种分组交换,就建立了全网同步的链路数据库。

因此,OSPF 设计了 5 种不同用途的分组,以适应上述模式的工作。

(1) 问候(Hello)分组。用来发现和维持邻站的可达性。OSPF 规定,每两个相邻路由器每隔 10s 要交换一次问候分组,这样就能确知哪些邻站是可达的。“可达”是最基本的链路状态,只有可达邻站的链路状态信息,才存入链路状态数据库。正常情况下,网络中传送的绝大多数 OSPF 分组都是问候分组。若有 40s 没有收到某个相邻路由器发来的问候分组,则可认为该相邻路由器是不可达的,应立即修改链路状态数据库,并重新计算路由表。

(2) 数据库描述(database description)分组。向邻站给出自己的链路状态数据库中的所有链路状态项目的摘要信息。

(3) 链路状态请求(link state request)分组。向对方请求发送某些链路状态项目的详细信息。

(4) 链路状态更新(link state update)分组,用洪泛法对全网更新链路状态。这种分组是最复杂的,也是 OSPF 协议最核心的部分。路由器使用这种分组将其链路状态通知给邻站。

(5) 链路状态确认(link state acknowledgment)分组。对链路更新分组的确认。

可见,数据库描述分组让其他路由器知道自己少什么,通过使用链路状态请求分组和链路状态更新分组,实现针对性的增量传输。

OSPF 用问候分组之外的 4 种分组进行链路状态数据库的同步。所谓同步,是指不同路由器的链路状态数据库的内容是一样的。也就是说,这两个路由器对网络的认知是一样的,两个同步的路由器叫作完全邻接的(fully adjacent)路由器。不是完全邻接的路由器表明它们虽然在物理上是相邻的,但其链路状态数据库并没有达到一致。

最后说明的是,OSPF 的分组是直接使用 IP 数据报传输的,IP 数据报头部的协议字段值为 89。OSPF 以组播地址发送协议包。因此,OSPF 相当于传输层的一个协议。

5. OSPF 的特点

OSPF 根据链路状态生成路由表,传输的信息量少,无自环、收敛快,可以管理的网络规模大。除此之外,OSPF 还有下述优点。

(1) 支持基于服务类型的路由。对不同的链路,可根据 IP 分组的不同服务类型(TOS)而设置成不同的代价。OSPF 协议能区分实时流量和其他流量,使用不同的路由方法,对于不同类型的业务可计算出不同的路由。

(2) 支持负载均衡。能把负载分散到多条链路上。如果到同一个目的网络有多条相同代价的路径,那么可以将通信量分配给这几条路径。大多数路由协议都将所有的数据包通过最优路径转发,即使存在两条同等程度好的路由,也只选择一条使用,如 RIP。将负载分散到多条链路上可以获得更好的网络性能。

(3) 有适度的安全性。以防止恶作剧者向路由器发送虚假路由信息欺骗路由器。所有在 OSPF 路由器之间交换的分组(如链路状态更新分组)都具有鉴别的功能,因而保证了仅在可信赖的路由器之间交换链路状态信息。

(4) 支持隧道连接。可以使用隧道连接路由器。

(5) 支持层次化路由。分区域的层次化路由不要求路由器知道完整的拓扑结构也能很好地工作,能适应互联网不断地大规模增长。

OSPF 还支持可变长度的子网划分和无分类编址(CIDR)。在有组播发送能力的链路层上以组播地址发送协议报文,既达到了传播路由的作用,又最大程度地减少了对其他网络设备的干扰。

6.6.4 BGP

边界网关协议(Border Gateway Protocol,BGP)属于外部网关路由协议,可以实现自治系统间无环路的域间路由。BGP 是沟通 Internet 广域网的主要路由协议,例如,不同省份、不同国家之间的路由大多要依靠 BGP。1989 年发布了最初的 BGP,目前使用最多的版本是 BGP-4。

1. 外部路由协议的实现目标

在讲 BGP 之前必须弄清域间协议和域内协议的差别。为什么在不同 AS 之间的路由选择不能使用前面讨论过的 RIP 或 OSPF 等内部网关协议?这主要是因为域间协议和域内协议的目标不同。域内协议需要的只是尽可能有效地将数据包从源端传送到接收方,它不必考虑技术之外的政治方面的因素。相反,域间路由协议除了技术问题,还必须考虑大量的有关政治、经济因素。下面从技术因素和非技术因素两个层面进行说明。

首先,从技术上讲,因特网的规模太大,使得 AS 之间的路由选择非常困难。AS 之间的路由选择要用"代价"作为度量寻找最佳路由是很不现实的。在因特网的主干网路由器的路由表的项目数达几万个,路由计算和路由查找开销巨大;另一方面,AS 内部路由协议不同,各使用不同的路径度量,无法比较不同 AS 的路径代价。要对跨越多个不同 AS 的路径找到某种度量下的最短路径是不太可能的。比较合理的做法是在 AS 之间交换"可达性"信息,并不给出该路径的具体路径开销。

其次,AS 之间的路由存在技术之外的因素,路径的选择还受政治、安全、经济等因素的影响。例如,一个公司的 AS 可能希望能给所有的 Internet 站点发送数据包,同时也能够接收来自任何一个 Internet 站点的数据包。然而,它可能不愿意承载寻址那些源自一个外部 AS,而终止于另一个外部 AS 的数据包,即使它自己的 AS 正好位于这两个外部 AS 之间的最短路径上("那是他们的问题,不关我们的事")。另一方面,它可能愿意转送其邻居们的流量,或者愿意为那些已经付费的特殊 AS 提供流量中转服务。例如,电话公司可能很愿意为它们的客户充当运载工具,但是不愿意为别人也提供这样的服务。无论是一般意义上的外部网关协议,还是特殊的 BGP,它们都被设计成允许多种路由策略,这些策略可被强制用在那些跨越 AS 的流量传输上。

因此,在 AS 之间的路由选择协议上需要执行路由策略,路由策略的实施决定了哪些流量可以渡过 AS 之间的哪些链路。典型的路由策略可能涉及政治、安全或者经济方面的考虑因素。路由策略可以因人而异。例如,我国国内的站点在互相传送数据报时不应经过国外兜圈子,特别是不要经过某些对我国的安全有威胁的国家。这些策略都是由网络管理人员对每个路由器进行设置的,但这些策略并不是 AS 之间的路由选择协议本身。显然,使用这些策略是为了找出较好的路径,而不是最佳路径。

由于上述情况,BGP 只能是力求寻找一条能够到达目的网络且比较好的路由(不能兜圈子),而并非要寻找一条最佳路由。BGP 采用了路径向量(path vector)路由选择协议,它与距离向量协议和链路状态协议有很大的区别。

2. BGP 原理简介

BGP 用于在不同的 AS 之间交换路由信息。两个 AS 需要交换路由信息时,每个自治系统的管理员要选择至少一个路由器运行 BGP,运行的路由器 BGP 代表 AS 与其他的 AS 交换路由信息。这个结点可以是一个主机,但通常是路由器执行 BGP。两个 AS 中利用 BGP 交换信息的路由器也被称为边界网关或边界路由器。

图 6-40 展示了 BGP 路由器和 AS 的关系。图中画出了 3 个 AS 中的 4 个 BGP 路由器。每个 BGP 路由器除了必须运行 BGP 外,还必须运行该 AS 使用的内部路由协议,如 OSPF 或 RIP。BGP 交换的网络可达性的信息就是要到达某个网络(用网络前缀表示)所要经过的一系列 AS。当 BGP 路由器互相交换了网络可达性的信息后,各 BGP 路由器就根据采用的策略从收到的路由信息中找出到达各 AS 的较好路由。

在发现邻居、传递路由信息等方面,BGP 使用了不同于 RIP、OSPF 的设计。首先,邻居结点并不是通过交换路由表或者 Hello 分组发现的,BGP 路由器要求管理员管理配置可能的邻居结点列表。BGP 也没有使用 UDP、IP 传递路由信息。对于 BGP 来说,路由表非常庞大,可能多达几万,甚至几十万条路由表项,因此 BGP 采用可靠的 TCP 传递

BGP 消息,端口号是 179,这样路由协议不需要考虑分段、分组丢失以及重传机制,而且可以采取增量更新的方法,只需要把最近的路由表变化传输过去,而不需要每次都传输完整的路由表。使用 TCP 连接能提供可靠的服务,也简化了路由选择协议。

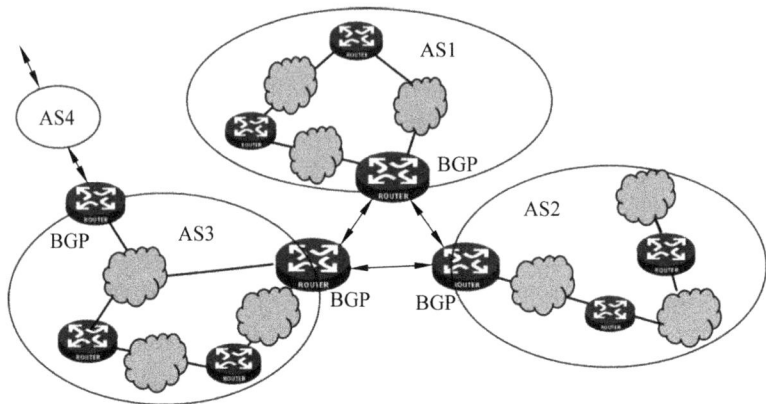

图 6-40　BGP 路由器和 AS 的关系

由于距离向量路由协议会带来环路问题,因此 BGP 传递的路由信息并不仅是到目的网络的距离,而是告诉邻居结点其到目的网络经过的路径向量,即包含所经过的自治系统编号列表,这样 BGP 路由器如果发现自身的自治系统编号已经出现在路径向量中,那么就出现了路由环路,因此就不会采用该邻居结点发布的这条路由。

BGP 路由器之间通过交换 BGP 消息进行协议的动作,BGP 包括邻居获取、邻居可达性和网络可达性 3 个过程。为了找到一个邻居结点,BGP 路由器首先和它的相邻路由器建立一条 TCP 连接,接着通过这条 TCP 连接发送一个打开(open)消息,并且协商采用的认证机制。有的路由器可能不愿意接受,如路由器负载过重,不想增加额外的负担,这时可以拒绝。如果路由器愿意接受这个请求,则返回一个保持活跃(keepalive)消息作为响应。

一旦建立了邻居关系,就用邻居可达性过程维持这个关系。这个过程非常简单,建立 TCP 连接的两个路由器定期互相发送 keepalive 消息,以保证保持计时器不会超时。在邻居获取阶段中,Open 消息给出了一个保持时间(hold time)用来计算保持计时器的初值,以保证每隔一段时间至少应该接收来自邻居结点的一个 keepalive 消息或者 update 消息。

BGP 定义的最后一个过程是网络可达性。每个路由器都维护一个它能到达的子网的路由信息库,以及到达那个子网的最佳路由。当路由信息库发生变化时,路由器发送一个 update 消息给邻居路由器,从而建立和维护路由信息。需要注意的是,路由在传播过程中可以把多条路由汇集在一起。update 消息并不是定期发送的,第一个 update 消息传递了该 BGP 路由器的完整路由信息,以后当路由有变化时,就把该变化通知给别的路由器。路由的变化可能是增加一条新的路由,也可能是取消某一条路由。一般来说,某条路由被取消可能是通过 update 消息中的取消路由字段显式地指出,也可能是被另外一条到目的地的路由代替,还可能是 TCP 连接关闭而导致以前该邻居结点所传递的所有路由被取消。

通知(notification)消息用来报告在协议操作过程中所检测到的错误,如果发生致命的错误,将翻译该 BGP 连接,终止邻居关系。

因此,在 RFC 4271 中规定了 4 种 BGP-4 的报文:

(1) 打开(open)报文,用来与相邻的另一个 BGP 发言人建立关系,使通信初始化。

(2) 更新(update)报文,用来通告某一路由的信息,以及列出要撤销的多条路由。

(3) 保活(keepalive)报文,用来周期性地证实邻站的连通性。

(4) 通知(notification)报文,用来发送检测到的差错。

BGP 的邻居关系(或称通信对端/对等实体)是通过人工配置实现的,对等实体之间通过 TCP(端口 179)会话交互数据。在路由协议中,只有 BGP 使用 TCP 作为传输层协议。

BGP 支持 CIDR,因此 BGP 的路由表应当包括目的网络前缀、下一跳路由器,以及到达该目的网络所要经过的 AS 序列。

BGP 交换路由信息的结点数量级是 AS 数的量级,这要比这些 AS 中的网络数少很多。要在许多 AS 之间寻找一条较好的路径,就是要寻找正确的 BGP 发言人(或边界路由器),而在每个 AS 中 BGP 发言人(或边界路由器)的数目很少,这样就使得 AS 之间的路由选择不致过分复杂。

BGP 可分为 IBGP 和 EBGP。同一个 AS 中的两个或多个对等实体之间运行的 BGP 被称为 IBGP(Internal BGP)。归属不同的 AS 的对等实体之间运行的 BGP 称为 EBGP(External BGP)。

6.7 网际控制报文协议

通过 IP 数据报的路由转发过程可以看到,IP 数据报在传输过程中会因许多原因被丢弃。IP 提供的是一种面向无连接的、尽力而为的服务,不存在关于网络连接的建立和维护过程,也不包括流量控制与差错控制功能,在数据报通过互联网络的过程中,出现各种传输错误是不可避免的。而且对于源主机而言,一旦数据报被发送出去,该数据报在传输过程中是否出现差错,是否到达目的主机等发送主机一无所知。因此,设计了因特网控制报文协议(Internet Control Message Protocol,ICMP),当 IP 数据报传输出现差错或路由拥塞,以及服务质量等出现问题时,由 ICMP 向源端报告消息。我们可以认为 ICMP 是网络层信使,是 IP 的助手之一。

ICMP 是 Internet 网络层协议的一部分,所有的 IP 主机和路由器都应当实现 ICMP。RFC 792 对 ICMP 的格式、功能和工作过程进行了详细定义。

ICMP 报文格式如图 6-41 所示。

ICMP 报文的前 4B 是统一的格式,共有 3 个字段,即类型、代码和检验和。接着的 4B 的内容与 ICMP 的类型有关。最后面是数据字段,其长度取决于 ICMP 的类型。

从图 6-41 中可以看到,ICMP 报文在互联网上传输时是封装在 IP 数据报中,以 IP 数据报的形式传输的。这是因为 IP 数据报递交出现错误时,从错误发生地点到源端途中可

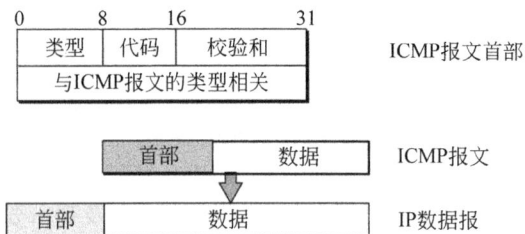

图 6-41　ICMP 报文格式

能经过多个路由器,也就是说,ICMP 报文应该是可路由的。实现这个功能很复杂,实现中并没有为 ICMP 报文设计用于支持转发的头部。一个简单的办法是将 ICMP 报文作为用户数据封装在 IP 数据报中,利用 IP 运载,通过将 IP 数据报头部的协议字段设置为 1 指明是 ICMP 报文,但这并不表明 ICMP 是高层协议,它仍然是 IP 层的协议。

　　ICMP 报文的种类有两种,即 ICMP 差错报告报文和 ICMP 询问报文。ICMP 报文类型见表 6-4。

表 6-4　ICMP 报文类型

ICMP 报文的种类	类型值	代码	报文类型
ICMP 差错报告报文	3	0	目的网络不可达
		1	目的主机不可达
		2	目的协议不可达
		3	目的端口不可达
		4	因不允许分片而不可达
	4	0	源点抑制
	5	0~3	路由重定向
	11	0	TTL 为 0,超时
	12	0,1	IP 首部参数错误
ICMP 询问报文	0	0	Echeo 请求
	8	0	Echeo 响应
	13	0	时间戳请求
	14	0	时间戳响应

　　ICMP 报文的代码字段是为了进一步区分某种类型中的几种不同的情况。检验和字段用来检验整个 ICMP 报文。我们应该还记得,IP 数据报头部的检验和并不检验 IP 数据报的内容,因此不能保证经过传输的 ICMP 报文不产生差错。

　　ICMP 差错报告报文共有 5 种,即

　　(1)终点不可达。当路由器或主机不能交付数据报时,就向源点发送终点不可达报文。

　　类型字段值为 3 的 ICMP 报文为目的地不可达报文,表示数据报由于无法进一步向前转发或者递交而被丢弃,代码字段进一步给出了不可达的具体原因。如果 IP 数据报是由于在路由表中无法找到目的网络的路由而被丢弃,那么为网络不可达;如果 IP 数据报已经到达最终的目的网络,但是在通过 ARP 寻找目的主机所对应的 MAC 地址时没有收到响应,那么是目的主机不可达;如果 IP 数据报已经到达目的主机,但是 IP 模块检查其协议字段发现对应的高层协议没有实现,那么是协议不可达;如果高层协议(TCP 或者UDP)已经收到该 IP 数据报传递的数据,但是没有应用程序在相应的端口监听,那么是端口不可达。如果 IP 数据报在途中转发时发现需要进行分段,但是由于 DF 为 1,因此无法进一步向前传递,同样也要发送需分段但 DF 不允许的不可达报文。

　　(2) 源点抑制。当路由器或主机由于拥塞而丢弃数据报时,就向源点发送源点抑制报文,使源点知道应当把数据报的发送速率放慢。

　　(3) 时间超过。当路由器收到生存时间为零的数据报时,除丢弃该数据报外,还要向源点发送时间超过报文。当终点在预先规定的时间内不能收到一个数据报的全部数据报片时,就把已收到的数据报片都丢弃,并向源点发送时间超过报文。

　　(4) 参数问题。当路由器或目的主机收到的数据报的头部中有字段的值不正确时,就丢弃该数据报,并向源点发送参数问题报文。

　　(5) 路由重定向。路由器把改变路由报文发送给主机,让主机知道下次应将数据报发送给另外的路由器(可通过更好的路由)。ICMP 路由重定向报文用于通知源端到目的端有一条更好的路由。

　　所有的 ICMP 差错报告报文中的数据字段都具有同样的格式,如图 6-42 所示。把需要进行差错报告的 IP 数据报的头部和数据字段的前 8B 提取出来,作为 ICMP 报文的数据部分,再加上 ICMP 首部,就构成了 ICMP 差错报告报文。

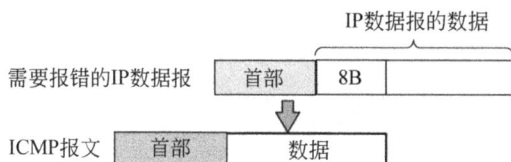

图 6-42　ICMP 差错报告报文

　　提取收到的数据报的数据字段的前 8B 是为了得到传输层的端口号(对于 TCP 和UDP)以及传输层报文的发送序号(对于 TCP),这样,源端收到差错报告报文就可以知道是哪条 TCP 连接或哪个 UDP 会话上的数据报传输出现了差错。

　　携带 ICMP 报文的 IP 数据报由于网络的动态变化,可能也无法递交给目的地。显然,ICMP 报文的递交出错,不应该再生成 ICMP 报文。同时,如果一个 IP 数据报的目的地址为广播地址或者组播地址,也就是说,IP 数据报要递交给多个目的地,这种 IP 数据报递交出现错误时并不会发送 ICMP 报文,这是由于 IP 数据报递交给多个用户出现差错,源端可能会收到多个 ICMP 差错报告,这样会影响源端的性能。另外,对于 IP 分段,只有第一个分段出现差错时,才会发送 ICMP 报文。IP 头部校验和出错时也不会发送ICMP 报文。

常用的 ICMP 询问报文有两种,即

(1) 回送请求和回答。ICMP 回送请求报文是由主机或路由器向一个特定的目的主机发出的询问。收到此报文的主机必须给源主机或路由器发送 ICMP 回送回答报文。这种询问报文用来测试目的站是否可达以及了解其有关状态。

(2) 时间戳请求和回答。ICMP 时间戳请求报文是请某个主机或路由器回答当前的日期和时间。在 ICMP 时间戳回答报文中有一个 32 位的字段,其中写入的整数代表从 1900 年 1 月 1 日起到当前时刻一共有多少秒。时间戳请求与回答可用来进行时钟同步和测量时间。

网络上常用的一些测试工具就是使用 ICMP 询问报文实现的。

所有操作系统都支持 ping 命令,ping 可以用于测试主机到目的地之间是否可达且是否能正常运行。源端发送一个 ICMP Echo 请求报文给目的地,目的地收到 ICMP Echo 请求报文后就根据请求报文中的数据发送一个 ICMP Echo 响应报文给源端,这样源端就能知道是否可达,并且可以计算源端和目的端之间的往返延迟(RTT)。ICMP 报文在传输过程中可能丢失,ping 命令会发送连续多个 ICMP Echo 请求,因此需要能够匹配请求和响应,这可通过 ICMP Echo 报文的标识符字段和顺序号字段完成。另外,ICMP Echo 请求中还包含可选的数据,ICMP Echo 响应会把请求中的数据字段进行复制,然后发回。

图 6-43 是在 Windows 7 系统中使用 ping 命令测试主机连通性的情况。

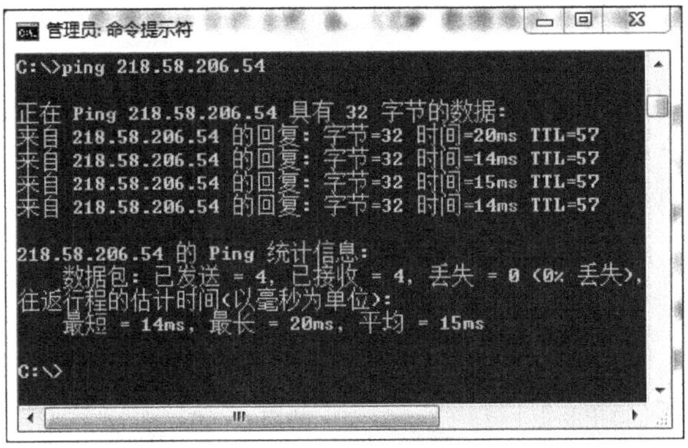

图 6-43　用 ping 命令测试主机的连通性

除了 ping 命令可测试可达性外,许多操作系统还提供一个 traceroute 命令记录两台主机之间经过的路由器,其基本想法是利用 TTL 超时 ICMP 报文。源端主机 A 发送一个 UDP 数据报给目的主机 B,UDP 数据报的目的端口选择一个目的主机尚未使用的端口号(如随机选择)。首先将该 UDP 数据报的 TTL 设置为 1,途中第一个路由器 R1 收到该 IP 数据报后 TTL 减 1。由于现在 TTL 为 0,因此丢弃该数据报,并且发送一个 ICMP TTL 超时报文给源端,这样源端就可以知道途中第一个路由器 R1 的地址。而为了了解第二个路由器 R2 的地址,只需要发送一个 TTL 为 2 的 UDP 数据报。如此慢慢增加 TTL,直到最后到达目的主机 B。目的主机 B 发现没有应用程序在相应的端口监听,从而发送一个端口不可达报文给源端,这时整个探测过程结束。与 traceroute 命令的实现稍有不同,Windows 命令 tracert 通过源端发送一个 TTL 逐步从 1 增加的 ICMP Echo 请求报文来实现,直到收到 ICMP Echo 响应报文时结束探测过程。图 6-44 是在 Windows 操作系统中使用 tracert 命令探测主机路由的情况。

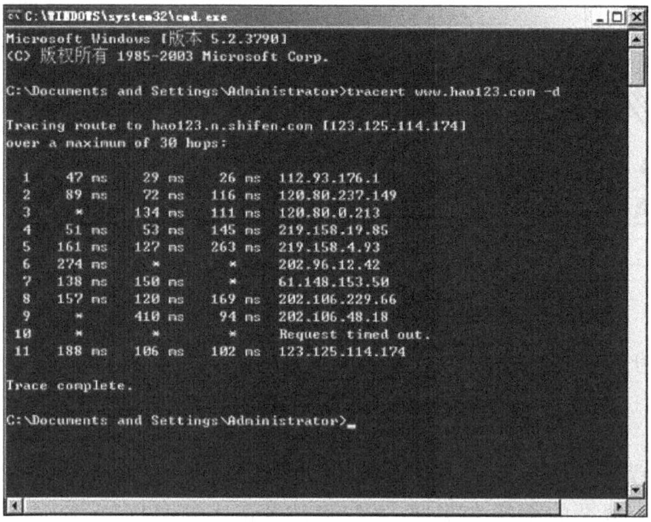

```
C:\WINDOWS\system32\cmd.exe

Microsoft Windows [版本 5.2.3790]
<C> 版权所有 1985-2003 Microsoft Corp.

C:\Documents and Settings\Administrator>tracert www.hao123.com -d

Tracing route to hao123.n.shifen.com [123.125.114.174]
over a maximum of 30 hops:

  1    47 ms    29 ms    26 ms  112.93.176.1
  2    89 ms    72 ms   116 ms  120.80.237.149
  3     *      134 ms   111 ms  120.80.0.213
  4    51 ms    53 ms   145 ms  219.158.19.85
  5   161 ms   127 ms   263 ms  219.158.4.93
  6   274 ms     *        *     202.96.12.42
  7   138 ms   150 ms     *     61.148.153.50
  8   157 ms   120 ms   169 ms  202.106.229.66
  9     *      410 ms    94 ms  202.106.48.18
 10     *        *        *     Request timed out.
 11   188 ms   106 ms   102 ms  123.125.114.174

Trace complete.

C:\Documents and Settings\Administrator>_
```

图 6-44 使用 tracert 命令探测路由

6.8 多播

6.8.1 IP 多播的应用与价值

随着因特网应用的深入与普及,因特网上面向大众的副本分发服务越来越多。这类典型的应用是 Internet 多媒体业务,诸如视频会议、音频/视频广播、远程教育和远程会诊等,这类应用流量大、副本多。除此之外的应用(如股票、新闻、广告、天气、软件更新等实时服务),其特点是时效性强、副本多。这类应用需要同时发送信息给多个接收方,接收方的数量可能有成千上万个,而且具体的数目也会动态变化。

针对这类应用,因特网在网络层提供了 IP 多播(IP multicast)(又称组播)这个有效的工具。多播允许一个或多个发送方(多播源)发送单一的 IP 数据报到特定的多个接收方。多播源把数据报发送给特定多播组,只有属于该多播组的主机才能接收到数据报,多播的方式如图 6-45 所示。IP 多播方式保证每个链路上最多只有一份数据报的副本。对这类应用,多播可大大节约网络资源。图 6-45 比较说明了相对于单播来说多播的优越性。

多播是一对多的传播方式,但它不同于广播。广播是对一个网络进行的,网络内的所有成员都要接收;多播是对一个组进行的,组里的所有成员都能接收。组是跨网络的,组成员可以来自不同网络。

1988 年,Steve Deering 首次在其博士学位论文中提出 IP 多播的概念。1992 年 3 月,IETF 在因特网范围首次试验 IETF 会议声音的多播。当多播组的主机数很大时(如成千上万个),采用多播方式就可明显地减轻网络中各种资源的消耗。IP 多播是需要在因特

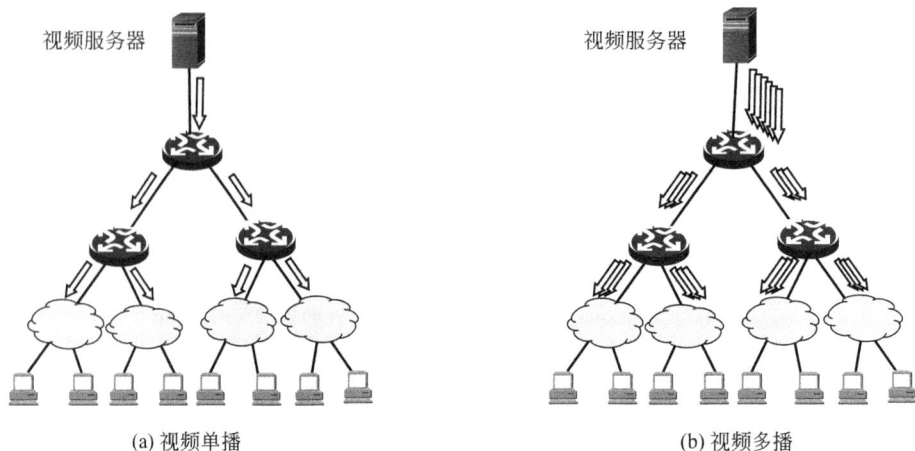

(a) 视频单播　　　　　　　　　　　　　　　(b) 视频多播

图 6-45　单播与多播的比较

网上增加更多的智能才能提供的一种服务。现在 IP 多播已成为因特网的一个热门课题。

多播需要一套复杂的系统来实现,系统里涉及诸多重要因素。

多播路由器。在因特网范围的多播要靠路由器实现,这些路由器必须增加一些能够识别多播数据报的软件。能够运行多播协议的路由器称为多播路由器(multicast router)。多播路由器当然也可以转发普通的单播 IP 数据报。

多播组。要实现多播,必须先组成一个多播组。组的维护是动态的,成员来自各个网络,可以动态加入或退出,以组为单位进行多播。

多播组关系仅表明该端系统能够接收到发往该组的多播数据报,对发送方没有限制,任意主机都能向任何多播组发送数据报,即任何单播地址都可以向某多播组地址发送数据报,而该多播组的所有成员都能收到该数据报。

多播地址。传送 IP 多播的数据报也需要使用 IP 地址,即 IP 多播地址,也就是 IP 地址中的 D 类地址。多播地址并不标识主机,它标识一个多播组,是组地址。显然,多播地址不能用作源地址。IP 多播可以分为两种:一种是只在本局域网上进行硬件多播;另一种是在因特网的范围进行多播。

IP 地址 224.0.0.0/24 范围内的地址保留用作本地网络多播,在这种情况下不需要路由协议的支持。带有一个多播地址的数据包被简单广播到局域网上,从而达到多播的目的。局域网上的所有主机都接收广播数据包,只有属于组成员的主机对该数据包进行处理。路由器不会将数据包转发到局域网外。本地多播地址的例子有

224.0.0.1 本子网上的多播主机和路由器

224.0.0.2 本子网上的所有多播路由器

224.0.0.5 本子网上的全部 OSPF 路由器

224.0.0.251 本子网上的全部 DNS 服务器

在因特网范围进行的多播使用 224.0.1.0～238.255.255.255 范围的地址。所以,D 类地址中的一些地址是不能随意使用的,许多地址已经被 IANA 指派为永久组地址了[RFC 3330]。

多播数据报和一般的 IP 数据报的区别是它使用 D 类 IP 地址作为目的地址,并且头部中的协议字段值是 2,表明使用 IGMP。当一个进程给一个 D 类地址发送数据包时,网络会尽力而为地将这些数据包投递给指定组中的所有成员,但是并不保证一定投递成功。有些成员可能收不到数据包。对多播数据报不产生 ICMP 差错报文。因此,若在 ping 命令后面键入多播地址,将永远不会收到响应。

多播是 IP 单播的有益补充。为了实现多播,网络要提供多播 IP 地址、多播组、多播路由器、多播路由协议等一系列软硬件的支持机制。

6.8.2　多播的实现基础

多播是基于多播组实现的,当在因特网范围内跨越多个网络进行 IP 多播时,如何管理、识别这个组,向组转发 IP 多播数据报是必须解决的问题。图 6-46 中,主机 B、D、E 组成一个多播组,它们应该能收到多播数据报,而其他主机不能。显然,多播数据报应该传送到路由器 R2、R4、R5、R6,而不应该传送到 R1、R3。如路由器是怎么知道多播组成员分布的信息等这些问题的解决依赖于网际组管理协议(Internet Group Management Protocol,IGMP)。这个协议不仅用于建立多播组,而且用于管理、维护多播组,为组转发提供了基础。

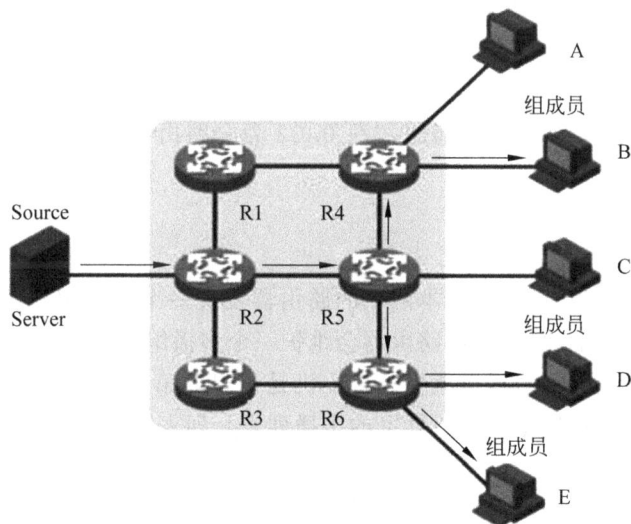

图 6-46　多播组与多播路径

注意,IGMP 并不能以全局的视角管理因特网范围内的多播组。IGMP 根本不知道 IP 多播组包含的成员数,也不知道这些成员都分布在哪些网络上,等等。IGMP 是让连接在本地局域网上的多播路由器知道本局域网上是否有主机(严格讲,是主机上的某个进程)参加或退出了某个多播组。也就是说,运行 IGMP 的路由器看不到外面的多播组,它只知道自己本地网里有没有主机属于多播组。

第二个必须解决的是多播的路由选择问题。仅有 IGMP 是不能完成多播任务的。

连接在局域网上的多播路由器还必须和因特网上的其他多播路由器协同工作,完成多播的路由选择,以便把多播数据报用最小代价从源传送给所有的组成员,解决多播路由选择的问题,这就需要多播路由选择协议。多播路由选择协议通过建立一棵从发送方到所有接收方的树解决多播路由的问题。如图 6-46 中的 R2、R3、R4、R5 就在这样的树上。

下面从多播组的维护和多播路由选择协议两个方面分析多播的实现原理。

6.8.3 IGMP

最早的 IGMP 是 1989 年公布的 RFC 1112。现在最新的 IGMPv3 是 2002 年 10 月公布的 RFC 3376 建议标准。

如前所述,和 ICMP 相似,IGMP 使用 IP 数据报传递其报文,但它也向 IP 提供服务。因此,我们不把 IGMP 看成是一个单独的协议,而是属于整个 IP 的一个组成部分。

参与多播组的主机和路由器都要运行 IGMP,本地网络的路由器使用它和主机交互,监管本网的组成员并向外通告,以便让本地组成员不失去组织联络,维护多播组的存在,实现多播机制的运行。IGMP 使用成员查询报文、成员报告报文和离开组报文,完成组成员的加入、监管及退出。多播路由器代表 IGMP 负责本地组成员的监管。所有用于组维护的 IGMP 报文都以 IP 多播数据报的方式发送,目的组地址根据报文类型各有不同。也就是说,IGMP 报文本身使用 IP 多播传送。同时,为了避免本地监管的 IGMP 报文被多播到其他网络,将多播 IP 数据报的 TTL 设置为 1,使得 IGMP 报文仅能在本网中传输。

ICMP 采用了两个特别的永久多播地址,其中 224.0.0.1 为全主机组,所有支持多播的主机在启动后都自动加入该多播组,224.0.0.2 为全路由器组,所有路由器都自动加入该多播组。

1. 多播组的加入

主机要加入多播组时,主机各本网中的路由器发送一个成员报告报文。报告报文里含有要加入的多播组的地址,多播路由器会维护一个多播组列表,该表记录了该路由器所知的本网中有多播成员的多播组地址。若主机是该组的第一个成员,多播路由器会在收到报告报文后将此组地址记入路由器上的多播列表。列表中并不记录成员的个数及主机 IP 地址。

成员报告报文的目的 IP 地址是所在组的组地址,因此是多播,可以被本网络中的其他本组成员接收。网络中其他要加入该组的主机监听到此成员报告后就没有必要再发送成员报告报文了。多播路由器被设置成接收所有的 IP 多播数据报,会收到所有组的成员报告报文。

2. 成员监管维护

为监视多播成员的动态变化,多播路由器定期(默认 125s)发送一个查询报文给所有主机(224.0.0.1)。主机在收到查询报文后,可以发送报告报文给其所属的多播地址 G,通知其属于该多播组。由于一个链路上会有多个成员,而多播路由器只关心是否有成员属于多播组,所以收到一个或多个报告报文并没有什么区别,而多个报告报文会浪费带宽和计算资源,因此 ICMP 引入一个反馈抑制的机制,查询报文里包含一个最大响应时间间隔来决定何时发送报告报文,如果主机在实际发送之前发现已经有其他成员发送报告报文了,则取消发送。如果在发送查询报文之后其中一个多播组 G 没有收到任何报告报文,就认为没有成员属于该多播组,该多播组会从路由器的多播列表中移走。

一个 IP 子网中可能有多个多播路由器,其中具有最小 IP 地址的多播路由器充当了询问者的角色,其他多播路由器不必再定期发送查询报文。本地多播路由器会向其他多播路由器传播本地组信息,并为之建立多播路由器之间必要的路由。

3. 退出多播组

主机要离开多播组,可以不做任何工作,因为定期发送查询消息可以了解其多播组中是否还有成员。但是,从最后一个成员离开多播组的时刻到定期的询问时刻有一段时间,这段时间多播数据报在该链路上传递会浪费带宽,如果离开者是最近一次组成员查询中发送成员报告报文的主机,则发送离开组报文给地址 224.0.0.2,以告诉本网络中的所有路由器,否则不需要发送,因为还有其他主机在多播组中。路由器在收到该离开组报文后立即向此组地址发送一个查询报文询问该多播组是否还有其他成员。如果没有收到成员报告报文,则说明刚刚离开的成员是多播组的最后一个成员,从而在路由器多播列表中移走该多播组。

6.8.4 多播路由选择协议

由于 IGMP 的交互范围被局限在主机及与其相连的多播路由器之间,显然还需要另一种协议协调相关的多播路由器(包括相连的路由器),以便多播数据报能路由到最终目的地。这个功能就是网络层多播路由选择协议。

多播路由选择算法与单播路由选择算法有一些相似之处。为了优化多播流量传输路径且使数据报能够到达所有多播组成员,最直接的方法就是构建一棵多播路由选择树。根据构造方法的不同,多播分发树可分为源树和组共享树。

源树。以多播源为根结点构造到所有多播组成员最短路径的生成树,通常也称为最短路径树(Shortest Path Tree,SPT)。如果组中有多个多播源,则必须为每个多播源构造一棵多播树。这样,每个多播路由器要针对不同的源维护相应的多播树的状态信息。由于不同多播源发出的数据包被分散到各自分离的多播树上,因此采用 SPT 有利于网络中数据流量的均衡,适合在密集模式(dense mode)的区域使用。

组共享树。其构造方法是以网络中的某一个指定的路由器为根结点,由此结点为根建立一棵包含所有组成员的多播树。多播源需要首先把多播数据报单播到根结点,再由根结点多播组内的所有源共享一棵多播树,源将多播数据报通过单播 IP 隧道发送到中心路由器,再由中心路由器将多播数据报转发给其他组成员。当组的规模较大,通信量大时,使用共享树将导致流量集中,使共享树根附近的区域出现瓶颈,因此共享树适合稀疏模式(sparse mode)的区域使用。

1. 基于源树的多播路由算法

当采用基于源树进行多播路由选择时,其方法与单播链路状态算法类似。为使所有树的组成员都能收到数据报,最好使用洪泛(flooding)方法沿着多播树向它的所有邻居发送该数据报的副本。但如果网络存在环路,洪泛法会导致数据报副本在环路上循环。在实践中,通常采用反向路径转发(Reverse Path Forwarding,RPF)算法使所有结点既能收到数据报,又能抑制数据报副本无效传播。

RPF 的基本思想很简单:当一台多播路由器接收到具有给定源地址的广播数据报时,只有该数据报到达的链路正好位于它自己返回其源的最短单播路径上,它才向其所有出链路传送报文。否则,该路由器丢弃收到的数据报而不向它的任何出链路转发数据报。图 6-47(a)说明了 RPF 的工作过程。其中较粗的链路表示基于源结点 A 的最短路径树。源多播路由器 R1 最初发送一个数据报到多播路由器 R2 和 R3。路由器 R2 将向 R3 和 R4 转发它从路由器 R1 接收到的数据报(因 R1 位于 R2 到 A 的最短路径上)。R3 将丢弃从路由器 R2 接收到的源为 A 的数据报,不向其他端口转发,因为 R2 不在 R3 到 A 的最短路径上。对于路由器 R3,它将直接接收从 R1 传输来的源为 A 的数据报,并将该数据报向 R2、R5 转发。当然,R2 也将忽略来自 R3 的源为 A 的数据报。同理,上述过程将在 R4 和 R5 上重演。最后,数据报将到达树上的所有结点,并且转发的数据报的总数量也较少。

大家会发现,路由器 R6 上没有组成员,向它转发多播数据报是没用的。所以,如果在多播转发树上的路由器 R6 发现自己没有多播组的成员,就会向上游路由器 R4 发送一个剪枝报文,将其从转发树上剪除。之后,成为叶结点的 R4 也会申请剪除。如图 6-47(a)中,虚线椭圆表示剪除的部分。当某个树枝有新增加的组成员时,可以将其接入多播转发树。

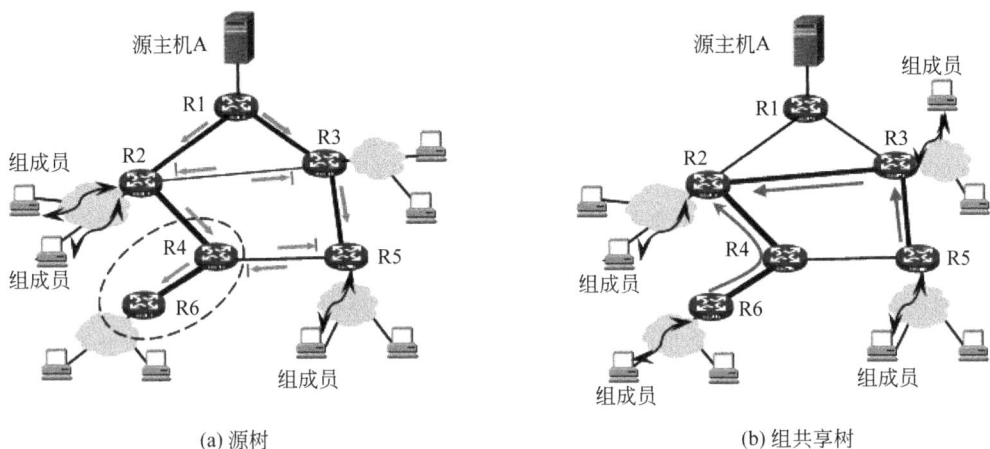

(a) 源树　　　　　　　　　　　　(b) 组共享树

图 6-47　多播转发树的建立过程

2. 基于组共享树的多播路由算法

在多播组成员数量远少于所涉及子网数量的情况下,通常用基于中心的方法构造多播路由生成树。为了提高构造多播路由树的效率,在每个多播组中指定一个中心路由器,以此中心路由器为根建立一棵连接所有成员路由器的多播转发树。其他级别成员路由器向中心路由器单播加入报文。加入报文通过单播路由选择朝着中心路由器转发,直到它到达一个已经属于生成树的路由器或到达该中心路由器。在这些情况下,加入报文所经过的路径定义了生成树的分支。这些分支从发起加入报文的边缘结点开始到中心结点为止。这个新分支已经被嫁接到生成树上了。

图 6-47(b)显示了基于中心的共享树的建立过程。路由器 R2 被选定为中心路由器。假定路由器 R3 首先向 R2 发送加入报文,链路 R3-R2 成为初始的生成树;路由器 R6 也向 R2 发送加入报文欲加入生成树,单播路由需要经过 R4,因此路径 R6-R4-R2 被嫁接到生成树上,尽管 R4 上没有多播组成员;R5 在申请加入生成树时,向 R2 发送加入报文,单播路径选择经过 R3,因为 R3 已经在生成树上,R5 的加入报文使得链路 R5-R3 立即被嫁接到生成树上。最后 R1 没有组成员,不会向 R2 发送加入报文,因此 R1 不在转发树上。不属于组的主机也可以向多播组多播,当 R1 收到源主机 A 向该组发送的多播数据报时,R1 将多播数据报封装到目的地址为中心路由器 R2 的单播数据报中,利用隧道技术将该多播数据报单播到 R2,再由 R2 在转发树上洪泛多播到每个成员。

目前还没有在整个因特网范围使用的多播路由选择协议。第一个在因特网中进入实用阶段的多播路由协议是距离向量多播路由选择协议(Distance Vector Multicast Routing Protocol,DVMRP)(参见 RFC 1075)。DVMRP 是基于源的树,使用了反向路径转发与剪枝算法。

目前广泛使用的因特网多播路由选择协议是协议无关的多播(Protocol Independent Multicast,PIM),该协议有稠密模式和稀疏模式。稠密模式使用了洪泛与反向路径转发及剪枝技术;RFC 4601 定义的稀疏模式是基于中心共享的多播转发树。

除此之外,还有 RFC 2189、RFC 2201 定义的基于核心的转发树(Core Based Tree,CBT);RFC 1585 定义的开放最短通路优先的多播扩展(Multicast extensions to OSPF,MOSPF),它是基于源树的协议。

需要指出的是,目前 IP 多播还仅应用在一些局部的园区网络、专用网络或者虚拟专用网络中。尽管 IETF 努力推动着全球第一个多播网络 Mbone 的建设,IP 多播至今仍没有得到大规模的应用。另一方面,P2P 应用的飞速发展推动了应用层多播技术的发展,人们发现在应用层(而非在网络层)开发多播协议更容易,这也重新引起人们对未来的多播服务实现的思考。

多播实现技术较复杂,要在一定范围实施时会涉及众多组织的硬件;另一方面,多播不是必需的,在一定程度上可以用单播替代,这也降低了人们对它的刚性需求;现实中,在网络带宽的增加有潜可挖的情况下,似乎多播代价更高、牵扯面更大。这些因素也是限制其发展的原因。但未来网络应用的发展也有很多不确定性,可能会在强大应用需求的推动下快速发展。

试图在网络层引入新型协议的尝试如 IPv6、多播以及 RSVP 等,曾给人们带来深刻的教训:要想改变一个部署广泛、成功运行的网络层协议极为困难。因特网上的应用程序是最有价值的资产,在改变网络层协议的同时维持应用层程序不变,可能是网络创新能够成功的关键因素之一。

6.9 网络应用技术

网络地址转换(Network Address Translation,NAT)和虚拟专用网(Virtual Private Network,VPN)在因特网上有广泛的应用,是两种非常有现实应用价值的网络技术。

6.9.1 网络地址转换

网络地址转换(NAT)解决了内部网络访问外网的问题,支持 IP 地址重用和 IP 共享。IP 地址重用能有效地解决因特网 IP 地址短缺的问题;在家庭及宿舍等小型单位,IP 共享可以使家庭的多台机器共享一个外网 IP 上网,问题虽小,但具有普遍性。因此,NAT 有很强的应用价值。

1. NAT 的背景需求

要想了解 NAT,还需要从内部互联网及私有地址说起。

IP 技术成熟后,在国际范围内获得了应用,构建了因特网。在另一些情境下,企业、学校、机关部门也想效仿因特网模式,使用 IP 技术独立地构建自己的网络并在之上部署自己的 IP 服务。随着全球生产、管理数字化的快速发展,这种网络应用获得了快速发展。

实际上,在许多情况下,很多应用主要是在机构网络内通信,例如,在大型商场或宾馆中很多用于营业和管理的计算机,这些计算机并不都需要和因特网相连。原则上讲,这些仅在机构内部使用的计算机可以由本机构自行分配其 IP 地址。这就是说,让这些计算机使用仅在本机构有效的 IP 地址(这种地址称为本地地址),而不需要向因特网的管理机构申请全球唯一的 IP 地址(这种地址称为全球地址),这样就可以大大节约宝贵的全球 IP 地址资源。

但是,IP 地址在机构内的无序使用会为机构内部网络与外部因特网互联带来后患,不支持内网与外网互联,因为不可避免地,在有些情况下,机构内部的某些主机需要和因特网连接,那么这种在内部使用的本地地址就有可能和因特网中的 IP 地址重合,这样就会出现地址的二义性问题,破坏了 IP 地址的全球唯一特性,导致路由转发机制失效。

为了支持内部互联网的需求,有序使用 IP 地址,RFC 1918 在 A 类地址、B 类地址、C 类地址中规定了一些专用地址(private address)。它们是

A 类地址:10.0.0.0~10.255.255.255

B 类地址:172.16.0.0~172.31.255.255

C 类地址:192.168.0.0~192.168.255.255

这些地址只能用于一个机构的内部通信,而不能用于和因特网上的主机通信。这些

专用于内部网络上的 IP 地址也称为内部地址、私有地址,与之对应的在因特网上使用的 IP 地址称为全球地址或外部地址、公网地址。在因特网中的所有路由器对目的地址是专用地址的数据报一律不进行转发。

采用这样的专用 IP 地址的互联网络称为专用互联网或内部互联网,习惯上也称之为私有网络。显然,这些地址可能被重复地使用于全世界的很多专用互联网络,但这并不会引起麻烦,因为这些专用地址仅在本机构内部通信使用。

很显然,专用地址只解决了内部专用网的 IP 地址有序使用,并没有解决内部专用网与公网的通信问题。

如果在专用网内部本来已经分配到本地 IP 地址的一些主机,又想和因特网上的主机通信,那么应当采取什么措施?

最简单的办法是设法再申请一些全球 IP 地址,但这在很多情况下是不容易做到的,因为全球 IPv4 的地址所剩不多;另一方面,更换 IP 也会涉及整个系统的配置及用户使用,也为了解决 IP 地址不足的问题,避免系统变动,于是研发人员开发了 NAT 技术。目前该技术在内部专用网与公网的互联中得到广泛应用。

2. NAT 技术原理

NAT 方法是在 1994 年提出的。这种方法需要在专用网连接到因特网的路由器上运行 NAT 协议。装有 NAT 协议的路由器叫作 NAT 路由器,它至少有一个有效的外部全球 IP 地址。它的主要目的是让内部专用网的主机能和公网通信,但不让内部私有地址出现在公网上。其主要做法是:当使用本地地址的主机和外网通信时,NAT 路由器先将数据报的本地地址转换成全球 IP 地址,再转发到因特网。

图 6-48 给出了路由器上 NAT 的工作原理。在图中,专用网使用的是网络 192.168.1.0 中的专用地址,内部专用网中主机 A 的 IP 地址为 192.168.1.6,这是一个本地 IP 地址。NAT 的工作由路由器 R 完成,路由器和因特网相连的接口 IP 是 202.8.8.8,这是一个全球地址。

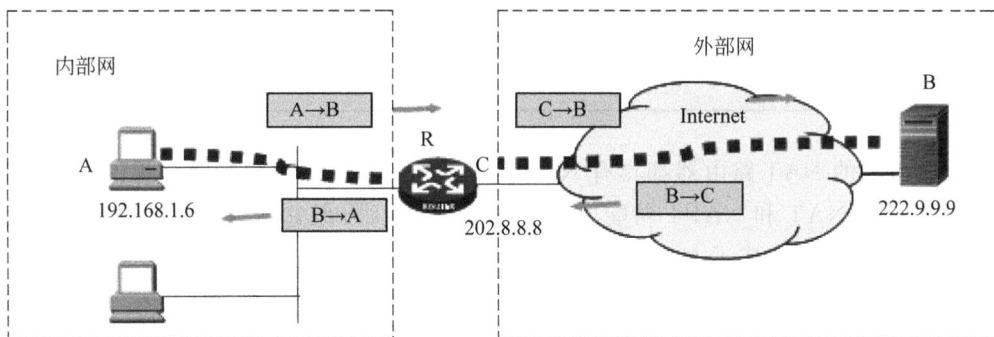

图 6-48　路由器上的地址转换

内部专用网上的主机 A 访问因特网的服务器 B 时,向服务器 B 发送以主机 A 的 IP 为源地址,主机 B 的 IP 为目的地址的 IP 数据报,如图 6-48 所示。数据报经过内部网的网关(即路由器 R)转发到因特网。安装 NAT 软件后,路由器 R 转发时发现数据报的源地址是本地地址,首先把数据报的源地址 A 用路由器的公网接口地址 C 替换,然后转发到公网,并将地址映射关系记录到 NAT 表中,如图 6-48 所示(为了简洁,图中用 A、B、C 代表相应接口的 IP 地址)。

公网的服务器 B 收到此数据报后,认为是从地址 C(它也不知道是主机还是路由器)发送的,并返回一个以 B 的 IP 为源地址、以路由器接口 C 的 IP 为目的地址的应答数据报。数据报到达路由器 R 后,路由器查找 NAT 表,知道是对主机 A 的响应,并把此数据报的目的地址替换成 A 的 IP 转发到内部网。主机 A 可收到应答数据报实现内外通信。

可见,NAT 技术的使用实现了内部专用网在使用私有地址的情况下与外部因特网的通信,扩展了内部专用网的通信功能。但是,当 NAT 路由器具有一个全球 IP 地址时,专用网内最多可以同时有 1 个主机接入因特网。专用网内较多数量的主机轮流使用 NAT 路由器的全球 IP 地址与外网通信,相当于众多的内部网主机共享一个全球地址访问因特网,从一定意义上解决了 IP 地址短缺的问题。

以上是最基本的 NAT,它同时只允许一台机器访问外网。要扩展内部网对外部网的访问能力,可以对其改进。一种直接的改进方案是给 NAT 路由器配置一个地址池,包含 N 个全球地址,通信时,每个内部主机地址映射为地址池的一个全球地址,从而实现 N 个内部网主机同时访问外网,但这需要更多的公网地址。

另一种解决方案是仍然使用一个外网地址,在 NAT 转换时把传输层的端口号也利用上,根据端口号区分内部网的各主机,将端口号和 IP 地址一起进行转换,这样就可以使多个内部网的主机共用一个 NAT 路由器上的全球 IP 地址,同时和因特网上的不同主机进行通信。使用端口号的 NAT 也叫作网络地址与端口号转换(Network Address and Port Translation,NAPT),通常还称之为 NAT。表 6-5 和表 6-6 分别给出了这两种方案下路由器上的 NTA 地址转换表。请读者结合 NAT 进一步理解 NAT 原理。

<table>
<tr><td colspan="2">表 6-5　NAT 表</td><td colspan="2">表 6-6　NAPT 表</td></tr>
<tr><td>内网</td><td>外网</td><td>内网</td><td>外网</td></tr>
<tr><td>192.168.1.6</td><td>202.8.8.8</td><td>192.168.1.6:2222</td><td>202.8.8.8:6001</td></tr>
<tr><td>192.168.1.7</td><td>202.8.8.12</td><td>192.168.1.7:3333</td><td>202.8.8.8:4002</td></tr>
</table>

实际应用的 NAT 路由器都具有 NAPT 功能。市场上出售的家庭使用的一种小型路由器就具有 NAT 和 NAPT 功能。虽然称之为路由器,但它不运行路由协议,因为其路由表很简单,主要集成了 NAT、以太网交换机、无线接入点,甚至防火墙等多种功能。

3. NAT 的特点与应用

NAT 最基本的作用是完成内部地址和外部地址的转换,从而实现了使用内部地址的内部专用网络可访问外部公网,满足了内部专用网的外部访问需求。而内部地址在各内部专用网中是可以重用的,NAT 技术相当于通过地址重用的方式缓解了全球 IP 地址的不足。这和子网划分不同,它是通过子网划分减少 IP 地址的浪费,提高 IP 的利用率来缓解 IP 地址不足的问题。从解决 IP 地址不足这个视角上看,这两种技术有异曲同工之效。

虽然 NAT 成功地实现了外网访问功能,起到了 IP 地址扩充的作用,但这种技术也有它的应用局限性。从 NAT 的通信过程不难看出,内网和外网在通信过程中,外网的主机根本看不到内部主机,它只知道路由器的外网接口,把路由器当成和它通信的主机。也就是说,内部网络对它是透明的。因此,外部主机不知道内网主机的存在,就根本不能主动访问内部主机。所以,部署在内部专用网里的服务器外网是不能主动访问的。当然,现在也可以在此基础上做一些技术处理,最终实现外网对内网主机的访问。

然而,这一局限性也有它的另外一面,给我们对内网的安全保护提供了支撑。由于 NAT 路由器的阻隔,外网主机看不到内网,从而不能主动访问内网,这使得外网的黑客无法对内网主机实施攻击,在网络安全领域有重要应用。一般认为,内部专用网是可信任的、安全的;外部网络是不可信任的、不安全的,NAT 路由器起到了隔离外网、保护内网的作用,因此,从网络安全的意义上说,NAT 路由器起到了防火墙的作用。所以,NAT 路由器就像自然界的老母鸡,它对翅膀下的小鸡起到遮隐保护作用,防止老鹰攻击。

6.9.2 虚拟专用网

虚拟专用网(VPN)是内部专用网的异地扩展。

有些机构比较大,有许多分部分布在相距很远的不同城市,而每个城市都有自己的专用网。这些分布在不同城市的专用网经常进行通信,因此需要把这些专用网互联起来。有多种方法可实现互联,最直接的方法是用一条专线互联,当然这条专线可以自建或租用电信公司的通信线路。这种方法的好处是简单、方便、安全,但线路租或建的成本太高。另一种比较可行的方法是通过公用的因特网互联,这样成本会低得多,虽然这是一个不错的选择,但这种方法有一个致命的缺点,那就是网络安全方面存在很大的隐患。

根据 6.9.1 节的分析,由于内部专用网 NAT 路由器的保护与隔离,因此内部专用网是安全的,其成员是可信的,通信的数据是内部数据,对外具有私密性。虽然 NAT 技术可以实现对外通信,但一般认为,外网是不安全的、不可信赖的,充斥着黑客、病毒和攻击。专用网通过因特网互联让专用网间的数据变得不再可信,也有泄密的可能。失去专用网的可信与安全特性,网络的可用性受损。

当然,可以通过加密等技术进行防范。但加密不但增加了系统开销,也有一定的局限性。例如,如果加密 IP 数据报的数据部分虽然有一定的保密效果,但黑客仍能对数据流根据源和目的 IP 进行流量分析。如果对 IP 报首部也加密,会导致数据报地址被加密,在互联网上无法路由。为了解决此类问题,因特网的设计者们创立了隧道技术。

IP 隧道技术解决穿越不可信任区的安全通信问题,在网络安全领域有广泛的现实应用。通过图 6-49 的实例可了解其主要原理。图中,某机构在两个相隔较远的场所建立的两个专用网 192.168.1.0、192.168.2.0 通过路由器 R1、R2 与因特网相连;主机 A(192.168.1.1)与主机 B(192.168.2.2)分别属于两个专用网,使用了本地地址;路由器 R1、R2 的两个外网接口分别是 M(200.6.6.6)、N(188.8.8.8),使用的是全球地址。为了简洁,图中 IP 数据报中的 IP 地址用名称表示。

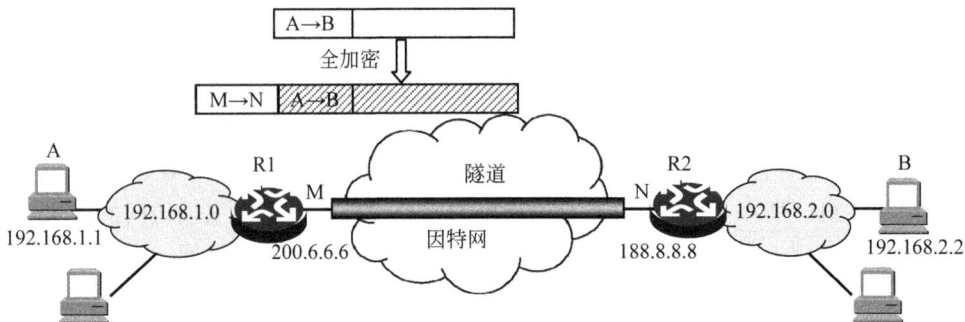

图 6-49 用隧道技术构建虚拟专用网

当然,在各地的专用网内部的通信都不经过因特网是安全的。但如果专用网 192.168.1.0 中的主机 A 与 192.168.2.0 中的主机发送数据报,就必须经过路由器 R1 和 R2 在因特网中借道。

主机 A 向主机 B 发送的 IP 数据报的源地址是 192.168.1.1,而目的地址是 192.168.2.2。这个数据报先作为本机构的内部数据报从 A 发送到与因特网连接的路由器 R1。路由器 R1 收到内部数据报后,根据设置发现其目的网络必须通过因特网才能到达,就把整个 IP 数据报进行加密(包括首部),然后重新加上一个数据报的头部,封装成在因特网上发送的外部数据报,其源地址是路由器 R1 的外网接口 M 的全球地址 200.6.6.6,而目的地址是路由器 R2 的外网接口 N 的全球地址 188.8.8.8。路由器 R2 收到数据报后将其数据部分取出进行解密,恢复出原来的内部数据报,转发到专用网 192.168.2.0,交付给主机 B。可见,虽然 A 向 B 发送的数据报通过了公用的因特网,但在安全性能的效果上就好像在本部门的专用网上传送一样。如果主机 B 要向 A 发送数据报,那么所经过的步骤也是类似的。

注意,数据报从 R1 传送到 R2 可能要经过因特网中的很多个网络和路由器。但从逻辑上看,R1 到 R2 之间好像是一条直通的点对点链路,图 6-49 中的"隧道"就是这个意思。这个加密传输的方式既解决了不保密的安全问题,又避开了因数据报首部加密而无法路由的问题。保持了跨越专用网的数据传输像在一个专用网中传输一样安全。在不可信的因特网中构建一个安全的专用通道,我们形象地称之为隧道。

隧道的使用,使两个异地专用网安全地联在一起,像一个专用网一样(但物理网络是两个),故称之为虚拟网(Virtual Private Network,VPN)。之所以称为"专用网",是因为这种网络是为本机构的主机用于机构内部的通信,而不是用于和网络外非本机构的主机通信。

VPN 只是在效果上和真正的专用网一样。一个机构要构建自己的 VPN,就必须为它的每个场所购买专门的硬件和软件,并进行配置,使每个场所的 VPN 系统都知道其他场所的地址。

有时一个机构的 VPN 需要有某些外部机构(通常就是合作伙伴)参加进来。这样的 VPN 称为外联网(extranet 或 extranet VPN,即外联网 VPN)。

注意,内联网和外联网都采用了因特网技术,即都是基于 TCP/IP 的。

还有一种类型的 VPN,就是远程接入 VPN（remote access VPN）。我们知道,有的公司可能有很多流动员工在外地工作。公司需要和他们保持联系,有时还可能一起开电话会议。远程接入 VPN 可以满足这种需求。在外地工作的员工通过拨号接入因特网,而驻留在员工 PC 中的 VPN 软件可以在员工的 PC 和公司的主机之间建立 VPN 隧道,因而外地员工与公司通信的内容是保密的,员工们感到好像使用的就是公司内部的网络。

6.10　IPv6

6.10.1　目前 Internet 面临的问题

前面介绍了 IPv4 地址的格式和分类,即 IPv4 是一个包含 32 位二进制数的地址协议,因此总地址容量为 2^{32},有数亿个。而按照 TCP/IP（同很多其他协议一样）的规定,相互连接的网络中每一个结点都必须有自己独一无二的地址作为结点的标识。因此,随着现有各种接入网络设备数量的增多,IP 地址资源已不堪重负,很快将被用光。

解决 IP 地址缺乏的办法之一是想办法延缓资源耗尽的时间,目前最广泛应用的技术当属 NAT,它使企业用户在内部网络应用中采用自行定义的地址,只在需要进行 Internet 访问时才翻译为合法的 Internet 地址;它的最大好处是用户加入 Internet 时不需更改内部地址结构,而只需在内外交界处实施地址转换,并且能够实现多个用户复用同一合法地址,从而大大节省地址资源;但 NAT 转换的同时也增加了网络的复杂性,何况它并不能阻止可用地址越来越少的趋势。

另外一种方法则是前面章节中的 CIDR 技术,在 CIDR 出现之前的分类地址中,只能选择 24 位、16 位和 8 位 3 种网络地址长度,网络的大小规格是一定的,使用中会造成大量 IP 地址的空闲。子网划分及 CIDR 出现之后,可以将一个网络再划分成多个子网,提高 IP 地址的使用率,一定程度上缓解 IP 地址不足的问题。

如前面章节所述,假如需要 5 个 IP 地址,ISP 可以为我们提供一个子网,里面的主机地址长度为 3 位,也就是说,最多能得到 6 个地址。抛开子网的网络号,3 位主机地址长度可以表示 0～7 共 8 个地址,但第 0 个和第 7 个有特殊用途,不能被用户使用,所以最多能得到 6 个地址。这种方法可以让 ISP 能尽最大效率分配 IP 地址。

一方面是地址资源数量的限制,另一方面是随着电子技术及网络技术的发展,计算机网络将进入人们的日常生活,可能身边的每一样东西都需要连入全球因特网。在这样的环境下,IPv6（Internet Protocol version 6）应运而生。

6.10.2　IPv6 的表示方法

IPv6 的地址共有 128 位,采用十六进制的表示方法。将 128 位分为 8 组,每组 16 位,用 4 个十六进制数表示,各组之间用":"隔开,每组中最前面的 0 可以省略,但每组必须有一个数,如 FEDC：BA98：7654：3210：FEDC：BA98：7654：3210 以及 1080：0000：0000：00000：00008：0800：200C：417A,此时可以表示成 FEDC：BA98：7654：3210：FEDC：BA98：7654：3210 及 1080：0：0：0：8：800：200C：417A。在此,IPv6 地址段中有时会出现连续的几组 0,这些 0 可以用"：："代替,但一个地址中只能出现一次"：："，如 1080：0：0：0：8：800：200C：417A 可以表示成 1080：：8：800：200C：417A。

IPv6 把 IP 的地址位数增加到 128 位,翻了 4 倍。这 128 位地址长度形成了一个巨大的地址空间(对运营商有强大的吸引力),所以在可预见的很长时期内,它能够为所有可以想象出的网络设备提供一个全球唯一的地址。曾有人描述 IPv6 的地址数目能够为地球上的每一粒沙子提供一个独立的 IP 地址,以彰显其多。

6.10.3　IPv6 数据报的首部格式

虽然 IPv6 必须容纳更长的地址,但它的基本首部包含的信息却比 IPV4 数据报首部少一些。IPV4 数据报中的选项和一些固定字段在 IPv6 中被转移到扩展首部中。IPv6 基本首部的变化反映了协议的变化。IPv6 首部格式如图 6-50 所示。

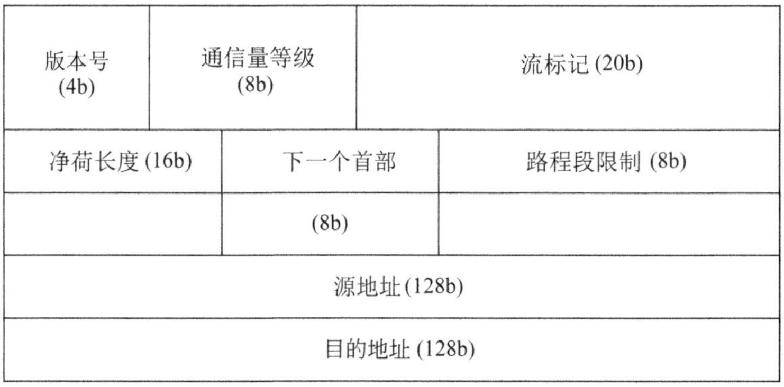

版本号 (4b)	通信量等级 (8b)	流标记 (20b)	
净荷长度 (16b)	下一个首部	路程段限制 (8b)	
	(8b)		
源地址 (128b)			
目的地址 (128b)			

图 6-50　IPv6 首部格式

从图 6-50 中可以看出,IPv6 首部分为以下几个部分。

(1) 版本号(version)。IPv6 协议的版本值为 6。这个字段的大小与 IPv4 中的版本号域相同。但是,这个字段的使用是有限的。IPv6 与 IPv4 的信息包不是通过版本字段的版本值区分的,而是通过 2 层封装(如 Ethernet 或者 PPP)中的协议类型区分的。

(2) 通信量等级(traffic classes)。IPv6 首部中的通信量等级域使得源结点或进行包转发路由器能够识别和区分 IPv6 信息包的不同等级或优先权。对于 IPv6 常用的通信量类别及等级的定义,还没有达成一致。在 RFC 1883 中,该域只有 4 位,而且称为优先权(Priority)域,并定义了 8 种信息包优先权。在 RFC 2640 中,通信量等级域被扩大到 8 位,这也是通信量种类增加的一种表现。

(3) 流标记。

一个"流"由其源地址、目的地址和流序号命名。在 IPv6 规范中规定"流"的定义是:源结点可以使用 IPv6 首部中 20 位的流标签标记信息包的顺序,源结点请求 IPv6 路由器对这些信息包进行处理，例如非默认服务质量和"实时"任务。IPv6在接收到一个信息包时，通过检查它的流标签，就可以判断它属于哪个流，然后就可以知道信息包的QoS需求。

（4）净荷长度（payload length）。净荷长度使用16位无符号整数表示，代表信息包中除IPv6首部之外其余部分的长度，以字节即8位记数。因为它是16位的，所以IPv6信息包的有效负载长度是64KB。值得注意的是，任何扩展首部都被认为是有效负载的一部分，将被计算在内。

（5）下一个首部（next header）。这个8位选择器，用来标识紧跟在IPv6首部后面的首部的类型。它的使用与IPv6协议中下一个首部域的使用一样。

（6）路程段限制（hop limit）。该域用8位无符号整数表示，当被转发的信息包经过一个结点时，该值将减1，当减到0时，则丢弃该信息包。

（7）源地址（source address）。信息包的发信方的地址。

（8）目的地址（destination address）。信息包的预期接收者的地址。如果有路由首部，该地址可能不是该信息最终接收者的地址。

从上述介绍中可以看出IPv6与IPv4相比，IPv6对首部中的某些字段进行了如下更改：

- 取消了首部长度字段，因为它的首部长度是固定的（40B）。
- 取消了服务类型字段，因为优先级和流标号字段合起来实现了服务类型字段的功能。
- 取消了总长度字段，改用有效载荷长度字段。
- 取消了标识、标志和片偏移字段，因为这些功能已包含在分片扩展首部中。
- 把TTL字段改称为跳数限制字段，但作用是一样的（名称与作用更加一致）。
- 取消了协议字段，改用下一个首部字段。
- 取消了检验和字段，这样就加快了路由器处理数据报的速度。我们知道，在数据链路层一旦检测出有差错的帧，就丢弃。在传输层，当使用UDP时，若检测出有差错的用户数据报，就丢弃。当使用TCP时，对检测出有差错的报文段就重传，直到正确传送到目的进程为止。因此，在网络层的差错检测可以精简掉。
- 取消了选项字段，而用扩展首部实现选项功能。

6.10.4 IPv4到IPv6的过渡

Internet上成千上万的主机、路由器等网络设备都运行着IPv4协议，这就决定了IPv4的网络向IPv6演进将是一个浩大而且繁杂的工程。IPv4和IPv6网络将在很长时间内共存，如何从IPv4平滑地过渡到IPv6是一个非常复杂的问题。要提供平稳的转换过程，使得对现有的使用者影响最小，就需要有良好的转换机制。

协议的过渡最典型的部署方法是：对网络内的所有结点和路由器安装并配置新协议，然后再验证所有的结点和路由器是否一切运行正常。在一个小型或中型的组织里，这种方法很容易就能做到。但是，在一个大型的组织里要想实施快速的协议过渡是困难的。

尤其是在 Internet 的范围内,如果想在短时间内迅速完成协议过渡,简直是一项不可能完成的任务。因此,过渡是一个相当漫长的过程。

1. IPv6/IPv4 双协议栈技术

新的 IPv6 协议栈主要针对原有 IPv4 协议栈的网络层部分做了重大改动,传输层及其以上的其他层协议基本没有做什么改动,IPv6 协议本身发生了较大变化,与 IP 关系密切的路由协议也发生了相应变化。双栈技术是 IPv4 向 IPv6 过渡的一种有效的技术。网络中的结点同时支持 IPv4 和 IPv6 协议栈,源结点根据目的结点的不同选用不同的协议栈,而网络设备根据报文的协议类型选择不同的协议栈进行处理和转发。双栈可以在一个单一的设备上实现,也可以是一个双栈骨干网。对于双栈骨干网,其中的所有设备必须同时支持维护 IPv4/IPv6 协议栈,连接双栈网络的接口必须同时配置 IPv4 和 IPv6 地址。IPv6/IPv4 双协议栈结点模型如图 6-51 所示。

IPv6 Application	IPv4 Application
Socket API	
TCP/UDP v4	TCP/UDP v6
IPv4	IPv6
数据链路层	
物理层	

图 6-51　IPv6/IPv4 双协议栈结点模型

双协议栈结点具有 3 种工作模式:
- 只运行 IPv6,表现为 IPv6 结点。
- 只运行 IPv4,表现为 IPv4 结点。
- 双栈模式,同时打开 IPv6 和 IPv4。

双栈技术工作方式:如果应用程序使用的目的地址是 IPv4 地址,则使用 IPv4;如果应用程序使用的目的地址是 IPv6 中的 IPv4 兼容地址,则同样使用 IPv4,所不同的是,此时 IPv6 就封装在 IPv4 中;如果应用程序使用的目的地址是一个非 IPv4 兼容的 IPv6 地址,那么此时将使用 IPv6,而且此时很可能采用隧道等机制进行路由传送;如果应用程序使用域名作为目标地址,那么此时先要从 DNS 服务器那里得到相应的 IPv4/IPv6 地址,然后根据地址的情况进行相应的处理。

在过渡的初始阶段,路由器可以只运行有关 IPv4 的路由协议,对于兼容 IPv4 地址的 IPv6 数据报的转发,完全按照以前 IPv4 的转发方式进行。这种方式有一些缺陷:首先,它的路由协议不能生成新的地址方式的 IPv6 路由条目;另外,对于以前的未经改造的 IPv4 路由器不适用。双栈技术主要涉及对网络中路由器设备的改造,网络中的主机可以不作任何改动。当然,这种情况下原有的 IPv4 主机不能和新的 IPv6 主机通信,如果需要通信,可以将原有的 IPv4 主机改造为双栈主机或采用地址/协议转换方法。双栈策略是一种比较显而易见的解决办法,易于理解,同时对原有的网络设备影响比较小,但这种方法的缺点是其维护工作比较复杂,一台路由器中需要维护两套协议栈,路由器负担较重,效率也比较低。双栈技术是 IPv4 向 IPv6 过渡的基础,所有其他的过渡技术都基于此。

2. 隧道技术

隧道技术就是利用现有网络设施中运行的 IPv4 为载体建立 IPv6 的通信机制,用于连接处于 IPv4 海洋中的各孤立的 IPv6 岛。此方法要求隧道两端的 IPv6 结点都是双栈结点,即也能发送 IPv4 包。隧道两头的结点间数据报的传送通过 IPv4 机制进行,隧道被看成一个直接连接的通道。隧道方法将 IPv6 封装在 IPv4 中的过程与其他协议封装相似:隧道一端的结点把 IPv6 数据报作为要发送给隧道另一端结点的 IPv4 包中的净荷数据,这样就产生了包含 IPv6 数据报的 IPv4 数据报流。IPv4 分组的源地址和目的地址分别对应隧道入口和出口的 IPv4 地址,通过 IPv4 骨干网进行发送,在隧道的出口处,再将 IPv6 分组取出转发给目的站点。这使孤岛状 IPv6 终端系统和路由器能够通过现有 IPv4 基础架构进行通信。IPv6/IPv4 的隧道技术如图 6-52 所示。

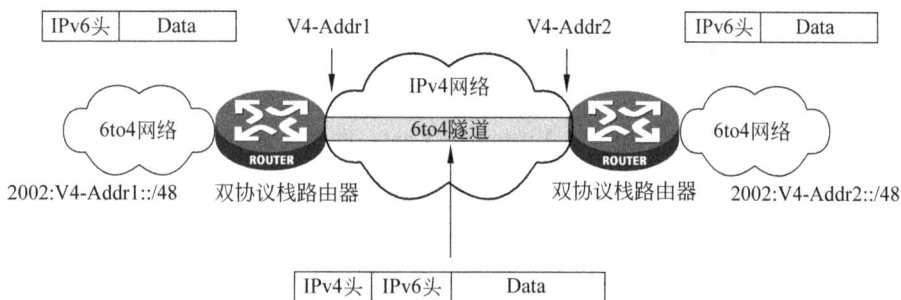

图 6-52　IPv6/IPv4 的隧道技术

隧道可以在路由器与路由器之间、路由器与主机之间以及主机与主机之间建立。在当前情况下,隧道技术是实现 IPv6 结点之间通信的主要方式。最常用的有手工配置隧道和自动配置的隧道。

1) 手工配置隧道

在迁移初期,可以通过人工配置的 IPv4 隧道连通互相独立的 IPv6 网络,这种隧道的建立是手工配置的,需要隧道两个端点所在网络的管理员协作完成。隧道的端点地址由配置决定,不需要为站点分配特殊的 IPv6 地址,适用于经常通信的 IPv6 站点之间。每个隧道的封装结点必须保存隧道终点的地址,当一个 IPv6 包在隧道上传输时,终点地址会作为 IPv4 包的目的地址进行封装。通常,封装结点要根据路由信息决定一个包是否要通过隧道转发。采用手工配置隧道进行通信的站点之间必须有可用的 IPv4 连接,并且至少要具有一个全球唯一的 IPv4 地址。手工配置隧道包括 Manual Tunnel(RFC 2893)和 GRE(RFC 2473)两种类型。Manual Tunnel 在隧道入口必须显式指定隧道终点的 IPv4 地址(双向);GRE 主要应用在个别 IPv6 主机或网络需要通过 IPv4 网络进行通信的场合,其他应用与 Manual Tunnel 基本相同。手工配置隧道方式实现相对简单,但扩展性较差,当隧道增多时,隧道配置和维护的工作量较大,故适合于综合组网的初期。

2)自动配置的隧道

这种隧道的建立和拆除是动态的,它的端点根据分组的目的地址确定,适用于单独的主机之间或者不经常通信的站点之间。自动配置的隧道需要站点用 IPv4 兼容的 IPv6 地址,这些站点之间必须有可用的 IPv4 连接,每个采用这种机制的主机都需要有一个全球唯一的 IPv4 地址。采用这种机制不能解决 IPv4 地址空间耗尽的问题。另外一种危险是如果把 Internet 上的全部 IPv4 路由表包括到 IPv6 网络中,那么会加剧路由表膨胀。

目前,随着互联网的飞速发展和互联网用户对服务水平要求的不断提高,IPv6 在全球将会越来越受重视。与 IPv4 相比,IPv6 具备更大的地址空间、更好的可扩展性、更高效的网络传输、更好的安全管理架构和移动支持。除了对传统互联网的网络容量和性能进行升级,IPv6 在物联网的路由、寻址以及物联网应用基础协议上也提供了很好的支持。

但我们也看到,由于 IPv6 对网络层技术的变化较大,与原有 IPv4 不兼容,因此带来了技术升级方面的系列问题,使得 IPv6 的大规模应用和推广受到限制。与 IPv6 相比,不得不佩服以太网,人们更喜欢技术的透明升级。

扩展阅读:名人轶事

TCP/IP 发明人 Vinton G. Cerf:我为何放弃专利

如果 1973 年文顿·瑟夫(Vinton G.Cerf)和他的伙伴将 TCP/IP 申请为专利,那么这个世界上的首富还会是比尔·盖茨吗?

Vinton G.Cerf 博士是 TCP/IP 和互联网架构的联合设计者之一,被称作"互联网之父"之一。1972—1976 年,其任教于斯坦福大学。其间,他与鲍勃·康(Robert E.Kahn)一起领导 TCP/IP 的研发小组,为阿帕网(ARPAnet)成功开发了主机协议,使 ARPAnet 成为第一个大规模的分组交换网络。

1973 年,Vinton G.Cerf 和 Robert E.Kahn 在设计不同计算机网络互联的时候做出一项重要决定,一定要让计算机和计算机之间的沟通敞开和透明;1975 年,在开始布设计算机网间互联的时候,两人一致决定不同计算机网络之间互联的协议要免费公开,让大家自由分享。他们花了整整十年的时间推广这项新技术,用各种方式说服人们尝试使用它。

"互联网从诞生到现在已经 35 年了,其巨大的变化在于,我们将几十年前的想法在不断地加以扩大,并广泛地应用它。"1968 年,已经出现了一排人共享一台计算机的情况。发展到 1973 年,美国计算机互相联系的网络有 3 个:第一个是美国国防部用以联系美国有关研究机构的网络;第二个是增阻无线电实施移动通信功能的网络;第三个是大西洋网络,用于美国和大西洋的联系。Vinton G.Cerf 和 Robert E.Kahn 从事互联网研究的初衷是将这 3 个网络合并。1973—1983 年间,互联网并未得到大规模的使用;1983—1993 年网络大爆炸期间,十年间用户翻了一倍。Vinton G.Cerf 认为,一方面是 MCI 公司起了推动作用,1986 年推出了光纤网络通信;更重要的一方面是,从 1989 年开始,美国允许用于高端研究的技术应用于商业用途。

但是，"推广中各种斗争一直不断。"首先，在 TCP/IP 技术之前，人们已经有了互联技术(ARPA)，尽管它不足以支持 10 万台计算机的互联，但使用 ARPA 技术的人必然会抵抗 TCP/IP 技术。Vinton G.Cerf 和他的伙伴们用尽各种方法说服使用老技术的人们尝试接受新技术。

其次，和国际标准化组织(ISO)进行了长期的斗争与交涉。一开始 ISO 并没有接受 TCP/IP 技术，直到 1978 年才得到标准化认可。其实，当时 ISO 也推出了一套开放式互联的架构。1983—1993 年，Vinton G.Cerf 和他的伙伴们都在与想使用 ISO 推出的互联架构的人做斗争。

"在我们看来，这套开放式互联架构只是一大堆文件。"Vinton G.Cerf 说，"在使用的过程中是不可行的。没有实际的应用，市场也并未形成。"再者，层出不穷的新技术号称要取代 TCP/IP，也不断有新的传输技术声称要取代互联网络传输技术。"但最终并没有实现。"Vinton G.Cerf 说，"我们在发明和设计 TCP/IP 时做得非常仔细。它可以架构在一些新技术上，如架构在 ATM、异步传输之上，这样既可保住我们的体系，又可以从新技术中吸取新优势，使得整个体系不断完善。"

那么，怎样才能使得这些新技术实现可持续发展呢？Vinton G.Cerf 认为，关键是要建立一种学术界、应用界、政府彼此合作的模式，互相支持。只有借助三者的帮助，才能使得新技术在发展的过程中不断更新。

习题

1. 名词解释：面向连接服务、面向无连接服务、直接交付、间接交付、虚电路、IP、ARP、ICMP、子网划分、超网、CIDR、路由表、RIP、OSPF、VPN、NAT。

2. 网络层可采用的服务有哪两种？试比较其优缺点。

3. 网络互联时，有哪些共同的问题需要解决？作为网络设备，中继器、网桥、路由器和网关在网络互联方面的功能有何不同？

4. 试说明 IP 地址与硬件地址的区别。为什么使用两种不同的地址？

5. IP 数据报中的首部检验和并不检验数据报中的数据。这样做的最大好处是什么？坏处是什么？

6. 什么是最大传送单元(MTU)？它和 IP 数据报首部中的哪个字段有关系？

7. IP 数据报首部中的 TTL 字段有什么意义？如果没有此字段，试讨论可能出现的后果。

8. 在因特网中将 IP 数据报分片传送的数据报在最后的目的主机进行组装。还可以有另一种做法，即数据报片通过一个网络就进行一次组装。试比较这两种方法的优劣。

9. 关于 ARP，请回答下列问题。

(1) 有人认为："ARP 向网络层提供了转换地址的服务，因此 ARP 应当属于数据链路层。"这种说法为什么是错误的？

(2) 试解释为什么 ARP 高速缓存每存入一个项目，就要设置 10~20min 的超时计时器。这个时间设置得太大或太小会出现什么问题？

（3）至少举出两种不需要发送 ARP 请求分组的情况（即不需要请求将某个目的 IP 地址解析为相应的硬件地址）。

（4）IP 地址为 192.168.44.64 的设备发出的 ARP 请求分组中，目的硬件地址是什么？

10. 主机 A 发送 IP 数据报给主机 B，途中经过 5 个路由器。试问 IP 数据报传输过程中要使用几次 ARP？

11. 一个数据报长度为 6000B（固定首部长度）。现在经过一个网络传送，但此网络能够传送的最大数据长度为 1500B。试问应当划分为几个短一些的数据报片？各数据报片的数据字段长度、片偏移字段和 MF 标志应为何数值？

12. 试辨认以下 IP 地址的网络类别。

（1）128.36.199.3 （2）21.12.240.17

（3）182.194.76.253 （4）193.22.69.248

（5）89.3.0.1 （6）256.6.7.8

13. 一台主机的 IP 是 192.168.1.193，子网掩码为 255.255.255.248，当这台主机将一条消息发往 255.255.255.255 时，求能顺利接收到消息的主机 IP 范围。

14. 现有一个公司需要创建内部网络，该公司包括工会、工程技术部、市场部、财务部和办公室 5 大部门，每个部门有 20～30 台计算机。现在申请到一个 C 类地址 213.65.38.0，请使用子网划分技术为 5 个部门分配 IP 地址，使其各自成为一个子网，请给出子网掩码、可用主机地址范围，并设计一个实现拓扑图。

15. 根据已有主机 IP 地址及子网掩码，计算主机所在网络的情况并填写下表。

IP 地址	131.181.21.9
子网掩码	255.255.192.0
子网地址	
主机号	
直接广播地址	
最小主机地址	
最大主机地址	

16. 设某路由器建立了如下路由表：

目的网络	子网掩码	下一跳
131.96.39.0	255.255.255.128	接口 0
131.96.39.128	255.255.255.128	接口 1
131.96.40.0	255.255.255.128	R1
192.4.153.0	255.255.255.192	R3
默认		R4

现共收到 5 个分组,其目的地址如下,试分别计算其下一跳。

(1) 131.96.39.10

(2) 131.96.40.12

(3) 131.96.40.151

(4) 192.4.153.17

(5) 192.4.153.90

17. 一个自治系统有 5 个局域网,其连接图如下。$LAN_2 \sim LAN_5$ 上的主机数分别为 91,150,3 和 15。该自治系统分配到的 IP 地址块为 30.138.118/23。试给出每一个局域网的地址块(包括前缀)。

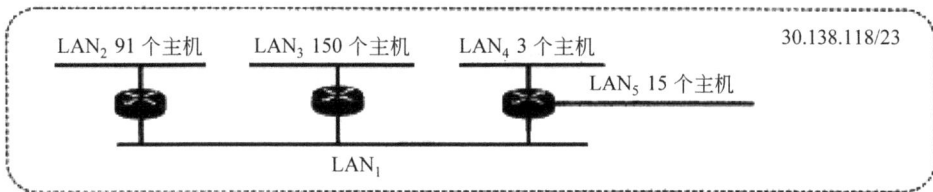

18. 有如下的 4 个/26 地址块,试进行最大可能的聚合。

59.67.158.0/26,59.67.158.64/26,59.67.158.128/26,59.67.158.192/26

19. 已知地址块中的一个地址是 140.120.84.24/20。试求这个地址块中的最小地址和最大地址。地址块中共有多少个地址? 相当于多少个 C 类地址?

20. 某单位分到一地址块 136.23.12.64/26。现在需要进一步划分为 4 个一样大的子网。问:

(1) 每个子网的网络前缀有多长?

(2) 每个子网中有多少个地址?

(3) 每个子网的地址块是什么?

(4) 每个子网可分配给主机使用的最小地址和最大地址分别是什么?

21. 为什么要采用最长前缀匹配? 请解释最长前缀匹配的重要性。

22. 试简述 RIP、OSPF 和 BGP 路由选择协议的主要特点,以及各自的应用场合。

23. 试给出以下 IPv6 地址的原始形式:

(1) 0::0   (2) 0:AA::0   (3) 0:1234::3   (4) 123::1:2

24. 什么是 NAT? 结合生活中的具体应用解释 NAT 的工作原理,并分析其优缺点。

25. 某网络拓扑如下图所示,其中 R 为路由器,主机 H1~H4 的 IP 地址配置以及 R 的各接口 IP 地址配置如图中所示,现有若干台以太网交换机(无 VLAN 功能)和路由器两类网络互连设备可供选择。

请回答下列问题。

(1) 设备 1、设备 2 和设备 3 分别应选择什么类型的网络设备?

(2) 设备 1、设备 2 和设备 3 中,哪几个设备的接口需要配置 IP 地址? 并为对应的接口配置正确的 IP 地址。

(3) 为确保主机 H1~H4 能够访问 Internet,R 需要提供什么样的服务?

（4）若主机 H3 发送一个目的地址为 192.168.1.127 的 IP 数据报,网络中哪几个主机会接收该数据报?【考研真题】

26. 网络层功能分析网络层服务的特点,针对不同的应用,试分析它存在的缺点和不足? 你认为网络还需要完善哪些方面?

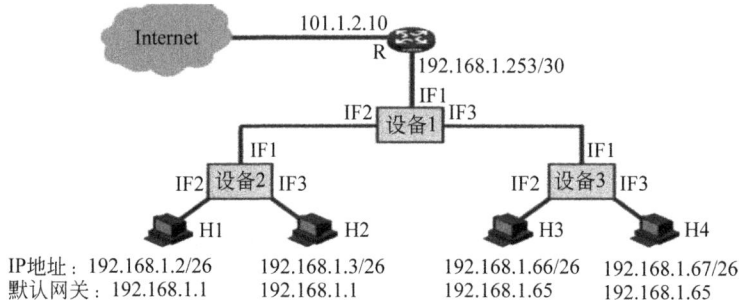

第 7 章　传输层与进程通信

从物理层、数据链路层到网络层,完美解决了网络通信和互联的问题。至此,互联网上任意两主机间的数据通信问题都解决了,实现了主机间的通信。那么,在网络体系中,为什么还在网络层之上设置了传输层,难道还有什么问题需要解决吗?

是的,网络层只是把数据包送到主机,但通信的主体是运行在主机上的进程,送来的数据究竟是主机上哪个应用程序的,这还要具体分发。其次,尽管实现了互联互通,但 IP 提供的是尽力服务,由于各通信子网的质量不同,最终的数据可能会有错误,高层用户会抱怨,在有些情况下,人们希望网络能提供可靠的通信。这些需求为传输层留下了空间。

由此可见,如果说网络层扮演了邮差,它把信件送到单位,提供了主机间的通信,那么传输层应该是单位的秘书,负责分发到进程,实现进程通信;另外,通过在主机上对网络数据进行检验和重发,改进了网络层的服务质量,实现了可靠传输。如果说还有别的作用,那就是高层用户通过这个秘书使用网络更容易、方便,也就是说,传输层充当高层用户和网络的接口,方便用户使用。因此,传输层的作用是进程通信、可靠传输、网络接口,如图 7-1 所示。

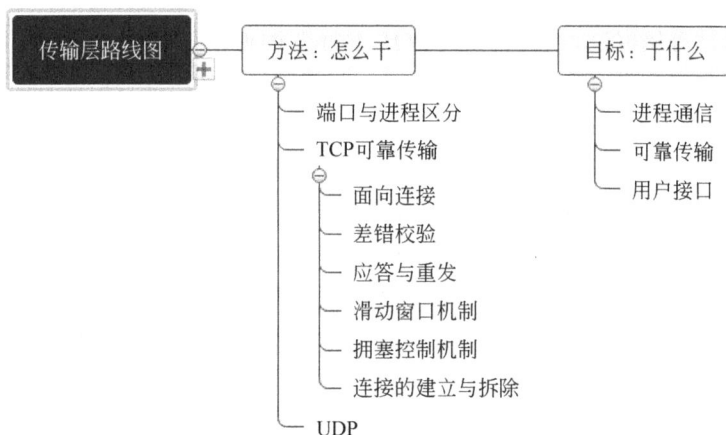

图 7-1　传输层路线图

秘书是不出单位的,传输层也只存在于主机上,通信子网上是没有传输层的。传输层是第一个跨越通信子网实现端到端传输的层次。

传输层是整个网络体系结构中的关键层次之一,起到承上启下的作用。本章首先介绍了传输层的具体功能;然后重点讲述 TCP 的工作原理,最后介绍 UDP。

7.1 传输层的地位与作用

在网络层的黏合下,通过最基础的三层实现了互联网,确切地说是仅完成了互联网通信子网的构建,这是一个以通信为主的简陋的网络。就像一个简陋的模型车,仅具备了汽车的基本功能,由于座椅、顶棚等配件的缺失,用户乘坐并不舒服,操控性和体验也会很差。接下来的工作除了对功能继续完善,可能更多的是考虑乘客的感受,面向用户需求,健全辅助设施,以提升舒适性和操控性。同样,完善功能、服务用户正是传输层的定位。

具体地,在主机通信的基础上,传输层通过区分和标识进程实现了进程通信,这是对通信功能的完善。面向用户,提供了增值服务。首先,传输层改进了网络的服务质量,实现了可靠传输;其次,通过提供统一的接口方便用户使用网络。

7.1.1 传输层实现进程间的通信

1. 进程通信

从通信的视角看,传输层的作用是区分和标识进程,实现进程间的通信。

相信读者都有自己的QQ,可能不止一个吧。回想我们熟悉的一个场景:网吧里,一台机器上同时挂着两三个QQ,这个闪,那个叫,同时和多个号上的好友聊天。想想,好友回来的消息有没有搞混过,也就是说,QQ1上好友的返回消息在QQ2的消息窗口中呈现出来。遇到过吗? 没有吧。

那么,你是否思考过这个问题:两个QQ号在网上收发数据用的都是一个IP地址,对方回复回来的消息都给了同一台主机,都以该主机的IP作为目的地址,主机是如何区分这些IP分组,并将它们正确并有序地分发到多个不同的QQ上呢? 或者说,机器是如何保证同时运行的这两个QQ数据不会混淆的。

这种情况下,主机的网络层是不能区分数据的QQ所属的,IP只能区分到主机。就像传统通信系统中的邮差,他只负责把信件送到单位,而信件在单位里的具体分发由收发秘书完成。从上述例子可以看到,"两个主机之间的通信"这种说法不够准确。真正进行通信的实体是主机中的进程,更准确地讲,主机间通信实质上是主机上进程间的通信。进程(process)是应用程序的一次执行过程,是正在运行的应用程序。进程与程序既有联系,又有区别。一般来说,主机上同时运行多个进程,各进程对外通信时共享网络层的IP地址,网络层并不能确定收到的数据是哪个进程的。所以,直到网络层,从实现进程通信的需求上看还是有欠缺的。正是传输层标识和区分各进程在发送数据时使得各进程共享、复用一个IP;把IP收到的数据分发给各进程。那么,传输层又是如何区分不同进程的呢?

传输层使用端口号(简称端口)区分进程。不同的端口号对应不同的进程,或者说,不同的应用进程通信时使用不同的端口号,如图7-2所示。

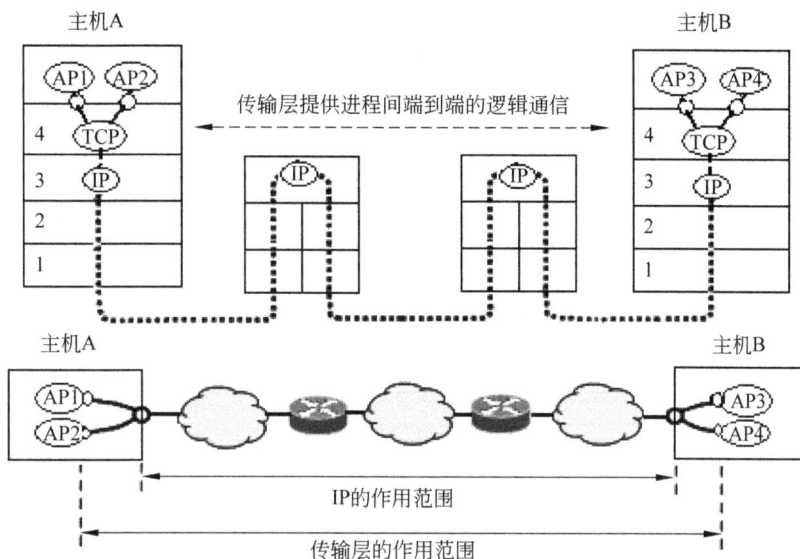

图 7-2　传输层在网络通信中的作用

刚才讨论的情形中，两个 QQ 号运行时表现为两个不同的进程，它们各自使用不同的端口号进行网络通信，所以传输层会正确分发 IP 提交的数据，而不出现消息错乱。不同进程同时使用网络的情形有很多，如 IE、QQ、视频播放器等，它们可同时使用网络通信的原理也如此。

从这里可以看出网络层和传输层有明显的区别。网络层提供主机之间的通信，而传输层提供应用进程之间的通信，扩展和细化了主机通信，参见图 7-2。

2. 端口

传输层用端口号标识进程，实现进程通信。

在单机中，进程是用进程标识符标志的。但是，在因特网环境下，不同的操作系统会使用不同格式的进程标识符，所以这种方式并不可行，必须用统一的方法使之与特定操作系统无关，以保证不同操作系统的计算机进程能互相通信，解决的办法是使用端口，使用端口号标识每个具体的本地进程。

端口号只具有本地意义，因特网上不同计算机中的进程可能具有相同的端口。在因特网上两个计算机中的进程要互相通信，不仅必须知道对方的 IP 地址（定位主机），而且还要知道对方的端口号（定位进程），所以，在因特网上标识一个进程应该使用（IP 地址，端口），即套接字（socket）。RFC 中规定，端口号拼接到 IP 地址即构成套接字。因特网上服务器的服务进程是一直开启的，客户机访问服务器时发起通信请求，这时必须知道服务器的 IP 地址和端口号。想想，我们是怎么访问 Web 网站的？上网时是如何提供（IP 地址，端口）的。

这就需要讲讲端口的规划与设计了。端口号由 16 位二进制数码组成，端口号的范围是 0～65535。TCP/IP 设计了一套有效的端口分配和管理办法，对知名应用端口有特别的规定。因特网赋号管理局(IANA)将端口号分为熟知端口(well-known ports)、登记端口和临时端口3类。其中熟知端口和登记端口用在服务器端,临时端口号主要在客户机中使用。

熟知端口号的数值为0～1023,这些数值可在网址 http://www.iana.org 中查到。IANA 把这些端口号指派给 TCP/IP 最重要的一些应用程序,让所有的用户都知道。这部分端口号就像生活中的119、110 等服务电话号码,用户需要时可以方便地请求服务。传输层的熟知端口与应用见表 7-1。

表 7-1 传输层的熟知端口与应用

端口号	应用层的协议	传输层的协议	应用
20、21	FTP	TCP	文件传输服务
22	SSH	TCP	远程登录
23	Telnet	TCP	远程登录
25	SMTP	TCP	电子邮件服务
80	HTTP	TCP	万维网服务
110	POP3	TCP	访问远程邮件
53	DNS	UDP	域名服务
69	TFTP	UDP	简单文件传输
67	BOOTP、DHCP	UDP	IP 地址配置
520	RIP	UDP	路由选择协议
161	SNMP	UDP	网络管理

登记端口号的数值为1024～49151。这类端口号是为没有熟知端口号的应用程序使用的。使用这类端口号必须在 IANA 按照规定的手续登记,以防止重复。

临时端口号的数值为49152～65535。由于这类端口号仅在客户进程运行时才动态选择,因此又叫作短暂端口号。这类端口号是留给客户进程选择暂时使用的。当服务器进程收到客户进程的报文时,就知道了客户进程使用的端口号,因而可以把数据发送给客户进程。通信结束后,刚才已使用过的客户端口号就不复存在。这个端口号就可以供其他客户进程以后使用。

7.1.2 传输层实现可靠传输

从为高层用户服务的视角看,传输层提供可靠传输,提升网络的传输质量,这是服务于用户的,是面向用户设置的功能。

网络层虽然提供了从源到目的主机的通信服务,但是数据通信的可靠性却没有保障,其原因是多方面的。在 Internet 上的网络层,IP 提供的是无连接的、"尽力而为"的数据报服务,是不可靠的。首先,IP 分组在传输过程中有很多原因会导致数据丢失、乱序或重复,对此,IP 没有应对措施,它实现的是简单通信。其次,虽然在 OSI 模型中设计了数据链路层的可靠传输,但在实际应用中,考虑到效率、成本等因素,大多数据链路层只实现了简单通信,没有实现可靠传输。这样,物理层、数据链路层、网络层的错误就得不到纠正,如果传输层也没有纠正,错误会留到用户那里,使得网络的可用性降低,尤其是对可靠性有要求的应用。另一方面,互联网上端到端的通信可能会跨越一系列通信子网,不同的通信子网使用的技术不同,数据传输速率、时延、错误率等通信质量不同,这也导致整个端到端的通信质量没有保障。当然,大量的、突发性的数据发送也容易造成网络拥塞,导致数据丢失、时延增大。这些都是网络传输的不可靠、不确定因素,使通信子网的服务质量没有保障。

鉴于高层的一些应用对可靠性的要求,传输层的 TCP 提供了可靠传输机制。可靠传输的技术原理如第 4 章所述,主要是在面向连接的传输中使用确认、重传、流量控制等传输机制,以保证数据无差错、无丢失、无重复、有序。

对此,也可以这样理解:网络层及以下部分是由通信子网完成的,由于历史及经济原因,通信子网往往是公用数据网,由各通信公司维护,不保证都是可靠通信,也是资源子网中的端用户所不能直接控制的。因此,用户不可能通过更换性能更好的路由器或增强数据链路层的纠错能力提高网络层的服务质量,所以端用户只能依靠在自己主机上增加的传输层检测分组的丢失或数据的残缺,并采取相应的补救措施。通过传输层的差错检测和重发,进一步提升了网络服务质量,为用户提供增值服务。

7.1.3 传输层实现用户接口

由上可见,传输层的作用很像公司、单位里的收发秘书。对来往的信件、物资负责分发;对物流托运中损坏、丢失的物资负责检验、追讨。在完成这两项任务的同时,秘书的存在还使得高层主管更加省心、放心,可以通过收发秘书更简单、方便地使用公共物流服务。同样,在计算机网络中,如果高层用户直接使用网络层传输数据,会涉及通信子网细节,不易操作。通过传输层提供的接口使用网络层的服务,可以屏蔽通信子网的细节,操作简单、方便。传输层作为用户和网络的接口,为高层用户提供服务,也是面向用户的功能体现。

正是有了传输层,应用程序员才可以按照一组标准的原语编写代码,并且程序可以运行在各种各样的底层网络上;他们无须处理不同的网络接口,也不用担心传输的可靠性。如果所有实际的网络都完美无缺,具有相同的服务原语,并保证不会发生变化,那么传输层或许就不再需要。然而,现实世界中并不是这样,传输层承担把上层与各异的网络实现和各种缺陷隔离的关键作用。

综上可见,传输层在高层用户和通信子网之间承上启下,有多方面的功能。

从通信的角度看,传输层使用端口机制区分进程,实现了进程到进程的通信,这是传输层在通信方面的贡献,它面向通信的一面,属于通信部分的最高层;从用户的角度看,传输层面向高层用户服务,为高层用户提供接口和通信质量的升值服务,是用户功能中的最低层,是资源子网中的最低层,如图 7-3 所示。

正像秘书工作在单位里。传输层存在于主机里,通信子网中是不存在的,如路由器上只有网络层以下的层次。因此,传输层直接在发送端和接收端起作用,从协议栈上看,它跨越中间转发结点(如路由器)提供端到端的通信,如图 7-2 所示。也就是说,网络体系结构中的低 3 层构成了通信子网,高层协议只存在于主机中,如图 7-3 所示。

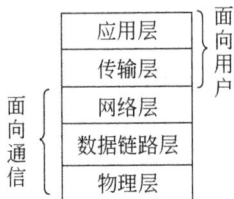

图 7-3 传输层在网络体系中的角色

图 7-4 TCP/IP 体系中的传输层协议

7.1.4 TCP/IP 的传输层

针对不同的网络应用对数据可靠性和实时性的要求,TCP/IP 传输层设计了两个协议供不同应用选择。这两个协议分别是用户数据报协议(User Datagram Protocol,UDP)和传输控制协议(Transmission Control Protocol,TCP)。图 7-4 给出了这两个协议在协议栈中的位置。应用层中使用 TCP 的应用有 FTP、HTTP、SMTP、Telnet 等;使用 UDP 的应用有 DNS、TFTP、SNMP 等。

在 TCP/IP 体系中,根据所使用的协议是 TCP 或 UDP,分别称之为 TCP 报文段(segment)或 UDP 用户数据报。

UDP 在传送数据前不需要先建立连接。远地主机的传输层在收到 UDP 报文后,不需要给出任何确认。虽然 UDP 不提供可靠交付,但在某些情况下 UDP 却是一种最有效的工作方式,支持因特网音频、视频等实时性应用。

TCP 则提供面向连接的可靠传输服务。在传送数据之前必须先建立连接,数据传送结束后要释放连接。TCP 只支持一对一的数据传输,不提供广播或多播服务。由于 TCP 要提供面向连接可靠的传输服务,因此不可避免地增加了许多开销,如确认、流量控制、计时器以及连接管理等。这不仅使协议数据单元的头部增大很多,还会占用许多处理机资源,因此,网络时延较大。TCP 支持对可靠性要求高的应用,不适合实时性强的应用。

UDP 和 TCP 中都提供了端口机制区分进程。

主机上的多进程通信靠着端口机制,实现了进程的区分,在发送数据时,传输层把多个进程的数据复用到 IP,进行网络传输;接收数据时,传输层把 IP 收到的数据根据端口号分发给各进程,如图 7-5 所示。因此,传输层实现了多进程通信的复用和分用功能。

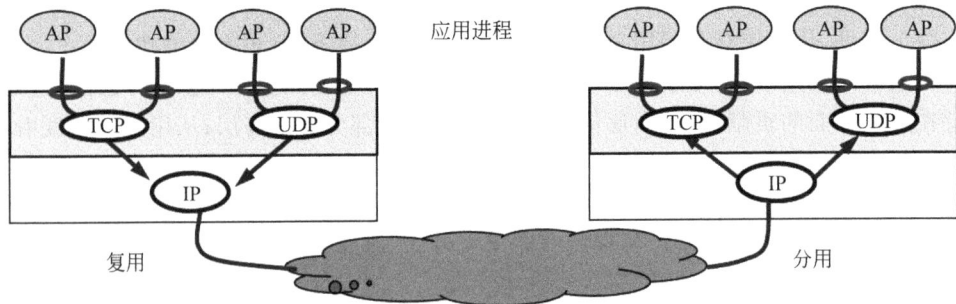

图 7-5 传输层的复用和分用

7.2 TCP 的可靠传输技术

7.2.1 TCP 的传输模型

TCP 最大的特点和价值是可靠传输,它是如何实现的呢?

TCP 比较复杂。TCP 是面向连接的传输层协议。这就是说,应用程序在使用 TCP 之前,必须先建立 TCP 连接。在传送数据完毕后,必须释放已经建立的 TCP 连接。应用进程之间的通信好像在"打电话":通话前要先拨号建立连接,通话结束后要挂机释放连接。

TCP 提供可靠交付的服务。也就是说,通过 TCP 连接传送的数据,无差错、不丢失、不重复,并且按序到达。

所有的 TCP 连接都是全双工的,并且是点到点的通信。TCP 允许通信双方的应用进程任何时候都能发送数据。TCP 不支持多播或者广播传输模式。

TCP 提供面向字节流的服务。TCP 还有流量控制和拥塞控制的功能。下面详细说明 TCP 的有关概念和传输模型。

1. TCP 连接的概念

TCP 连接有看不见摸不着的抽象性,如何理解 TCP 连接,其作用是什么?

TCP 提供的是面向连接的服务,先建立 TCP 连接,再传输数据。建立连接是为了提高传输的可靠性。

每条 TCP 连接的两端用两个套接字确定,即(IP 地址,端口号)。并且每条 TCP 只能有两个端点,也就是说,TCP 连接只能是点对点的,进行一对一的数据传输。

TCP 把连接作为最基本的抽象。通信的双方建立了 TCP 连接,表现在双方主机里动态地相互记录对方的状态。TCP"连接"不像线路交换中的端到端的 TDM 或者 FDM 电路,也不是一个虚电路。TCP 的连接状态是完全驻留在两个终端系统中的。中间的路由器不知道,也不保留 TCP 连接的状态。

怎样理解 TCP 连接就是彼此状态的跟踪?看生活中的一个实例。

北京的皮鞋经销商 A 和上海的供货商 B 签订了一份商务合同,A 花费 100 万元向 B 订购 10 车鞋。合同一旦签订,A 就记录下了对方 B 的一些信息,如地址、电话、身份证号、营业执照编号,并初始化 A 的付款数 m、收货车数 n 等;同样,B 也记录下 A 的身份信息及收到款数 p、发货车数 q,如图 7-6 所示。之后,经销商 A 货款不断寄出,供货商 B 不断发货。A 跟踪并记录 B 的发货量,B 实时记录 A 的货款数。只要合作没完成,就动态维护状态信息,最终货款两清后,撕掉账单,释放状态,合作完成,拆除连接。

TCP 连接就像生活中的商务合作。只要双方保持着状态,就相当于保持着连接。这种状态只存在于连接的两端。显然,只要记录了状态就错不了,错了也能检查出来;因此,建立连接为后续的数据可靠传输提供了支撑。

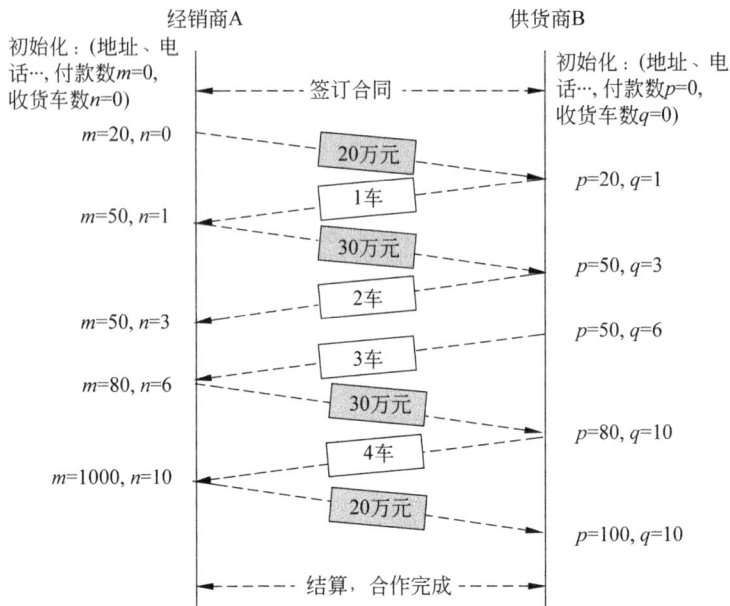

图 7-6　商务合作中的状态跟踪

TCP 连接就是由协议软件所提供的一种抽象。虽然有时为了方便,也可以说,在一个应用进程和另一个应用进程之间建立了一条 TCP 连接,但一定要清楚:TCP 连接的端点是套接字,即(IP 地址,端口号)。同一个 IP 地址可以有多个不同的 TCP 连接,而同一个端口号也可以出现在多个不同的 TCP 连接中。

2.　面向流的传输

什么是流？如何理解 TCP 以流的方式传输数据？

TCP 连接的两端都设有发送缓存和接收缓存,用来临时存放双向通信的数据。发送时,应用程序把数据传送给 TCP 的缓存后,就可以做自己的事,而 TCP 在合适的时候把数据发送出去。接收时,TCP 把收到的数据放入缓存,上层的应用进程在合适的时候读取缓存中的数据。

一个 TCP 连接就是一个字节流,而不是消息流。端到端之间不保留消息的边界。也就是说,TCP 把应用进程送来的长短不一的消息(报文)在缓冲区里排队,它把应用程序交下来的数据看成仅是一连串的无结构的字节流。每当数据达到一个段的大小,TCP 就把它加上 TCP 头部,包装成一个 TCP 报文段发送出去,如图 7-7 所示。TCP 接收端也不能识别报文,它只是把收到的字节流上交给应用程序。接收方的应用程序有能力识别收到的字节流,把它还原成有意义的应用层数据。如果传输中不出错,接收方应用程序收到的字节流应该和发送方应用程序发出的字节流完全一样。

从图 7-7 中可见,可能几个报文封装在一个 TCP 段里发送,也可能一个报文分成几个 TCP 段发送。TCP 发送中并不考虑报文边界,而把相继到来的报文当成连续的字节流统一处理。发送过程中,TCP 把写入发送缓冲区的报文段按字节连续编号,以便接收方按字节序号接收,从而实现顺序接收,也能发现丢失的报文段。

TCP 的这种发送方式和现实社会中的物流模式非常一致。在物流公司收纳点,接收并暂存各散户的货物,等到同一目的地的物品足够一车时便把各散户货物集中装成一车发出,若某一客户物品足够多,也可能要分装成多车发送。

TCP 用一个 TCP 头将用户数据封装,得到 TCP 报文段。发送时,TCP 报文段被传送到下面的网络层,在那里它被封装到 IP 数据报中,以 IP 数据报的形式在网络层传输。

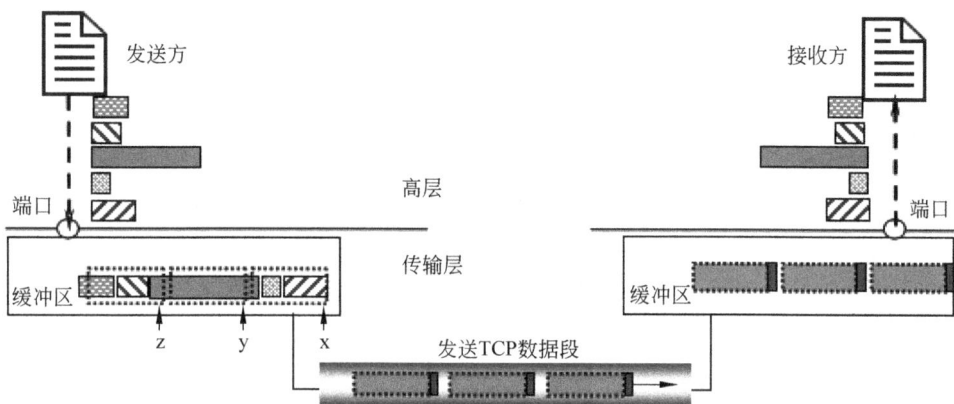

图 7-7　TCP 以流的方式发送数据

TCP 对应用进程一次把多长的报文发送到 TCP 的缓存中是不关心的。TCP 根据对方给出的窗口值和当前网络拥塞的程度决定一个报文段应包含多少个字节。如果应用进程传送到 TCP 缓存的数据块太长,TCP 就可以把它划分短一些再传送。如果应用进程一次只发来很少的字节,TCP 也可以等待积累有足够多的字节后再构成报文段发送出去。

3. TCP 传输模式

TCP 究竟以一种什么样的工作模式实现可靠传输的?

TCP 传输数据时,需要建立连接。连接是可靠传输的基础,在端到端的连接上实现数据流的可靠传输。TCP 按字节序号把数据封装成 TCP 段,使用 TCP 连接发送到接收端。

我们知道,TCP 发送的报文段是交给 IP 层传送的。但 IP 层只能提供尽最大努力服务,也就是说,TCP 下面的网络提供的是不可靠的传输。因此,TCP 必须采用适当的措施,才能使得两个传输层之间的通信变得可靠。

可靠传输是指传输的数据无差错、无丢失、无重复、接收的数据有次序。IP 层的服务是不可靠的,TCP 是如何在不可靠的 IP 服务基础上构建可靠通信? 这主要得益于以下机制:差错校验机制、应答机制、重传机制、序号机制。

TCP 按字节序号进行数据收发。TCP 把应用程序送发的数据在缓冲区里排队,并按字节编号。初始序号可以是任意值,由双方在建立连接时商定,发送时从初始序号字节处开始发送;在 TCP 连接两端配置发送缓冲区和接收缓冲区,发送缓冲区存放已发送但还

没有确认的报文段,接收缓冲区存放已接收但还没处理的报文段;接收方处理收到的
TCP 段时,进行差错校验,丢弃出错的 TCP 段,对正确接收的 TCP 段进行应答,为提高
效率,允许捎带应答和累积应答,应答序号是已收到的字节序号加 1;对出错和丢失的
TCP 段采用重发机制更正。TCP 中没有否定应答,对出错被丢弃的报文段不作应答。这
样,发送计时器就会超时,引起重发。对重复的数据 TCP 接收方会丢弃,但要作出确认。
为什么对丢弃的重复段还要确认? 正是因为发送端没收到报文段的第一次确认才重发,
所以还需要给出确认。

图 7-8 展示了一数据流的发送模式,TCP 对数据流按字节编号(起始编号在建立连
接时约定,不一定从 0 开始)。每个报文段的大小为 100B,起始序号为 201。

从图 7-8 可以看出,为了提高发送效率,TCP 采用了连续 ARQ 的发送方式。

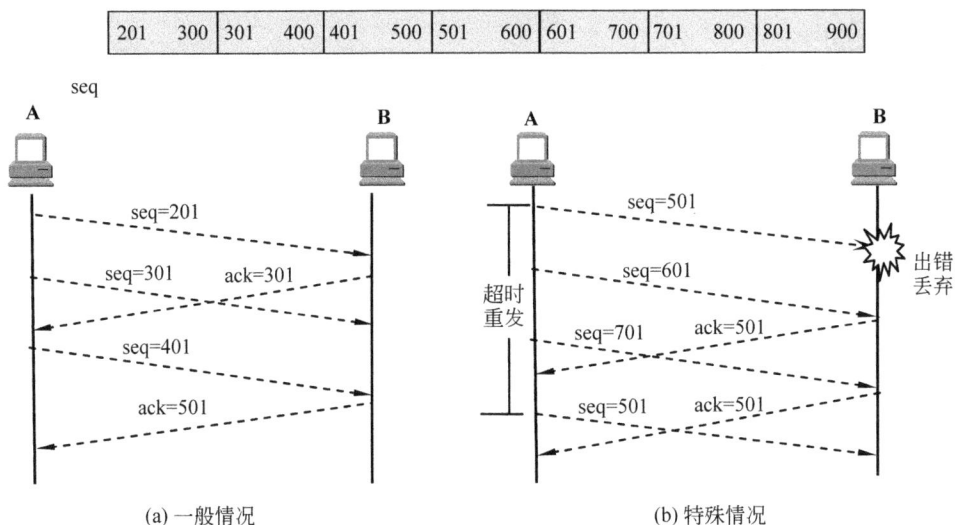

图 7-8　TCP 传输模式

注意 TCP 确认号的特点。图 7-8(a)中,B 收到了 A 发送过来的一个报文段,其序号
字段值是 201,而数据长度是 100B,检验无误后 B 要发回确认。确认序号是 301,这表示
B 期望从第 301B 处开始接收,正是下一个报文段的起始序号,意味着 B 正确收到了 A 发
送的到序号 300 为止的数据。因此,B 在发送给 A 的确认报文段中把确认号置为 301。
注意,此时的确认号不是 201,也不是 300。

图 7-8(a)中,B 收到第二个报文段没有确认,而是等到收到第三个段后一起确认。这
是为了提高效率,接收方采用了累积确认。也就是说,接收方不必对收到的分组逐个发送
确认,而是可以在收到几个分组后,对按序到达的最后一个分组发送确认,这样就表示:
到这个分组为止的所有分组都已正确收到了。但请注意,接收方不应过分推迟发送确认,
否则会导致前面的数据包超时,发送方会因超时而重传,这反而浪费了网络的资源。TCP
标准规定,确认推迟的时间不应超过 0.5s。若收到一连串具有最大长度的报文段,则必须
每隔一个报文段就发送一个确认[RFC 1122]。

TCP 中无否定应答。TCP 使用差错检测技术对收到的报文段进行检验。图 7-8(b)

中,发现起始序号为 501 的报文段出错后直接丢弃,并不确认,等待发送方超时重发。也就是说,TCP 不进行否定应答。

TCP 是双工通信,接收方可以在合适的时候发送确认,也可以在自己有数据要发送时把确认信息顺便捎带上,以减少网络数据包的发送,这称作捎带确认。捎带确认实际上并不经常发生,因为大多数应用程序不同时在两个方向上发送数据。

由于 IP 层提供的是数据报服务,因此 TCP 段可能会无序到达。对不按序到达的数据应如何处理,TCP 标准并无明确规定。如果接收方把不按序到达的数据一律丢弃,那么接收窗口的管理将会比较简单,但这样做对网络资源的利用不利(因为发送方会重复传送较多的数据)。因此,TCP 通常对不按序到达的数据先临时存放在接收缓冲区中,等到字节流中缺少的字节收到后,再按次序交付给上层的应用进程。

至此,我们初步了解了 TCP 的数据传输模式,要想深入分析这种传输机制是如何实现的,需要了解 TCP 报文段结构。

7.2.2　TCP 报文段结构

TCP 报文段结构是如何支持其传输模式实现可靠传输的?

TCP 报文段是 TCP 传送数据的单元,TCP 以报文段的形式传输字节流。TCP 段由一个头部(最少 20B)以及随后的数据构成。没有任何数据的 TCP 段也是合法的,通常被用作确认和控制消息。TCP 软件决定了段的大小,有两个因素限制了段的大小。首先,包括 TCP 头在内的每个段,必须适合 IP 数据报的 65535B 的有效载荷;其次,每个链路层网络都有一个最大传输单元(MTU),每个段必须适合 MTU 才能以单个不分段的数据包发送和接收。实际上,MTU 通常是 1500B(以太网的),它规定了段长度的上界。

TCP 报文段的结构与 TCP 的数据传输模式相适配,报文段结构的设计支持 TCP 的传输机制。TCP 头的各字段结构是与 TCP 传输中实现的功能相适应的。弄清 TCP 头部各字段的作用便于理解 TCP 的工作原理。TCP 报文段的头部格式如图 7-9 所示。

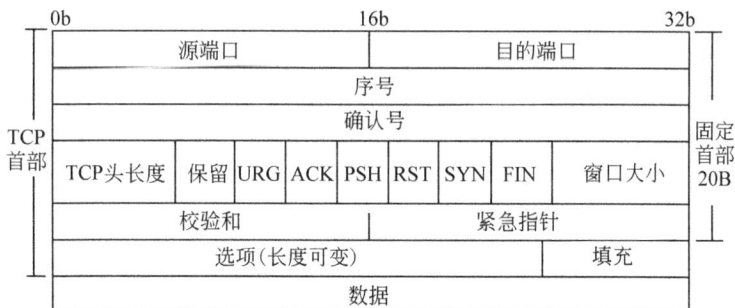

图 7-9　TCP 报文段的头部格式

TCP 报文段头部的前 20B 是固定的,选项是根据需要可选的,选项的长度应是 4B 的整数倍(不足时可以填充)。因此,TCP 头部的最小长度是 20B。

现在我们逐个字段地剖析 TCP 头结构。

源端口和目的端口各占 2B,分别写入源端口号和目的端口号。

序号字段占 4B。序号范围是$[0,2^{32}-1]$,循环使用。TCP 是面向字节流的。在一个 TCP 连接中传送的字节流中的每一字节都按顺序编号。整个要传送的字节流的起始序号必须在连接建立时设置。

确认号字段占 4B,是期望收到对方下一个报文段的第一个数据字节的序号,也就是已经接收到的最后一个字节序号加 1。

由于序号段有 32b 长,因此可对 4GB(即 4000MB)的数据进行编号。一般情况下可保证当序号重复使用时不会引起混淆,因为旧序号的数据早已通过网络到达终点了。

TCP 头长度字段占 4b。它指明了报文段头的长度,以 4B 为单位。TCP 报文段的头部长度是不确定的,因为头部中还有长度不确定的选项字段,因此该字段是必要的。由于 4 位二进制数能够表示的最大十进制数字是 15,因此数据偏移的最大值是 60B,这也是 TCP 头部的最大长度(即选项长度不能超过 40B)。

保留部分占 6b,保留为今后使用,但目前应置为 0。

之后的 6b 是标志位,它指明了本报文段的性质。

URG(URGent)标志位为 1 时,表明紧急指针字段有效。它告诉系统此报文段中有紧急数据,应尽快传送(相当于高优先级的数据),而不要按原来的排队顺序传送。例如,已经发送了很长的一个程序要在远地的主机上运行,但后来发现一些问题,需要取消该程序的运行。因此,用户从键盘发出中断命令(Ctrl+C 键)。如果不使用紧急数据,那么这两个字符将存储在接收 TCP 的缓存末尾。只有在所有的数据被处理完毕后,这两个字符才被交付到接收方的应用进程。这样做会浪费许多时间。

当 URG 置 1 时,发送应用进程就告诉发送方的 TCP 有紧急数据要传送。发送方 TCP 就把紧急数据插入本报文段数据的最前面,而在紧急数据后面的数据仍是普通数据。这时要与头部中的紧急指针(urgent pointer)字段配合使用。

ACK (ACKnowlegment)标志位设置为 1 时,表示确认号字段有效。当 ACK=0 时,确认字段不包含确认信息,所以可以忽略。TCP 规定,在连接建立后所有传送的报文段都必须把 ACK 置 1。

PSH (PuSH)标志位为 1 时,表示这个段是被推送的数据。接收方一旦收到数据后,立即将数据递交给应用程序,而不是将它缓冲起来,直到整个缓冲区满才处理上交数据。虽然应用程序可以选择推送操作,但推送操作还很少使用。

RST (ReSeT)标志位为 1 时,表明 TCP 连接中出现严重差错(如由于主机崩溃或其他原因),必须释放连接,然后再重新建立传输连接。RST 置 1 还用来拒绝一个非法的报文段或拒绝打开一个连接。RST 也可称为重建位或重置位。

SYN (SYNchronization)在连接建立时用来同步序号。当 SYN=1 而 ACK=0 时,表明这是一个连接请求报文段。对方若同意建立连接,则应在响应的报文段中使 SYN=1 和 ACK=1。因此,SYN 置为 1 就表示这是一个连接请求或连接接受报文。

FIN (FINis)标志位用来释放一个连接。当 FIN=1 时,表明此报文段的发送方的数据已发送完毕,并要求释放传输连接。

窗口大小字段占 2B。窗口值是$[0,2^{16}-1]$之间的整数。窗口用来告诉发送方接收方当前接收窗口的大小。窗口值表示：从本报文段头部中的确认号算起，接收方目前允许对方发送的数据量。之所以要有这个限制，是因为接收方的数据缓存空间是有限的。总之，窗口值作为接收方让发送方设置其发送窗口的依据。

校验和字段占 2B。校验和字段检验的范围包括头部和数据这两部分。在计算校验和时，要在 TCP 报文段的前面加上 12B 的伪头部，如图 7-10 所示。伪头部的格式与UDP(用户数据报)的伪头部一样。接收方收到此报文段后，仍要加上这个伪头部计算校验和。若使用 IPv6，则相应的伪头部也要改变。

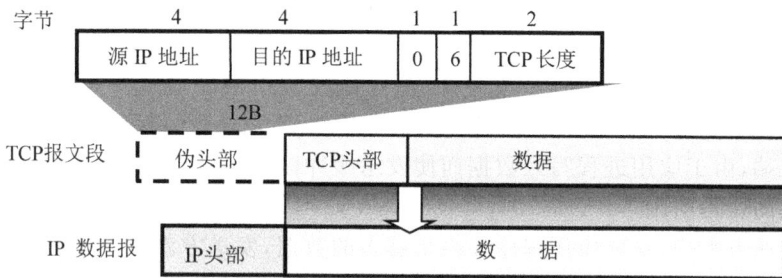

图 7-10　TCP 报文段伪头部

紧急指针字段占 2B。紧急指针仅在 URG＝1 时才有意义，它指出本报文段中的紧急数据的字节数(紧急数据结束后就是普通数据)。因此，紧急指针指出了紧急数据的末尾在报文段中的位置。当所有紧急数据都处理完时，TCP 就告诉应用程序恢复到正常操作。值得注意的是，即使窗口为零时，也可发送紧急数据。

选项字段长度可变，最长可达 40B，不是 4B 倍数时需要填充。当没有使用选项时，TCP 的头部长度是 20B。

TCP 最初只规定了一种选项，即最大报文段长度(Maximum Segment Size，MSS)。MSS 是每个 TCP 报文段中的数据字段的最大长度。数据字段加上 TCP 头部才等于整个 TCP 报文段。所以，MSS 并不是整个 TCP 报文段的最大长度，而是"TCP 报文段长度减去 TCP 头部长度"。

7.2.3　TCP 的流量控制

流量控制对可靠传输有什么贡献？TCP 是如何实现流量控制的？

1. 流量控制的概念与实现原则

数据丢失是影响可靠传输的重要方面，传输中的数据丢失有两种：一种是在传输链路上的丢失；另一种是由于接收方来不及接收而导致的数据丢失。后一种情况往往会造成数据的大量丢失，为此，TCP 中设计了流量控制机制避免这种情况出现。

一般来说，我们总是希望数据传输得更快一些，但如果发送方把数据发送得过快，接收方就可能来不及接收，这就会造成数据丢失。数据丢失是影响传输可靠性的重大因素，其主要成因分析如下。

　　TCP 连接的接收方机器上设置有接收缓冲区。当 TCP 接收到正确的、有序到达的字节时,它就将数据放入接收缓冲区里。相关应用程序进程可以从该缓冲区中读出数据,但不一定是在数据到达的那个时刻。事实上,接收方应用程序可能忙于其他事务,在数据到达很久后才会去读。如果应用程序读数据的速度相对较慢,而发送方发送数据过快,则很容易造成连接的接收缓冲区溢出而导致数据丢失。为此,TCP 提供了一个流量控制服务,以此限制发送方造成接收方缓冲区溢出的可能性。

　　流量控制就是控制发送方的发送速度不至过快,以致超过接收能力使接收方来不及接收而造成数据丢失。由此看来,流量控制就是一个速度匹配服务,使得发送方发送的速度与接收方读出的速度相匹配。

　　发送方机器上也配置有一个缓冲区,用以存放应用程序送来要发送的数据;同时,TCP 已发送出但尚未收到确认的数据有可能需要重发,也要暂时保留在缓冲区中。

　　在发送端,由于应用进程写入数据而使发送缓冲区变满,因收到对方应答释放缓存的已发报文段而变得空闲。

　　对于发送方来说,只要应用程序提供足够多的数据,发送方就可以连续大流量地把数据发送到对方。但接收方的缓冲区有限,它不能允许发送方放开量地倾泻。采用的办法是把接收方缓冲区的空闲大小反馈给发送方,以控制其后续发送量。

　　在接收端,接收缓冲区的空闲空间随数据的接收而变小,随应用进程的读出而变大。另外,系统中进程的接收缓存的大小(记为 b)也是不固定的。因此,接收方空闲缓冲区的大小是实时变化的。因为 TCP 传送的是按字节编号的数据流,所以,为计算空闲缓存大小,TCP 需要维护两个状态变量:一个是当前期望收到的字节号,这个字节号也就是接收方给发送方的报文段的头部中的确认号,记为 a;另一个是应用程序要读取的字节号,记为 r。$b-(a-r)$ 即接收缓冲区的空闲字节数,我们称之为接收窗口,记为 w。也就是说,接收窗口是在当前状态下还可以接收的数据字节序号范围,它取决于当前缓冲区的空闲量。这个空闲量决定了在当前接收序号下发送方的最大发送量,即发送窗口。TCP 在对报文段进行确认的同时把当前接收窗口的大小设置到 TCP 头中的窗口字段中反馈给发送方。它决定了发送方的发送窗口大小,其值也是 w。

　　发送窗口是发送方可以发送的数据序号范围,它包括已经发送还未被确认的数据,以及可以发送的数据。发送窗口是发送方缓冲区中的数据流中的一部分。

　　在发送方,它要跟踪两个变量:一个是最后发送的字节序号,记为 s;一个是最后被确认的字节序号,记为 c。两个序号的差(即 $s-c$)就是已经发送出去还未确认的数据量。发送方只要在整个连接的存活期中保持 $s-c \leqslant w$,就可以保证接收方缓冲区不会溢出,如图 7-11 所示。

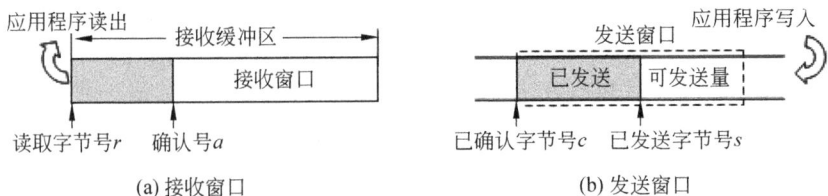

(a) 接收窗口　　　　　　　　　　　(b) 发送窗口

图 7-11　接收窗口与发送窗口

可见,接收缓冲区与接收窗口不是一个概念,发送缓冲区与发送窗口也不是一个概念;接收窗口制约着发送窗口的大小。它们之间有关系,也有区别,请分析过程、区分概念、理清联系。

2. 滑动窗口机制

滑动窗口机制是 TCP 复杂综合传输机制中的一个抽象模型,其主要作用是什么?

为了提高效率,TCP 使用了连续 ARQ 传输数据。连续发送提高了效率,但发送者又会担心连续过量的发送导致接收方缓冲区溢出,所以,最好能让发送方掌握一个发送上限,只要不超此限,就可以放心发送而不必担心。TCP 的滑动窗口机制正是基于此而实现的。

根据以上 TCP 的分析,可以看到发送方要保持发送窗口时刻小于接收窗口,就能保证接收主机的缓冲区不会溢出。但是,接收窗口是时刻变化的,随着接收方接收报文段而变小,随着应用程序读出数据而变大,同时,系统分给进程的缓冲总数也可能动态增多或变少。接收窗口会发生变化,发送窗口也要随着变化,因此,TCP 发送是一个动态过程。那么,发送方是如何跟上接收窗口的变化实现流量的动态控制的?

下面通过一个实例理解 TCP 的动态控制过程。图 7-12 中是发送方的情况,应用程序有很多数据要发送,它不断地将系列报文写入发送缓冲区,TCP 为之将数据按字节序号排队、缓存。当然,起始序号可以是随机的,此处从 201 开始。为了简化过程,这里只讨论单工传输,假设每个 TCP 段都是等大的,取 100B。在发送过程中,TCP 发送方维护一个指针,记下已发送的数据的位置,也就是要发送的起始序号。初始状态,假定接收窗口是 400B(可以在建立连接时商定),发送窗口取上限 400B。

图 7-12(a)说明了发送开始前,发送缓冲区、字节流及发送窗口的情况。此时,发送方可以最大连续发送的数据量是 400B,即发送窗口涵盖的部分,而发送窗口外的数据是不能发送的。

图 7-12(b)中,发送方已经发送了 400B,指针移动到发送窗口的最右端;接收方收到这 400B 后填满了接收缓冲区,如果 TCP 发送方再继续发,接收方就会溢出,所以发送指针移动到发送窗口的最右端时不能再继续发送,当然,发送完的数据在没收到确认前仍然要保存在缓冲区中,以备重发。

但此时发送方又收到了确认序号 401,第 401B 前的数据不必再重发,可以从发送方缓冲区中清除;同时也说明前 200B 数据此时已经被处理并正确上交给应用程序,接收缓冲区会因此而空出 200B,所以,指针后的 200B 此时又可以发送了,故图中的发送窗口向右移动了 200B。

图 7-12(c)中,发送方发送了 200B,所以指针前移到第 801B 处;同时因收到了 501 的确认号,第 501B 之前的 100B 数据占用的缓冲区成为空闲,可以覆盖。指针之右可发送的数据又多了 100B,滑动窗口向右移了 100B。同时,应用程序又写入了 100B,发送字节数动态增加。

在图 7-12 的过程中,发送窗口大小一直保持 400B 没变。实际系统中,TCP 的发送窗口会不断变化。发送窗口的初值是在连接建立时双方商定的,但在发送数据的过程中,发送窗口会受接收窗口和拥塞窗口变化的影响而动态调整大小,从而控制 TCP 的平均发送速率。

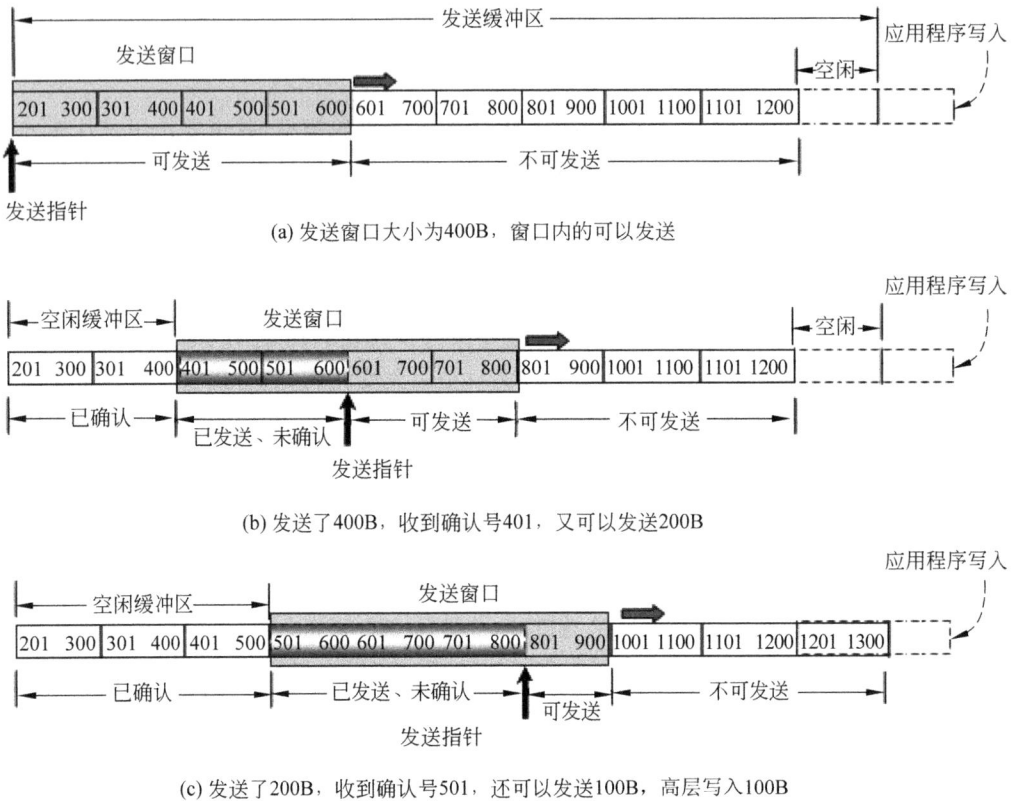

(a) 发送窗口大小为400B,窗口内的可以发送

(b) 发送了400B,收到确认号401,又可以发送200B

(c) 发送了200B,收到确认号501,还可以发送100B,高层写入100B

图 7-12 TCP 的滑动窗口机制

可见,在整个 TCP 的传输过程中,发送方的发送能力始终受接收窗口的制约,直到整个数据流发送完成都不会超流量;同时也看到,发送方的可发送窗口在字节流中是不断向右推进滑动的,因此我们形象地称之为滑动窗口。滑动窗口机制实现了 TCP 传输中的流量控制。它是实现可靠传输的重要组成部分。

TCP 滑动窗口是一个复杂的机制,以上我们在理想情况下分析了其主要原理,以便让读者快速构建一个控制模型。具体实现中还有许多特殊情况需要解决。例如,在发送较快的情况下,可能让接收缓冲区充满,接收方会发出接收窗口为 0 的通报,发送方将停止发送。因此,接收方以后也不会再有应答,从而失去了向发送方通告窗口的机会,即使其缓冲区已经被应用进程提取空了,最终使系统陷入死锁不能推进。对此类问题,还需读者深入思考或查阅相关资料。

除了流量控制因素,考虑到 TCP 大量的数据突发会导致网络拥塞,正如刚才所言,TCP 的发送能力还受网络拥塞状况的制约。为此,进入 7.2.4 节拥塞控制的讨论。

7.2.4　TCP 的拥塞控制

网络拥塞是怎么回事？TCP 是用什么作标识判断拥塞和控制拥塞的？注意体会模糊问题的智能处理智慧。

流量控制只是考虑了接收能力而设置的控制机制，TCP 的拥塞控制是考虑到网络和承受能力，考虑 TCP 最大量发送对网络的影响而设置的控制机制，它不同于流量控制。

1. 拥塞控制的一般原理

在计算机网络中的链路容量（即带宽）、交换结点中的缓存和处理机等，都是网络的资源。在某段时间，若对网络中某一资源的需求超过该资源所能提供的可用部分，网络的性能就会变差。这种情况叫作拥塞（congestion）。可以把出现网络拥塞的条件写成如下关系式：

$$\Sigma_{\text{对资源的需求}} > \text{可用资源}$$

若网络中有许多资源同时呈现供应不足，网络的性能就会明显变差，整个网络的吞吐量将随输入负荷的增大而下降，严重的情况下会导致网络的吞吐量下降到零，即进入死锁状态。拥塞控制的目的是控制网络不进入拥塞状态，或检测拥塞、解除拥塞使网络保持在一个正常的可控状态。网络拥塞的影响如图 7-13 所示。

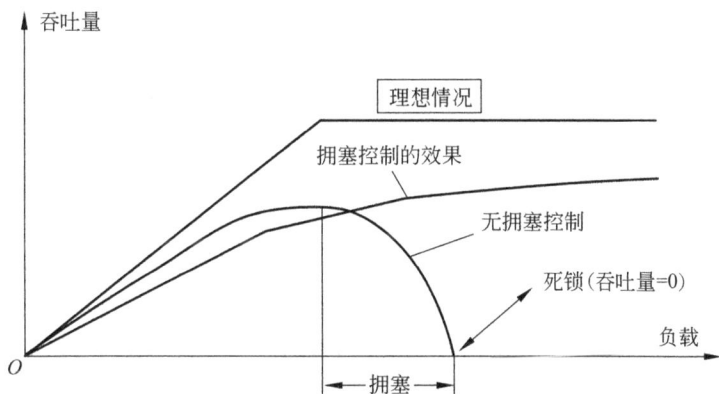

图 7-13　网络拥塞的影响

有人可能会说："只要任意增加一些资源，例如，把结点缓存的存储空间扩大，或把链路更换为更高速率的链路，或把结点处理机的运算速度提高，就可以解决网络拥塞的问题。"其实不然。网络拥塞是一个非常复杂的问题，简单地采用上述做法，在许多情况下，不但不能解决拥塞问题，而且还可能使网络的性能更差。

网络拥塞往往由多种因素引起，拥塞的控制也应该是多方面的。网络层有拥塞控制的功能，TCP 的拥塞控制是整个拥塞控制系统的一部分。TCP 使用拥塞控制机制，避免突发数据的大量发送导致网络拥塞。

为了集中精力讨论拥塞控制，假定：

（1）数据是单方向传送，而另一个方向只传送确认。

（2）接收方总有足够大的缓存空间，因而发送窗口的大小由网络的拥塞程度决定。

2. 慢开始和拥塞避免

为了不让发送方突发大量的数据导致网络拥塞，发送方维持一个叫作拥塞窗口 cwnd（congestion window）的状态变量。拥塞窗口的大小取决于网络的拥塞程度，并且在动态地变化。发送方要控制自己的发送窗口不能大于拥塞窗口。以后我们就知道，如果再考虑到接收方的接收能力，发送窗口还可能小于拥塞窗口。

发送方控制拥塞窗口的原则是：只要上一次网络没有出现拥塞，下一轮次拥塞窗口就再增大一些，以便把更多的分组发送出去。但只要网络出现拥塞，拥塞窗口就减小一些，以减少注到网络中的分组数。

现在的困难是，传输层的控制实体是在主机上，而网络拥塞发生在主机之外的网络中。发送方的控制实体又是如何知道网络发生了拥塞呢？

TCP 将数据超时作为拥塞的标志。当网络发生拥塞时，路由器就要丢弃分组。因此，只要发送方没有按时收到应当到达的确认报文，就可以猜想网络可能出现了拥塞，因此将数据超时视作网络拥塞。当然，导致超时的还有很多其他方面的因素，但实在没有更好的办法区分，好在现在通信线路的传输质量一般都很好，因传输出差错而丢弃分组的概率很小（远小于 1%）。

下面讨论 TCP 是如何利用拥塞窗口 cwnd 的大小变化实现传输量控制的。从慢开始算法讲起。

慢开始算法的思路：当主机开始发送数据时，如果立即把大量数据字节注入到网络，就有可能引起网络拥塞，因为现在并不清楚网络的负荷情况。经验证明，较好的方法是先探测一下，即由小到大逐渐增大发送窗口，也就是说，由小到大逐渐增大拥塞窗口数值。通常，在刚刚开始发送报文段时，先把拥塞窗口 cwnd 设置为一个最大报文段（MSS）的数值。而在每收到一个对新的报文段的确认后，把拥塞窗口增加至多一个 MSS 的数值。用这样的方法逐步增大发送方的拥塞窗口 cwnd，可以使分组注入到网络的速率更加合理。

为方便起见，用报文段的个数作为窗口大小的单位（注意，实际上 TCP 是用字节作为窗口的单位），这样可以使用较小的数字说明拥塞控制的原理。

一开始，发送方先设置 cwnd＝1，TCP 向网络发送第一个报文段并等待确认。如果该报文段在超时之前被确认，则发送方将拥塞窗口增加一个 MSS。于是发送方在第一个轮次中发送两个报文段，接收方对这两个报文段正常确认，发送方每收到一个对新报文段的确认（重传的不算在内），就使发送方的拥塞窗口加 1，因此发送方收到两个确认后，cwnd 就从 2 增大到 4，并可在下一轮次中发送 4 个报文段。因此，使用慢开始算法后，每经过一个传输轮次（transmission round），拥塞窗口 cwnd 就加倍，如图 7-14 所示。可见，TCP 数据发送的开始阶段很慢，但这个阶段的速率增长很快，以指数规律递增，是慢开始，快增长。

在有大量数据发送的情况下，这种快速增长最终会导致网络拥塞，所以增长到一定程度就要小心了，为此，TCP 设置了一个警界值，即慢开始门限 ssthresh 状态变量。

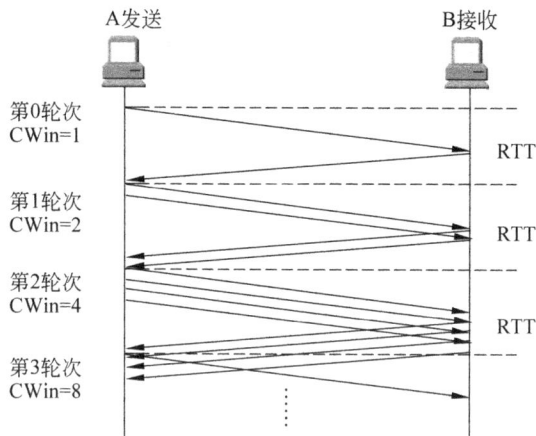

图 7-14　TCP 慢启动过程

慢开始门限 ssthresh 的用法如下：

当 cwnd＜ssthresh 时，使用上述的慢开始算法。

当 cwnd＞ssthresh 时，停止使用慢开始算法而改用拥塞避免算法。

当 cwnd＝ssthresh 时，既可使用慢开始算法，也可使用拥塞避免算法。

拥塞避免算法的思路是：让拥塞窗口 cwnd 缓慢增大，即每经过一个往返时间（RTT）就把发送方的拥塞窗口 cwnd 加 1，而不是加倍。这样，拥塞窗口 cwnd 按线性规律缓慢增长，比慢开始算法的拥塞窗口增长速率缓慢得多。拥塞避免阶段是基于临近拥塞的一个估计而小心试探的过程，这个阶段的数据发送量大，同时又缓慢增长，它是 TCP 试图以最高限度发送数据的体现。这种做法的结果很可能导致拥塞而进入拥塞阶段。

拥塞阶段的处理算法无论在慢开始阶段，还是在拥塞避免阶段，只要发送方判断网络出现了拥塞（有报文段超时），就要把慢开始门限 ssthresh 设置为出现拥塞时的发送方窗口值的一半（但不能小于 2）。然后把拥塞窗口 cwnd 重新设置为 1，执行慢开始算法。这样做的目的是迅速减少主机发送到网络中的分组数，使得发生拥塞的路由器有足够时间把队列中积压的分组处理完毕。

图 7-15 说明了上述拥塞控制的过程。现在发送窗口的大小和拥塞窗口一样大。

（1）当 TCP 连接进行初始化时，把拥塞窗口 cwnd 置为 1。前面已说过，为了便于理解，图中的窗口单位不使用字节，而使用报文段的个数。慢开始门限的初始值设置为 16 个报文段，即 ssthresh＝16。

（2）在执行慢开始算法时，拥塞窗口 cwnd 的初始值为 1。以后发送方每收到一个对新报文段的确认 ACK，就把拥塞窗口值加 1，然后开始下一轮传输。因此，拥塞窗口 cwnd 随着传输轮次按指数规律增长。当拥塞窗口 cwnd 增长到慢开始门限值 ssthresh 时（即当 cwnd＝16 时），就改为执行拥塞避免算法，拥塞窗口按线性规律增长。

（3）假定拥塞窗口的数值增长到 24 时，网络出现超时（这很可能就是网络发生拥塞了）。更新后的 ssthresh 值变为 12（即变为出现超时时的拥塞窗口数值 24 的一半），拥塞窗口再重新设置为 1，并执行慢开始算法。当 cwnd＝ssthresh＝12 时，改为执行拥塞避免

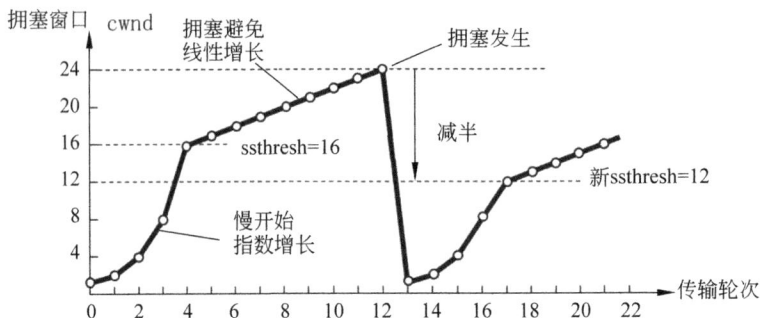

图 7-15 慢开始和拥塞避免算法

算法,拥塞窗口按线性规律增长,每经过一个往返时间增加一个 MSS 的大小。

在 TCP 拥塞控制的文献中经常可看见"乘法减小"(multiplicative decrease)和"加法增大"(additive increase)这样的提法。"乘法减小"是指不论在慢开始阶段,还是在拥塞避免阶段,只要出现超时(即很可能出现了网络拥塞),就把慢开始门限值 ssthresh 减半,即设置为当前的拥塞窗口的一半(与此同时,执行慢开始算法)。当网络频繁出现拥塞时,ssthresh 值就下降得很快,以大大减少注入到网络中的分组数。而"加法增大"是指执行拥塞避免算法后,使拥塞窗口缓慢增大,以防止网络过早出现拥塞。上面两种算法合起来常称为 AIMD 算法(加法增大乘法减小)。对这种算法进行适当修改后,又出现了其他一些改进的算法,但使用最广泛的还是 AIMD 算法。

这里再强调一下,拥塞的产生有网络多方面的原因,并非 TCP 能够完全解决。"拥塞避免"并非指完全能够避免拥塞。利用以上措施要完全避免网络拥塞是不可能的。"拥塞避免"是说在拥塞避免阶段将拥塞窗口控制为按线性规律增长,使网络比较不容易出现拥塞。

3. 快重传与快恢复机制

正如前所言,TCP 在对网络拥塞的判断上并无良策,视丢包、报文段超时为拥塞是不严谨的。这将导致在一些不应该的时刻启动拥塞算法。快恢复就是在快重传情况下发生的,快恢复算法是对拥塞控制算法缺陷的修补或改进。

首先看快重传的应用情景。快重传算法首先要求接收方每收到一个失序的报文段后就立即发出重复确认(为的是使发送方及早知道有报文段没有到达对方),而不等待自己发送数据时才进行捎带确认。

在图 7-16 所示的场景中,发送方连续发送了 5 个以上的报文段。接收方收到第一个报文段 M1 后发出了确认(ACK2)。第二个报文段 M2 在传输中丢失,但后续报文段 M3 等都正确到达了。显然,接收方不能确认 M3。因为 M3 是收到的失序报文段,如果对M3 进行确认,就意味着 M3 之前的报文段都已经正确接收,这里显然不是。根据可靠传输原理,接收方可以什么都不做。为了实施快重传算法,TCP 规定,接收方应及时发送对M1 的重复确认。同样,对后续到达的 M4、M5,接收方收到后,也要再次发出对 M1 的重复确认。这会让发送方收到接收方的 4 个对 M1 的确认,其中后 3 个都是重复确认。重复确认 M1,即 ACK2,意味着接收方一再向发送方索要 M2,说明接收方没有收到 M2。重复索要,说明 M2 的后续报文段到达了接收方,证明网络是通畅的;在网络通畅的情况下 M2 没有到达,意味着 M2 丢失,聪明的发送方应该能意识到这一点。

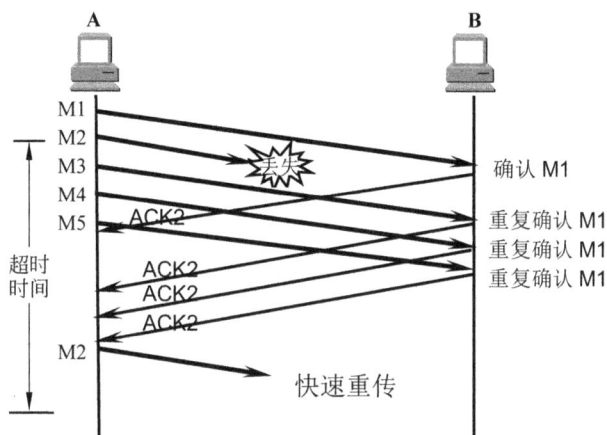

图 7-16 快重传的情况

按照一般的 TCP 重传规定,M2 丢失需要依据超时判断,计时器超时后才重发,但这时还不到 M2 超时时间。如果继续等待其超时再重发,很显然,接收方会因为 M2 缺席不能处理后续到达的报文段而"卡"在这里。此时,发送方聪明的做法应该是,在连续收到 3 个重复确认后立即重传报文段 M2,而不必等待 M2 的重传计时器到期。这种算法称为快重传。据统计,快重传可以使整个网络的吞吐量提高约 20%。

重复确认机制的实施为报文段丢失提供了早期判断,为快重传实施提供了基础。当然,快重传也意味着超时的发生,而超时的发生会触发拥塞算法,启动拥塞控制机制将慢开始门限值 ssthresh 减半,同时执行慢开始算法。基于前面对快重传情形的分析,显然此时网络是通畅的,并没有发生拥塞;不但不拥塞,而且还很清闲,因为 M2 的后续报文段都已经到达,网络上没有数据积压。而此时启用慢开始算法显然有损网络效率,故补充了快恢复算法,让拥塞窗口跨过慢开始阶段,直接从拥塞避免阶段开始,以减小对网络效率的影响。

与快重传配合使用的快恢复算法有以下两个要点:

(1)当发送方连续收到 3 个重复确认时,就执行"乘法减小"算法,把慢开始门限 ssthresh 减半,启动拥塞算法。

(2)与慢开始不同的是,此时并不将拥塞窗口 cwnd 设置为 1,即不执行慢开始算法,而是把 cwnd 值设置为新的慢开始门限 ssthresh 值,然后开始执行拥塞避免算法,即让拥塞窗口从线性增长开始。

显然,快恢复的使用是必要的,是对拥塞控制算法的补充与改进。

这样,快重传就把拥塞超时与偶然丢失超时两种情况区分开了。对于偶然丢失,使用快重传、快恢复。对于拥塞超时事件,后续分组也会被丢弃,因接收方一直不能收到而超时重发。当然,此时的重发从慢开始执行是很有必要的。因为网络上已经积累了大量的分组,大量的重发会加剧网络拥塞,形成恶性循环。

7.2.5 超时时间的确定

问题远不像模型这么简单,模糊问题很多,TCP 应该如何处理现实中时延的不确定性问题?

从上述章节的讨论可见,网络报文段的超时计时器有重要作用,可以用它判断丢失触发重传,判断拥塞触发拥塞算法的执行,进而影响到整个系统的效率与稳定,非同小可。然而,在现实实现中,超时时间的合理设定却是一个模糊难题,是 TCP 最复杂的问题之一。

之所以难以确定,是因为作为用户"秘书"的 TCP,它是不出单位的,存在于主机上,并不了解网络的远近、拥塞情况,只能根据数据传输的 RTT 推测。而每次发送数据的物理位置不同、网络带宽不同、时间段不同及网络繁忙状态不同,导致每次发送数据时的RTT 不同。所以,即使用 RTT 作参照,也很难估算出超时时间的合理定值。当然,使用RTT 作参照是最可行的办法。

如果把超时重传时间设置得太短,就会引起很多报文段的不必要的重传,使网络负荷增大。但若把超时重传时间设置得过长,则又使网络的空闲时间增大,降低了传输效率。

传输层的超时计时器的超时重传时间究竟应如何确定,应设置为多大呢?TCP 设计者采用了一种自适应算法,它根据网络性能的连续测量情况,不断地调整超时间隔。通常采用的是 Jacobson 算法。对于每一个连接,TCP 维护一个变量 SRTT(Smoothed Round-Trip Time,平滑的往返时间),即加权平均 RTT。它代表到达接收方往返时间的当前最佳估计值。当一个段被发送出去时,TCP 启动一个计时器,该计时器有两个作用:一是看该段被确认需要多长时间;二是若确认时间太长,则触发重传动作。如果在计时器超时前确认返回,则 TCP 测量这次确认所花的时间,即本次传输的 RTT,记为 R,我们使用 R 作为最新 RTT 样本,根据下面原则确定新 SRTT。

如果是第一次测量到 RTT 样本,则 SRTT 值就取为所测量到的 RTT 样本值 R,否则按下式计算新的 SRTT:

$$SRTT_{新} = (1-\alpha)SRTT_{旧} + \alpha R$$

这里,α 是一个平滑因子,$0 \leqslant \alpha < 1$,它决定了新的 RTT 值所占的权重。若 α 很接近零,表示新的 RTT 样本对 SRTT 的影响不大(SRTT 值更新较慢)。若选择 α 接近 1,则表示新的 SRTT 值受新的 RTT 样本的影响较大(RTT 值更新较快)。典型情况下,$\alpha = 1/8$,即 0.125。

即使有了一个好的 SRTT 值,要选择一个合适的重传超时间隔,仍然不是一件容易的事情。在最初的实现中,TCP 使用 2xRTT,但经验表明常数值太不灵活,当发生变化时,它不能很好地做出反应。

为了解决这个问题,Jacobson 提议让超时值对往返时间的变化以及加权平均往返时延 SRTT 变得敏感。这种改变要求跟踪另一个平滑变量——RTTVAR(往返时间变化,Round-Trip TimeVARiation),简记为 ΔRTT。ΔRTT 是 RTT 的偏差的加权平均值,它

与 SRTT 和新的 RTT 样本之差有关,即更新为下列公式:

$$\Delta RTT_{新} = (1-\beta)\Delta RTT_{旧} + \beta|SRTT-R|$$

这里,β 是一个小于 l 的系数,典型地,$\beta = 1/4$。

在此基础上,超时重传时间(Retransmission Time-Out,RTO)的计算方法为

$$RTO = SRTT + 4 \times \Delta RTT$$

这里选择因子 4 多少有点随意,但是乘以 4 的操作用一个移位操作就可以实现,而且所有数据包中大于标准方差 4 倍以上的不足总数的 1%。

计算超时值的详细过程,包括变量的初始值设置,可参考 RFC 2988。重传计时器的最小值为 1s,无论估算值是多少。这是为了防止根据测量获得的欺骗性重传值而选择的保守值。

综上所述,每次发送数据前都进行 RTO 计算,为此需要计算加权平均 RTT、ΔRTT 等,进而需要关注每次的发送、确认时刻并计算 RTT。可见,TCP 维护连接状态、实现可靠传输的工作量很大,因此系统开销大,时延大。这与 UPD 形成鲜明的对比。

在采集往返时间的样值 R 过程中有可能引发的一个问题是,当一个段超时并重新发送,以后该怎么办? 确认到达时,无法判断该确认是针对第一次传输,还是针对后来的重传,如图 7-17 所示。若猜测错误,则会严重影响重传超时值。

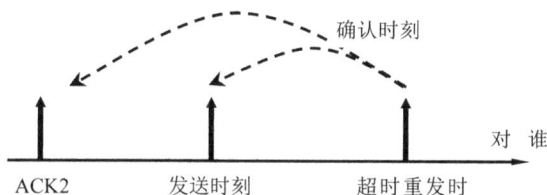

图 7-17　重发导致的确认二义性

Phil Karn 发现这个问题很艰难。Karn 是一名业余无线电爱好者,他对在一种极不可靠的无线介质上传输 TCP/IP 数据包有浓厚的兴趣。他提出一个很简单的建议:不更新任何重传段的估算值 SRTT。此外,每次连续重传的超时时间值加倍,直到段能收到一次确认为止。这个修正算法称为 Karn 算法(Karn 和 Partridge,1987)。大多数 TCP 实现都采用了此算法。

7.2.6　TCP 的连接管理

连接管理的目的和作用是什么? 能做到尽善尽美吗? 建立连接时为什么是三次握手?

TCP 的连接管理是指 TCP 连接的建立、拆除和维护。传输连接的管理就是使传输连接的建立和释放都能正常进行。

TCP 是面向连接的协议。TCP 数据传输过程有 3 个阶段,即建立连接、数据传送和释放连接。下面分别分析建立连接、释放连接的作用和做法。

1. 建立连接

首先要清楚,为什么要建立一个 TCP 连接?

简单地说,就是为了通信的可靠。根据 7.2.1 节的阐述,TCP 连接是一个虚连接,其实质是通信双方维持一个状态记录,跟踪和记录数据传输,以防出错;或者说,即使出错,也能核查出来加以纠正。建立连接的实质是确认对方存在,并让接收方做好接收数据的准备,即申请缓冲区、数据结构等资源;另一方面是对通信状态进行初始化,这是通过建立连接的参数协商实现的,如确定数据流的起始序号,商定报文段的大小,确定最大窗口值、是否使用窗口扩大选项和时间戳选项以及服务质量等。

用 TCP 连接传输数据时,首先要建立连接。建立连接须由一方主动发起,另一方响应才能完成。主动发起连接建立的应用进程叫作客户(client),被动等待连接建立的应用进程叫作服务器(server)。在因特网上,要和另一主机进程建立 TCP 连接,必须知道对方主机的 IP 地址和进程的端口号。因特网上最常用的方式是客户机访问服务器,由客户机发起连接,服务器端服务进程一直监听在服务端口。服务器的 IP 地地可以通过域名输入,服务器的端口号使用默认熟知端口号,所以客户端能够联系上服务器。

TCP 使用三次握手协议建立连接。图 7-18 给出了 TCP 的建立连接的三次握手过程。

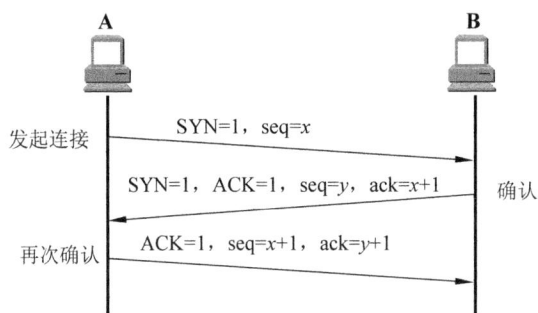

图 7-18   建立连接的三次握手

主机 A 首先发起 TCP 连接请求(第一次握手),并将所发送的报文段头部字段中的 SYN 标志置为 1、ACK 标志置为 0,同时选择一个初始序号 seq=x,表明发送方字节流的起始序号是 x。

主机 B 收到连接请求报文段后,如果同意建立连接,则发回一个连接请求确认。在确认报文段中应把 SYN 位和 ACK 位都置 1,确认号是 ack $=x+1$,同时也为自己选择一个初始序号 seq$=y$,完成连接建立的第二次握手。

TCP 客户进程收到 B 的确认后,还要向 B 给出确认。确认报文段的 ACK 置 1,确认号 ack$=y+1$,而自己的序号 seq $=x+1$。TCP 的标准规定,ACK 报文段可以携带数据。但如果不携带数据,则不消耗序号,在这种情况下,下一个报文段的序号仍是 seq$=x+1$。至此,TCP 连接已经建立。

不管是哪一方先发起连接请求,一旦连接建立,就可以实现全双向的数据传送,而不存在主从关系。当然,服务器端也可以拒绝连接。

为什么需要两次确认三次握手呢？这样建立的连接可靠吗？

读者是不是还没感受到这样做的必要性和重要性。为了让大家有一个清楚的认知，我们体会一下一对初恋情人的感受。据说有同学看了经典梁祝后深受启发，吸取教训，不做梁山伯第二，鼓起勇气、忐忑中向校花学妹写出了求爱信。没敢当面递交，悄悄地从门缝中塞进学妹的宿舍里，总算了了一桩心事（呵呵，第一次握手）；好景不长，两天没听回信，心事陡升，担心日增，她是否没收到我的信？是否被其他同学截获了？还是不同意？再看事情的另一面，学妹收到求爱信，恰仰慕已久，乐不自禁，考虑到对方的担心，怕久了会引起对方的误解，甚至放弃，所以决定尽快回复确认，顺便再提一些条件（第二次握手）。男同学收到回复后自然疑虑全释，然而，学妹又担心起来了，我回复的信他收到了吗？条件他同意吗？怎么没回音？所以，为了解除学妹的顾虑，男同学应该再次回信确认（三次握手）。这样就能彻底解决问题了吗？不难理解，男同学的回信同样会带来新的忧虑。什么时候能让双方都消除疑虑、彻底放心，达到绝对可靠？只能穷其终生了，难怪梁祝姻缘难成。

看来，TCP 的设计者深谙此道，握手三次，适可而止。不信看下面的情形。

正常情况下，主机 A 发出连接请求，可能在网络传输的过程中丢失，而收不到确认。需要主机 A 再重发一次连接请求。最终收到确认，建立了连接。数据传输完毕后，就释放了连接。

现在的情况是，A 发出的第一个连接请求段并没有丢失，而是在某些网络结点长时间滞留了，以致延误到连接释放以后的某个时间才到达 B。本来这是一个早已失效的报文段，但 B 收到此失效的连接请求报文段后，就误认为是 A 又发出一次新的连接请求，于是就向 A 发出确认报文段，同意建立连接。假定不进行再次确认，只有两次握手，那么 B 发出确认，对 B 来说新的连接就建立了；而 A 则不然，A 知道自己并没有发出建立连接的请求，因此不会理睬 B 的确认，也不会向 B 发送数据。显然，这是一个误会。

采用三次握手，A 不会对 B 的确认进行回复。B 由于收不到确认，就知道 A 并没有要求建立连接。因此，可以防止已失效的连接请求报文段突然又传送到 B 而产生错误。也就是说，三次握手的可靠性更好。

2. 释放连接

数据都传输完了，释放连接对可靠传输还有影响吗？还有什么意义？

答案是肯定的，首先，有序的释放连接防止了因连接中断而导致的数据传输丢失；其次，TCP 通过释放连接让对方知道发送方的数据发送全部完成，接收方不必再等待，不必维持传输状态参数，不必再保留接收缓冲区等系统资源。

可见，数据传输完成后，TCP 要进行连接的拆除或释放。TCP 连接是全双工的，可以看作两个不同方向的单工数据流传输。所以，一个完整连接的拆除涉及两个单向连接的拆除。释放连接的过程分两部分，如图 7-19 所示。

A 的应用进程先向其 TCP 发出连接释放报文段，并停止再发送数据，主动关闭 TCP 连接。A 把连接释放报文段首部的 FIN 置 1，其序号 $seq=u$，它等于前面已传送过的数据的最后一个字节的序号加 1。等待 B 的确认。注意，TCP 规定，FIN 报文段即使不携带

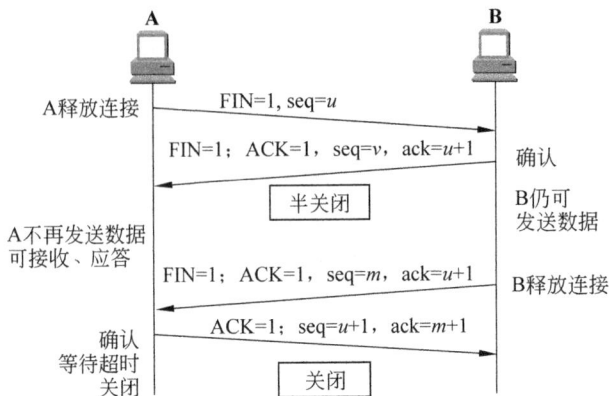

图 7-19 TCP 连接的释放

数据,也会消耗掉一个序号。

B 收到连接释放报文段后即发出确认,确认号是 ack=$u+1$,而这个报文段自己的序号是 V,等于 B 前面已传送过的数据的最后一个字节的序号加 1。TCP 服务器进程这时应通知高层应用进程,因而从 A 到 B 这个方向的连接就释放了,这时的 TCP 连接处于半关闭(half-close)状态,即 A 已经没有数据要发送了,但 B 若发送数据,A 仍要接收。也就是说,从 B 到 A 这个方向的连接并未关闭,这个状态可能会持续一些时间。

若 B 已经没有要向 A 发送的数据,其应用进程就通知 TCP 释放连接。这时 B 发出的连接释放报文段必须使 FIN=1。现假定 B 的序号为 m(在半关闭状态 B 可能又发送了一些数据),B 还必须重复上次已发送过的确认号 ack=$u+1$,等待 A 的确认。

A 在收到 B 的连接释放报文段后,必须对此发出确认。在确认报文段中把 ACK 置1,确认号 ack=$m+1$,而自己的序号是 seq=$u+1$。注意,现在 TCP 连接还没有释放掉。必须经过时间等待计时器(time-wait timer)设置的时间 2MSL 后,A 才能释放连接。

一旦两个单向连接都被关闭,两个端结点上的 TCP 软件就要删除与这个连接有关的记录,原先建立的 TCP 连接才被完全释放。

7.2.7 TCP 可靠传输的实现

TCP 这么复杂,开销巨大,究竟想干什么?

综上所述,TCP 的工作过程是很复杂的,以上仅讲了其主要实现过程,其中实践中的许多细节问题还需要讨论。至此,大家应该思考一个问题,那就是 TCP 做得这么复杂,究竟是为什么?TCP 中众多工作机制都是为什么目的而设置的?

答案只有一个,就是可靠传输。TCP 的目标只有一个,所有的机制都是为此而工作的。不是吗?这些机制包括

TCP 的连接机制:以让通信双方协商参数,达成初始状态,让通信双方主机系统分配资源做好接收准备,跟踪记录通信状态的演变,保证各个机制协调有序地进行,最后有序地释放连接,确保数据在最后的传输阶段不丢失,避免因拆除连接而导致数据丢失。

差错检验机制：发现传输过程中出现的比特错误。

应答机制：应答的目的是把接收情况反馈给发送方，以便让发送方重发，通过重发改正传输错误。同时，应答机制也保证了丢失的数据包、超时的数据包得到重发。

重传机制：重传是更正传输错误的机制，也是找回丢失数据包和因超时而失效的数据包。

序号机制：序号机制保证了最终接收方的有序接收，在 IP 传输无序的情况下保证了高层用户数据传输不失序；同时，它也是应答机制、重传机制、滑动窗口机制工作的基础，整个 TCP 工作都是建立在字节序号基础上的。

滑动窗口机制：滑动窗口严格限定了发送方的发送行为，保证接收方在可接收的范围内传输数据，并且巧妙地实现了接收和发送能力的动态控制，它让系统在不超流量的情况下能发挥最大发送潜力，是一个动态的流量控制机制。流量控制保证不因接收方的缓冲区溢出而丢失数据。

拥塞控制机制：从大局的视角保证了网络的性能，以保护网络。其实，它的最终目的也是为了 TCP 传输的有效性。不是吗，因为拥塞控制保证了不因 TCP 数据发送而使网络崩溃，避免了因网络崩溃而导致数据传输失败。试想一个极端情况，TCP 一发数据网络就崩溃，一崩溃就重发，重发加剧崩溃，何谈可靠。

正如第 4 章所述，这些机制综合起来，最终构成的传输机制实现了数据传输的无差错、无丢失、无重复、无失序，即达到了所谓的可靠传输。记得有人说"人一生能做好一件事就算成功"，用它表述 TCP 可谓恰当。同时也看到，TCP 为此付出了高昂的代价，系统的开销大，时间开销大。或者说，TCP 在以时间换可靠。

当然，对很多应用来说，可靠是必须的，这是值得的；但对另一类应用，它们对可靠性要求不是那么严格，但在响应时间方面不能容忍，如 IP 电话或视频应用，这时 UDP 就登场了。

实践探索：分析 TCP 数据报结构

TCP 也是因特网的核心协议，集中体现了传输层的可靠传输技术与智慧，其报头结构与 TCP 报文段的传输方式与功能相匹配，TCP 报文段封装到 IP 数据报中以 IP 数据报的形式在互联网上传输。请使用 Wireshark 在以太网环境中俘获以太帧，找到其中的 IP 数据报和 TCP 报文段，并分析其头结构，弄清 TCP 报文段、IP 数据报和以太帧的关系与关联。

（1）用 Wireshark 俘获 TCP 应用的以太帧。

（2）识别太帧结构，找到并分析 TCP 报文段的报头结构。

（3）理清 IP 数据报和以太帧的关系与关联。

（4）分析一个应用操作的系列 TCP 交互，理清 TCP 的工作过程，结合实际理解其原理。

7.3 UDP 及其特点

7.3.1 UDP 概述

UDP 传输方式很简单,它有什么特点? 这是缺点,还是优点?

用户数据报协议(UDP)只在 IP 的数据报服务之上增加了一部分功能,即复用和分用的功能以及差错检测的功能。UDP 的主要特点是:

(1) UDP 是无连接的,即发送数据之前不需要建立连接,因此减少了开销和发送数据之前的时延。

(2) UDP 使用尽最大努力交付,即不保证可靠交付,因此,和 TCP 相比,主机不需要维持复杂的连接状态表(这里面有许多参数)。

(3) UDP 是面向报文的。

何谓面向报文?

发送方的 UDP 对应用程序交下来的报文,在添加头部后就向下交付给 IP 层。UDP 对应用层交下来的报文,既不合并,也不拆分,而是保留这些报文的边界。也就是说,应用层交给 UDP 多长的报文,UDP 就照样发送,即一次发送一个报文,如图 7-20 所示。在接收方的 UDP,对 IP 层交上来的 UDP 用户数据报,在去除头部后就原封不动地交付给上层的应用进程。也就是说,UDP 一次交付一个完整的报文。因此,应用程序必须选择合适大小的报文。若报文太长,UDP 把它交给 IP 层后,IP 层在传送时可能要进行分片,这会降低 IP 层的效率。反之,若报文太短,UDP 把它交给 IP 层后,会使 IP 数据报的头部的相对长度太大,这也降低了 IP 层的效率。

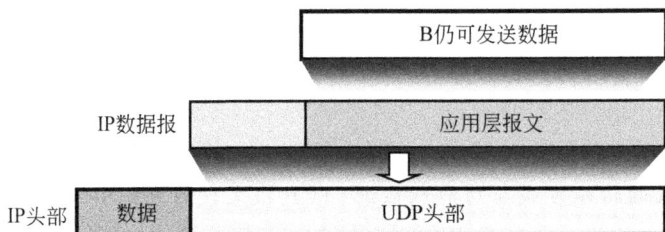

图 7-20 UDP 是面向报文的

(4) 由于 UDP 没有拥塞控制,因此网络出现的拥塞不会使源主机的发送速率降低。这对某些实时应用是很重要的。很多实时应用(如 IP 电话、实时视频会议等)要求源主机以恒定的速率发送数据,并且允许在网络发生拥塞时丢失一些数据,但却不允许数据有太长的时延。UDP 正好满足这种要求。

(5) UDP 支持一对一、一对多、多对一和多对多的交互通信。

(6) UDP 的头部开销小,只有 8B,比 TCP 的 20B 的头部短。

虽然某些实时应用需要使用没有拥塞控制的 UDP,但当很多的源主机同时都向网络发送高速率的实时视频流时,网络就有可能发生拥塞,结果大家都无法正常接收。因此,不使用拥塞控制功能的 UDP 有可能引起网络产生严重的拥塞问题。

还有一些使用 UDP 的实时应用需要对 UDP 的不可靠的传输进行适当的改进,以减少数据的丢失。在这种情况下,应用进程本身可以在不影响应用实时性的前提下增加一些提高可靠性的措施,如采用前向纠错或重传已丢失的报文。

7.3.2　UDP 的头部格式

用户数据报(UDP)有两个字段:数据字段和头部字段。头部字段很简单,只有 8B,如图 7-21 所示,由 4 个字段组成,每个字段的长度都是 2B。各字段的意义如下。

(1) 源端口。在需要对方回信时选用。不需要时可用全 0。

(2) 目的端口。这在终点交付报文时必须使用到。

(3) 长度。UDP 的长度,其最小值是 8(仅有头部)。

(4) 校验和。检测 UDP 在传输中是否有错。若有错,就丢弃。

当传输层从 IP 层收到 UDP 时,就根据头部中的目的端口把 UDP 上交给最后的终点——应用进程。

图 7-21　UDP

如果接收方 UDP 发现收到的报文中的目的端口号不正确(即不存在对应于该端口号的应用进程),就丢弃该报文,并由 ICMP 发送"端口不可达"差错报文给发送方。第 6 章在讨论 traceroute 时,就是让发送的 UDP 故意使用一个非法的 UDP 端口,结果 ICMP 就返回"端口不可达"差错报文,因而达到了测试的目的。

UDP 头部中校验和的计算方法有些特殊。在计算检验和时,要在 UDP 之前增加 12B 的伪头部。所谓"伪头部",是因为这种伪头部并不是 UDP 真正的头部,只是在计算校验和时临时添加在 UDP 前面,得到一个临时的 UDP。校验和就是按照这个临时的 UDP 计算的。伪头部既不向下传送,也不向上递交,仅是为了计算检验和。

7.4　套接字编程

用户是如何使用网络的?

用户一般通过编程,在应用程序中通过系统调用的方式使用网络提供的功能。

7.4.1　网络应用编程接口

大多数网络协议都是由软件实现的,而且绝大多数的计算机系统都将传输层以下的网络协议在操作系统的内核中进行实现。应用程序一般不能直接访问操作系统内核或硬件资源,因为可能会对操作系统或硬件设备造成破坏,同时存在极大的安全隐患。应用程序要想执行网络操作,必须通过操作系统为应用程序操作网络提供的接口,这个接口通常称为网络应用编程接口(Application Programming Interface,API)。

网络应用程序需要通过网络编程接口实现网络通信,而不是对硬件直接进行操作,如网卡。目前,大多数网络操作系统都采用套接字(socket)接口作为网络编程接口,它最初由加州大学伯克利分校的 UNIX 小组开发。在 Windows 环境中,一般使用 Winsock 编程接口。

套接字通过套接字模块实现。套接字模块负责套接字的管理与维护,包括套接字的创建、通信连接的建立及关闭等。通过使用套接字,应用程序不需要知道数据具体是如何从网络发送方传输到接收方的,只知道如何把参数传递给套接字模块即可,即套接字屏蔽了系统如何使用网络协议进行通信的复杂过程。

在通信过程中,一个套接字是通信的一个端点,通常由一个与进程相关联的端口号以及主机的 IP 地址标识。一个正在被使用的套接字有自己的类型和与其相关的进程,相互交互的两个进程通过各自的套接字进行通信。TCP/IP 的套接字编程定义了 3 种类型。

(1)流式套接字(stream socket):提供面向连接的、可靠的字节流服务,主要用于基于 TCP 的应用。

(2)数据报套接字(datagram scoke):提供无连接的、不可靠的数据报服务,主要用于基于 UDP 的应用。

(3)原始套接字(raw socke):允许对较低层的协议(如对 IP、LICMP)直接访问。

7.4.2　TCP 套接字编程

在应用 TCP 的客户/服务器模式中要先启动服务器进程,然后由客户机进程采取主动向服务器进程发起连接请求的方式与服务器进程建立连接与通信,如图 7-22 所示。

1. 服务器先启动

服务器首先要建立一个流式套接字,调用 socket()函数,使用该函数创建一个新的套接字,并返回所创建的套接字标识符 s。

服务总是与一个端口对应,(IP 地址,端口)可以唯一标识特定网络地址上的一个主机中的特定服务,因此,接下来用 bind()函数使创建的套接字 s 与这个特定的服务关联起来。(IP 地址,端口)用结构 struct sockaddr in 描述。

当套接字 s 与服务绑定后,调用 listen()函数创建监听队列。至此,服务器完成准备。

2. 客户端主动请求服务

客户端首先也要通过 socket()函数建立一个流式套接字,并返回该套接字标识 s。

然后客户端通过 conect()函数向服务器发送建立连接请求,使套接字 s 与远程服务器上的相应服务建立连接。

3. 服务器响应服务

服务器调用 accept()函数,接收客户的连接请求,为该客户创建一个新的套接字 ns。

与客户进行交互,而原来的套接字 s 仍然处于监听状态。

注意:如果 accept()函数没有接收到客户的请求,就在默认情况下一直处于阻塞状态,等待客户的连接请求。

4. 收发数据

客户端通过调用 recv()/send()函数接收或发送数据,在套接字 s 上读写数据。

服务器通过调用 recv()/send()函数接收或发送数据,在套接字 ns 上读写数据。

5. 关闭连接

当数据传输完毕后,客户端单方面调用 shutdown()函数通知对方自己不再发送或接收数据,之后调用 closesocket()函数关闭套接字 s,结束通信。

服务器单方面调用 shutdown()函数通知对方不再发送或接收数据,之后调 closesocket()函数关闭套接字 ns,结束与该客户的通信。关闭本次 TCP 连接,返回,重新等待新的服务请求。

当服务器进程最终要结束服务时,服务器再调用 closesocket()函数关闭套接字 s,停止服务。TCP 套接字的客户端与服务器交互过程如图 7-22 所示。

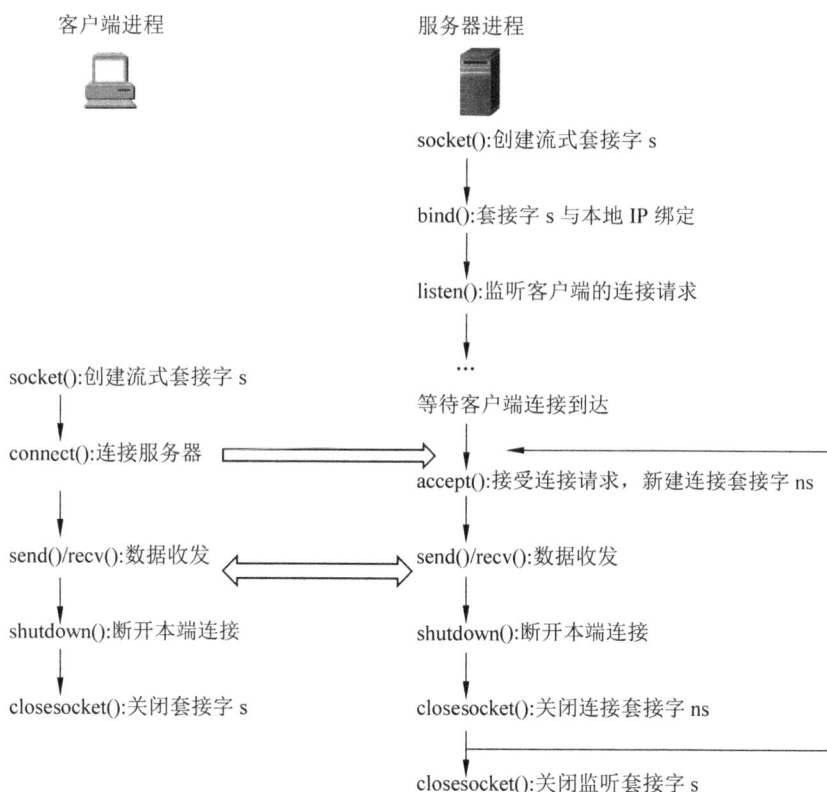

图 7-22　TCP 套接字的客户端与服务器交互过程

7.4.3 基本编程实例

下面给出一个非常简单的 TCP 应用的代码实例。客户端启动后主动连接服务器端并向服务器发送字符串"TCP Test!"。服务器接收并显示这个字符串。

1. 服务器端程序

```
//先运行服务器端,再运行客户端
#include <stdio.h>
#include <winsock2.h>
#pragma comment (lib, "ws2_32.lib")
int main ()
{
 WSADATA wsaData;
 WSAStartup(0x202,&wsaData); //加载 WinSock 动态链接库,相应的 socket 库初始化
 //创建套接字,该套接字用于监听
 SOCKET s_Server;
 s_Server = socket (AF_INET, SOCK_STREAM, 0);

 //设置服务器端的地址和侦听端口相关的参数
 struct sockaddr_in serveraddr;
 memset ((void *) &serveraddr, 0, sizeof (serveraddr)) ;
 serveraddr.sin_family = AF_INET;
 serveraddr.sin_addr.s_addr = htonl (INADDR_ANY) ; //INADDR_ANY 表示所有地址
 serveraddr.sin_port = htons (9999) ;//侦听端口为 9999
 //绑定
 bind(s_Server,(struct sockaddr *) &serveraddr, sizeof (serveraddr) ) ;
 //开始侦听
 listen(s_Server, 10) ;

 //创建套接字,该套接字用于接受连接请求,实现通信信息的接收或发送
 SOCKET s_Accept;
 s_Accept = accept (s_Server, NULL, NULL) ;     //该函数是阻塞的

 //显示客户端发送的字符串
 char bufAccept[13];
 recv (s_Accept, bufAccept, 13, 0) ;
 printf ("% s\n", bufAccept) ;

 //关闭两个套接字
 closesocket (s_Server) ;     //关闭用于监听套接字
 closesocket (s_Accept) ;     //关闭用于连接请求和接收信息的套接字
```

```
    WSACleanup() ; //注销并释放由 WSAStartup 加载的 Sockets 资源

    return 0;
}
```

2. 客户端程序

```
#include <stdio.h>
#include <winsock2.h>
#pragma comment (lib, "ws2_32.lib")
int main ()
{
    WSADATA wsaData_Client;
    WSAStartup (0x202, &wsaData_Client); //加载 WinSock 动态链接库,进行相应的
                                         //socket 库初始化

    //定义客户端套接字,该套接字用于连接到服务器
    SOCKET socket_Client;
    socket_Client = socket (AF_INET, SOCK_STREAM, 0) ;

    //设置服务器端地址和服务器端的侦听端口
    struct sockaddr_in serverAddr;
    memset ((void *) &serverAddr,0, sizeof(serverAddr)) ;
    serverAddr.sin_family = AF_INET;
    serverAddr.sin_addr.s_addr = inet_addr("127.0.0.1") ; //服务器端地址为本机地址
    serverAddr.sin_port = htons (9999 ) ; //服务器端的侦听端口

    //连接到服务器端
    connect ( socket _ Client, ( struct sockaddr * ) &serverAddr, sizeof
(serverAddr)) ;

    //发送字符串给服务器
    send (socket_Client, "TCP Test!", 13, 0) ;

    //关闭客户端套接字
    closesocket (socket_Client) ;
    WSACleanup() ; //注销并释放由 WSAStartup 加载的 Sockets 资源
    return 0;
}
```

实践探索：netstat 与 TCP 体验

netstat 命令可以显示当前活动的 TCP 连接、计算机侦听的端口、以太网统计信息、

IP 路由表、IPv4 统计信息(对于 IP、ICMP、TCP 和 UDP)以及 IPv6 统计信息(对于 IPv6、ICMPv6、通过 IPv6 的 TCP 以及 UDP)。"netstat -a"命令用于显示所有连线中的 Socket。

1)体验和认识端口

通过"netstat -a"命令可以认识端口的作用与分配。

在客户机和服务器上用"netstat -a"命令分别观察 TCP/IP 应用服务(如 WWW、FTP、DNS 等)时的输出结果;比较客户机和服务上的端口在端口号的取值上有何区别。

2)认识 TCP 服务与 UDP 服务的区别

在同时开通了 TCP 和 UDP 应用(服务器或客户端进程均可)的主机上用"netstat -a"命令观察输出结果,关注并思考以下问题:

TCP 的应用和 UDP 的应用在端口状态的显示内容上有何区别?

UDP 为什么在状态显示上没有提供有关连接状态的描述?

TCP 端口有哪几种显示状态?

习题

1. 名词解释:网络进程、进程标识、TCP、UDP、端口号、套接字、用户数据报、自由端口、拥塞控制、流量控制、滑动窗口。

2. 试说明传输层在协议栈中的地位和作用,传输层的通信和网络层的通信有什么重要区别?为什么传输层是必不可少的?

3. TCP/IP 的传输层为什么要提供两个不同服务质量的协议?

4. 什么是端口?其在 TCP/IP 传输层的作用是什么?

5. 什么是传输层的复用和分用?请通过一个具体的生活实例解释。

6. 列举 5～10 个你所知道的著名的 TCP 端口或 UDP 端口,并说明它们支持的是哪种应用。

7. 为什么说 UDP 是面向报文而 TCP 是面向字节流的?

8. 简述 TCP 在数据传输过程中采用的可靠传输机制有哪些。

9. 假设某网络应用的源 TCP 端口为 10080,目的 TCP 端口为 80;源主机的 IP 地址为 201.1.2.3,目的主机的 IP 地址为 122.3.4.5,请结合第 6 章所学的内容说明关于该应用的 TCP 连接是如何被建立的,并结合该例子谈谈你对"TCP 利用了网络层所提供的 IP 数据报传输服务,向应用层提供可靠的端到端数据传输服务"的认识。

10. TCP 和 UDP 有什么区别?它们各有什么优缺点?请简述各自的应用场合。

11. 主机甲向主机乙发送一个(SYN=1,seq=11220)的 TCP 段,期望与主机乙建立 TCP 连接,若主机乙接受该连接请求,则主机乙向主机甲发送的正确的 TCP 段可能是( )。

A. (SYN=0,ACK=0,seq=11221,ack=11221)

B. (SYN=1,ACK=1,seq=11220,ack=11220)

C. (SYN=1,ACK=1,seq=11221,ack=11221)

D. (SYN=0,ACK=0,seq=11220,ack=11220)【考研真题】

12. 若主机甲主动发起一个与主机乙的 TCP 连接,甲乙选择的初始序列号分别为 2018 和 2046,则第三次握手 TCP 段的确认序列号是(   )。【考研真题】

A. 2018   B. 2019   C. 2046   D. 2047

13. 若一个应用进程使用传输层的 UDP,但继续向下交给 IP 层后,又封装成 IP 数据报。既然都是数据报,是否可以跳过 UDP,而直接交给 IP 层? UDP 有没有提供 IP 没有提供的功能?

14. 在使用 TCP 传送数据时,如果有一个确认报文段丢失了,也不一定会引起对方数据的重传。试说明理由。

15. 使用 TCP 对实时语音业务的传输有没有问题? 使用 UDP 在传送文件时会有什么问题?

16. TCP 在进行流量控制时是以分组的丢失作为产生拥塞的标志。有没有不是因拥塞而引起的分组丢失的情况? 如有,请举出 3 种情况。

17. 为什么在 TCP 首部中有一个首部长度字段,而 UDP 的首部中就没有这个字段?

18. 造成拥塞控制的原因是什么? 请简述传输层采用的避免拥塞的机制。

19. 设 TCP 的拥塞窗口的 ssthresh 的初始值为 8(单位为数据段),当拥塞窗口上升到 12 时网络发生超时,TCP 开始慢启动和拥塞避免,试求第 0～15 次传输时各拥塞窗口的大小。

20. 若主机甲与主机乙已建立一条 TCP 连接,最大报文段长度(MSS)为 1KB,往返时间(RTT)为 2ms,则在不出现拥塞的前提下,拥塞窗口从 8KB 增长到 20KB 所需的最长时间是多少?【考研真题】

第 8 章　应用层与 Internet 服务

　　网络传输过来的数据是统一的,但不同的应用对数据格式及数据传输方式有不同的要求,为了个性化地服务于不同的主流应用,设计了应用层协议。应用层是体系结构中的最高层。应用层直接为应用进程提供服务。

　　应用层的协议支持特定的应用。一种应用层协议定义了某类应用程序进程间通信的规则。一般来说,运行在网络上的应用程序客户端可以直接调用传输的服务进行通信,在这种情况下,应用程序客户端要完成信息处理和通信两个功能,可以认为由两个模块组成。信息处理模块主要是信息到数据的形态转换,如浏览器,对收到的数据进行处理还原成图片、文字展示成网页。通信模块主要负责客户端如何与传输层打交道,实现数据格式处理和特定次序下的收发。对于社会上的主流应用,如 Web 服务,每个客户端每次调用网络传输层通信的方法、步骤是一样的,我们完全可以把方法、步骤约定下来,形成协议,放到应用层;把相应的实现写成固定模块,供应用程序开发时调用。这样,在应用层之上再开发应用系统时就会变得简单,也避免了通信模块的重复开发,同时实现了通信功能的规范化。当然,对于一些个性化应用,没有应用层协议可用,就要基于传输层开发应用程序,在应用程序中要实现信息处理和数据通信两方面功能。

　　应用层协议、协议的实现、应用程序客户端并不是一回事,要注意区分。应用层每个协议都针对一种应用。应用层协议是做事规则、步骤的约定,应用层协议的实现是一组软件程序提供一种系统服务。应用程序客户端运行时表现为一个进程,通过调用系统服务实现个性化的数据传输。

　　本章通过分析常用应用层协议的工作过程让大家认识应用层协议,理解应用层协议在网络应用程序和网络体系中所处的环节及所起的作用,章节中重点分析了 DNS、HTTP 过程和应用,也提供了部分经典协议和新应用,供大家探究扩展视野,如图 8-1 所示。另外,Internet 应用层是开放的,有待新的应用和创新丰富和扩展应用层。

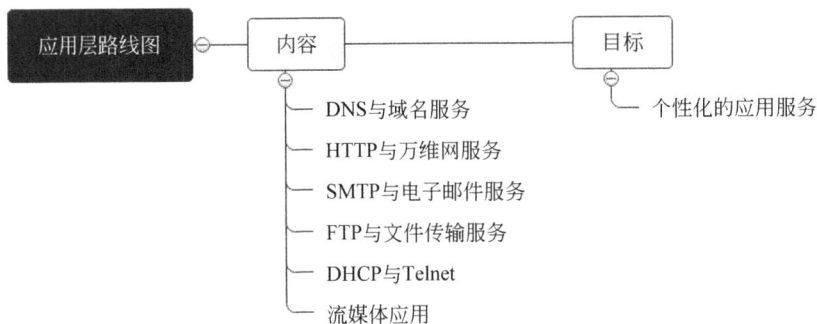

图 8-1　应用层路线图

8.1　Internet 应用层

应用层是 TCP/IP 模型的最高层,通过使用传输层提供的服务,直接向用户提供服务,是 TCP/IP 网络与用户之间的界面或接口。该层由若干面向用户提供服务的应用协议和支持这些应用的支撑协议组成,基于这些协议,应用层向用户提供了众多的网络应用。

TCP/IP 应用层上的典型应用根据用途可分为三类,提供网络系统服务与维护:构建和完善网络系统的应用主要有 DNS 域名系统、DHCP 动态主机配置、Telnet 远程登录、SNMP 网络管理;面向大众提供通用服务的应用包括 WWW 服务、电子邮件、FTP 文件传输等;新兴应用服务主要有流媒体服务、内容分发服务、P2P 应用等。在应用层开发了与这些应用相关的协议,下面分类简述。

支持因特网上广泛使用的传统通用服务的协议有以下几个。

HTTP:用来在浏览器和 WWW 服务器之间传送超文本的协议。

SMTP:用于实现电子邮件传输的应用协议。

FTP:用于实现文件传输服务的协议。通过 FTP,用户可以方便地连接到远程服务器上,可以进行查看、删除、移动、复制、更名远程服务器上的文件内容的操作,并能进行上传文件和下载文件等操作。

为了用户更加可靠、高效地访问网络应用服务,TCP/IP 模型的应用层还提供了一些网络系统服务支撑协议,主要有以下几个。

DNS:用于实现域名和 IP 地址之间的相互转换。

DHCP:动态主机 IP 地址分配,为用户接入网络时自动获取 IP 地址提供支撑。

Telnet:实现虚拟或仿真终端的服务,允许用户把自己的计算机当作远程主机上的一个终端连接到远程计算机,并使用基于文本界面的命令控制和管理远程主机上的文件及其他资源。

SNMP:由于因特网结构复杂,拥有众多的操作者,因此需要好的工具进行网络管理,以确保网络运行的可靠性和可管理性。而 SNMP 提供了一种监控和管理计算机网络的有效方法,它已成为计算机网络管理的事实标准。

随着大规模宽带通信的实现,以流媒体为代表的多媒体应用进入蓬勃发展期,引领因特网发展。另外,以移动互联为基础的即时通信、电子商务等也成为因特网应用的新亮点。

图 8-2 给出了上述应用层协议与传输层 TCP、UDP 及其端口之间的关系。应用层协议根据所使用的传输层服务的不同可以分为三类:一类是基于面向连接的 TCP,如 HTTP、FTP、SMTP 和 Telnet 等;另一类是基于无连接的 UDP,如 SNMP、TFTP 和 DHCP 等;还有一类既可基于 TCP,也可基于 UDP,如 DNS。

应用层的许多协议都是基于客户服务器方式。即使是对等通信方式,实质上也是一种特殊的客户服务器方式。这里再明确一下,客户(client)和服务器(server)都是指通信中所涉及的两个应用进程。客户服务器方式描述的是进程之间服务和被服务的关系。这

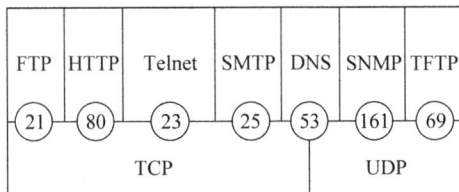

图 8-2　应用层协议

里最主要的特征是：客户是服务请求方，服务器是服务提供方。

8.2　DNS 与域名服务

8.2.1　域名系统的应用背景与价值作用

　　IP 地址的使用让我们可在因特网上定位到一台主机，从而与之通信。从根本上讲，要访问因特网上的主机，必须知道其 IP 地址，用 IP 地址实现主机的逻辑寻址。但是，32位二进制的 IP 地址非常难记忆，即使采用点分十进制表示，也很难记住。就像为了打电话狂背电话号码一样，让人觉得无聊又无奈，因此产生了电话号码本，把人名与电话号码对应起来，传统纸件的电话本需要用人名人工检索，得到电话号码后再拨打，现在的手机通信录已经在手机中电子存储并实现了自动转换，当按人名拨打时，实际上拨出的是其电话号码。

　　人们将这一经验搬移到因特网上，解决应用中 IP 地址难记的难题。日常生活中，人已经养成了记住名字的习惯，现在我们也给因特网上的主机起一个个性化的字符名字，然后通过记住这些主机名记住主机，尤其是知名主机。应用中，通过主机名访问主机，当然，因特网上只能根据 IP 地址定位主机，所以，应用中也需要先根据主机名检索到其 IP 地址，这需要有一个专用的"地址本"和检索机构，以实现自动检索。图 8-3 给出了使用主机名访问因特网上主机的一般过程。

　　图 8-3 中，当网络用户在客户机 IE 浏览器输入域名 www.163.com 访问网站时，该客户机要向本地 DNS 服务器发出一个域名解析请求。客户机用待解析的域名构造一个DNS 请求报文，发给本地域名服务器。本地域名服务器查找数据库，得到对应的 IP 地

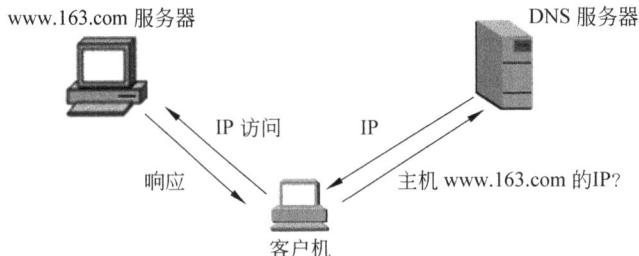

图 8-3　DNS 应用示意图

址,把 IP 地址通过 DNS 应答报文发给客户机。客户机上的应用进程获得目的主机的 IP
地址,再用 IP 地址访问 163 服务器。当然,正常情况下 163 服务器会返回用户所需的数
据,客户机通过 IE 浏览器把网页还原显示——我们打开了网站主页。

以上过程包含两个系统,163 服务器最终为客户机提供应用服务,与客户机共同构成
一个应用系统;DNS 服务器为应用访问存储"地址本",并提供从主机名到 IP 地址的解析
检索服务,构成 DNS。正是 DNS 帮我们实现了从主机名到 IP 的自动转换,让我们感觉
可以直接使用主机名访问服务器,而不必枯燥记忆服务器的 IP 地址。

鉴于因特网的庞大和主机数量的众多,为了有序地管理主机,我们把主机归属到各个
域里,一个域中还可以包含子域。如 www.sina.com.cn 就表示主机名字为 www.sina.
com.cn 指出了主机 www 的隶属关系,即它属于 cn 域里 com 域的 sina 子域。

理论上讲,整个因特网可以只使用一个域名服务器,使它装入因特网上所有的主机
名,并回答所有对 IP 地址的查询。然而,这种做法并不可取。因为因特网规模很大,这样
的域名服务器肯定会因过负荷而无法正常工作,而且一旦域名服务器出现故障,整个因特
网就会瘫痪。因此,实现域名服务的不应该是一台服务器,而应该是一群服务器且分布在
世界各地,它们应该有组织地构成一个完整的系统,完成任何可能的查询服务。

因特网的 DNS 被设计成为一个联机分布式数据库系统,并采用客户服务器方式。
DNS 使大多数名字都在本地进行解析(resolve),仅少量解析需要在因特网上通信,因此
DNS 的效率很高。由于 DNS 是分布式系统,即使单个计算机出了故障,也不会妨碍整个
DNS 的正常运行。

为了支持域名解析系统,我们对因特网上的所有域组成一个树形结构。早在 1983
年,因特网就开始采用层次树状结构的命名方法,配套使用分布式的 DNS。

域名到 IP 地址的解析是由分布在因特网上的许多域名服务器程序(可简称为域名服
务器)共同完成的。域名服务器程序在专设的结点上运行,人们常把运行域名服务器程序
的机器称为域名服务器。

下面从域、域树结构、域名服务器、DNS 解析过程几个方面展开分析,展现域、域名服
务器、域名解析原理及相互支撑关系。分析因特网上域的组织形式与查询机制是如何完
美配合的,以实现因特网上所有域名的自动查询。

8.2.2 因特网域名结构

主机的字符标识名格式及组织方式很重要,因为它影响到从名字到 IP 地址的解析。

早期的网络(如 ARPAnet),其互连的主机数目较少,使用主机名的方法标识连网的
主机。该方法用平面命名机制为每台连网的主机取一个唯一的字符名字,平面名字与 IP
地址对应地登记在网络中的一个共享文件(如 hosts)中,并进行集中管理。只要用户输入
主机名字,计算机可以从中查询到对应的 IP 地址。

以平面命名机制命名的字符名字的主要优点是名字短小,实现起来比较简单,在主机
数量较少的网络环境下,这是一个很实用的方法。但对于后期因特网上大量的主机,这种
方式在管理和解析上缺点是明显的。首先,由于名字取自单一标识符集,当有大量主机

时，为了使名字独一无二，需要花费很大的心思才行；其次，在平面方式的组织形式下，随着主机数目的大量增加，名字管理工作量会大大增加，检索效率降低；第三，一台地址解析服务器完成解析服务很难避免瓶颈效应，可靠性没有保证；第四，名字到地址的关联经常会改变，要保持名字到 IP 地址的映射更新困难。

因此，人们引入域名（domain name）这一概念。任何一个连接在因特网上的主机或路由器，都有一个唯一的层次结构的名字，即域名。"域"（domain）是名字空间中一个可被管理的划分。域还可以划分为子域，而子域还可继续划分子域，这样就形成了顶级域名、二级域名、三级域名等。

因特网上，所有的域名组成一种树形结构。在域名树中，叶子用来标识主机，除叶子以外的结点用来标识域，如图 8-4 所示。

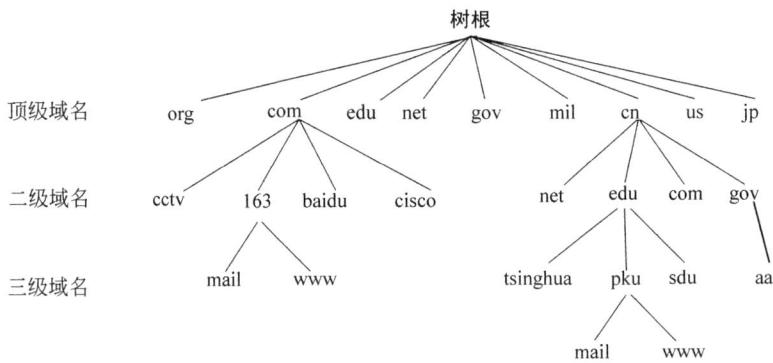

图 8-4　因特网的域名空间

每个域名都由标号序列组成，而各标号之间用点隔开。例如，图 8-4 中，北京大学 Web 网站的域名是 www.pku. edu. cn。其中标号 cn 是顶级域名，标号 edu 是二级域名，标号 pku 是三级域名，www 是主机名，通常用 www 作 Web 服务器名字。域名的这种分层、分级的命名和管理机制和人们通常的行政地址命名和管理方法类似，如生活中常用国家、省、市、街道、门牌等标识一个通信地址。

域名由英文字母和数字组成，每个域名不超过 63 个字符，不区分大小写。除连字符（下连线）外，不能使用其他的标点符号。级别最高的顶级域名写在最右边。由多个域名组成的完整域名总共不超过 255 个字符。DNS 既不规定一个域名需要包含多少个下级域名，也不规定每级域名代表什么意思。各级域名由其上一级的域名管理机构管理，而最高的顶级域名则由互联网名称与数字地址分配机构（ICANN）进行管理。用这种方法可使每个域名在整个因特网范围内是唯一的，并且也容易设计出一种查找域名的机制。域名的这种表示形式与组织结构为 DNS 解析提供了基础。

顶级域名分为国家顶级域名、通用顶级域名、基础结构域名三大类，如中国的国家顶级域名是 cn。最常见的通用顶级域名有 7 个，分别是 com（公司）、net（网络服务机构）、org（非营利性的组织）、int（国际组织）、edu（教育机构）、gov（政府部门）、mil（军事部门）。反向域 arpa 用于反向域名解析，将 IP 地址解析成域名。

在国家顶级域名下注册的二级域名均由该国家自行确定。我国把二级域名划分为

"类别域名"和"行政区域名"两大类,如 edu 为教育机构,bj 为北京市,sd 为山东省。

应当注意,虽然北京大学和 163 都各有一台计算机取名为 www,但它们属于不同的域,在因特网中的域名并不相同。

从图 8-4 中还可以看出,因特网的名字空间是按照机构的组织划分的,与物理的网络无关,与 IP 地址中的"子网"也没有关系。

8.2.3 域名服务器

域名的树形体系是抽象的。在树结构中,除叶子以外的结点域中,设立相应的域名管理机构,实现域的登记注册管理;同时设立一个域名服务器用来实现域的登记与解析。

每个域名服务器都只对域名体系中的一部分进行管辖。因特网上的 DNS 域名服务器也是按照层次安排的。根据域名服务器所起的作用,可以把域名服务器划分为以下 4 种类型。

(1) 根域名服务器(root name server):它是最高层次的域名服务器,也是最重要的域名服务器。每个根域名服务器知道所有的顶级域名服务器的域名和 IP 地址。也就是说,顶级域名需要在根域名服务器中登记。

根域名服务器是最重要的域名服务器,因为不管是哪个本地域名服务器,若要对因特网上任何一个域名进行解析(即转换为 IP 地址),如果无法自己解析,就首先要求助于根域名服务器。如果所有的根域名服务器都瘫痪了,那么整个 DNS 就无法工作。因特网上共有 13 个不同 IP 地址的根域名服务器。注意,根域名服务器的数目并不是 13 个机器。

需要注意的是,在许多情况下,根域名服务器并不直接把待查询的域名直接转换成 IP 地址,而是告诉本地域名服务器下一步应当哪个顶级域名服务器进行查询。

(2) 顶级域名服务器(TLD 服务器):这些域名服务器负责管理在该顶级域名服务器注册的所有二级域名。当收到 DNS 查询请求时,就给出相应的回答。

(3) 权威域名服务器(authoritative name server):每个主机都要被登记在一个权威域名服务器上。如果一个域名服务器总是存在着将主机名称解析为 IP 地址的 DNS 记录,那么该域名服务器对于主机来说就是权威服务器。很多域名服务器都是同时作为本地服务器和权威服务器使用的。

域名空间被划分成一些不重叠的区(zones),每个区包含域名树的一部分。对每个区设置一个域名服务器,它负责登记本区里的主机,是所管辖主机的权威域名服务器。DNS 服务器的管辖范围不是以"域"为单位,而是以"区"为单位。

(4) 本地域名服务器(local name server):当一台主机发出 DNS 查询请求时,这个查询请求报文就发送给本地域名服务器,由此可看出本地域名服务器的重要性。每个因特网服务提供者(ISP),或一个大学,甚至一个大学里的系,都可以拥有一个本地域名服务器,这种域名服务器有时也称为默认域名服务器。当 PC 使用 Windows 7 操作系统时,在"控制面板"中选择"网络和 Internet",之后选择任何一种网络连接,再选择"属性"选项→"网络"选项,然后选择"Internet 协议(TCP/IPv4/IPv6)",再选择"属性"选项,就可看见有关 DNS 地址的选项。这里的 DNS 服务器指的就是本地域名服务器。本地域名服务器离用户较近,一般不超过几个路由器的距离。当所要查询的主机也属于同一个本地 ISP 时,该本地域名服务器立即就能将所查询的主机名转换为它的 IP 地址,而不需要再询问其他的域名服务器。

为了提高域名服务器的可靠性,DNS 域名服务器把数据复制到几个域名服务器保存,其中一个是主域名服务器,其他的是辅助域名服务器。当主域名服务器出故障时,辅助域名服务器可以保证 DNS 的查询工作不会中断。主域名服务器定期把数据复制到辅助域名服务器中,而更改数据只能在主域名服务器中进行,这样就保证了数据的一致性。

8.2.4 域名解析过程

客户端应用程序向域名服务器递交域名,服务器端返回域名对应的 IP 地址,这个服务过程称为域名解析服务。DNS 服务器除了具备前述的对本级域及其子域进行域名管理的功能外,还具备通过 DNS 协议接受客户端应用程序的域名解析请求,从而返回域名解析结果的域名解析服务功能。DNS 使用客户/服务器(C/S)机制实现域名解析。

假定域名为 aa.gov.cn 的主机要访问 www.163.com,由于不知道其 IP,故向本地域名服务器查询主机 www.163.com 的 IP。由于本地域名服务器不是目的主机的权威域名服务器,所以它也没有相关记录,但它有根域名服务器的地址,会继续向根域名服务器请求解析;根域名服务器中记录了目的主机的顶级域名服务器 dns.com 的信息,并向其查询;顶级域名服务器知道它隶属于 dns.163.com,并向其发出解析请求;dns.163.com 是目的主机的权威域名服务器,通过查找其数据库可得到目的 IP,然后将结果逐级返回。图 8-5 中的 ①~⑧ 展示了 DNS 查询过程。

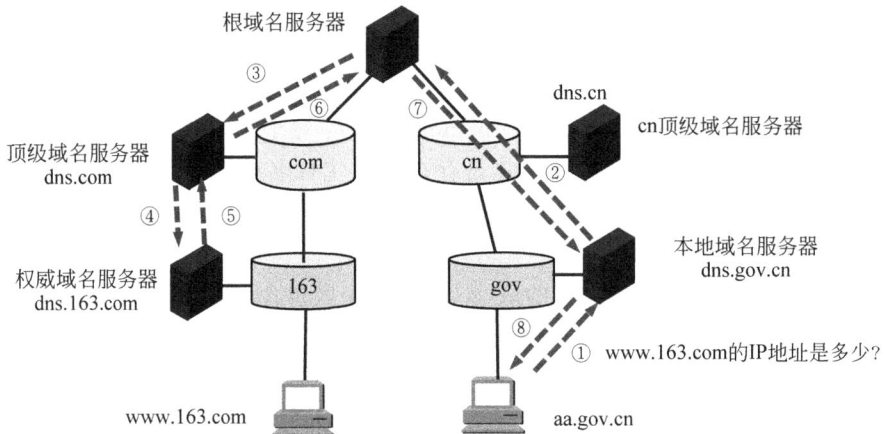

图 8-5 域名解析过程:递归查询

下面简单讨论域名的解析过程。这里要注意两点。

第一,主机向本地域名服务器的查询一般都采用递归查询(recUrsive query)。所谓递归查询,就是如果主机询问的本地域名服务器不知道被查询域名的 IP 地址,那么本地域名服务器就以 DNS 客户的身份向其他根域名服务器继续发出查询请求报文(即替该主机继续查询),而不是让该主机自己进行下一步查询。因此,递归查询返回的查询结果要么是所要查询的 IP 地址,要么是报错,表示无法查询到所需的 IP 地址。

第二,本地域名服务器向根域名服务器的查询通常采用迭代查询(iterative query)。迭代查询的特点是:当根域名服务器收到本地域名服务器发出的迭代查询请求报文时,要么给出所要查询的 IP 地址,要么告诉本地域名服务器:"你下一步应当向哪个域名服务器进行查询。"然后让本地域名服务器进行后续的查询(而不是替本地域名服务器进行后续的查询)。根域名服务器通常是把自己知道的顶级域名服务器的 IP 地址告诉本地域名服务器,让本地域名服务器再向顶级域名服务器查询。顶级域名服务器在收到本地域名服务器的查询请求后,要么给出所要查询的 IP 地址,要么告诉本地域名服务器下一步应当向哪个权威域名服务器进行查询。本地域名服务器进行迭代查询得到所要解析的域名的 IP 地址,然后把这个结果返回给发起查询的主机。当然,本地域名服务器也可以采用递归查询,这取决于最初的查询请求报文的设置要求使用哪种查询方式。图 8-6 用例子说明了这种查询的过程。

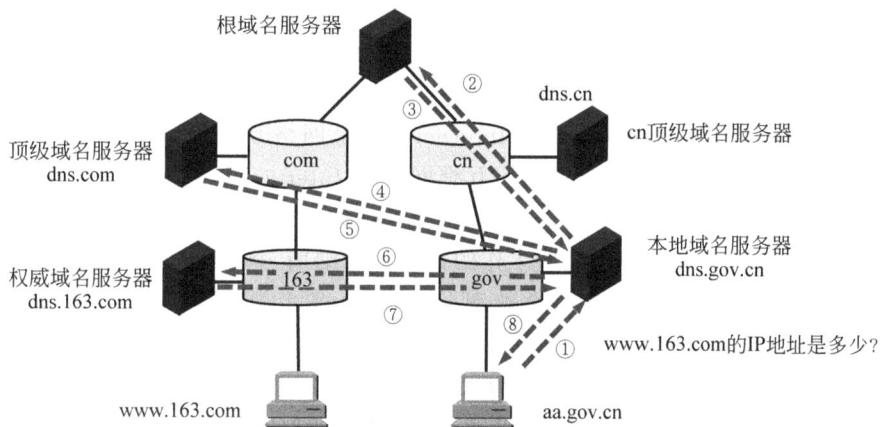

图 8-6 域名解析过程:迭代查询

从上述过程可以看到,在树形域结构上运用世界各地分散部署的 DNS 服务器能够解析出所有域名。如果目的域名在本地域名服务器上不能得到解析,可能会运用外网上的 DNS 服务产生远程流量,需要更长的时延。

因此,为了提高 DNS 查询效率,并减轻根域名服务器的负荷和减少因特网上的 DNS 查询报文数量,在域名服务器中广泛地使用了高速缓存(有时也称为高速缓存域名服务器)。高速缓存用来存放最近查询过的域名,以及从何处获得域名映射信息的记录。

例如,在图 8-6 的查询过程中,如果本地 DNS 服务器解析到 www.163.com 的 IP 后在返回给客户主机的情况下,同时把此记录保存在自己的高速缓存中,那么,以后再有关于 www.163.com 的解析时,就可以先从高速缓存中查找,而不必进行上述的远程解析了。因为用户对网络主机的访问的局部性原理,在缓存中命中目标的概率还是很高的。

当然,使用缓存需要一定的存储空间开销,相当于用空间换时间。同时要注意,并非缓存越大越好,有些记录缓存得久了可能失去时效性,因为名字与 IP 地址的绑定关系也会变的。

不但在本地域名服务器中需要高速缓存,在主机中也很需要。许多主机在启动时从本地域名服务器下载名字和地址的全部数据库,维护存放自己最近使用的域名的高速缓存,并且只在从缓存中找不到名字时才使用域名服务器。

最后关于 DNS 再说明几点:第一,因特网上的主机和路由器必须有唯一的 IP 地址,但不必都有域名;第二,域名和 IP 地址的对应关系不只是一对一的,可以是多对多的。多个域名可以对应一个 IP 地址,如多个 Web 网站共用一个服务器;一个域名可以对应多个 IP,并且可以通过 DNS 重定向实现负载均衡。

8.3　HTTP 与万维网服务

万维网(World Wide Web,WWW)是当今社会中最广泛的网络应用,现在孩子时期已经开始使用万维网。但到目前为止,读者有没有困惑过,万维网是什么? 是不是 Internet? 与 Internet 有什么区别?

我们虽然用网,但却很难认知网络。毕竟因特网太大了,万维网也太大了,大得让我们只见树木,不见森林,很难整体认知和把握它。

通过前面的学习我们已经能认识 Internet。它是网络互联的结果,是互联网,它跨网、跨国、跨时空构建起一个通信平台。万维网不是 Internet,它是依托 Internet 利用超链接而构建起来的信息系统,是 Internet 应用之一,是依托 Internet 运行的一项服务。

1989 年,在欧洲粒子物理研究所工作的蒂姆·伯纳斯-李出于高能物理研究的需要,发明了万维网。2012 年,蒂姆在伦敦奥运会开幕式上亮相,并打出了 This is for Everyone 字样,这正是这位无私的发明者的真实写照,他将他的能博取匹敌盖茨财富的发明无私地献给全人类,改写互联网的历史。万维网的诞生给全球信息的交流和传播带来了革命性的变化,一举打开了人们获取信息的方便之门。

8.3.1　万维网信息系统及组成

万维网并非某种特殊的计算机网络,它是一个大规模的、联机式的信息存储所,英文简称为 Web,是运行在因特网上的一个分布式信息系统,给人们提供分布式应用。万维网用链接的方法可以让用户从任何一个主页开始,非常方便地从因特网上的一个站点访问另一个站点(也就是所谓的"链接到另一个站点"),主动按需获取信息。万维网提供丰富的信息资源。图 8-7 说明了万维网提供分布式服务的特点。

图 8-7 是由众多万维网网站组成万维网的示意图。万维网由众多网站构成,网站是网页的集成,每个网页是一个超媒体的万维网文档,通过网页中的超链接,万维网中的各个网页、网站联成一体,构成一个分布式、多入口的信息系统。

各网站可以相隔数千千米,但都必须连接在因特网上。每个万维网站点都存放了许多文档。在这些文档中,有些地方的文字是用特殊方式显示的,当将光标移动到这些地方时,光标的箭头就变成一只手的形状,这表明这些地方有一个超链接,如果在这些地方单

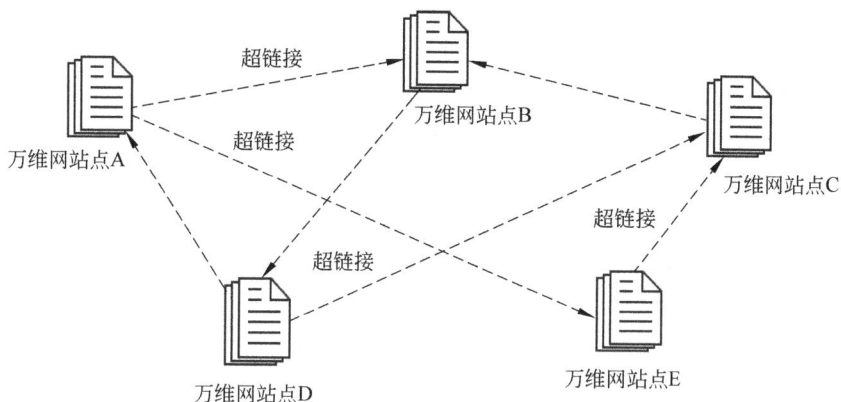

图 8-7 基于网页和超链接的万维网组成

击鼠标,就可以从这个文档链接到可能相隔很远的另一个文档。经过一定的时延,在 IE 浏览器中就能将远方传送过来的网页文档显示出来。

万维网是一个把网页由超链接关联起来的信息系统,基本元素是 Web 页面,超链接是逻辑链接;超链接实质上是指向另一个 Web 页面的地址指针。万维网系统中,Web 页面的地址用统一资源定位符(URL)表示。

要追踪超链接,把异地网站的网页打开,需要超文本传输协议(HTTP)的工作。HTTP 能根据 URL 的标识,通过一定的步骤把超链接指向的网页数据通过因特网网络链接传输到本地。因此,网络链接是实现超链接的物理基石,互联网是实现万维网的物理基础。也就是说,万维网要部署在互联网上,需要在互联网的支撑下才能得以运行、实现。

万维网是以万维网文档为元素的信息系统,万维网文档间的联系由超链接表达;HTTP 在万维网中充当采购员的角色,它把 URL 指向的信息数据采购回来。而跨网互联互通的 Internet 为采购员的采购提供了高速公路级的支撑。

网站是同属于一个资源单位、共享同一个服务器程序服务的相关万维网文档的集合;Web 服务器是网站的家,网站要部署在服务器上,服务器是网站的硬件支撑。

服务器程序提供了服务器端万维网信息的管理、检索、响应提交;IE 浏览器在客户端与服务器程序实现对等交互,把 HTTP 采购到的数据还原,以网页的形式显示给用户。

IE 浏览器能还原和识别网页的根本是因为万维网文档中使用了 HTML 标记。超文本标记语言实现了万维网文档的书写、记录;为网页的制作和在客户端的还原奠定了基础,提供了技术支撑。

动态信息技术的使用使万维网突破了单纯静态信息显示的束缚,Java 程序语言及数据库与万维网文档的融合实现了万维网上的动态应用服务。把解决具体问题的网络应用系统纳入万维网的框架下实现,赋予万维网以新的使命,润其生机盎然。手机、平板电脑智能终端的加入,扩展了万维网的空间,让万维网的访问更加灵活、方便。在智能移动万维网应用中,云计算、云服务得以彰显,为寡资源、低处理能力的移动终端提供了计算和存储支持。

在诸多元素的参与下,万维网应用从静态信息库走向动态专用服务;从单一信息浏览走向智能信息检索;从资源共享走向资源共建;创新了人人为我,我为人人的逻辑信息世界,正以容纳万物、吞噬一切的气势引领信息化世界快速发展。万维网近几年的发展主要表现为从专业机构提供信息服务的 Web 信息浏览发展到基于 Web 的办公管理、生产交易、互通交流,实现了网络银行、网上股市、网上商店、网上新闻与互动、网络博客、微博、微信等。万维网成了应用信息化的主体,引领信息化发展,改进和创新着人类社会。

万维网文档是万维网的基本元素和载体;HTTP 实现了万维网文档传输;万维网的形态和应用也在随着新技术的应用演变和深化。本节从以上三个方面对万维网展开剖析。

可见,万维网是一个有多种构件,通过构件关联而建构起来的信息系统。这个系统是庞大且复杂的。下面进一步从多个方面认识万维网。

1. 超媒体

Web 页面是万维网文档,它使用了超媒体。超媒体是包含超链接的媒体,超链接实质是指向另一网页的指针,它用 URL 标识。

万维网是一个分布式的超媒体(hypermedia)系统,它是超文本(hypertext)系统的扩充。

超文本是把一些信息根据需要连接起来的信息管理技术,是包含指向其他文档的链接的文本。也就是说,一个超文本由多个信息源链接而成,这些信息源的数目实际上是不受限制的。人们可以通过一个文本的链接指针打开另一个相关的文本。利用一个链接可以找到另一个文档,而这又可链接到其他文档。这些文档可以位于世界上任何一个接在因特网上的超文本系统中。超文本提供了万维网上信息的链接,是万维网的组建基础。

超媒体与超文本的区别是文档内容不同。超文本文档仅包含文本信息,而超媒体文档还包含其他表示方式的信息,如图形、图像、声音、动画,甚至活动视频图像。

2. 超链接

超链接是 WWW 上的一种链接技巧,它是内嵌在文本或图像中的。通过已定义好的关键字和图形,只要单击某个图标或某段文字,就可以自动连上对应的其他文件。每个链接都有一个起点和终点。链接的起点可以是一个字或几个字,或是一幅图。文本超链接在浏览器中通常带下画线,而图像超链接是看不到的;但如果用户的鼠标碰到它,鼠标的指针通常会变成手指形状(文本超链接也是如此)。链接的终点可以是其他网站上的页面。网页的出色之处在于能够把超链接嵌入到网页中,使用户能够从一个网页站点方便地转移到另一个相关的网页站点。超链接实质是一个指向其网页的指针。

3. 统一资源定位符

为了标识万维网系统中的系统资源,引入了统一资源定位符(Uniform Resource Locator,URL)。URL 也被称为网页地址,是标准的万维网上资源的地址。

基本 URL 包括以下成分:服务协议、服务器域名或地址、服务器端口号、文档的路径和文档名称,其中有些项可以省略。在万维网文档中可以通过对象的 URL 引用其他页面中的对象。例如,某门户网站 Web 页面的 URL 是 http://news.sina.com.cn/c/2015-06-17/113531960702.html。

其中,http 表示访问资源需要使用 HTTP;news.sina.com.cn 是域名,指出了资源所在的主机;/c/2015-06-17 指出了资源在主机中的路径;113531960702.html 是文件名。

4. 网页、网站、服务器

(1) 网页是网站的基本信息单位,是 WWW 的基本文档。它由文字、图片、动画、声音等多种媒体信息以及链接组成,是用 HTML 编写的,通过链接实现与其他网页或网站的关联和跳转。网页文件由 HTTP 传输,并能被浏览器识别、还原显示的文本文件,其扩展名是.htm 或.html。

(2) 网站由众多不同内容的网页构成。网页的内容可体现网站的全部功能。通常把进入网站首先看到的网页称为首页或主页(homepage),如新浪、网易、搜狐都是国内比较知名的大型门户网站。

(3) 服务器。网站是一个相对独立的信息系统,是软件。从硬件角度讲,服务器是网站部署的硬件平台。万维网系统正是通过服务器与互联网关联的。从软件视角讲,服务器上有一组服务控制程序是提供 Web 信息服务的服务器软件,主要功能包括管理和存储各种 Web 对象,每个对象由 URL 寻址;接收来自用户浏览器的服务请求,通过相应的处理制作并返回 Web 页面。Web 服务器实现了 HTTP 的服务器端,流行的 Web 服务器程序有 Apache 和 Microsoft Internet Information Server。

5. 浏览器

浏览器(Web browser)是具有标准接口的 Web 客户机软件,它实现了 HTTP 的客户机端。作为客户端,浏览器与服务器软件进行通信,从而实现与 HTTP 接口;另一方面,浏览器将 HTTP 传送的数据还原成 Web 页面,显示给用户,实现与 HTML 标识的兼容。

当在一个浏览器中输入一个 URL 的时候,浏览器就是一个客户端,接下来浏览器就会检查这个 URL,如果 URL 中包含域名,浏览器会向本地 DNS 服务器询问 URL 中主机服务器,它的域名对应的 IP 地址,当 DNS 域名服务器返回对应 IP 地址的时候,浏览器就用这个地址和 Web 建立 TCP 的连接,之后浏览器发送 HTTP 的请求,要求获取 URL 中指定的资源文件,Web 服务器返回被请求的文件,TCP 连接被释放,浏览器解释、显示下载到本地的文件。注意,在这个过程里,一个 Web 页面可能由 PDF 文件、GIF 图片、MPEG 视频、MP3 歌曲或者其他类型的文件组成。

图 8-8 是一个典型浏览器的功能组成示意图。

一个浏览器包括一组客户机程序、一组解释程序,以及管理这些客户程序和解释程序的控制程序。

6. 万维网文档

万维网文档是万维网的基本组成元素,它是一种超媒体文档,是用超文本标记语言(HxperText Markup Language,HTML)编制的文件。

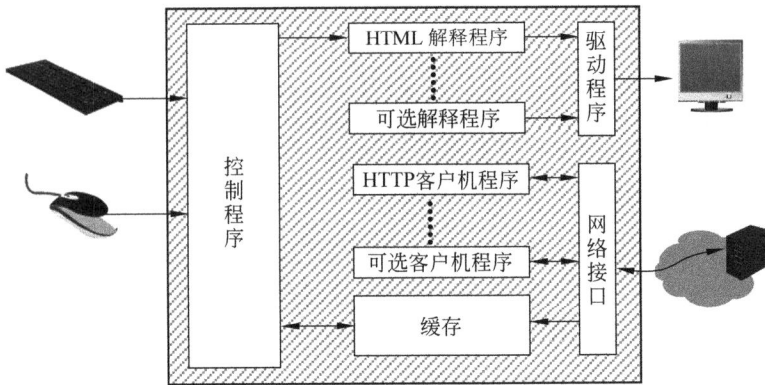

图 8-8 一个典型浏览器的功能组成示意图

（1）万维网文档与 HTML。

HTML 是一种制作万维网页面的标准语言，它消除了不同计算机之间信息交流的障碍。

HTML 是一种规范，一种标准，它通过标记符号标记要显示的网页中的各个部分。网页文件本身是一种文本文件，通过在文本文件中添加标记符，可以告诉浏览器如何显示其中的内容（如文字如何处理，画面如何安排，图片如何显示等）。

HTML 定义了许多用于排版的命令，即"标签"（tag）。例如，<I>表示后面开始用斜体字排版，而</I>则表示斜体字排版到此结束。HTML 就把各种标签嵌入到万维网的页面中，这样就构成了所谓的 HTML 文档。例如，用记事本将以下内容编辑到一个文件中，保存成.html 的文件，然后用浏览器打开该文件，可看到如图 8-9 所示的 Web 页面。

```
<html>
<body>
  <h1 align= center>静夜思</h1>
  <p>作者:李白</p>
  <hr/>
<p>床前明月光,疑是地上霜。</p>
<p>举头望明月,低头思故乡</p>
<hr/>
<h3 ><i>赏析:</i></h3>
  <p>短短四句诗,写得清新朴素,明白如话。它的内容是单纯的,同时又是丰富的。</p>
</body>
</html>
```

对比语法和效果可以看出，<html>与</html>之间的文本描述了网页，<body>与</body>之间的文本是可见的页面内容，<h1>与</h1>之间的文本"静夜思"按 1 级标题显示，align＝center 指出了居中显示。<h3>与</h3>之间的文本"赏析"按 3 级标题显示，<i>与</i>之间的文本为斜体。<p>与</p>之间的文本被显示为段落内容，而<hr/>标签在页面中创建了水平线。

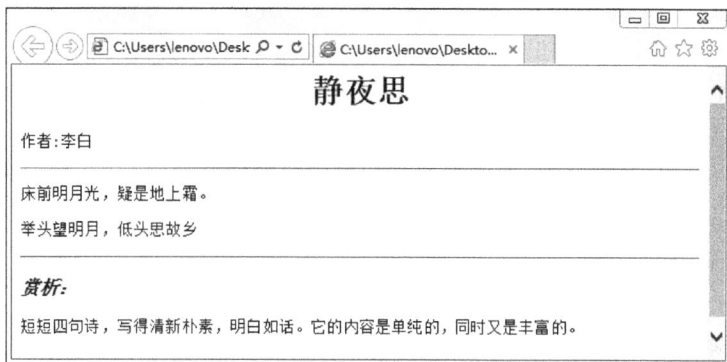

图 8-9　浏览器中显示的一个 HTML 文档效果

　　每个 Web 页面或文档都是由对象（object）组成的。一个对象可以是由单个 URL 指定的文件，如 HTML 文件、JPEG 图形、Java 程序或视频片段等。Web 页面含有一个基本 HTML 文件（base HTML file）以及其他引用对象。例如，如果某 Web 页面引用了 4 个 JPEG 图形文件和两个视频文件，则该页面连同基本 HTML 文件共关联了 7 个对象。

　　HTML 允许在万维网页面中插入图像，HTML 标准并没有规定该图像的格式，大多数浏览器都支持 GIF 和 JPEG 文件。HTML 还规定了超链接的设置方法，HTML 之所以称为超文本标记语言，正是因为文本中包含了所谓的"超级链接"点。

　　使用网页制作软件可以让我们能够像使用 Word 字处理器那样很方便地制作各种 Web 页面。其中 Microsoft FrontPage 是一款轻量级静态网页制作软件，Dreamweaver 是一个专业级网页制作软件，是初学者或专业级网站开发人员的常用工具。

　　（2）万维网文档的类型。

　　静态文档（static document）是指在文档创作完毕后就存放在万维网服务器中，在被用户浏览的过程中，内容不会改变。由于这种文档的内容不会改变，因此用户对静态文档的每次读取得到的返回结果都是相同的。静态文档的最大优点是简单，但不适合表达动态变化的内容，因此具有一定的局限性。

　　动态文档（dynamic document）是指文档的内容在浏览器访问万维网服务器时才由应用程序动态创建。当浏览器请求到达时，万维网服务器要运行另一个应用程序，并把控制转移到此应用程序。该应用程序根据浏览器发来的请求，结合数据库中的最新数据生成 Web 文档，作为对浏览器请求的响应。由于对浏览器每次请求的响应都是临时生成的，因此用户在不同时间、不同条件的访问看到的内容是不同的。动态文档具有表现当前最新信息的能力，例如股市行情、天气预报或民航售票情况等内容。开发动态文档需要编写用于生成文档的应用程序，而不是编写静态页面。动态文档和静态文档的主要差别仅体现在服务器上，其文档内容都遵循 HTML 所规定的格式，因此浏览器无法判定服务器送来的是哪一种文档。

　　动态文档的生成是动态的，一旦生成，在浏览器端的显示是不变的。动态文档一旦建立，它所包含的信息内容也就固定下来，而无法及时刷新屏幕。另外，像动画之类的显示效果，动态文档也无法提供。

活动文档(active document)是将服务器的部分处理工作转移给浏览器的一种技术。每当浏览器请求一个活动文档时,服务器就返回一段程序,让它在浏览器中运行,可与用户直接交互,连续地改变屏幕的显示。所有的处理工作都由浏览器自己在本地完成。显然,这种技术对网络带宽的要求较低,能够为服务器分摊部分处理任务。例如,Web 服务器运行 JavaScript 编写的程序,就能将部分功能转移到浏览器上运行,这种技术也被称作富客户端技术。需要注意的是,活动文档本身并不包括其运行所需的软件,相关软件是事先存放到浏览器中的。

8.3.2　超文本传输协议

超文本传输协议(Hypertext Transfer Protocol,HTTP)提供了访问超文本信息的功能,是 WWW 浏览器和 WWW 服务器之间的应用层通信协议。HTTP 是用于分布式协作超文本信息系统的、通用的、面向对象的协议。WWW 使用 HTTP 传输各种超文本页面和数据。

1. HTTP 的原理与过程

如前所述,在构建万维网信息系统的环节中,HTTP 扮演着"采购员"的角色,它把超链接指定的资源通过互联网的网络链接给"采购"回来。它由浏览器调用,向浏览器交付数据。当用户在浏览器地址栏输入网页地址或单击页面上的超链接时,浏览器就获得了目的资源的 URL。浏览器对目的资源的 URL 进行分析,提取域名并调用 DNS 解析获得目的主机的 IP;分析出资源文件名及在目的主机的路径;然后把目的资源的 IP 与路径交给 URL 中指定的协议,即 HTTP,由 HTTP 负责,发起网络通信,将目的资源获取回来,交付浏览器;浏览器分析还原 Web 数据并显示出来。在浏览器的处理过程中,HTTP 的任务和过程如图 8-10 所示。

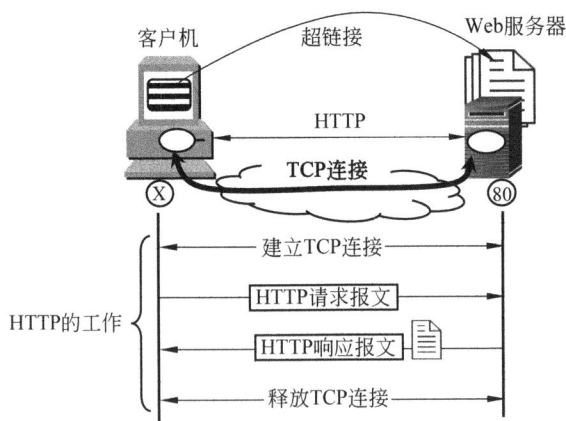

图 8-10　HTTP 的工作过程

HTTP 完成任务的过程包括 4 步。

（1）建立连接。HTTP 使用 TCP 向服务端发出建立连接的请求，服务端给出响应并建立连接。

（2）发送请求。HTTP 将请求报文通过 TCP 连接传输给服务器端，请求目的资源。

（3）给出响应。服务端按照客户端的要求给出应答，把结果（HTML 文件）返回给客户端。

（4）关闭连接。客户端 HTTP 接到应答后通知 TCP 关闭连接，并将数据交付浏览器。

在这里要理清浏览器、HTTP、TCP 间的关系。浏览器在需要时启用 HTTP；HTTP 根据任务要求指导 TCP 为其传输，至于传输什么内容、服务器端的 HTTP 如何响应及异常处理等对浏览器和 TCP 都是透明的；TCP 只负责把 HTTP 交付的报文可靠地传送到目的端。综上可见，在浏览器和服务器之间的请求和响应的交互，必须按照规定的格式，遵循一定的规则，解决传输什么，怎么传的问题。这些格式和规则就是 HTTP。

HTTP 使用面向连接的 TCP 作为传输层协议，保证了数据的可靠传输。HTTP 不必考虑数据在传输过程中被丢弃后又怎样被重传，虽然 HTTP 使用了面向连接的 TCP，但是，HTTP 本身是无连接的。也就是说，HTTP 是一个无状态的协议，即 HTTP 不要求服务器保留客户的任何状态信息。这意味着，当同一客户第二次、第三次访问服务器时，服务器并不认得、不记得他，没有老客户的概念。HTTP 的无状态特性简化了服务器的设计，使服务器更容易支持大量 HTTP 的并发请求。

2. 持续连接

不难发现，在上述 HTTP 的机制下，从浏览器请求一个万维网文档所需的时间是该文档的发送时延加上两倍 RTT，如图 8-11 所示。TCP 建立连接中第三次握手的 TCP 段捎带了 HTTP 请求报文。

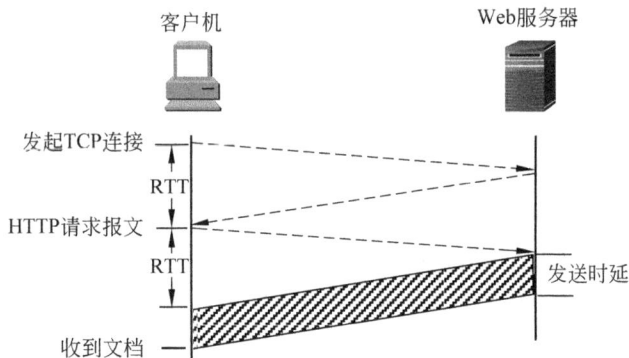

图 8-11　请求一个万维网文档的用时

一个 Web 页面并不像以上讲的那样简单。如前所述，一个 Web 页面就是一个文本文档。我们在浏览器中看到的页面往往包含大量的图片、文本框、动画、视频、声音等，我们称之为组成网页的对象。多数万维网页面都包含一个基本的 HTML 文件和多个引用对象，在用 HTML 编制网页的时候，这些网页对象并不包含在网页文档里，它是用链接的形式链接到万维网文档中特定位置的。也就是说,网页对象是作为一个文件独立于基本的 HTML 文件单独存储在文件夹中的。

还记得吗,当浏览到一个网页,单击"文件"→"网页另存为"选项,在保存类型中选择"网页,全部"时,会发现,保存在磁盘上的网页有一个.html 文档,还有一个同名的文件夹。打开这个文件夹看到里面有很多图像、图标、音视频文件,这些正是链接在网页中的对象。

这样,当在浏览器中打开一个多对象的网页时,HTTP 首先把服务器端的基本的 HTML 文件传送过来,然后再对其分析,看它引用了哪些对象,再把各个对象文件分别用单独的 TCP 连接传输给客户端。显然,频繁建立和释放 TCP 连接增加了时延,是低效的。为此,对最初的 HTTP 进行了改进、升级,升级后的 1.1 版本里采用一个持续连接传输所有的网页对象,如图 8-12(a)所示。

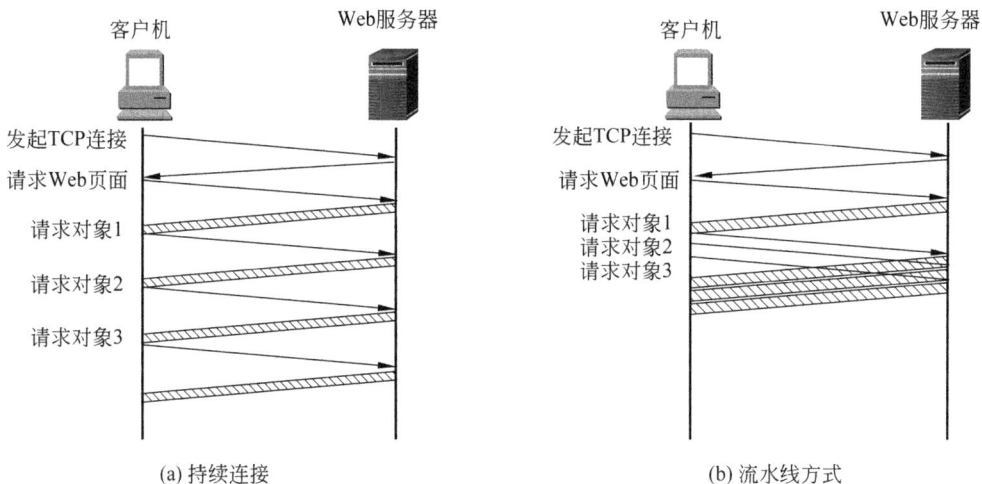

图 8-12　持续连接与流水线方式

HTTP/1.0 的主要缺点是每请求一个文档要有两倍 RTT 的开销。HTTP/1.1 协议较好地解决了这个问题,它使用了持续连接(persistent connection)。所谓持续连接,就是万维网服务器在发送响应后仍然在一段时间内保持这条 TCP 连接,使同一个客户(浏览器)和该服务器可以继续在这条连接上传送后续的 HTTP 请求报文和响应报文。这并不局限于传送同一个页面上超链接的文档,而是只要这些文档都在同一个服务器上就行。在非持续连接方式,每个 TCP 连接在服务器发送一个对象后关闭,即该连接并不为其他对象而持续下来。

显然,图 8-12(a)和图 8-12(b)中都使用了持续连接,但图 8-12(b)所示的方式传输效率更高,我们称之为流水线方式(with pipelining)。对应地,图 8-12(a)所示的方式为非流水线方式(without pipelining)。

非流水线方式的特点是客户在收到前一个响应后,才能发出下一个请求。流水线方式的特点是客户在收到 HTTP 的响应报文之前就能接着发送新的请求报文。于是,一个接一个的请求报文到达服务器后,服务器就可连续发回响应报文。因此,使用流水线方式时,客户访问所有的对象只需花费一个 RTT。流水线工作方式使 TCP 连接中的空闲时间减少,提高了下载文档的效率。

了解了 HTTP 的工作方式后,再分析一下 HTTP 的报文结构,从而认清 HTTP 的请求命令和响应报文,透彻地理解 HTTP 实现万维网文档传输的原理和过程。

3. HTTP 的报文结构

HTTP 的报文有请求报文和响应报文两种。HTTP 的请求报文是从客户机向服务器发出的请求,响应报文是服务器到客户机的应答,它们的结构相似,如图 8-13 所示。

两种报文的格式大体上可分为三个部分:请求行(request line)或状态行(status line)、首部行(header line)和实体主体(entity body)。其中,HTTP 请求报文的首行为请求行,在方法、URL、版本 3 个字段之间用空格分隔。HTTP 响应报文的首行为状态行,版本、状态码、短语 3 个字段间也需要由空格分开。

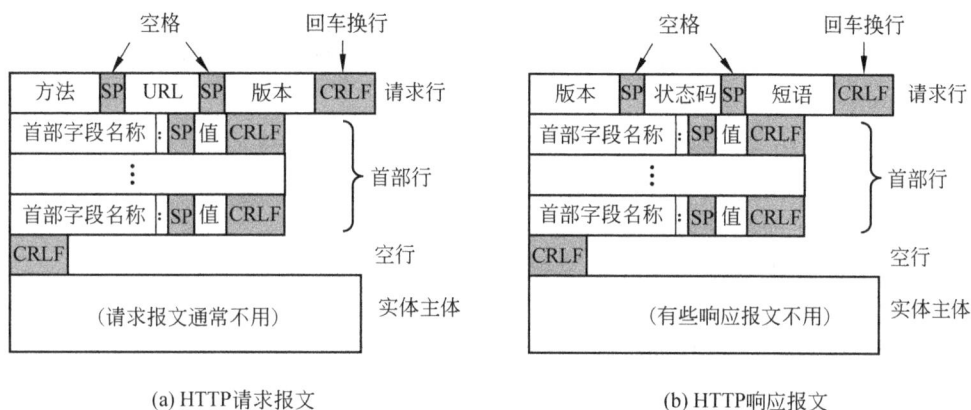

图 8-13　HTTP 的报文结构

下面是一个典型 HTTP 的请求报文。

```
GET /st/ec/ info69.html HTTP/1.1    //请求行方法为 GET(),URL 为/st/ec/info69.html
                                    //浏览器实现的 HTTP/1.1 版本
Host: xxgk.lyu.edu.cn               //首部行指出了对象所在的主机
Connection: close                   //浏览器要求服务器不使用持续连接
User-Agent:Mozilla/5.0              //客户端浏览器是 Netscape 浏览器
Accept-Language: cn                 //用户希望优先得到中文版本的文档
                                    //请求报文的最后是一个空行
```

从实例中可以看出报文的一些特点。第一,HTTP 报文是用 ASCII 码文本书写的,便于阅读和调试;各个字段的长度都是不确定的,这可以较好地适应不同情况。第二,报文由 6 行组成,最后一行为空行。第三,请求行有 3 个字段,分别是方法、URL 和版本。方法可以取不同的值,有多种方法。所谓"方法",就是对所请求的对象进行的操作,这些方法实际上也就是一些命令。因此,请求报文的类型是由它所采用的方法决定的。表 8-1 给出了 HTTP 请求报文中常用的几种方法。

表 8-1　HTTP 请求报文中常用的几种方法

方　法	意　义
GET()	请求读取由 URL 标志的信息
HEAD()	请求读取由 URL 标志的信息的首部
POST()	给服务器添加信息(如注释)
PUT()	在指明的 URL 下存储……个文档
DELETE()	删除指明的 URL 标志的资源
TRACE()	用来进行环回测试的请求报文
CONNECT()	用于代理服务器
OPTION()	请求一些选项的信息

每个请求报文发出后,都能收到一个响应报文,其格式如图 8-13(b)所示。响应报文的第一行是状态行。状态行包括 3 个字段:HTTP 版本、状态码以及解释状态码的简单短语。

状态码(status-code)都是 3 位数字,分为 5 大类共 33 种。例如,

1xx 表示通知信息,如请求收到了或正在进行处理。

2xx 表示成功,如接受或知道了。

3xx 表示重定向,如要完成请求,还必须采取进一步的行动。

4xx 表示客户的差错,如请求中有错误的语法或不能完成。

5xx 表示服务器的差错,如服务器失效无法完成请求。

下面 3 种状态行在响应报文中经常见到。

```
HTTP/1.1  202  Accepted         //接受
HTTP/1.1  400  Bad Request      //错误的请求
HTTP/1.1  404  Not Fourid       //找不到
```

若请求的网页从 http://xxgk.lyu.edu.cn /st/ec/ info69.html 转移到了一个新的地址,则响应报文的状态行和一个首部行就是下面的形式:

```
HTTP/1.1  301  Moved Permanently                //永久性地转移了
Location: http:// xxgk.lyu.edu.cn /xx/ info69.html    //新的 URL
```

4. Cookie 与用户跟踪

如前所述,HTTP 是无状态的。这样做简化了服务器的设计,但在实际工作中,在一些情况下,万维网站点却常常希望能够识别用户。例如,在网上购物时,一名顾客要购买多种物品,当他把选好的一件物品放入"购物车"后,还要继续浏览和选购其他物品。因此,服务器需要记住用户的身份,使他再接着选购的一些物品能够放入同一个"购物车"中,这样就便于集中结账。有时某些万维网站点也可能想限制某些用户的访问,或记住用户的访问习惯,以便智能地为用户推荐产品。要做到这一点,可以在 HTTP 中使用

Cookie。最新的 Cookie 规范是 RFC 6265,这使得万维网站点可以使用 Cookie 跟踪用户。

现在 Cookie 已经在很多网站被广泛使用。Cookie 最典型的应用是判定注册用户是否已经登录网站,用户可能会得到提示,是否在下一次进入此网站时保留用户信息,以便简化登录手续,这些功能都要用 Cookie 实现。

Cookie 的实现原理:Cookie 的标识记录是由服务器端生成的,但其功能的实现需要浏览器配合,可以分为 3 个主要环节。

(1) 服务器端生成用户 Cookie 标识码,并通告浏览器,在以后的访问中共同维护使用这一标识码。

当用户 A 浏览某个使用 Cookie 的网站时,该网站的服务器就为 A 产生一个唯一的标识码,并以此作为索引在服务器的后台数据库中产生一个表项。如果用户 A 在该网站注册了账户,则用户的名字、地址、邮箱、信用卡号等信息会与用户的标识号绑定关联。服务器端为用户产生标识码后,会给用户的 HTTP 响应报文中添加一个叫作 Set-cookie 的首部行。这里的"首部字段名"就是 Set-cookie,而后面的"值"就是赋予该用户的"识别码",目的是将用户标识码通告给客户端浏览器。例如,Set-cookie:666888 就是一个 Set-cookie 首部行。

(2) 浏览器记录 Cookie 标识码,并在以后的访问中携带使用此标识码。

当用户 A 的浏览器收到 HTTP 响应报文时,它会读取 Set-cookie 的首部行中的用户标识码,并记录在一个本地特定的 Cookie 文件中,在文件中添加一行记录,登记服务器的主机名和 Cookie 标识码。以后用户 A 浏览这个网站时,浏览器每发送一个 HTTP 请求报文,都会请求报文的 Cookie 首部行中携带这个标识码。

(3) 服务器端跟踪用户。

服务器端根据浏览器首部行中的 Cookie 标识码确定用户身份,并记录用户的访问。跟踪用户 666888 在该网站的活动,当然也就能实现特定用户的购物车功能。

如果用户 A 几天后再次用同一主机访问这个网站,那么他的浏览器会在其 HTTP 请求报文中继续使用首部行 Cookie:666888。此时网站服务器就可以找到用户信息简化登录过程,也可以根据过去的访问记录向他推荐商品。

Cookie 使用在带来方便与智能的同时也埋下了许多隐患,其使用的合理性饱受争议。Cookie 使用存在或导致的问题有很多,如导致隐私暴露和广告推销等。

Cookie 记录的泄露会带来很多问题,如实施 Cookie 欺骗。实际上,Cookie 中保存的用户名、密码等个人敏感信息通常经过加密,很难将其反向破解。但这并不意味着绝对安全,黑客可通过木马病毒盗取用户浏览器 Cookie,直接通过偷取的 Cookie 骗取网站信任。木马病毒入侵加大了 Cookie 风险。跨站点脚本(cross site scripting)攻击也能引起 Cookie 的泄露,脚本攻击利用网站漏洞在网站页面中植入脚本代码或网站页面引用第三方脚本代码。脚本执行时,会读取当前站点的所有 Cookie 内容,然后通过某种方式将 Cookie 内容提交到指定的服务器。一旦 Cookie 落入攻击者手中,将导致不可预期的后果。因此,一般用户浏览器都提供了一个设置选项,以便让用户决定使用或者禁用 Cookies。此外,Cookie 生成时可以指定一个生存周期,超出周期 Cookie 就会被清除。有

計算機網絡

些页面将 Cookie 的生存周期设置为"0"或负值,这样,在关闭浏览器时,就马上清除 Cookie,不会记录用户信息,更加安全。

另外,Cookie 识别不精确。在一台计算机中安装多个浏览器,每个浏览器都会在各自独立的空间存放 Cookie。因为 Cookie 中不但可以确认用户,还能包含计算机和浏览器的信息,所以一个用户用不同的浏览器登录或者用不同的计算机登录,都会得到不同的 Cookie 信息。另一方面,对于在同一台计算机上使用同一浏览器的多用户群,Cookie 不会区分他们的身份,除非他们使用不同的用户名登录。

5. Web 缓存

由于大量用户会对 Web 上的同一个信息感兴趣,因此如果此时将某用户访问远程 Web 服务器得到的信息保留在本地,本地的其他用户就可以就近获取该信息了。实现这种功能的技术称为 Web 缓存(Web caching)技术。实现这种功能的设备称为 Web 缓存器(Web cache),也叫代理服务器(proxy server),它是能够代表初始 Web 服务器满足 HTTP 请求的网络实体。代理服务器把最近的一些请求和响应暂存在本地磁盘中。当新请求到达时,若代理服务器发现这个请求与暂时存放的请求相同,就返回暂存的响应,而不需要按 URL 的地址再次去因特网访问该资源。代理服务器可以在客户端或服务器端工作,也可在中间系统上工作。该 Web 缓存器有自己的磁盘存储空间,并在该存储空间中保存最近请求过对象的副本。显然,Web 缓存可以带来两方面的好处:一是能够大大减少客户机请求 Web 页面的响应时间,特别是当客户机与初始服务器之间的瓶颈带宽远低于客户机与 Web 缓存器之间的瓶颈带宽时更是如此;二是能够大大减少一个机构的接入链路到因特网的通信量,从而降低网络通信费用;三是能从整体上大大减少因特网上的 Web 流量,从而改善所有应用的性能。

使用 Web 缓存器后,在减小用户时延时又会产生一个新问题,即存放在缓存器中的对象副本与初始 Web 服务器中均不同,不是最新的。为了解决这个问题,HTTP 增加了条件 GET(conditional GET)方法,让 Web 缓存器能够核对和更新缓存副本,保证其有效性。

8.3.3　万维网应用与演化

1. 万维网信息搜索

当前万维网的发展已经从构建全球最大的信息源走向基于信息源的信息检索服务。

万维网的优点是包罗了无限主题的无限信息,万维网的缺点是信息太多,用户苦于无限信息的查找。构建基于无限信息源的主题信息查找就是万维网发展的必然。也就是说,在万维网发展的高级阶段,不再是直接提供信息,更重要的是提供信息检索。这就要用到搜索引擎。

1)信息搜索

万维网搜索引擎是万维网中的特殊站点,专门用来帮助人们查找存储在其他站点上

290

的信息。搜索引擎有能力告诉用户文件或文档存储在何处。尽管各种搜索引擎的工作方式有所不同，但是影响信息检索质量、实现信息检索的关键因素有两个：一个是关键字；另一个是搜索引擎。

搜索网站提供的是基于关键字的互联网搜索。为此，搜索网站要生成一份索引，保存所搜寻的词语，以及相应地址。允许用户在索引中查找词语或词语组合。早期搜索引擎的索引仅包括数十万个网页或文档，每天受理的查询可能只有一两千次。如今，顶级搜索引擎的索引列表涵盖数亿个网页，每天响应数千万次查询。

在万维网中用来搜索的工具叫作搜索引擎(search engine)。搜索引擎是影响搜索结果的重要因素，它影响到信息检索的效率、准确度等主要指标。搜索引擎的种类很多，但大体上可划分为两大类，即全文检索搜索引擎和分类目录搜索引擎。现在最出名的全文检索搜索引擎是 Google(www.google.com)和百度(www.baidu.com)。在分类目录搜索中，最著名的大型门户网站是雅虎(www.yahoo.com)、新浪(www.sina.com)、搜狐(www.sohu.com)、网易(www.163.com)等。

2) 搜索引擎的工作原理

搜索引擎在提供搜索服务前要做好三步工作：从互联网上抓取网页、建立索引数据库、在索引数据库中搜索排序。

(1) 从互联网上抓取网页。利用能够从互联网上自动收集网页的 Spider 系统程序，自动访问互联网，并沿着任何网页中的所有 URL 爬到其他网页，重复这一过程，并把爬过的所有网页收集回来。

(2) 建立索引数据库。由分析索引系统程序对收集回来的网页进行分析，提取相关网页信息(包括网页所在 URL、编码类型、页面内容包含的关键词、关键词位置、生成时间、大小、与其他网页的链接关系等)，根据一定的相关度算法进行大量复杂的计算，得到每个网页针对页面内容及超链中每个关键词的相关度(或重要性)，然后用这些相关信息建立网页索引数据库。

(3) 在索引数据库中搜索排序。当用户输入关键词搜索后，由搜索系统程序从网页索引数据库中找到符合该关键词的所有相关网页。因为所有相关网页针对该关键词的相关度早已算好，所以只需按照现成的相关度数值排序，相关度越高，排名越靠前。

最后，由页面生成系统将搜索结果的链接地址和页面内容摘要等内容组织起来返回给用户。

搜索引擎的 Spider 一般要定期重新访问所有网页(各搜索引擎的周期不同，可能是几天、几周或几月，也可能对不同重要性的网页有不同的更新频率)，更新网页索引数据库，以反映网页内容的更新情况，增加新的网页信息，去除死链接，并根据网页内容和链接关系的变化重新排序。这样，网页的具体内容和变化情况就会反映到用户查询的结果中。

万维网信息源虽然只有一个，但各搜索引擎的能力和偏好不同，所以抓取的网页各不相同，排序算法也各不相同。大型搜索引擎的数据库存储了互联网上几亿至几十亿的网页索引，数据量达到几千 GB，甚至几万 GB。但即使最大的搜索引擎建立了超过 20 亿网页的索引数据库，也只能占到互联网上普通网页的不到 30%，不同搜索引擎之间的网页数据重叠率一般在 70%以下。使用不同搜索引擎的重要原因，就是因为它们能分别搜索到不同的内容。而互联网上有大量的内容是搜索引擎无法抓取索引的,也是无法用搜索引擎搜索到的。

注意,搜索引擎只能搜到网页索引数据库里存储的内容。如果搜索引擎的网页索引数据库里有而没有搜出来,可能是用户的搜索技巧问题。学习搜索技巧可以大幅提高个人使用搜索引擎的搜索能力。

3) 信息搜索的发展趋势

(1) 自然搜索。人们的日常交流使用的是自然语言,而非关键(字)词,因为关键(字)词表达的意思和意图不完整、不准确,反映在搜索结果上的缺陷是返回信息过多。基于自然语言搜索,符合人们的语言习惯,像人与人之间的交流一样轻松、直接、方便,这无疑给用户提供了巨大的便利。

(2) 智能搜索。基于关键词搜索是符号匹配信息,并不能处理关键词本身的语义,这就是基于关键词搜索存在一系列缺陷的原因。从这个层面上讲,搜索引擎的发展趋势是把"语言计算技术和人工智能融合,让计算机返回的结果富有针对性,将准确信息显示在前两三项的搜索结果中。让计算机具有人的智能和逻辑分析能力,能够理解自然语言表达的语义,使搜索结果与用户需求实现更精准的匹配,以解决问题的形式把结果返回给用户。

2. 万维网电子商务平台

万维网不仅是信息库,也是信息的提供和传输系统,现在已经在应用中演变成一个支持生产、经营、办公的应用系统,广泛应用在生活、管理、营销各社会领域,构建行业应用平台。万维网基础上的电子商务平台是万维网众多行业应用中的典型代表。

网上商店、网上交易就是万维网在营销、流通领域的应用,数字商铺、电子交易、网络支付都是基于万维网实现的,万维网的这类应用打造了电子商务成功实施的信息平台,是电子商务的基础。

电子商务是以信息网络技术为手段,以商品交换为中心的商务活动;也可将电子商务理解为在互联网(Internet)、企业内部网(Intranet)和增值网(Value Added Network,VAN)上以电子交易方式进行交易活动和相关服务的活动,是传统商业活动各环节的电子化、网络化、信息化。万维网是实现这些活动的网络平台,提供信息系统支持。

电子商务是在因特网开放的网络环境下,基于浏览器/服务器应用方式(通常指在全球各地广泛的商业贸易活动中,买卖双方不谋面地进行各种商贸活动),实现消费者的网上购物、商户之间的网上交易和在线电子支付,以及各种商务活动、交易活动、金融活动和相关的综合服务活动的一种新型的商业运营模式。

电子商务的形成与交易离不开以下 4 方面的支持。

(1) 交易平台。第三方电子商务平台(以下简称第三方交易平台)是指在电子商务活动中为交易双方或多方提供交易撮合及相关服务的网络系统总和。

(2) 平台经营者。第三方交易平台经营者(以下简称平台经营者)是指在工商行政管理部门登记注册并领取营业执照,从事第三方交易平台运营并为交易双方提供服务的自然人、法人和其他组织。

（3）站内经营者。第三方交易平台站内经营者（以下简称站内经营者）是指在电子商务交易平台上从事交易及有关服务活动的自然人、法人和其他组织。

（4）支付系统。支付系统（payment system）由提供支付清算服务的中介机构和实现支付指令传送及资金清算的专业技术手段共同组成，用以实现债权债务清偿及资金转移的一种金融安排，有时也称为清算系统（clear system）。

综上可见，在构成电子商务的各个环节无处不现万维网的踪影。

移动 Web 技术的成熟与应用促成了移动电商发展，使电子商务无处不在、无时不在。移动电子商务可以利用手机、平板电脑及掌上电脑等无线终端进行 B2B、B2C 或 C2C 的电子商务。它将万维网、移动通信技术、短距离通信技术及其他信息处理技术完美地结合，使人们可以在任何时间、任何地点进行各种商贸活动，实现随时随地、线上线下的购物与交易、在线电子支付以及各种交易活动、商务活动、金融活动和相关的综合服务活动等。

电子商务存在的价值就是让消费者通过网络在网上购物、网上支付，节省了客户与企业的时间和空间，大大提高了交易效率，节省了时间，引领 21 世纪消费潮流。电子商务的成功实现和蓬勃发展再现了万维网的强大功用和创新社会的能量。

3. 移动 Web

随着无线网络技术的发展，人们越来越多地使用手持移动设备，如移动电话或平板电脑访问万维网。这种在移动中访问网络的方式给人们的工作和生活带来了极大的便利。但是，这些手持移动设备的存储和计算能力及带宽等方面的局限，使移动设备访问万维网的方式面临许多技术问题。因为绝大多数的 Web 网站的内容是为具有宽带连接并有强大显示能力的桌面计算机而设计的，为此促生了移动 Web 技术，这些技术还正在快速发展和演进中。

相比普通台式计算机和笔记本电脑，用移动手机、平板电脑浏览 Web 网页存在几个方面的困难，如显示屏幕小、输入能力有限、无线接入带宽有限且费用高、网络的连通性不够稳定，电池寿命、散热及成本等诸多因素导致移动终端计算、存储能力有限。显然，把移动终端与面向普通计算机的 Web 页面应用对接存在困难与挑战。

移动 Web 的早期方法采用了无线设备专用的无线应用协议（Wireless Application Protocol，WAP）。随着 3G 网络的大量部署，以及高性能移动手机的出现，网络带宽和设备计算能力得到提高。突然间，在移动电话上运行简单的 Web 浏览器变成完全有可能的事情。当前使用了与 PC 相同 TCP/IP 栈的移动 Web 从三个方面解决问题。

（1）开发移动版本的网页，构建移动 Web 网站。当用户使用移动设备上网浏览 Web 网站时，Web 服务器负责为用户提供移动版本的网页。在前面 HTTP 的报文结构的例子中，发现在 HTTP 请求报文的首部行中有一个 User-Agent 首部，它标识了请求方使用的浏览器软件版本。通过查看这个首部信息，Web 服务器能够检测出应该返回桌面版本的网页，还是返回移动版本的网页。因此，当 Web 服务器接收到一个请求时，它可能首先查看请求报文的首部，然后给 iPhone 返回图像小、文字少和简单的导航页面，而给桌面计算机用户返回一个全功能的网页。

（2）使用内容转换技术。内容转换（content transformation）或转码（transcoding）技

术是将一台计算机(转码服务器)设置在移动电话和 Web 服务器之间,它从移动电话获得请求,然后从 Web 服务器预取页面内容,最后把请求的内容转换成移动友好的内容。一种非常简单的转换方法是减小大幅图片的尺寸,将它重新格式化成一个较低分辨率的图片。当然,还可以使用其他许多针对不同媒体简单而有用的转换方法。

(3) 开发移动浏览器。移动浏览器是专用于手持移动设备(如移动电话或 PDA)的 Web 浏览器。移动浏览器为手持设备的小型屏幕显示网页做了各种优化。移动浏览器软件必须很小并且高效,以适应无线手持设备的低内存与低带宽。移动浏览器通常与转码器技术配合使用,以减少产生的流量。目前,移动浏览器市场竞争非常激烈,全球最著名的移动浏览器是 Opera,国内用户使用得较多的是 UC 浏览器。

4. 微博

微博(Weibo)是微型博客(MicroBlog)的简称,是一种通过关注机制分享简短实时信息的广播式的社交网络平台。微博不同于一般的博客,它只记录片段、碎语,三言两语,现场记录,发发感慨,晒晒心情。微博只是记录自己琐碎的生活,呈现给人看,而且必须很真实。微博中不必有太多的逻辑思维,很随便,很自由,有点像电影中的一个镜头。

微博是一个基于用户关系信息分享、传播以及获取的平台。用户可以通过 Web、WAP 等各种客户端组建个人社区,以 140 字的文字更新信息,并实现即时分享。微博的关注机制分为可单向、可双向两种。

微博作为一种分享和交流平台,其更注重时效性和随意性。微博更能表达出每时每刻的思想和最新动态,而博客则更偏重梳理自己在一段时间内的所见、所闻、所感。

微博作为一种互动及传播性极快的工具,实时性、现场感及快捷性往往超过所有媒体。同时,微博的现实性、真实性使得其内容与社会紧密相关,而其即时性、随意性又让其正确性得不到保障。因此,作为社会交流、言论工具的微博常处于社会舆论的风口浪尖,引发争议和不可预期的社会效应。

5. 微信

在通信模式上,微信是即时通信与万维网 Web 服务的融合;在应用上,微信集交友、即时通信、电子商务、营销诸多应用于一体,是一种新兴信息应用平台。

微信(We Chat)是腾讯公司于 2011 年推出的一个为智能终端提供即时通信服务的免费应用程序,它支持跨通信运营商、跨操作系统平台,通过网络快速发送免费语音短信、视频、图片和文字;同时,也可以使用通过共享流媒体内容的资料和基于位置的社交插件"摇一摇""小程序""朋友圈""公众平台""语音记事本"等服务插件。微信与移动互联、移动 Web 发展相得益彰。截至 2020 年第一季度,微信已经覆盖中国 90% 以上的智能手机,月活跃用户达到 12 亿,用户覆盖 50 多个国家,并且在这些国家实现了微信支付。

微信作为时下最热门的社交信息平台,也是移动端的一大入口,正在演变成为一大商业交易平台,其对营销行业带来的颠覆性变化开始显现。微信商城的开发也随之兴起。微信商城是基于微信而研发的一款社会化电子商务系统,消费者只要通过微信平台,就可以实现商品查询、选购、体验、互动、订购与支付的线上线下一体化服务模式。

通过为合作伙伴提供"连接一切"的能力,微信已经形成一个全新的"智慧型"生活方式。其已经渗入部分传统行业,如出现了微信打车、微信交电费、微信购物、微信医疗、微信酒店等,为医疗、酒店、零售、百货、餐饮、票务、快递、高校教育、电商、民生等应用行业提供标准解决方案。微信弥漫着时代气息,强力推动万维网拓展与创新应用。

8.4　SMTP 与电子邮件服务

电子邮件(e-mail)是因特网上使用最多的和最受用户欢迎的一种应用。在互联网发展的早期,电子邮件是人们交流信息、传送文件的重要方式;现在,随着因特网上即时通信、文件传输方式的增多,电子邮件的功能在许多场合有了可替代方案,但仍然不失为因特网的重要应用之一。

1982 年,RFC 821、RFC 822 标准分别对简单邮件传送协议(Simple MailTransfer Protocol,SMTP)和因特网文本报文格式做了规定,标志着电子邮件正式成为因特网的一个服务。1993 年又提出通用因特网邮件扩充(Multipurpose Internet Mail Extensions,MIME)让电子邮件突破只能进行 ASCII 码传输的局限性,实现邮件的多媒体数据传输。经过多次修订,现在使用的电子邮件由 RFC 2821 和 RFC 2822 标准定义。

8.4.1　电子邮件的工作原理

要想发送电子邮件,发件人和收件人都必须先在邮件系统申请到自己的邮箱。E-mail 地址的标准格式为:＜用户名＞@主机域名,例如,abc@163.com。其中,abc 为用户名,是用户标识,在同一个邮件服务器上具有唯一性;@为分隔符;163.com 为主机域名,是指信箱所在的邮件服务器的域名。

电子邮件系统由用户代理、邮件服务器和邮件协议 3 部分组成,如图 8-14 所示。

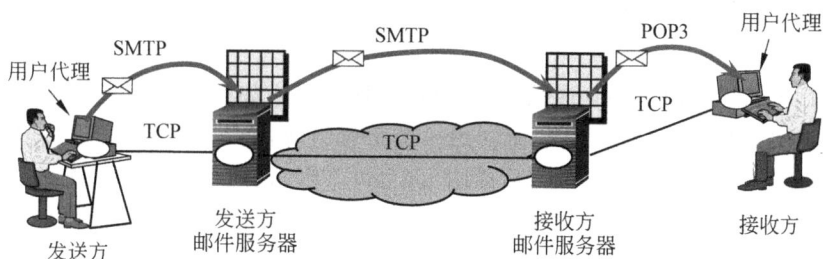

图 8-14　电子邮件的收发过程

用户代理(User Agent,UA)又称为电子邮件客户端软件,就是运行在用户 PC 中的一个程序,是用户与电子邮件系统的接口,它实现邮件的撰写、显示、收发及回复删除等其他操作。常用的客户端软件有 Outlook Express、Foxmail 等,它提供直观友好的邮件读写界面。邮件服务器一般由因特网 ISP 或因特网内容提供商维护,为用户提供邮件发送、接收、存储功能。一个邮件服务器通常具有一个或多个域名,使用默认的 25 号端口,并且不间断地运行,随时响应用户。电子邮件系统的收发邮件过程是异步分离的,发送和接收邮件使用两个不同的协议。用户代理向邮件服务器发送邮件或在邮件服务器之间发送邮件,都使用简单邮件传输协议(Simple Mail Transter Protocol,SMTP)。接收方用户代理从邮件服务器读取邮件使用邮局协议(POP3)或互联网邮件访问协议(IMAP)。SMTP和POP3(或 IMAP)都使用 TCP 传输邮件,因此是可靠的。

图 8-14 给出了用户使用电子邮件系统收发邮件的过程,它包括以下几个重要步骤。

(1) 发件人调用 PC 中的用户代理撰写和编辑要发送的邮件。

(2) 发件人发送邮件。用户代理使用 SMTP 把邮件发给发送方邮件服务器。

(3) 发送方的邮件服务器根据邮件的接收地址,经过 DNS 解析找到接收方的邮件服务器,并调用 SMTP 把邮件转发到接收方的邮件服务器中。

(4) 运行在接收方邮件服务器中的 SMTP 服务器进程收到邮件后,把邮件放入收件人的用户邮箱中,等待收件人自行读取。

(5) 收件人在打算收信时,就运行 PC 中的用户代理,使用 POP3(或 IMAP)读取发送给自己的邮件。

发送方的邮件服务器在转发邮件时也使用 SMTP,此时相对于接收方邮件服务器,它是客户机;如果发送方邮件服务器接受了转发任务,后来却发现由于转发路径不正确或者其他原因无法发送该邮件,就会发送一个"邮件无法递送"的消息给最初发送该信的SMTP 服务器。同时也看到,发送邮件和读取邮件是两种不同的数据传送操作,发送是推送,读取是拉出,因此要使用不同的协议实现。

从上面的过程可以看出,电子邮件的"发送—传递—接收"是异步的,发送邮件时并不要求接收者在线(online),邮件可存放在接收用户的邮箱中,接收者随时可以上网接收。邮件服务器为用户提供了邮件的缓存与转发,正是邮件服务器的 24 小时值守,才使得邮件的接收者可以离线接收。

8.4.2 简单邮件传输协议

SMTP 规定了在两个相互通信的 SMTP 进程之间应如何交换信息。SMTP 规定了14 条命令和 21 种应答信息。每条命令用 4 个字母组成,而每种应答信息一般只有一行信息,由一个 3 位数字的代码开始,后面附上(也可不附)很简单的文字说明。

下面通过发送方和接收方之间的 SMTP 通信的 3 个阶段,介绍几个最主要的命令和响应信息。

1. 建立连接

发件人的邮件送到发送方邮件服务器的邮件缓存后,SMTP 客户就每隔一定时间对邮件缓存扫描一次。如发现有邮件,就使用 SMTP 的熟知端口号 25 与接收方邮件服务器建立 TCP 连接。在连接建立后,接收方 SMTP 服务器要发出服务就绪"220 Service ready"。然后 SMTP 客户向 SMTP 服务器发送 HELO 命令,附上发送方的主机名。SMTP 服务器若同意接收,则回答:"250OK",表示已准备好接收。若 SMTP 服务器无能力接收邮件,则回答服务不可用"421 Service not available"。

SMTP 总是使用 TCP 在发送方和接收方这两个邮件服务器之间建立直接连接,不使用中间的邮件服务器。

2. 邮件传送

邮件的传送从 MAIL 命令开始。MAIL 命令后面有发件人的地址,如 MAIL FROM:<abc@163.com>。若 SMTP 服务器已准备好接收邮件,则回答"250 OK",否则返回一个代码,指出原因,如 451(处理时出错)、452(存储空间不够)、500(命令无法识别)等。

接着发送一个或多个 RCPT 命令,其格式为 RCPT TO:<收件人地址>。每发送一个 RCPT 命令,都应当有相应的信息从 SMTP 服务器返回,如 "250 OK"表示接收端邮箱有效;"550 No such user here"表示无此邮箱。

可见,RCPT 命令的目的是先侦察接收方系统是否已做好接收邮件的准备,然后才发送邮件。RCPT 命令之后就发送 DATA 命令,表示要开始传送邮件的内容了。SMTP 服务器返回的信息是"354 Start mailinput;end with<CRLF>.<CRLF>"。接着 SMTP 客户就发送邮件的内容。发送完毕后,再发送两个<CRLF>表示邮件内容结束。若 SMTP 服务器正确接收了邮件,则返回"250 OK",否则返回出错代码。

虽然 SMTP 使用 TCP 连接保证了邮件的可靠传输,但它并不能保证不丢失邮件。接收方的邮件服务器也许会出故障使邮件丢失。

3. 释放连接

邮件发送完毕后,SMTP 客户应发送 QUIT 命令。SMTP 服务器返回服务关闭代码"221",表示 SMTP 同意释放 TCP 连接。

8.4.3 多用途互联网邮件扩展

多用途互联网邮件扩展(Multipurpose Internet Mail Extensions,MIME)是一个互联网标准,在 1992 年最早应用于电子邮件系统,后来也应用到浏览器。服务器将 MIME 标志符放入传送的数据中告诉浏览器使用哪种插件读取相关文件。

RFC 2822 文档中只规定了邮件内容中的主体结构和各种邮件首部(header)格式,对邮件的主体(body)部分则让用户自由撰写,并没有规定。RFC 2822 标准规定的邮件体部分只能使用可打印的 ASCII 码文本,并不允许在邮件消息中使用 7 位 ASCII 码字符集以外的字符。正因如此,一些非英语字符消息和二进制文件、图像、声音等非文字消息都不能在电子邮件中传输。随着因特网的快速发展,人们已经不满足于仅使用电子邮件传送文本信息,希望电子邮件能传送图片、声音、动画等多媒体文件。

然而,SMTP 邮件系统已经在因特网中广泛部署,彻底更换的代价很大。为此,采取了一种折中的方法:用邮件发送多媒体文件时,先用一种方法将二进制数据转换为 ASCII 码,然后再交给 STMP 传送;在接收端将收到的 ASCII 码还原为二进制数据再交付用户,从而实现用户多媒体数据的邮件传输。MIME 正是实现二进制数据与 ASCII 码转换的规程。

为了支持发送非 ASCII 码数据,发送方的用户代理必须在报文中包括附加的首部行,以告知接收方这些数据原来的格式,以便它接收后进行还原处理。RFC 2045、RFC 2046 标准对这些额外的首部行进行了定义,与之相关的技术被称为 MIME。

MIME 并没有改动或取代 SMTP。MIME 的意图是继续使用目前的 RFC 822 格式,但增加了邮件主体的结构,并定义了传送非 ASCII 码的编码规则。也就是说,MIME 邮件可在现有的电子邮件程序和协议下传送。图 8-15 表示了 MIME 和 SMTP 的关系。

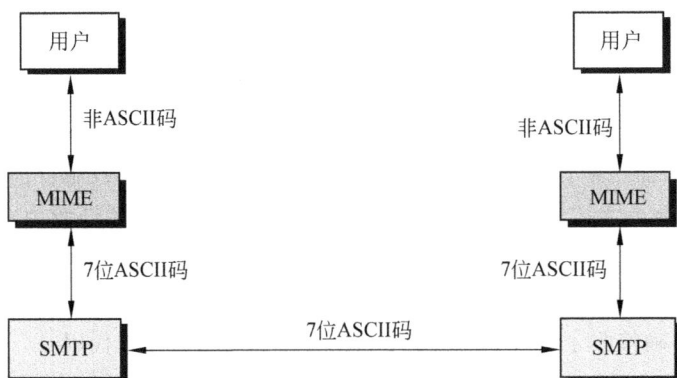

图 8-15 MIME 和 SMTP 的关系

下面是 MIME 增加的 5 个新的邮件首部的名称及其意义。

(1) MIME-Version:标志 MIME 的版本。现在的版本号是 1.0。若无此行,则邮件主体为 7 位 ASCII 码的文本。

(2) Content-Description:这是可读字符串,说明此邮件主体是否为图像、音频或视频。

(3) Content-Id:邮件的唯一标识符。

(4) Content-Transfer-Encoding:传输时邮件主体使用的编码标准。

(5) Content-Type:说明邮件的类型,以便让接收方代理对报文进行适当的处理。

例如,可以通过首部行 Content-Type 指出该报文主体包含一个 GIF 格式的图像,接收方用户代理能为该报文主体启用一个 GIF 格式图像的解压处理程序。首部行 Content-Transfer-Encoding 提示接收方用户代理传输来的邮件报文主体中已经使用的编码,用户代理根据此提示将报文主体还原成非 ASCII 码的格式,然后根据首部行 Content-Type 决定它应当采取何种动作处理报文主体。

8.4.4 邮件读取协议和 IMAP

邮局协议第 3 版(POP3)和网际报文存取协议(Internet Message Access Protocol, IMAP)是现在常用的两个邮件读取协议,它们的功能稍有不同。

RFC 1939 定义的 POP 是一个非常简单的邮件读取协议,POP3 是最新版本。POP 使用客户服务器的工作方式。在接收邮件的用户 PC 中的用户代理必须运行 POP 客户程序,而在收件人所连接的 ISP 的邮件服务器中则运行 POP 服务器程序。POP 服务器只有在用户输入鉴别信息(用户名和口令)后,才允许对邮箱进行读取。

POP3 的一个特点是,只要用户从 POP 服务器读取了邮件,POP 服务器就把该邮件删除。这样就导致第二次用不同的机器登录邮箱时看不到原来的邮件。为此,POP3 进行了一些功能扩充,其中包括让用户能够事先设置邮件读取后仍然在 POP 服务器中存放的时间,参见 RFC 2449。

IMAP 比 POP3 复杂得多。IMAP 和 POP 都按客户服务器方式工作,但它们有很大的差别。较新的版本是 IMAP4。

IMAP 是一个联机协议。工作时,用户 PC 上的 IMAP 客户程序与邮件服务器建立 TCP 连接。当用户 PC 上的 IMAP 客户程序打开 IMAP 服务器的邮箱时,用户就可看到邮件的首部。若用户需要打开某个邮件,则该邮件才传到用户的计算机上。用户可以根据需要为自己的邮箱创建便于分类管理的层次式的邮箱文件夹,并且能够将存放的邮件从某一个文件夹中移动到另一个文件夹中。用户也可按某种条件对邮件进行查找。在用户未发出删除邮件的命令之前,IMAP 服务器邮箱中的邮件一直保存着。

IMAP 还允许收件人只读取邮件中的某一个部分。例如,对一个带有视频大附件的邮件,可以先下载邮件的正文部分,待以后有需要时再下载附件。

最后说明的是,随着因特网的发展,现在广泛使用基于万维网的电子邮件服务。也就是说,收发邮件的用户代理就是普通的万维网浏览器,不再需要专用的邮件客户端。只要能够上网,在打开万维网浏览器后,就可以收发电子邮件,这增加了邮件系统的普适性,让用户收发邮件更方便。

在基于万维网的邮件系统中,浏览器收发邮件用的协议都是 HTTP,而不是 SMTP、POP3 或 IMAP。当然,发送方的邮件服务器向接收方的邮件服务器转发邮件使用的仍然是 SMTP。

8.5　FTP 与文件传输服务

8.5.1　FTP 的功能与价值

FTP 是因特网上早期开发的广泛使用的文件传输协议。基于不同的操作系统有不同的 FTP 应用程序,而所有这些应用程序都遵守同一种协议以传输文件。FTP 很早就成为了因特网的正式标准,参见 RFC 959。

在 FTP 的使用中,用户通过下载(download)和上传(upload)与远程 FTP 服务器相互传输文件。下载文件就是从远程主机复制文件至自己的计算机上;上传文件就是将文件从自己的计算机中复制至远程主机上。用 Internet 语言来说,用户可通过客户机程序向远程主机上传文件,或从远程主机下载文件。

FTP 提供交互式的访问,允许客户指明文件的类型与格式,并允许文件具有存取权限。如访问文件的用户必须经过授权,并输入有效的口令。

FTP 是对文件操作的协议,即复制整个文件。

FTP 的必要性及存在价值主要体现在它屏蔽了因特网上各计算机系统的细节,实现了在异构网络中的任意计算机之间传输文件。

网络共享的一个基本需求是通过网络将文件从一台计算机中复制到另一台可能相距很远的计算机中。初看,在两个主机之间传输文件是很简单的事情。但在互联网上,由于网络的差异及网络上计算机系统的差异,相互间的文件传输存在着重重困难。造成困难的因素是多方面的,主要是网络差异、计算机硬件及数据格式差异、操作系统差异、文件系统差异等。众多计算机厂商研制出的文件系统多达数百种,且差别很大。例如:

- 计算机层面上,计算机存储数据的格式存在差异。
- 操作系统层面上,对于相同的文件存取功能,操作系统使用的命令存在差异。
- 文件系统层面上,文件的目录结构和文件命名的规则存在差异。
- 访问控制层面上,不同的计算机系统中访问控制方法不同。

FTP 做的工作就在于它屏蔽了以上差异,让用户在异构的互联网上、异构的系统间使用统一的方式透明地传输文件。

8.5.2　FTP 的工作原理

与大多数 Internet 服务一样,FTP 也是一个客户机/服务器系统。用户通过一个支持 FTP 的客户机程序,连接到在远程主机上的 FTP 服务器程序。用户通过客户机程序向服务器程序发出命令,服务器程序执行用户发出的命令,并将执行的结果返回到客户机。

支持 FTP 的服务器就是 FTP 服务器。一个 FIP 服务器进程可同时为多个客户进程提供服务。FTP 的服务器进程由两大部分组成:一个主进程,负责接受新的请求;另外有若干个从属进程,负责处理单个请求。

系统工作过程中,FTP 服务器是一直开着的,它监听客户请求,随时为客户端提供服务。服务器端 FTP 主进程的工作流程是:

① 启动主进程,监听客户请求。知名端口(端口号为 21)使客户进程能够连接上。

② 等待客户进程发出连接请求。

③ 启动从属进程处理客户进程发来的请求。从属进程对客户进程的请求处理完毕后即终止,但从属进程在运行期间根据需要还可创建其他一些子进程。

④ 回到等待状态,继续接受其他客户进程发来的请求。主进程与从属进程的处理是并发进行的。

FTP 的工作原理如图 8-16 所示。图中的服务器端有两个从属进程:控制进程和数据传送进程。为简单起见,服务器端的主进程没有画上。在客户端除控制进程和数据传送进程外,还有一个用户界面进程用来和用户接口。

进行文件传输时,FTP 的客户和服务器之间要建立两个并行的 TCP 连接:"控制连

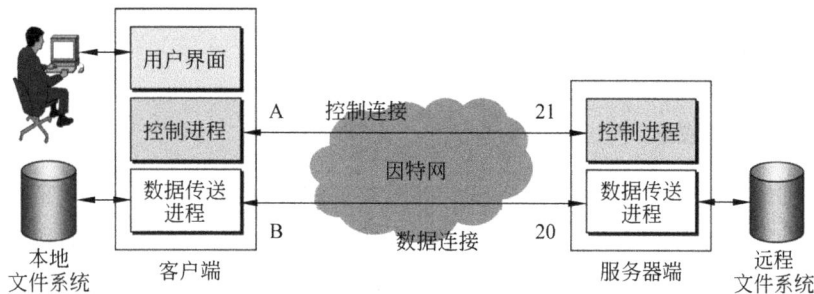

图 8-16　FTP 的工作原理

接"和"数据连接"。控制连接在整个会话期间一直保持打开,FTP 客户发出的传送请求,通过控制连接发送给服务器端的控制进程。传输文件使用"数据连接",服务器端的控制进程在接收到 FTP 客户发送来的文件传输请求后就创建"数据传送进程"和"数据连接",用来连接客户端和服务器端的数据传送进程。数据传送进程实际完成文件的传送,在传送完毕后关闭"数据传送连接"并结束运行。由于 FTP 使用了一个分离的控制连接,因此 FTP 的控制信息是带外(out of band)传送的。FTP 在数据连接上传送完一个文件后就关闭该连接,如果同一个会话期间,用户还需要传送另一个文件,则需要打开另一个数据连接。因此,在 FTP 应用中,在整个用户会话中控制连接是持续的,但会话中的不同文件传输后都会关闭数据连接。

由于 FTP 使用了两个不同的端口号,所以数据连接与控制连接不会发生混乱。使用两个独立连接的主要好处是使协议更加简单,更容易实现。

FTP 支持主动方式(Standard,PORT 方式)和被动方式(Passive,PASV 方式)两种模式。

主动方式下,FTP 客户端首先开启一个大于 1024 的端口 A,用此端口和服务器的 TCP 21 端口建立连接,用来发送命令。然后,客户端开启另一个端口 B(通常比客户端的控制端口号大 1)用来建立数据连接,客户端需要接收数据的时候在控制连接上发送 PORT 命令,PORT 命令指明了客户端接收数据的端口。在传送数据的时候,FTP 服务器必须和客户端建立一个新的连接用来传送数据。服务器端通过自己的 TCP 20 端口连接至客户端的指定端口发送数据。

被动方式下,建立控制连接和主动方式类似,但建立连接后发送 PASV 命令。服务器收到 PASV 命令后,打开一个临时端口(端口号大于 1023 且小于 65535)并且通知客户端。由客户端发起到 FTP 服务器此端口的数据连接,之后 FTP 服务器使用这个端口与客户端传送数据。

很多防火墙在设置的时候都不允许接受外部发起的连接,所以许多位于防火墙后或内网的 FTP 服务器不支持 PASV 模式,因为客户端无法穿过防火墙打开 FTP 服务器的高端端口;而许多内网的客户端不能用 PORT 模式登录 FTP 服务器,因为从服务器的 TCP 20 无法和内部网络的客户端建立一个新的连接,导致无法正常工作。

8.5.3 FTP 的应用

1. FTP 用户与权限

使用 FTP 时必须首先登录,在远程主机上获得相应的权限以后,方可下载或上传文件。也就是说,要想向哪一台计算机传送文件,就必须具有哪一台计算机的适当授权。换言之,除非有用户 ID 和口令,否则无法传送文件。这种情况违背了 Internet 的开放性,Internet 上的 FTP 主机何止千万,不可能要求每个用户在每一台主机上都拥有账号。匿名 FTP 就是为解决这个问题而产生的。

匿名 FTP 是这样一种机制,用户可通过它连接到远程主机上,并从其下载文件,而无须成为其注册用户。系统管理员建立了一个特殊的用户 ID,名为 anonymous,Internet 上的任何人在任何地方都可使用该用户 ID。值得注意的是,匿名 FTP 不适用于所有 Internet 主机。

当远程主机提供匿名 FTP 服务时,会指定某些目录向公众开放,允许匿名存取。系统中的其余目录则处于隐匿状态。作为一种安全措施,大多数匿名 FTP 主机都允许用户从其下载文件,而不允许用户向其上传文件。

Real 账户,是指在 FTP 服务上拥有账号。当这类用户登录 FTP 服务器的时候,其默认的主目录就是其账号命名的目录。但是,其还可以变更到其他目录中,如系统的主目录等。

Guest 用户,在 FTP 服务器中,我们往往会给不同的部门或者某个特定的用户设置一个账户,使用该账户只能访问其主目录下的目录,而不得访问主目录以外的文件。

2. FTP 使用方式

TCP/IP 中,FTP 标准命令 TCP 端口号为 21,Port 方式数据端口号为 20。

需要进行远程文件传输的计算机必须安装和运行 FTP 客户程序。在 Windows 操作系统的安装过程中,通常都安装了 TCP/IP 软件,其中就包含了 FTP 客户程序。但是,该程序是字符界面,而不是图形界面,这就必须以命令提示符的方式进行操作,非专业人员使用会感觉很不方便。

启动 FTP 客户程序工作的另一途径是使用 IE 浏览器,用户只需要在 IE 地址栏中输入如下格式的 URL 地址:ftp://[用户名:口令@]ftp 服务器域名:[端口号]。

在 cmd 命令行下也可以用上述方法连接,通过 put 命令和 get 命令达到上传和下载的目的,通过 ls 命令列出目录。也可以在 Windows 操作系统的 cmd 窗口下输入 ftp 后按 Enter 键,然后输入 open IP 建立一个连接。

8.6 Telnet 与远程登录服务

Telnet 是 Internet 远程登录服务的标准协议,最初由 ARPAnet 开发,现在主要用于 Internet 会话,它的基本功能是允许用户登录进入远程主机系统。当登录上远程计算机后,本地计算机就等同于远程计算机的一个终端,可以用自己的计算机直接操纵远程计算机,享受远程计算机本地终端同样的操作权限。Telnet 可以让我们使用远程计算机上的资源。

Telnet 也使用客户服务器方式。在本地系统运行 Telnet 客户进程,而在远地主机则运行 Telnet 服务器进程。要开始一个 Telnet 会话,必须输入用户名和密码登录服务器。和 FTP 的情况相似,服务器中的主进程等待新的请求,并产生从属进程处理每个连接。

Telnet 所做的主要工作是屏蔽了计算机和操作系统的差异,在互联网上以统一的方式提供对远程主机的操作。为了适应异构环境,Telnet 协议定义了数据和命令在 Internet 上的传输方式,此定义被称作网络虚拟终端(Net Virtual Terminal,NVT)。客户机发送命令时,客户机软件把来自用户终端的按键和命令序列转换为 NVT 格式,并发送到服务器,服务器软件将收到的数据和命令从 NVT 格式转换为远地系统需要的格式;同样,远地服务器将数据从远地机器的格式转换为 NVT 格式,而本地客户机将接收到的 NVT 格式数据再转换为本地的格式。Telnet 的工作原理如图 8-17 所示。

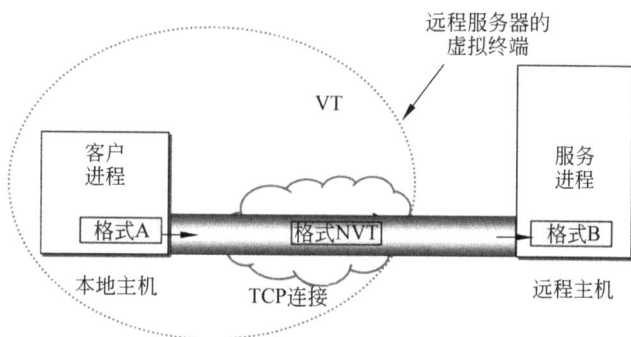

图 8-17　Telnet 的工作原理示意图

安全隐患。Telnet 较为简单实用,也很方便,但是 Telnet 是一个明文传送协议,它将用户的所有内容(包括用户名和密码)都明文在互联网上传送,因此许多服务器都会选择禁用 Telnet 服务。

Telnet 服务器可以接受多个并发的连接。Telnet 服务进程监听 TCP 的 23 号端口。

① 本地终端用户启动 Telnet 服务,本地终端机器上就产生一个客户进程。

② 客户进程与远程服务器上的 23 号端口建立 TCP 连接,远程服务器为之创建一个新的服务器进程。

③ 客户程序接收用户端的键盘输入,并将之通过 TCP 连接发送给远程服务器。

④ 服务器把执行命令的结果返回给客户端,通过客户机软件显示在用户终端上。

8.7　DHCP 与动态主机配置服务

每个需要连接到因特网的主机都需要配置 IP 地址等参数,这些参数是主机在网络通信时进行路由转发所必需的,主要包括主机的 IP 地址、子网掩码、默认网关以及首选

DNS 等,图 8-18 所示是 Windows 系统中的 TCP/IP 属性配置界面。这些参数可以由用户进行人工静态设置,或者由系统自动进行动态设置。如果选中"自动获得 IP 地址"选项,就需要网络上 DHCP 服务的支持。

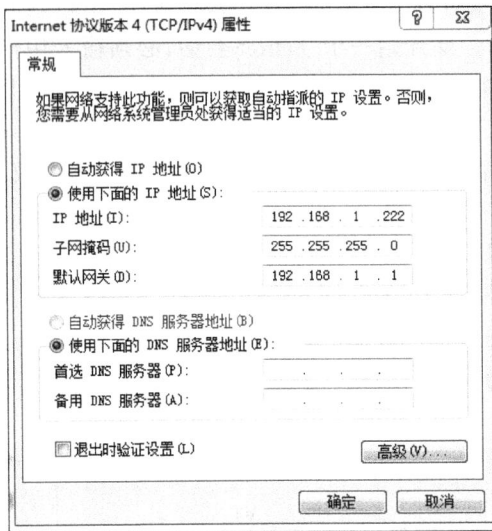

图 8-18　TCP/IP 属性配置界面

　　DHCP 使用客户服务器方式。DHCP 服务器指的是由服务器控制一段 IP 地址范围,客户端登录服务器时就可以自动获得服务器分配的 IP 地址和子网掩码。

　　需要 IP 地址的主机在启动时就向 DHCP 服务器广播发送发现报文(DHCP Discover)(目的 IP 为 255.255.255.255),这时该主机就成为 DHCP 客户。发送发现报文的目的是探测网络上的 DHCP 服务器,广播是因为不知道对方 IP。客户主机目前还没有自己的 IP 地址,因此数据报的源 IP 地址为 0.0.0.0。这样,在本地网络上的所有主机都能收到这个广播报文,但只有 DHCP 服务器才对此广播报文进行响应。DHCP 服务器收到发现的报文后先在其数据库中查找该计算机的配置信息,若找到,则返回以前配置的信息;若找不到,则从服务器的 IP 地址池(address pool)中取一个地址分配给该计算机。

DHCP 服务器的回答报文叫作供给报文(DHCP Offer),表示"供给"了 IP 地址等配置信息。

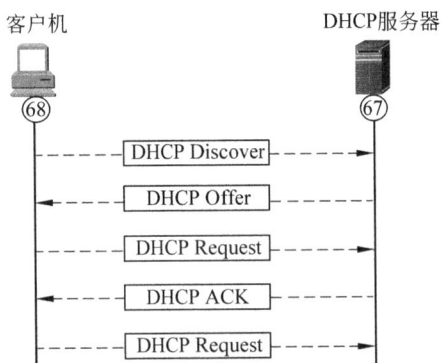

图 8-19　DHCP 的主要工作过程

　　DHCP 的主要工作过程如图 8-19 所示。DHCP 客户使用的 UDP 端口号是 68,而 DHCP 服务器使用的 UDP 端口号是 67,这两个 UDP 端口都是熟知端口。

　　开始时,DHCP 服务器进程启动,打开端口 67,被动等待客户端发来的报文。

　　① 客户机使用 UDP 端口 68 以广播的方式发出 DHCP Discover 报文。

② 凡收到 DHCP Discover 报文的 DHCP 服务器都发出 DHCP Offer 报文,因此 DHCP 客户可能收到多个 DHCP Offer 报文。

③ DHCP 客户从几个 DHCP 服务器中选择其中(一般是最先收到的)一个,并向所选择的 DHCP 服务器发送 DHCP Request 报文。

④ 被选择的 DHCP 服务器发送确认报文 DHCP ACK,进入已绑定状态,并可开始使用得到的临时 IP 地址了。

⑤ 租用期过了一半(T1 时间到),客户机发送请求报文 DHCP Request 要求更新租用期。DHCP 客户要根据服务器提供的租用期 T 设置两个计时器 T1 和 T2,它们的超时时间分别是 $0.5T$ 和 $0.875T$。当达到超时时间,就要请求更新租用期。

如果网络上没有配置 DHCP 服务器,可以通过设置 DHCP 中继代理(relay agent)共享其他网络上的 DHCP 服务器,DHCP 中继代理通常由一台路由器充当。

8.8 流媒体与内容分发网络

8.8.1 流媒体

流媒体(streaming media)又叫流式媒体(以流方式传输的媒体),指在网络中使用流式传输技术的连续时基媒体,即在因特网上以数据流的方式实时发布的音频、视频、动画或者其他形式的多媒体文件都属于流媒体之列。流媒体技术就是把连续的影像和声音信息经过压缩处理后放到网站服务器,由视频服务器向用户计算机顺序或实时地传送各个压缩包,让用户一边下载一边观看、收听,而不要等整个压缩文件下载到自己的计算机上才可以观看的网络传输技术。这种边下载边播放的流式传输方式不仅使启动延时十倍、百倍地大幅缩短,而且对系统缓存容量的需求也大大减少。

流媒体技术广泛用于多媒体新闻发布、在线直播、网络广告、电子商务、视频点播、远程教育、远程医疗、网络电台、实时视频会议等互联网信息服务。

流媒体传输的网络协议。TCP 需要较多的开销,故不太适合传输实时数据;流式传输一般采用 RTCP(实时传输控制协议)传输控制信息,而用 RTP(实时传输协议)传输实时声音数据。图 8-20 展示了部分流媒体传输用到的协议。

(1) RTP。RTP 在一对一或一对多的传输情况下工作,其目的是提供时间信息和实现流同步;RTP 通常使用 UDP 传送数据;当应用程序开始一个 RTP 会话时,将使用两个端口:一个给 RTP;一个给 RTCP。RTP 本身并不能为按顺序传送数据包提供可靠的传送控制,也不提供流量控制或拥塞控制,它依靠 RTCP 提供这些服务;通常,RTP 算法并不作为一个独立的网络层来实现,而是作为应用程序代码的一部分。

(2) RTCP。RTCP 和 RTP 一起提供流量控制和拥塞控制服务;在 RTP 会话期间,各参与者周期性地传送 RTCP 包;RTCP 包中含有已发送的数据包的数量、丢失的数据包数量等统计资料,因此,服务器可以利用这些信息动态地改变传输速率,甚至改变有效载荷类型。RTP 和 RTCP 配合使用,它们能以有效的反馈和最小的开销使传输效率最佳,因而很适合传送网上的实时数据。

（3）RTSP。为了让用户能控制多媒体流的播放,媒体播放器和服务器之间需要一个协议交换播放控制信息,RTSP就是为此而设计的,由RFC 2326定义。RTSP定义了对实时流的控制规范,如进行暂停/继续、播放、重定位、快进和快退等控制动作的方法。例如,RealPlayer、QuickTime播放器与其音频/视频服务器之间使用RTSP报文,按客户/服务器模式互相发送控制信息实现上述目标。RTSP仅在播放器和服务器间传输控制信息,音视频等媒体流仍封装在RTP分组中由RTP传输。RTSP被认为是一个带外协议(out-of-band protocol),因为RTSP报文和媒体流使用了不同的端口号。RTSP使用端口号544,并且RTSP报文可以通过TCP或者UDP发送。需要注意的是,RTSP并不涉及控制多媒体流播放之外的功能。点对点的手机可视通话,必须在手机终端实现RTSP。

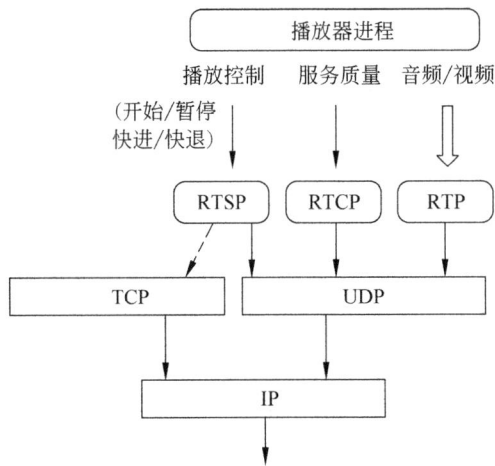

图 8-20　相关流媒体传输协议

8.8.2　内容分发网络

Internet之初,能传输邮件及一些文本信息就已经让人们惊喜不已;但不久之后,人们开始尝试图像、图片、音频的传输,开始了多媒体网络通信,面对容量远超越文本的多媒体传输,开启了信息高速公路的规划与建设;然而,在高带宽的光纤通信普及时代,人们又热衷于流量更大的TV、视频等流媒体传输。显然,面对这些日益暴增的流量和众多的用户需求,带宽的增加空间是有限的;并且事情的复杂性也绝非仅带宽就能解决,还需要改进和提升服务器能力、合理布局平衡流量、缩短流程、减小时延等诸多环节和技术的配套支撑。于是,人们执着地开始了面向流媒体大范围高密度应用的研发,内容分发网络(CDN)就是这个历程中的热点成果之一。

互联网最初是一种数据通信网,主要提供点对点的传递服务。基于这种模式提供电视广播服务,不仅造成服务器资源、带宽资源的大量浪费,而且使得服务质量难以控制,主要表现在长时间的传输延迟和这种延迟的不可预知性。为此,需要在互联网中采用类似于广播的内容分发技术(CDN)降低服务器和带宽资源的无谓消耗,提高服务品质。

CDN 是充分利用有限网络带宽,平衡布局网络流量,以提供高品质视频、流媒体服务而综合构建的传输服务网络。

CDN 解决问题的最基本方法是,将放置终端客户所请求的内容的服务器推到 Internet 的"边缘",用户可以在"最近"的位置快速访问到所需的内容,从本地服务器访问内容会取得好的性能(低延时、高传输率、高质量),并付出较少的网络代价,这就是 CDN 的初衷。

每个用户直接从一台视频服务器上下载并播放视频流存在两个明显的问题:首先,用户可能离服务器很远,会产生较大的时延和丢包率,从而影响播放质量;其次,对于热播视频,大量用户的重复下载势必消耗大量带宽,造成服务器周边网络严重拥塞。CDN 的做法是,提前将内容提供商的多媒体数据直接推送到靠近用户部署的多个冗余服务器上,大大改善了整个系统的传输时延和网络流量。分布式的 CDN 分发架构如图 8-21 所示。

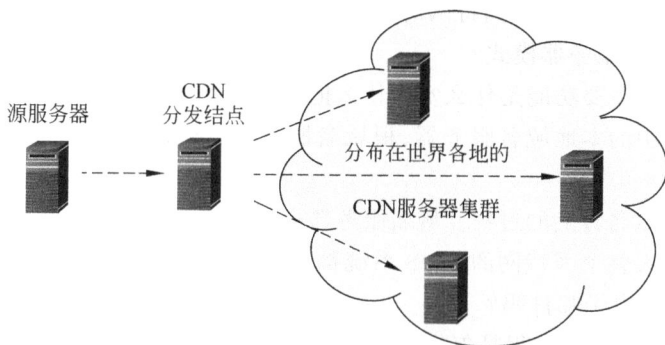

图 8-21 分布式的 CDN 分发架构

CDN 的工作使互联网具有广播电视网的特征,从而为网络电视的发展开辟了道路。

实践探索:WHOIS

WHOIS(读作 Who is)是用来查询域名的 IP 以及所有者等信息的传输协议。简单地说,WHOIS 可以对域名注册数据库进行查询,该数据库存储了域名所有人、域名注册商、域名、IP 地址块或自治系统等信息。通过 WHOIS 实现对域名信息的查询,可查询域名是否已经被注册,以及注册域名的详细信息的数据库。WHOIS 通常使用 TCP 43 端口。每个域名/IP 的 WHOIS 信息由对应的管理机构保存。

WHOIS 是当前域名系统中不可或缺的一项信息服务。在使用域名进行 Internet 冲浪时,很多用户希望进一步了解域名、名字服务器的详细信息,这就会用到 WHOIS。对于域名的注册服务机构(registrar)而言,要确认域名数据是否已经正确注册到域名注册中心(registry),也经常会用到 WHOIS。不同域名后缀的 WHOIS 信息需要到不同的 WHOIS 数据库查询。目前国内提供 WHOIS 查询服务的网站有万网、站长之家等。在提供 WHOIS 数据库查询服务的网站界面输入特定的 IP 地址,如本地机器上配置的默认

DNS 服务器的 IP 地址,就能够得到这些 DNS 的名字等。请搜索网络了解更多的信息,自主探索 WHOIS 数据库的使用。

习题

1. 名词解释:DNS、HTTP、FTP、Telnet、URL、HTML、浏览器、超文本、超媒体,超链、页面、活动文档、搜索引擎。

2. 统一资源定位器(URL)的实质是什么? 由哪几部分组成?

3. 根据 DNS 及 HTTP 的工作原理,结合自己计算机的 DNS 配置简述在浏览器的 URL 中输入 http://www.163.com,单击 Enter 键返回到网站首页,网络上发生了哪些事件?

4. 因特网的域名结构是怎样的? 它与目前电话网的号码结构有何异同之处? 结合 DNS 解析过程,说明这样组织因特网的域名结构的目的。

5. 什么是客户/服务器模式?

6. 域名系统的主要功能是什么? 为什么把因特网上的域组织成一棵树?

7. 域名系统中的本地域名服务器、根域名服务器、顶级域名服务器以及权限域名服务器有何区别?

8. 举例说明域名转换的过程。域名服务器中的高速缓存的作用是什么?

9. 设想有一天整个因特网的 DNS 系统都瘫痪了(这种情况不太可能出现),试问还有可能给朋友发送电子邮件吗?

10. FTP 的主要工作过程是怎样的? 为什么说 FTP 是带外传送控制信息? 主进程和从属进程各起什么作用?

11. 浏览器同时打开多个 TCP 连接进行浏览的优缺点分别是什么? 请说明理由。

12. 搜索引擎可分为哪两种类型? 各有什么特点?

13. 简述电子邮件最主要的组成部件。用户代理(UA)的作用是什么? 没有 UA 行不行? 电子邮件的信封和内容在邮件的传送过程中起什么作用? 它们和用户的关系如何? 电子邮件的地址格式是怎样的? 请说明各部分的意思。

14. 简述 SMTP 通信过程的 3 个阶段。

15. 简述 POP 的工作过程。在电子邮件中,为什么需要使用 POP 和 SMTP 这两个协议?

16. MIME 与 SMTP 的关系是怎样的?

17. 讨论为什么有的应用层协议要使用 TCP,而有的却要使用 UDP?

18. 一名学生 A 希望访问网站 www.taobao.com。该学生在浏览器中输入 http://www.taobao.com 并按 Enter 键,直到淘宝的网站首页显示在浏览器中。请问:在此过程中,按照 TCP/IP 参考模型,从应用层到网络接口层都用到了哪些协议? 每个协议所起的作用是什么? 简要描述该事件的流程。

19. 假设下图所示网络中的本地域名服务器只提供递归查询服务;其他域名服务器均只提供迭代查询服务;局域网内主机访问 Internet 上各服务器的 RTT 均为 10ms,忽略其他各种时延，若主机通过超链接 http://www.abc.com/index.html，请求浏览纯文本 Web 页 index.html，则从单击超链接开始到浏览器收到 index.html 页面为止，所需的最短、最长时间分别是多少？【考研真题】

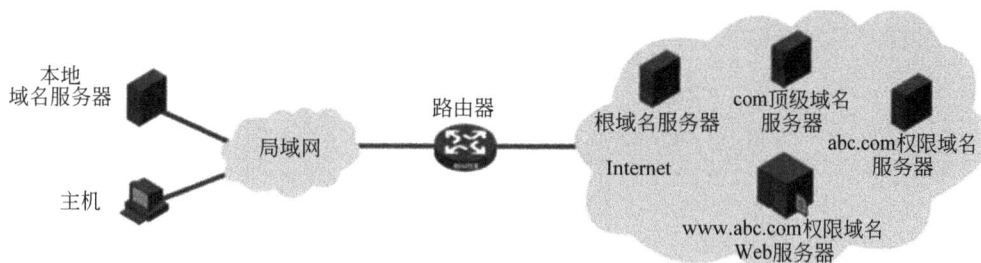

第4篇

网络新时代

第 9 章　后 Internet 时代

计算机网络在社会应用的强烈驱使下产生,又在人类无尽的应用需求中升级、普及;反过来,网络的发展普及又极大地促进了网络在经济社会中的应用,带给人们巨大的经济效益和社会价值,促进了人类社会进步。应用驱动发展,发展助长应用。

目前,互联网已经将人类带入信息化社会,极大地促进了经济发展,兴起了基于互联网的数字经济。数字经济已经成为世界各国经济增长的新引擎,不仅为经济发展增添了新的动能,还全面带动了传统产业的数字化转型,而作为支撑数字经济发展的数字基础设施,互联网更成为提升生产效率,促进经济发展的重要抓手,必将在巨大经济利益的驱使下快速发展。

在后 Internet 时代,明天的网络技术会向哪里发展,会给人类带来怎样的经济效益和社会价值? 让我们一起梳理当前才露尖尖角的新技术,展望网络应用的新领域,以期把握发展机遇,自主未来人生。

后 Internet 时代路线图如图 9-1 所示。

图 9-1　后 Internet 时代路线图

9.1　移动互联网与云服务

9.1.1　移动互联网与应用

移动互联对人们生产、生活的影响大吗? 对网络发展有哪些影响?

移动互联给人类生活带来的影响非同小可。

移动互联网主要是利用移动接入技术的方式,将互联网与各种终端结合在一起,使无线网的优势能够为移动客户提供高质量、全面的服务。移动互联网连接不同种类的移动终端将移动网络的优势凸显出来,带给人们更加全面贴心的即时智能服务,深化了数字化应用,扩展了数字化领域。

3G、4G、5G 移动通信技术,无线局域网技术等各种无线网络的成熟发展和应用提供了成熟和廉价的移动互联基础;无线互联技术为智能手机、笔记本电脑、平板电脑、智能设备互联提供了基础,助长了其发展、普及,成为互联网上的新主体;智能手机、平板电脑等简单终端的普及与联网应用极大地促进了大数据的积累,催生了大数据和云服务;移动设备移动互联改造了互联网,促生了移动互联网、物联网,极大地扩展了互联网的功能和应用,引领互联网进入工业物联网、人工智能时代。

相对传统互联网而言,移动互联网强调可以随时随地在高速移动的状态中接入互联网并使用应用服务,与原始互联网的主要区别在于终端、接入网络以及由终端和移动通信网络特性所带来的独特应用,如图 9-2 所示。

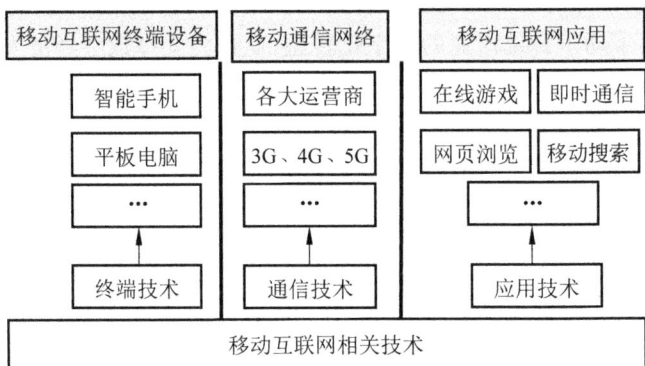

图 9-2 移动互联网相关技术

移动互联网有许多新优势,支持终端移动性、业务使用的私密性,扩展和深化了网络应用。

9.1.2 云计算与云服务

云计算的思想来源已久,之所以近年来能获得广泛应用,是因为借了移动互联的东风,手机等简单终端的联网增加了对云计算的依赖,推动了云计算与云服务的市场发展。

2006 年,谷歌推出"Google 101 计划",并正式提出"云"的概念和理论。随后,亚马逊、微软、惠普、雅虎、英特尔、IBM 等公司都宣布了自己的"云计划",云安全、云存储、内部云、外部云、公共云、私有云……,一堆让人眼花缭乱的概念不断冲击人们的神经。我们国内的阿里云、腾讯云也已经应用到人们的日常生活中。那么,到底什么是云计算技术呢?

1. 云计算思想的产生

传统模式下,企业建立一套 IT 系统不仅需要购买硬件等基础设施,还须有买软件的许可证,需要专门的人员维护。当企业的规模扩大时,还要继续升级各种软硬件设施,以满足需要。对于企业来说,计算机等硬件和软件本身并非他们真正需要的,它们仅是完成工作、提高效率的工具而已。对个人来说,如果想正常使用计算机,就需要安装软件,而许多软件是收费的,对不经常使用该软件的用户来说购买非常不划算。是否有这样的服务,能够提供人们需要的所有软件供租用? 这样,只在用的时候付少量"租金"即可"租用"到这些软件服务,以节省购买软硬件的资金。

人们每天都用电,但不是每家都自备发电机,它由电厂集中提供;人们每天都用自来水,但不是每家都有井,它由自来水厂集中提供。这种模式极大地节约了资源,方便了人们的生活。面对计算机给人们带来的困扰,可不可以像使用水和电一样使用计算机资源? 这些想法最终导致云计算的产生。

云计算的最终目标是将计算、服务和应用作为一种公共设施提供给公众,使人们能够像使用水、电、煤气和电话那样使用计算机资源。

云计算模式借鉴了电厂集中供电模式。用电时用户只关心服务,而并不需要关心电是哪个发电厂提供的,这一理念在云计算中得以继承。在云计算模式下,用户的计算机会变得十分简单,或许不大的内存、不需要硬盘和各种应用软件,就可以满足人们的需求,因为用户的计算机除了通过浏览器给"云"发送指令和接收数据外,基本上什么都不做便可以使用云服务提供商的计算资源、存储空间和各种应用软件,这就像连接"显示器"和"主机"的电线无限长,从而可以把显示器放在使用者的面前,而把主机放在远到甚至计算机使用者本人也不知道的地方。云计算把连接"显示器"和"主机"的电线变成了网络,把"主机"变成了云服务提供商的服务器集群。

在云计算环境下,用户的使用观念也会发生彻底的变化。从"购买产品"到"购买服务"转变,因为他们直接面对的将不再是复杂的硬件和软件,而是最终的服务。用户不需要拥有看得见、摸得着的硬件设施,也不需要为机房支付设备供电、空调制冷、专人维护等费用,并且不需要等待供货周期、项目实施等冗长的时间,只把钱汇给云计算服务提供商,就会马上得到需要的服务。

2. 云计算的定义

云计算是一种无处不在、便捷且按需对一个共享的可配置计算资源(包括网络、服务器、存储、应用和服务)进行网络访问的模式,它能够通过最少量的管理以及与服务提供商的互动实现计算资源的迅速供给和释放。

云计算是传统计算机和网络技术发展融合的产物,它意味着计算能力也可作为一种商品通过互联网进行流通。目前,云计算被列为国家战略性新兴产业。

3. 云服务

云服务是基于互联网的相关服务的增加、使用和交付模式,通常涉及通过互联网提供动态、易扩展、虚拟化的资源。一般有 3 种云服务类型,如图 9-3 所示。

(1) IaaS(Infrastructure-as-a-Service,基础设施即服务)。消费者通过 Internet 可以从完善的计算机基础设施获得服务。IaaS 增强了业务性能,降低

图 9-3 3 种云服务

业务提供成本,对终端的要求降低。

（2）SaaS(Software-as-a-Service,软件即服务)。它是一种通过 Internet 提供软件的模式,用户无须购买软件,而是向提供商租用基于 Web 的软件,管理企业经营活动。相对于传统的软件,SaaS 解决方案有明显的优势,包括较低的前期成本,便于维护,快速展开使用等。

（3）PaaS(Platform-as-a-Service,平台即服务)。PaaS 实际上是指软件研发的平台作为一种服务,以 SasS 的模式提交给用户。因此,PasS 也是 SaaS 模式的一种应用。但是,PaaS 的出现可以加速 SaaS 的发展,尤其是加快 SaaS 应用的开发速度。

可以把云计算理解成一栋大楼,而这栋楼又可以分为顶楼、中间、低层三大块。可以把 IaaS(基础设施)、PaaS(平台)、SaaS(软件)理解成这栋楼的三部分。基础设施在最下端,平台在中间,软件在顶端。

4. 部署模式

在部署上有公有云、私有云、混合云 3 种模式。

（1）公有云(public clouds)通常指第三方提供商为用户提供的能够使用的云。公有云一般可通过 Internet 使用,可能是免费或成本低廉的,它的核心属性是共享资源服务。这种云有许多实例,可在当今整个开放的公有网络中提供服务。

（2）私有云(private clouds)是为一个客户单独使用而构建的,因而提供对数据、安全性和服务质量的最有效控制。公司拥有基础设施,并可以控制在此基础设施上部署应用程序的方式。私有云可部署在企业数据中心的防火墙内,也可部署在一个安全的主机托管场所,它的核心属性是专有资源。

（3）混合云融合了公有云和私有云,是近年来云计算的主要模式和发展方向。我们已经知道,私有云主要面向企业用户,出于安全考虑,企业更愿意将数据存放在私有云中,但是同时又希望可以获得公有云的计算资源,在这种情况下混合云被越来越多地采用,它将公有云和私有云进行混合和匹配,以获得最佳的效果,这种个性化的解决方案达到了既省钱又安全的目的。公有云、私有云和混合云的比较见表 9-1。

表 9-1　公有云、私有云和混合云的比较

分类	特点	建设地点	功能拓展	核心属性	适合行业及客户
公有云	规模化、运维可靠、弹性强	互联网	低	共享	游戏、视频、教育
私有云	自主可控,数据私密性好	企业内部	高	专有	金融、医疗、政务
混合云	弹性、灵活,但架构复杂	企业内部＋互联网	中	个性化配置	金融、医疗等

5. 云计算带来的变革

在云计算时代,计算机的处理能力被集中在数据中心,通过网络进行使用,实现"IT 的服务化"。

用户的 IT 开销由一次性购买硬件转变为按需购买服务,企业的 IT 维护成本大幅降

低,无须担心数据的丢失。

用户的工作方式更加移动化、合作化,可以更迅速地启动新业务,小规模企业可以通过云计算模式向全球提供服务,实现全球化。

9.2 5G 网络与应用

5G 的最大亮点是什么?其最大价值和应用性何在?

结合自身体验,感觉现在的 4G 技术够用吗?可以满足看新闻、看电影、玩游戏的需求吗?如果仅是满足这几项需求,4G 技术现在已经达到了,为什么还要发展 5G 呢,并且国际上还竞争得十分激烈。

5G 的高速也许是优点之一,其实在工业控制中更重要的应用点是 5G 的时延小,这极大地增强了网络通信的实时性,在人工智能、无人驾驶等网络控制应用中意义重大,可提升网络控制的可用性,推动人工智能、无人驾驶、工业物联等应用快速发展,为人工智能、无人驾驶、云技术等一系列高端应用铺路,促进未来新技术的落地应用。

9.2.1 5G 移动通信网

第五代移动通信技术(5th generation mobile networks 或 5th generation wireless systems、5th-Generation,5G 或 5G 技术)是最新一代蜂窝移动通信技术,即 4G(LTE-A、WiMax)、3G(UMTS、LTE)和 2G(GSM)系统之后的延伸。

这种网络中,供应商覆盖的服务区域被划分为许多被称为蜂窝的小地理区域。表示声音和图像的模拟信号在手机中被数字化,由模数转换器转换并作为比特流传输。蜂窝中的所有 5G 无线设备通过无线电波与蜂窝中的本地天线阵和低功率自动收发器(发射机和接收机)进行通信。收发器从公共频率池分配频道,这些频道在地理上分离的蜂窝中可以重复使用。本地天线通过高带宽光纤或无线回程连接与电话网络和互联网连接。与现有的手机一样,当用户从一个蜂窝穿越到另一个蜂窝时,他们的移动设备将自动"切换"到新蜂窝中的天线。5G 的性能目标是高数据速率、减少延迟、节省能源、降低成本、提高系统容量和大规模设备连接。

5G 网络的主要优势在于,数据传输速率远远高于以前的蜂窝网络,最高可达 10Gb/s,比当前的有线互联网快,比先前的 4G LTE 蜂窝网络快 100 倍。另一个优点是时延小(响应时间更快),低于 1ms,而 4G 为 30~70ms。由于数据传输更快,因此 5G 网络将不仅为手机提供服务,而且还将成为一般性的家庭和办公网络提供商,与有线网络提供商竞争。以前的蜂窝网络提供了适用于手机的低数据率互联网接入,但是一个手机发射塔不能经济地提供足够的带宽作为家用计算机的一般互联网供应商。

9.2.2 5G 网络的特点

(1)高速度。这是 5G 最明显的特点,相比于 4G 网络,5G 网络有更高的速度,而对

5G 的基站峰值要求则不低于 20Gb/s,以满足高清视频、虚拟现实等大数据量传输。当然,这个速度是峰值速度,不是每个用户的体验。2019 年年底,在北京邮电大学的校园里,5G 均速能达到 700Mb/s,上传速度为 80Mb/s,是 4G 速率的 4 倍。

(2) 超大网络容量。5G 网络拥有大容量、低功耗的特点,如果全面应用之后,将会降低连接成本。在 5G 之后,移动通信不只局限于人类娱乐,在万物互联层面也有不错的应用。也就是说,移动通信将不再局限于消费领域,工、农、林、牧、服务等都可受益移动通信技术的发展。

(3) 低功耗。5G 要支持大规模物联网应用,就必须有功耗的要求。如果 5G 能把功耗降下来,让大部分物联网产品一周充一次电,甚至一个月充一次电,就能大大改善用户体验,促进物联网产品快速普及。

(4) 低时延。5G 的一个新场景是无人驾驶、工业自动化的高可靠连接。人与人之间进行信息交流,140ms 的时延是可以接受的,但是,如果这个时延用于无人驾驶、工业自动化,就无法接受。5G 对时延的最低要求是 1ms,甚至更低,这就对网络提出了很高的要求,而 5G 是这些新领域应用的必然要求。

5G 无人驾驶汽车需要中央控制中心和汽车进行互联,车与车之间也应进行互联,在高速度行动中,一个制动,需要瞬间把信息送到车上做出反应,100ms 左右的时间,车就会冲出几十米,这就需要在最短的时延中把信息送到车上进行制动与车控反应。

(5) 万物互联。迈入智能时代,除了手机、计算机等上网设备需要使用网络外,越来越多的智能家电设备、可穿戴设备、共享汽车等更多不同类型的设备以及电灯等公共设施都需要联网,联网之后就可以实现实时的管理和智能化的相关功能,而 5G 的互联性也让这些设备成为了智能设备。

(6) 协同化、智能化。系统的协同化、智能化水平提升,表现为多用户、多点、多天线、多摄取的协同组网,以及网络间灵活地自动调整。

9.2.3 5G 关键技术

5G 通信性能的提升不是单靠一种技术,需要多种技术相互配合共同实现。关键技术大致分为无线传输技术和网络技术两类。

1. D2D 通信

在 5G 网络中,网络容量、频谱效率需要进一步提升,更丰富的通信模式以及更好的终端用户体验也是 5G 的演进方向。设备到设备(Device-To-Device,D2D)通信具有潜在的提升系统性能、增强用户体验、减轻基站压力、提高频谱利用率的前景。

D2D 通信是一种基于蜂窝系统的近距离数据直接传输技术。D2D 会话的数据直接在终端之间进行传输,不需要通过基站转发,而相关的控制信令,如会话的建立、维持、无线资源分配以及计费、鉴权、识别、移动性管理等仍由蜂窝网络负责。蜂窝网络引入 D2D 通信,可以减轻基站负担,降低端到端的传输时延,提升频谱效率,降低终端发射功率。当无线通信基础设施损坏,或者在无线网络的覆盖盲区,终端可借助 D2D 实现端到端通信,甚至接入蜂窝网络。在 5G 网络中,既可在授权频段部署 D2D 通信,也可在非授权频段部署,如图 9-4 所示。

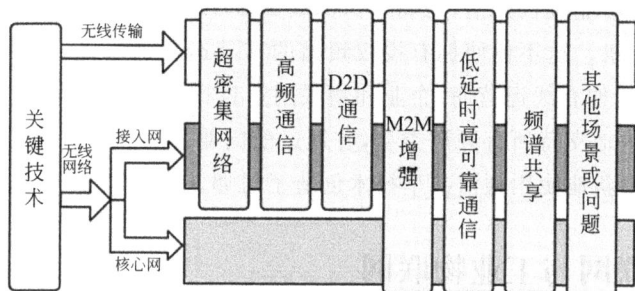

图 9-4　5G 关键技术

2. 超密集网络

5G 网络是异构多层,支持全频段接入的网络架构。低频段提供广域覆盖能力,高频段提供高速无线数据接入能力。目前,用 6GHz 以下的低频段作为 5G 的优选/首选频段,用 6GHz 以上的频段作为 5G 的候选频段。低频段主要解决覆盖问题,高频段主要解决大流量密集区域的网络容量。

3. 高频通信

移动通信系统的工作频段主要集中在 3GHz 以下,这使得频谱资源十分拥挤,而在高频段(如毫米波、厘米波频段)可用频谱资源丰富,能够有效缓解频谱资源紧张的现状,可以实现高速短距离通信,支持 5G 容量和传输速率等方面的要求。

高频段在移动通信中的应用是未来的发展趋势,足够量的可用带宽、小型化的天线和设备、较高的天线增益是高频段毫米波移动通信的主要优点,但它也存在传输距离短、穿透和绕射能力差、容易受气候环境影响等缺点。

4. M2M 增强

M2M(Machine to Machine,机器对机器)通信已经在智能电网、环境监测、城市信息化、安全监测等领域实现了商业化应用。目前,对于 M2M 网络,3GPP(第三代伙伴计划)已经制定了一些标准,并开始立项研究 M2M 关键技术。根据 3GPP 规定,M2M 有两种解释:广义上看,M2M 指的是机器与机器、人与机器、移动网络与机器之间的通信,涵盖人、机器、系统之间的所有通信技术。狭义上看,M2M 指的是机器之间的通信。相较于其他应用,M2M 的典型特征是智能化、交互式,在这种特征下,机器变得更加智慧。

5. 低时延、高可靠通信

低时延、高可靠通信主要面向智能无人驾驶、工业自动化等需要低时延、高可靠连接的业务,能够为用户提供毫秒级的端到端时延和接近 100% 的业务可靠性保证。

6. 频谱共享

使用共享频谱和非授权频谱,可将 5G 扩展到多个维度,实现更大容量、使用更多频谱支持新的部署场景。这不仅使拥有授权频谱的移动运营商受益,而且会为没有授权频谱的厂商创造机会,如有线运营商、企业和物联网垂直行业,使他们能够充分利用 5G NR 技术。5G NR 原生地支持所有频谱类型,并通过前向兼容灵活地利用全新的频谱共享模式,这为在 5G 中创新地使用频谱共享技术创造了机遇。

9.3　工业互联网与工业物联网

9.3.1　工业互联网

工业互联网是开放、全球化的网络,将人、数据和机器连接起来,是全球工业系统与高级计算、分析、传感技术及互联网的高度融合。工业互联网的本质和核心是通过工业互联网平台把设备、生产线、工厂、供应商、产品和客户紧密地连接融合起来。

工业互联网是链接工业全系统、全产业链、全价值链,支撑工业智能化发展的关键基础设施,是新一代信息技术与制造业深度融合所形成的新兴业态和应用模式,是互联网从消费领域向生产领域、从虚拟经济向实体经济拓展的核心载体。

举一个消费互联网的例子,也许可帮助读者理解。淘宝店铺怎么装潢、哪些客户是高风险客户……并不是所有卖家都能掌握。于是,淘宝卖家平台提供了各种专业化App。例如,节日打折季前,通过订购美工 App 应用,整个店铺就可完成富有节日气氛的装修。

工业互联网带来的不仅是产品质量和生产效率的提升、成本的降低,通过将大量工业技术原理、行业知识、基础工艺、模型工具规则化、软件化、模块化,并封装为可重复使用的微服务组件,第三方应用开发者可以面向特定工业场景开发不同的工业 App,进而构建成基于工业互联网平台的产业生态。

例如,一家车企计划实施刹车片召回。传统的做法是,通过各种软件追溯问题源头,通过生产管理、库存管理系统查看存货情况,通过销售和售后系统查看在销和已销售车型情况,进而汇总分析召回的总量、替换制动片的排产以及发货所需时间、整体召回的成本等。如果这家企业已经接入了工业互联网,这个过程将变得非常简单。只构建一个召回场景的工业 App,按照逻辑关系调用研发、生产、物流、库存管理、销售、售后等工业微服务组件,有关召回的一切会一目了然。就像我们使用智能手机里的 App,可以享受各种专业服务。

工业互联网的本质是以机器、原材料、控制系统、信息系统、产品及人之间的网络互联为基础,通过对工业数据的全面深度感知、实时传输交换、快速计算处理和高级建模分析,实现智能控制、运营优化等生产组织方式的变革。

9.3.2 工业互联网的体系架构

工业互联网的体系架构是事关发展主动权的制高点和顶层设计，是对重大需求、核心功能、关键要素的明晰和界定，是对工业互联网自上而下进行的前瞻性、系统性、战略性谋划，决定着工业互联网技术的路径选择、产业布局方向和全球发展格局。图 9-5 是我国的工业互联网体系架构图。

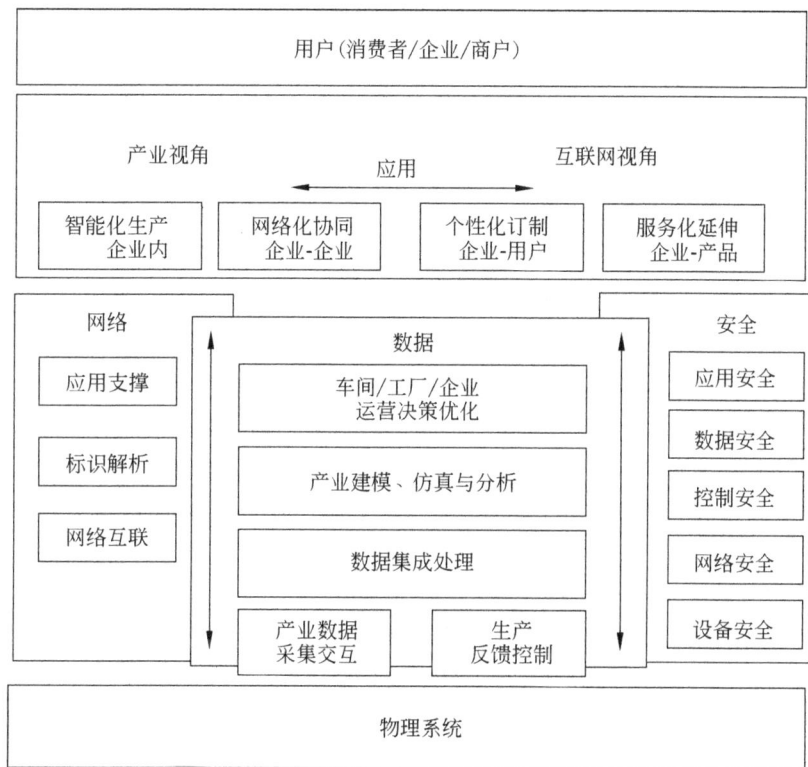

图 9-5　工业互联网体系架构图

9.3.3 工业物联网

工业物联网是指数以亿计的工业设备，不论是工厂里的机器还是飞机上的发动机，在这些设备上装传感器，连接到无线网络以收集和共享数据。

工业物联网是工业领域的物联网技术，是将具有感知、监控能力的各类采集、控制传感器或控制器，以及移动通信、智能分析等技术不断融入工业生产过程各个环节的技术。工业物联网为工业领域的"万物互联"，它将生产过程的每一个环节、设备变成数据终端，全方位采集底层基础数据，并进行更深层面的数据分析与挖掘，从而提高效率，优化运营。

工业物联网的技术主要涉及物体感知技术、数据传输技术、平台构建技术和数据分析技术。

工业物联网主要技术有：

（1）物体感知技术。主要包括传感器（测量或感知特定物体的状态和变化，并转化为可传输、可处理、可存储的电子信号或其他形式的信息）、射频识别（非接触自动识别技术）、多媒体、工业控制（SCADA 系统、DCS 和 PLC）等，是工业物联网部署实施的核心。

（2）数据传输技术。数据传输技术是工业以太网、短距离无线通信技术、低功耗广域网，核心技术包括时间同步、确定性调度、多跳信道、路由和安全技术等，可以使得工业传感器的布线成本大大降低，有利于传感器功能的扩展，是工业物联网互联互通的基础。

（3）平台构建技术。运用计算机硬件技术、云计算等进行工业互联网平台的构建。

（4）数据分析技术。运用数学统计、机器学习及最新的人工智能算法实现面向历史数据、实时数据、时序数据的聚类、关联和预测分析。

9.3.4 工业物联网的发展趋势

（1）终端智能化。包括底层传感器设备自身向着微型化和智能化的方向发展，以及工业控制系统的开放逐渐变大，使得工业控制系统与各种业务系统的协作成为可能。

（2）连接泛在化。工业控制通信网络经历了现场总线、工业以太网和工业无线等多种工业通信网络技术，将监控设备与系统，同生产现场的各种传感器、变送器、执行器、伺服驱动器、运动控制器，甚至 CNC 数控机床、工业机器人和成套生产线等生产装备连接起来。

（3）计算边缘化。数据不用再传到遥远的云端，更适合实时的数据分析和智能化处理，具有安全、快捷、易于管理等优势，能更好地支撑本地业务的实时智能化处理与执行，满足网络的实时需求。

（4）网络扁平化。使信息在真实世界和虚拟空间之间智能化流动，实现对生产制造的实时控制、精确管理和科学决策，并进行了大量的研究与探索。

（5）服务平台化。提升连接灵活、扩展用户规模、增强数据的安全性、应用开发的简易友好，根据用户实际需求提供设备远程管理、预防性维护和故障诊断等服务。

9.4 SDN 与意念网络

未来网络是什么样的？

基于现代数字经济对网络的强烈依赖和需求，互联网将极快地发展和演化，将变得越来越大，越来越复杂。网络的建构与维护将成为难题，如何管理和优化网络，对网络的维护和建构人员提出了挑战。基于软件智能地导控和管理网络、优化网络的思想渐渐明晰，强化网络智能，减少人工干预。基于人的意念控制和管理网络，早已不再局限于思想，其产品技术已经在现实中出现。

传统的网络与规划设计是以需求相对明确和稳定为前提的，包括网络架构、拓扑、IP连通性、安全与 QoS 策略，都是根据明确的应用需求预设定义好的，也就是说，它是相对静态的。所以，尽管在网络的规划设计阶段强调了冗余设计，从而可以在运维过程中根据上层应用变化做出一定的调整与应对,但是空间是相对有限的。而且传统网络的部署与运维是以人工为主,自动为辅,再加上分布式网络架构中网络设备类型和厂家来源的多样性,加重了调整的难度和复杂度。

在传统的 IP 网络中,传统交换机和路由器的转发平面是紧耦合在一起的。这种紧耦合特性极大限制了 IP 网络技术的发展。传统网络的技术创新往往依赖于 RFC 对现有网络协议进行增补,这使交换机和路由器的控制平面设计越来越复杂化。网络设备制造商出于技术保密和市场占有率的需求,网络设备基本都是闭源的,没有提供开放应用程序接口,这给网络自动化配置以及实时精确流量控制带来极大困难。

未来网络不需要人工配置,将通过软件构建一个网络控制平面,在人的意念指导下,控制平面自动指导转发平面上的数据流向,实现最优性能。

9.4.1　SDN 技术

软件定义网络(Software Defined Network,SDN)是由美国斯坦福大学 clean-slate 课题研究组提出的一种新型网络创新架构,是网络虚拟化的一种实现方式。其核心技术为 OpenFlow,通过将网络设备的控制面与数据面分离,从而实现网络流量的灵活控制,使网络作为管道变得更加智能,为核心网络及应用的创新提供了良好的平台。

9.4.2　SDN 体系架构

目前,SDN 的主流技术架构有 4 种:第一种是开放网络基金会(ONF)的基于 OpenFlow 协议的三层架构,其主要技术特点是实现了转发与控制的分离,并且对转发面进行了标准化,由于实现了逻辑集中控制,该架构在流量调度方面具有很大的优势;第二种是因特网工程任务组(IETF)提出的主要技术架构,它的主要思想是开放现有网络设备的能力,向应用层提供标准开放的 API,这种架构充分利用了现有网络设备和路由协议,能和现有网络进行兼容,因此便于快速实现;第三种是 NICIRA 提出的 Overlay 技术架构,这种架构是在传统网络上抽象出一个虚拟网络,实现了与物理网络的解耦,对物理设备的要求降至最低,因此部署非常灵活;最后一种是欧洲电信标准化协会(ETSI)的网络功能虚拟化技术,也就是 NFV 技术,其主要的应用场景是运营商网络。

在传统网络中,控制平面功能分布式运行于各个网络结点(集线器 hub、交换机 switch、路由器 router),因此新型网络功能的部署需要所有相应网络设备的升级。而在 SDN 网络中,网络设备的控制平面与转发平面分离,并将控制平面集中实现,因此新型网络功能的部署只需要在控制结点进行集中的软件升级。SDN 并非具体的网络协议,而是一种网络体系框架,可包含多种接口协议。SDN 具有两个重要属性:数据控制分离,以实现逻辑集中式控制;网络具有可编程性,以实现灵活可定义。

计算机网络的七层体系结构是现代互联网通信的基础,而 SDN 提出的是三层架构,如图 9-6 所示。从下向上,分别为基础设施层、控制层、应用层。

(1)基础设施层。又称数据转发层,由网络的底层转发设备组成。在基本架构中仍

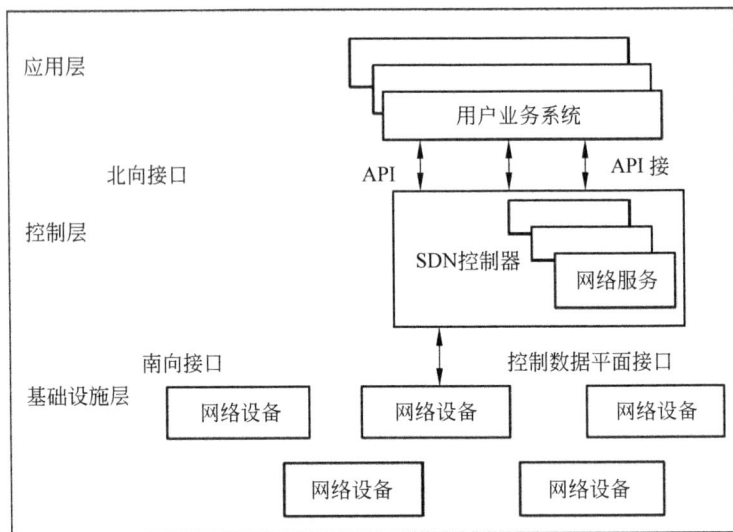

图 9-6　SDN 的基本架构

然有大量网络存在,但是请读者注意,这些设备已经不再是传统的网络设备,它的控制平面和管理平面都已经被拉出来,所以这样的设备已经变得非常简单,它们只具有包转发功能。设备包含特定的转发面抽象,负责基于业务流表(table)的数据处理、转发和状态收集,根据控制层下发的指令对数据进行转发。所有设备中被抽取出来的控制与管理平面到哪里了? 都到了中间的集中控制层。

(2) 控制层。又称为网络操作系统(NOS),具体负责处理数据转发平面资源的抽象信息,支持网络拓扑、状态信息的汇总及维护,可通过基于应用的控制调用不同的转发平面资源。控制层由控制软件实现,摆脱了硬件设备对网络控制功能的束缚,主要负责集中维护网络拓扑及网络状态信息,实现不同业务特性的适配。利用控制数据平面接口,控制层可以对底层网络设备的资源进行抽象,获取底层网络设备信息,生成全局的网络抽象视图,并通过 API 提供给上层应用。其结果是,对于上层应用程序来说,网络呈现为一个单一的逻辑开关。通过这种软件模式,网络管理人员可以灵活配置、管理和优化网络资源,实现了网络的可编程及灵活可控。

(3) 应用层。包括各类控制平面的应用,主要负责管理和控制网络对应用转发/处理的策略,并支持对网络属性的配置,提升网络利用率、支持安全及 QoS 的控制。应用层能够根据不同的网络应用需求,调用与控制层相接的应用编程接口(API),完成不同应用程序的功能。利用 API,业务应用可以充分利用网络的服务和能力,并在一个抽象的网络上进行操作,实现常见的网络服务,包括路由、组播、安全、访问控制、带宽管理、流量工程、服务质量、处理器和存储优化、能源使用以及各种形式的政策管理,量身定制,以达到业务目标。

上面提到的是 SDN 基本的三层架构,ONF 在此基础上提出了更详细的架构,如图 9-7 所示。

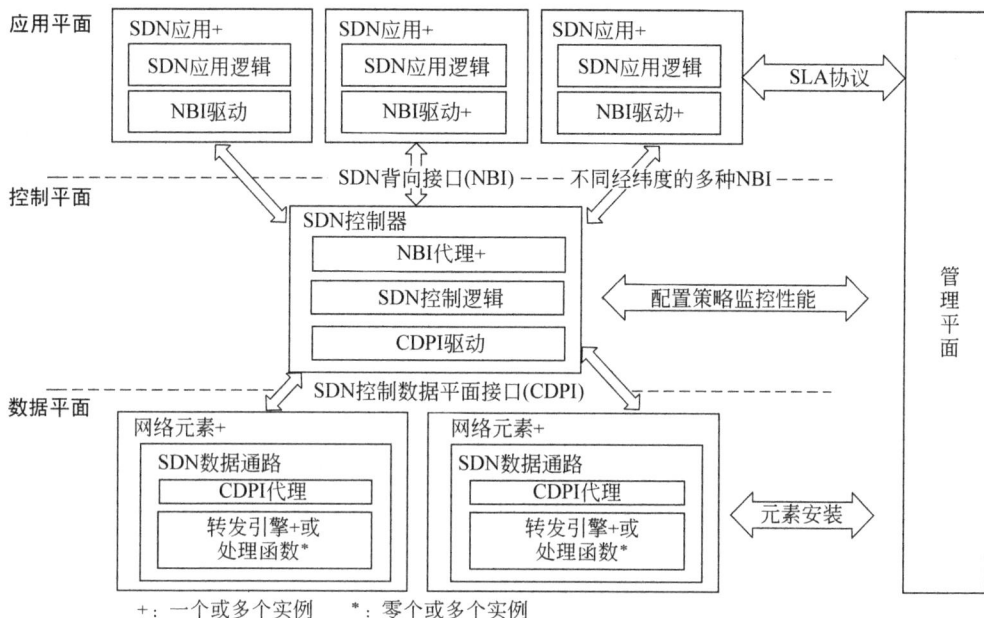

图 9-7 ONF 定义的 SDN 架构示意图

1. 四个平面

(1) 数据(转发)平面。由若干网元构成,一个网元由一个或多个 SDN 数据路径组成。

SDN 数据路径(SDN data path):逻辑上的网络设备,负责转发和处理数据,具有控制数据平面接口、代理、转发引擎表、处理功能。

(2) 控制平面。由 SDN 北向接口、SDN 控制逻辑、控制数据平面接口(CDPI)驱动组成。

两个任务:一是将 SDN 应用层的请求转换到 SDN 数据路径;二是为 SDN 应用提供底层网络的抽象模型。

关键技术:SDN 控制器。

(3) 应用平面。包括 SDN 应用逻辑、北向接口(NBI)驱动。

(4) 管理平面。网络初始化配置,指定控制器、定义控制器及应用控制范围。

2. 两个接口

(1) 南向接口。控制平面和数据平面之间的接口。

功能:转发行为控制、设备性能查询、统计报告、事件通知。

关键技术:南向接口协议,容许控制器控制交换机的配置以及相关转发。

ONF 定义的转发面开放协议:OpenFlow。

(2) 北向接口。应用平面与控制平面之间的接口。

功能:向应用层提供网络视图,使应用可以控制网络行为。

关键技术:控制器将网络能力封装后开放接口,供上层调用(REST API)。

9.4.3 SDN 的核心思想

9.4.2 节主要介绍了 SDN 的网络架构,那么,在 SDN 的网络架构中包含了哪些核心的设计思想呢? SDN 的核心思想归纳起来主要有 3 个,分别是解耦(decoupling)、抽象(abstraction)和可编程(programmable)。

(1) 解耦。将控制平面和数据平面进行分离,主要是为了解决传统网络中数据平面和控制平面在物理上紧耦合导致的问题。解耦后,控制平面负责上层的控制决策,而数据平面负责数据的转发。两个平面之间不再相互依赖,双方只要遵循一定的开放接口,即可进行通信。在传统网络中,数据平面和控制平面没有分离,在同一个网络设备中,设备的转发行为基于控制协议生成的转发表。例如,二层交换机基于 MAC 地址表进行转发,路由器基于路由表进行转发。而各种转发表是由设备的控制平面基于不同的策略生成的。SDN 中数据平面和控制平面分离后,SDN 将网络设备的控制平面集中到 Controller,网络设备上只保留转发平面,这样就可以通过软件实现灵活的控制面功能,满足用户多元化的需求,硬件只需要做到专注转发,因此可以做到简单通用。

(2) 抽象。SDN 借鉴了计算机系统的抽象技术,从用户的视角看,可以把网络看成一个和计算机类似的分层系统,底层硬件是通用的转发设备,类似于计算机模型中的裸机;中间层是由软件实现的控制器,类似于计算机模型中的操作系统;上层是网络应用程序,并且在各个层次上进行了进一步的抽象。

(3) 可编程。SDN 在数据平面和控制平面解耦后,提供了开放的可编程接口,这也是 SDN 区别于传统网络的重要思想之一。传统网络的管理接口主要是命令行和网管协议等,也可以通过脚本实现一些运维或管理功能,但都属于一种非常初级的网络管理方式,而网络管理员需要的是类似于软件编程那样更高级的编程方式,这种编程的实现方式是基于整个网络的,而不是基于某一个设备,因而需要对网络功能进行抽象,实现网络的可编程。

软件定义网络的可编程性在发展初期主要体现在控制平面,由于转发硬件在功能和性能上的限制,转发平面无法提供开放的可编程能力。随着新一代高性能可编程数据包处理芯片加上 P4(Programming Protocol-Independent Packet Processors)这样的高级语言的出现,网络开发人员可以通过软件编程设定网络数据包的处理流程,并下发到可编程数据包处理芯片中进行编译,实现协议无关的数据包的转发,提供转发平面的可编程能力,通过 P4 语言的编程,可编程交换机可以被灵活地构建为架顶式交换机(Top-Of-Rack,TOR)、负载均衡器、防火墙,或者支持新的拥塞控制算法和新的自动诊断功能的网元等。这种可编程数据平面有助于网络系统供应商进行更快速的迭代开发,甚至直接通过打补丁修复现有产品中发现的数据平面程序漏洞,它也可以帮助网络拥有者实现最适合其自身需求的具体网络行为。当前,P4 受到学术界和业界的极大关注,全球已有超过100 家大型公司加入 P4 联盟。目前已有许多具体的 P4 案例研究和语言演进的技术评论发表在相关论文和报告中,未来 P4 将很好地帮助研究人员参与数据包处理逻辑的相关研究,加速网络控制、管理和服务的创新。

9.4.4　OpenFlow 协议

OpenFlow 协议于 2006 年诞生于斯坦福大学的一个资助项目,2008 年由 Nick McKeown 教授发表的论文 *OpenFlow: Enabling Innovation in Campus Networks* 正式提出。我们已经知道,SDN 的核心思想为数据与控制分离,硬件与软件解耦。OpenFlow 协议通过引入"流"的概念,控制器根据某次通信中"流"的第一个数据分组的特征,使用 OpenFlow 协议提供的接口对数据平面设备部署策略,也就是在交换机上部署流表,这些通信的后续流量则按照相应流表在硬件上进行匹配、转发,从而实现网络设备在数据转发平面的灵活变动,网络设备的功能不再一成不变。

上面已经讲到,OpenFlow 控制器通过部署流表指导数据平面流量,每个交换机中都有一张流表,流表中存储了许多表项,每个表项都表征一个流和对应的处理方法(动作表),数据进入交换机后先与流表中的表项进行匹配,若匹配成功,则执行相应动作;若匹配不成功,则上交给控制器。

在 OpenFlow 协议的 1.0 版本中,流表项主要由三部分组成,如图 9-8 所示。

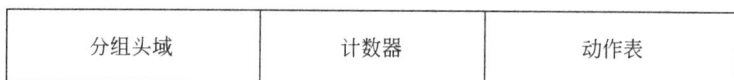

分组头域	计数器	动作表

图 9-8　OpenFlow 流表项的结构

其中,分组头域为数据分组匹配流表项时参考的依据,类似传统交换机做二层转发时匹配数据分组的 MAC 地址,或者路由器三层转发时的 IP 地址。分组头域里包含 OSI 第 1 层至第 4 层的 12 个网络控制信息,如源 MAC、目的 MAC、VLAN 标签、VLAN 优先级、源 IP、TCP 端口号等,正是因为头域里面提供了丰富的标注,才使得控制器可以对流进行更加细粒度的控制。计数器可以统计一些流的查找次数、生存时间等。动作表为相应流对应的动作,如转发到本地网络栈、转给控制器、丢弃等。

了解了流表项的结构,就可以理解数据从进入交换机后执行的动作,如图 9-9 所示。

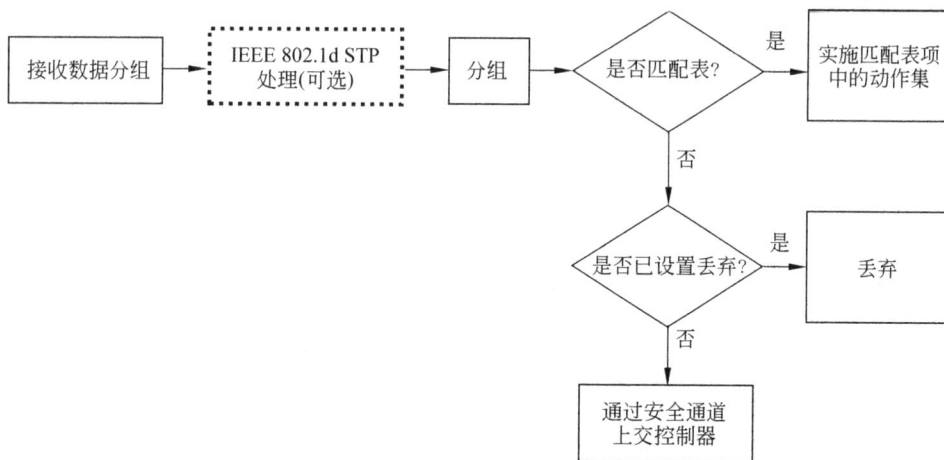

图 9-9　流表匹配流程

其中,数据分组是通过分组头域的 12 个元组进行匹配的,之后根据匹配结果执行相应的动作。当然,随着 OpenFlow 协议的发展,流表项的内容也会越来越丰富,如 OpenFlow 1.4 版本中的流表项就增加了优先级、指令集、Cookie 等内容,这也是为什么基于 OpenFlow 协议的交换机可以越来越精细地控制信息流的原因。

9.5 量子通信与应用

量子通信是指利用量子纠缠效应进行信息传递的一种新型的通信方式。量子通信是近 20 年发展起来的新型交叉学科,是量子论和信息论相结合的新的研究领域。量子通信主要涉及量子密码通信、量子远程传态和量子密集编码等。

9.5.1 量子通信

1. 什么是量子

1900 年,普朗克首次提出量子概念,用来解决困惑物理界的"紫外灾难"问题。普朗克假定,光辐射与物质相互作用时其能量不是连续的,而是一份一份的,一份"能量"就是所谓的量子,从此"量子论"宣告诞生。

2. 量子通信的定义

量子通信(quantum communication)是指利用量子力学原理对量子态进行操控的一种通信形式,可以有效解决信息安全问题。量子通信是量子信息学的一个重要分支,它利用量子力学原理对量子态进行操控,在两个地点之间进行信息交互,可以完成经典通信不能完成的任务。量子通信是迄今唯一被严格证明无条件安全的通信方式,可以有效解决信息安全问题。

3. 量子通信技术

量子通信技术涉及量子隐形传态与量子密钥分发两种技术。

首先,就量子隐形传态技术而言,其需要经典信道和量子信道融合,才可以确保信息传输安全。量子密钥分发技术有一定的差别,量子隐形传态是借助量子纠缠对的非定域特性传输量子态的,以此做好信息安全传输的工作。通过量子隐形传态,可以知道发送端粒子 A 处于未知的量子态,必须传输至接收端;而粒子量子态改变会造成另一边粒子量子态改变,同时该种关联和空间距离毫无关系。所以,在发送端对粒子 A 与 B1 开展 Bell 基联合检测的过程中,接收端粒子 B2 会坍塌至对应量子态,并且接收端经过信道接收发送端 Bell 基检测结果,融合粒子 B2 量子态,经过幺正变换得到发送端信息。如此看来,在量子隐形传态技术中,仅有共享 ERP 对的双方才可以准确通信,而且将量子态作为信息传输的载体,微观粒子则不传输至接收端。再者,经典信道仅适用在传输 Bell 基检测信息,两者间的通信信息通过量子信道进行传输,可以实现量子信息直接性传输的目标。

量子密钥分发技术就是借助经典信道及量子信道融合的方式展开经典信息安全传输。经典信道在密钥协商过程中用来传递校验信息,在协商以后用来传输加密信息。用量子信道传输处在量子态的微观粒子,做好量子密钥安全协商和分发。

9.5.2 量子计算机

量子计算机(quantum computer)是一类遵循量子力学规律进行高等数学和逻辑运算、存储及处理量子信息的物理装置。当某个装置处理和计算的是量子信息,运行的是量子算法时,它就是量子计算机。

量子计算机拥有强大的量子信息处理能力,对于目前多变的信息,能够从中提取有效的信息进行加工处理,使之成为新的有用的信息。量子信息的处理首先需要对量子计算机进行存储处理,之后再对所给的信息进行量子分析。运用这种方式能准确预测天气状况,目前计算机预测的天气状况的准确率达75%,但是运用量子计算机进行预测,准确率能进一步上升,更加方便人们的出行。

病毒的攻击会直接导致计算机瘫痪,还会导致个人信息被窃取,但是量子计算机由于具有不可克隆的量子原理,这些问题不会存在,用户使用量子计算机时能够放心地上网,不用害怕个人信息泄露。另一方面,量子计算机拥有强大的计算能力,能够同时分析大量不同的数据,所以在金融方面能够准确地分析金融走势,在避免金融危机方面起到很大的作用;在生物、化学的研究方面也能够发挥很大的作用,可以模拟新药物的成分,更加精确地研制药物和化学用品,这样就能保证药物的成本和药物的药性。

量子计算机有多快?曾有人打过一个比方:如果现在传统计算机的速度是自行车,量子计算机的速度就好比飞机。世界上最快的超级计算机100年的计算量,量子计算机0.01s就可以完成。

2017年5月3日,中国科学院宣布世界上第一台超越早期经典计算机的光量子计算机诞生,如图9-10所示。以前,量子计算速度比经典计算机快还只停留在理论中,而该原型机将这一理论变成现实迈出了坚实的第一步,把量子计算机真正推向和经典计算机竞争的擂台。这是历史上第一台超越早期经典计算机的量子模拟机,为最终实现"量子称霸"的目标奠定了坚实的基础。

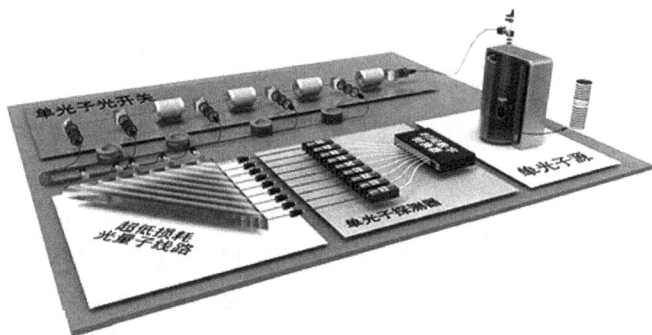

图 9-10 基于单光子的量子计算原型机结构

量子通信与传统通信技术相比,主要具有如下优势:

(1)具有极高的安全性和保密性。根据量子不可克隆定理,量子信息一经检测,就会产生不可还原的改变。如果量子信息在传输中被窃取,接收者必能发现,量子通信没有电磁辐射,第三方无法进行无线监听或探测。

(2)时效性高、传输速度快。量子通信的线路时延几乎为零,量子信道的信息效率较经典信道量子的信息效率高几十倍,并且量子信息传递的过程没有障碍,传输速度快。

(3)抗干扰性能强。量子通信中的信息传输不通过传统信道,与通信双方之间的传播媒介无关,不受空间环境的影响,具有完好的抗干扰性能,同等条件下,获得可靠通信所需的信噪比比传统通信手段低 30~40dB。

(4)传输能力强。量子通信与传播媒介无关,传输不会被任何障碍阻隔,量子隐形传态通信还能穿越大气层,既可在太空中通信,又可在海底通信,还可在光纤等介质中通信。

目前,量子通信的基本理论和框架已经形成,在单光子、量子探测、量子存储等量子通信关键技术获得发展和突破条件下,各种理论体系正日趋完善,量子通信技术已经从科研阶段逐步进入试点应用阶段;量子通信的绝对保密性也决定了其在军事、国防、金融等领域有广阔的应用前景。随着技术日趋完善和成熟,在未来的大众商业市场中,量子通信将具有极大的应用潜力。

9.6　区块链与信息安全

2019 年 10 月 24 日,中共中央政治局就区块链技术发展现状和趋势进行第十八次集体学习。中共中央总书记习近平在主持学习时强调,区块链技术的集成应用在新的技术革新和产业变革中起着重要作用。我们要把区块链作为核心技术自主创新的重要突破口,明确主攻方向,加大投入力度,着力攻克一批关键核心技术,加快推动区块链技术和产业创新发展。这充分说明,区块链技术已上升到国家高度。那么,到底什么是区块链呢?

9.6.1　区块链的定义

广义上,区块链技术是利用块链式数据结构验证与存储数据、利用分布式结点共识算法生成和更新数据、利用密码学的方式保证数据传输和访问的安全、利用由自动化脚本代码组成的智能合约编程和操作数据的一种全新的分布式基础框架与计算范式。本质上,区块链是一种特殊的分布式数据库。

狭义上,区块链是一种按照时间顺序将数据区块以链条的方式组合成特定的数据结构,并以密码学方式保证不可篡改和不可伪造的去中心化共享总账(decentralized sharedledger),能够安全存储简单的、有先后关系的、能在系统内验证的数据。

它是计算机技术在价值物联网时代的创新应用模式,是数据库、密码学、无线网络技术等多种技术整合集成的结果。区块链是以比特币为代表的数字加密货币体系的核心支撑技术。随着比特币近年来的快速发展与普及,区块链技术的研究与应用也呈现出爆发式增长态势,被认为是继大型机、个人计算机、互联网、移动/社交网络之后计算范式的第五次颠覆式创新,是人类信用进化史上继血亲信用、贵金属信用、央行纸币信用之后的第四个里程碑。区块链技术是下一代云计算的雏形,有望像互联网一样彻底重塑人类社会活动形态,并实现从目前的信息互联网向价值互联网的转变。

9.6.2 比特币与区块链

比特币区块链的第一个区块(称为创始区块)诞生于 2009 年 1 月 4 日,由创始人中本聪持有。一周后,中本聪发送了 10 个比特币给密码学专家哈尔芬尼,形成比特币史上的第一次交易。2010 年 5 月,佛罗里达州一名程序员用 1 万个比特币购买价值为 25 美元的比萨优惠券,从而诞生了比特币的第一个公允汇率。此后,比特币价格快速上涨,并在 2013 年 11 月创下每个比特币兑换 1242 美元的历史高值,超过同期每盎司 1241.98 美元的黄金价格。CoinDesk(比特币新闻资源网)估算,目前全球约有 6 万商家接受比特币交易,其中我国是比特币交易增长最迅速的国家。

比特币本质上是由分布式网络系统生成的数字货币,其发行过程不依赖特定的中心化机构,而是依赖于分布式网络结点共同参与一种称为工作量证明(Proof of Work, PoW)的共识过程,以完成比特币交易的验证与记录。PoW 共识过程(俗称挖矿,每个结点称为矿工)通常是各结点贡献自己的计算资源来竞争解决一个难度可动态调整的数学问题,成功解决该数学问题的矿工将获得区块的记账权,并将当前时间段的所有比特币交易打包记入一个新的区块、按照时间顺序链接到比特币主链上。比特币系统同时会发行一定数量的比特币以奖励该矿工,并激励其他矿工继续贡献算力。比特币的流通过程依靠密码学方法保障安全。每次比特币交易都会经过特殊算法处理和全体矿工验证后记入区块链,同时可以附带具有一定灵活性的脚本代码(智能合约)以实现可编程的自动化货币流通。由此可见,比特币和区块链系统一般具备如下 5 个关键要素,即公共的区块链账本、分布式的点对点网络系统、去中心化的共识算法、适度的经济激励机制以及可编程的脚本代码。

比特币是区块链技术赋能的第一个"杀手级"应用,迄今为止,区块链的核心技术和人才资源仍大多在比特币研发领域。然而,区块链作为未来新一代的底层基础技术,其应用范畴势必会超越数字加密货币而延伸到金融、经济、科技和政治等领域。

9.6.3 区块链的特征

(1) 去中心化。区块链技术不依赖额外的第三方管理机构或硬件设施,没有中心管制,除了自成一体的区块链本身,通过分布式核算和存储,各个结点实现了信息自我验证、传递和管理。去中心化是区块链最突出、最本质的特征。下面以在淘宝网上购买东西为例,简要说明这个问题。

第 1 步,你在网上下单并把钱打给支付宝。

第 2 步,支付宝收款后通知卖家可以发货了。

第 3 步,卖家收到支付宝通知之后发货。

第 4 步,你收到东西之后,在支付宝上选择确认收货。

第 5 步,支付宝把货款打给卖家,流程结束。

可以发现,整个交易的核心流程都与支付宝有关,这就是一个最简单的基于中心化思维构建的交易模型,优势在于：交易的某个环节出现了问题,买卖双方都可以通过支付宝进行验证与核对,让它进行仲裁。

实际上,中心化系统的显著价值就是建立权威,通过权威背书获得多方信任,同时还依赖权威的资本和技术实力确保数据安全、可靠。人类文明社会就是一个"中心化"的世界。现代金融和货币体系就是以政府信用为支撑、各国央行进行背书的。

那么,去中心化的形态是什么样子呢? 还是以网络购物为案例,构建一个极简的去中心化的交易系统,看这个系统是如何运作的。

第 1 步,你下单并把钱打给卖家。

第 2 步,你将这条转账信息记录在自己账本上。

第 3 步,你将这条转账信息广播出去。

第 4 步,卖家和支付宝在收到广播的转账信息之后,在他们自己的账本上分别记账。

第 5 步,卖家发货,同时将发货的事实记录在自己的账本上。

第 6 步,卖家把这条事实记录广播出去。

第 7 步,你和支付宝收到这条广播信息后,在自己的账本上如实记录。

第 8 步,你收到卖家的东西,记录在自己的账本上。

第 9 步,你把这条事实记录广播出去。

第 10 步,卖家和支付宝收到广播信息后,在自己的账本上分别记录。

至此,交易完成,流程结束。这种方式形成的就是分布式账本。

卖家、买家、支付宝、网上的其他用户……凡是可以收到广播信息的人,整个系统的参与者,所有人的账本都完全一样,账本还能加密。无须再找支付宝、银行或任何权威机构进行核对确认。在这种情况下,即使遭受黑客攻击,除非黑客控制的用户数(系统结点数)超过全球数量的一半(叫 51％算力攻击,几乎不可能),否则系统依然能正常运行,数据也不会被篡改。

(2) 开放性。区块链技术基础是开源的,除了交易各方的私有信息被加密外,区块链的数据对所有人开放,任何人都可以通过公开的接口查询区块链数据和开发相关应用,因此整个系统信息高度透明。

(3) 独立性。基于协商一致的规范和协议,整个区块链系统不依赖其他第三方,所有结点能够在系统内自动安全地验证、交换数据,不需要任何人为的干预。

(4) 安全性。只要没有掌控全部数据结点的 51％,就无法肆意操控修改网络数据,这使区块链本身变得相对安全,避免了主观人为的数据变更。

(5) 匿名性。除非有法律规范要求,单从技术上讲,各区块结点的身份信息不需要公开或验证,信息传递可以匿名进行。

9.6.4　区块链的分类

1. 公有链

公有链的每个结点身份匿名且可自由进出。对外公开,不需注册就可以匿名参与,无须授权就可访问网络和区块链。公有链是最早的区块链,也是目前应用最广泛的区块链,各大比特币系列的虚拟数字货币均基于公有链。公有链是一种分布式账本构造技术,可以在去中心化的系统中构建不可篡改、不可伪造的分布式账本,按照共识机制集体维护一个可靠数据库,并确保系统中各个结点拥有账本的动态一致性。

2. 联盟链

联盟链由若干机构联合发起组成,部分结点可以任意接入,另一部分则必须通过授权才可以接入,介于公有链和私有链之间,具有多中心或部分去中心的特征,兼顾了公有链和私有链的特点。

3. 私有链

私有链建立在企业、政府等相关机构内部,网络中的所有结点被一个组织控制,系统的运行规则及共识机制由该组织自行决定,不同结点被赋予了不同的操作能力,写入仅限在该组织内部结点,读取权限有限对外开放。由少数高能力结点对全局结点进行管理,不同结点间的地位可能不平等,但同时也保留区块链的不可篡改、安全和部分去中心的特征。

9.6.5　区块链的基础模型与关键技术

一般来说,区块链系统由数据层、网络层、共识层、激励层、合约层和应用层组成,如图 9-11 所示。数据层封装了底层数据区块以及相关的数据加密和时间戳等基础数据和基本算法;网络层包括分布式组网机制、数据传播机制和数据验证机制等;共识层主要封装网络结点的各类共识算法;激励层将经济因素集成到区块链技术体系中,主要包括经济激励的发行机制和分配机制等;合约层主要封装各类脚本、算法和智能合约,是区块链可编程特性的基础;应用层封装了区块链的各种应用场景和案例。该模型中,基于时间戳的链式区块结构、分布式结点的共识机制、基于共识算力的经济激励和灵活可编程的智能合约是区块链技术最具代表性的创新点。

(1) 数据层。狭义的区块链即去中心化系统各结点共享的数据账本。每个分布式结点都可以通过特定的哈希算法和 Merkle 树数据结构,将一段时间内接收到的交易数据和代码封装到一个带有时间戳的数据区块中,并链接到当前最长的主区块链上,形成最新的区块。该过程涉及数据区块、链式结构、哈希函数、Merkle 树和时间戳等技术要素。

(2) 网络层。网络层封装了区块链系统的组网方式、消息传播协议和数据验证机制等要素。结合实际应用需求,通过设计特定的传播协议和数据验证机制,可使得区块链系统中的每个结点都能参与区块数据的校验和记账过程,仅当区块数据通过全网大部分结点验证后,才能记入区块链。

(3) 共识层。如何在分布式系统中高效地达成共识是分布式计算领域的重要研究问题。与社会系统中"民主"和"集中"的对立关系相似,决策权越分散的系统达成共识的效率越低,系统稳定性和满意度越高;而决策权集中的系统更易达成共识,但同时更易出现专制和独裁。区块链技术的核心优势之一是能够在决策权高度分散的去中心化系统中使

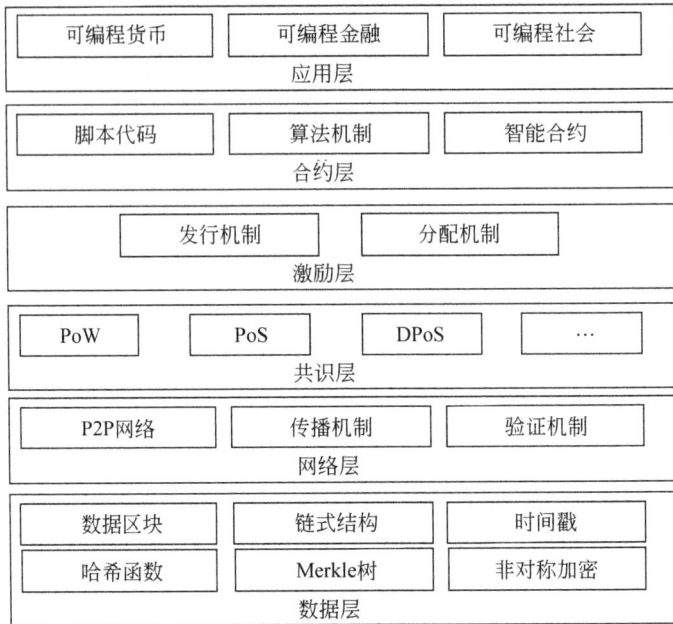

图 9-11 区块链基础构架模型

得各结点高效地针对区块数据的有效性达成共识。

（4）激励层。区块链共识过程通过汇聚大规模共识结点的算力资源实现共享区块链账本的数据验证和记账工作，因而其本质上是一种共识结点间的任务众包过程。去中心化系统中的共识结点本身是自利的，最大化自身收益是其参与数据验证和记账的根本目标。因此，必须设计激励相容的合理众包机制，使得共识结点最大化自身收益的个体理性行为与保障去中心化区块链系统的安全和有效性的整体目标相吻合。区块链系统通过设计适度的经济激励机制并与共识过程相集成，从而汇聚大规模的结点参与并形成对区块链历史的稳定共识。

（5）合约层。合约层封装区块链系统的各类脚本代码、算法以及由此生成的更复杂的智能合约。如果说数据、网络和共识 3 个层次作为区块链底层"虚拟机"分别承担数据表示、数据传播和数据验证功能，合约层则是建立在区块链虚拟机之上的商业逻辑和算法，是实现区块链系统灵活编程和操作数据的基础。包括比特币在内的数字加密货币大多采用非图灵完备的简单脚本代码编程控制交易过程，这也是智能合约的雏形；随着技术的发展，目前已出现以太坊等图灵完备的可实现更复杂和灵活的智能合约的脚本语言，使得区块链能够支持宏观金融和社会系统的诸多应用。

9.6.6 区块链的应用

1. 区块链成为全球技术发展的前沿阵地

目前，区块链逐渐成为"价值互联网"的重要基础措施，各国都开始积极拥抱区块链技术,开辟国际产业竞争的新赛道,抢占新一轮产业创新的制高点,以强化国际竞争力。

2. 企业应用是区块链的主战场,联盟链/私有链将成为主流方向

目前,企业的实际应用集中在数字货币领域,属于虚拟经济。未来的区块链应用将脱虚向实,更多的传统企业使用区块链技术降成本、提高协作效率。激发实体经济增长,是未来一段时间区块链应用的主战场。

3. 区块链技术融合拓展应用新空间

区块链有去中心化、点对点传输、透明、可追踪、不可篡改、数据安全等特点,可以用来解决现有业务的一些痛点,实现业务模式的创新,一定程度上解决了价值传输过程中完整性、真实性、唯一性的问题。

习题

1. 名词解释:云计算、云服务、工业互联网、SDN、量子通信、区块链。
2. 如何理解简单终端与云服务间的联系及对未来网络发展的影响。
3. 简述云计算为人类生活带来了哪些便利?
4. 软件定义网络技术的核心思想是什么?
5. 谈谈你对量子通信的理解。
6. 区块链里的核心技术有哪些?

第 10 章　网络安全与应用

　　前期我们从网络体系中的底层开始,了解了网络各层的功能和技术,其目的一方面是为后续专业研究奠定基础,另一方面是为了能更好地使用网络,更安全地使用网络。由于网络的广泛应用,网络上承载的资源和通过网络获得的价值越来越多,网络安全的重要性日益凸显;另一方面,网络在研发时重点考虑连通性的实现,并没有过多地考虑安全性问题,导致网络在安全方面先天不足。由此看来,在价值方面我们需要关注网络安全,在技术方面我们有了网络安全的理论和技术基础,所以研究网络安全是当前应该做也能做的事情。

　　网络安全看似只关乎网络,其实这是一个很复杂、涉及方方面面的话题,它涉及网络的物理安全、网络结构安全、系统安全、应用系统安全、管理制度安全等。近年来,网络安全越来越重要,人们对网络安全的认识提升到网络空间安全的高度。所以,如何保障和实现网络安全是一个多方位、综合的课题。网络安全防护的首要任务是要找到一条主线,从体系上规划以全面地保证网络安全。鉴于前期涉及的网络基础,本书从信息系统(主机系统或网络系统)的系统安全、传输安全和访问安全 3 个环节进行安全谋划,从技术层面简要展示网络安全的基本思想和原理技术。网络安全路线图如图 10-1 所示。

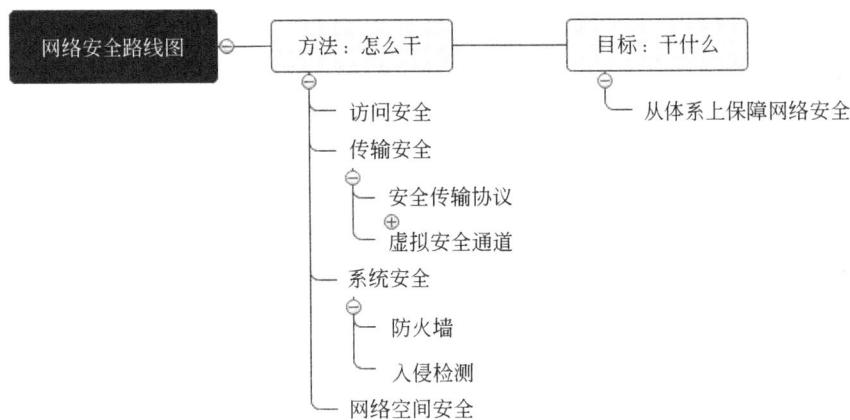

图 10-1　网络安全路线图

　　由于计算机网络安全的重要性和复杂性,它已被立为一个新的专业学科,所以本章只对计算机网络安全问题的基本内容进行初步介绍。10.1 节参考 ISO 安全原则综述了网络安全的目标与安全威胁,网络安全系统的功能与安全服务,提出了实现网络安全服务的安全机制。10.2 节讲述了网络安全的主要机制。最后 4 节从访问安全、传输安全、系统安全的视角分别介绍了各个应用环节的网络安全技术。

10.1 网络安全综述

10.1.1 网络安全的理念

如何理解和看待网络安全？

网络安全是重要的。随着计算机网络的发展，网络中的安全问题日趋凸显。当网络的用户来自社会各个阶层与部门时，大量在网络中存储和传输的数据就需要保护。如前所述，经过从物理层到应用层的工作，计算机网络具备了提供通信服务的能力，我们可以把重要的应用、更多的应用部署在网络上，交给网络实现。重要应用的网络实现给我们提供了跨时空的便捷，但试想，如果网络传输中有安全隐患，谁还敢用？谁会把重要的应用托付给它？因此，网络安全是网络应用的基本前提，是网络可用性的重要方面。

网络安全是无止境的。既然网络安全如此重要，一定要做好网络安全工作，但遗憾的是，网络安全和网络攻击就像矛与盾、道和魔。道高一尺魔高一丈，道魔相长。也就是说，网络安全是无止境的，绝对的安全是不存在的。网络安全重要，让我们不得不研究；无止境，永远也没有终结。因此，网络安全是一个重要而又无止境的研究课题。网络安全的重要性和无止境决定了网络安全研究的迫切性和持续性，成为网络方向的一个研究热点，值得读者承前继后。

网络安全是相对的。道高一尺魔高一丈，所以从技术上讲，没有绝对的安全。另一方面，之所以研究网络安全，是因为它有价值，值得研究；之所以在网络安全上高投资，是因为它重要、值得投资。但如果投资的成本高于保护的价值，还值得吗？所以，从经济投入产出上来说，也不能追求绝对安全，只能做到相对安全。正如荒山野地里的茅屋，简陋的草木门是安全的；而银行金库层层钢门铁网，但它是不安全的。这是网络应用中的安全理念之一。

网络安全是网络应用的前提，既然如此重要，应用中我们如何从总体上把握，全面考量，制定整体的安全策略呢？或者说，整体上看，网络安全分哪些方面？有哪些防御技术？这是我们首先应该考虑的。

面对面广高深、繁多零乱的网络安全理论与技术，学习中我们应从何开始，纵观整体、把握主题是必需的。

从根本上说，网络安全是保护网络实体的。被保护的网络实体是多方面的，可以是主机、内部网络，也可以是传输中的数据单元、主机上的数据文件及运行的应用系统。

这些实体受到安全威胁的原因有两个方面：一些是因为在网络传输过程中受到攻击，如数据在传输过程中被截获、篡改，应该有相应的传输安全措施；另一些实体并没有在网络上传输，但因实体处在网络环境中受到攻击，如网络中的主机、应用系统或内部网络，对这种情况应该有系统安全保护；对于一些开放服务的系统和资源实体，还要进行访问控制，以防止非法访问。正如社会中的实体，如果家或办公场所是安全的、上班出行是安全的、来访是合法的，那么整个体系上就有了保障。所以，保护网络安全，就要从各个环节上的安全入手,构建一个安全的体系,系统安全、传输安全、访问安全是构建网络体系的重要环节。

10.1.2　网络安全的基本原则

计算机网络安全是指计算机及其网络系统资源和信息资源不受自然和人为有害因素的威胁和危害,即计算机、网络系统的硬件、软件及其系统中的数据受到保护,不因偶然或者恶意的原因而遭到破坏、更改和泄露,确保系统能连续、可靠、正常地运行,使网络服务不中断。计算机网络安全从其本质上来讲就是系统上的信息安全。计算机网络安全涉及计算机科学、网络技术、密码技术、信息安全技术、应用数学、数论和信息论等多种学科。

ISO 7498-2 中描述了开放系统互连安全的体系结构,给出了网络安全的目标;提出设计安全的信息系统的基础架构中应该包含 5 种安全服务(安全功能),规划了实现这 5 种安全功能的 8 类安全机制。

其中 5 种安全功能分别为鉴别服务、访问控制、数据完整性、数据保密性、抗抵赖性。

8 类安全机制分别为加密、数字签名、访问控制、数据完整性、数据交换、业务流填充、路由控制、公证。

1. 网络安全的目标

安全的 3 个目标是保护网络实体的机密性、完整性和可用性。

1) 机密性

只有发送者和接收者可以理解所传递的消息的内容。因为窃听者可能截获,所以消息需要进行某种加密(数据隐藏),保证被截获的消息不能被解密(数据理解)。秘密是安全通信术语的最直接的特性,当然最好是通过保护防止信息被窃听。机密性覆盖信息的整个生命周期,在信息产生、传输、存储的全过程都必须保证其机密性。

通常有两种攻击威胁信息的机密性:窃听和流量分析。流量分析通过窃听截取信息流,攻击通过通信特征或者模式猜测正在进行的活动。流量分析尽管不能获取传输的具体信息,但是可以了解正在进行的活动,对系统构成了威胁。

2) 完整性

完整性要保持通信的内容在传输过程中没有被恶意或者无意更改。不能被偶然或蓄意地进行删除、修改、伪造、乱序、重放、插入等操作,防止信息被破坏或丢失。完整性与机密性不同,机密性要求信息不被泄露给未经授权的实体,而完整性则要求信息不致受到各种原因的破坏。影响完整性的因素包括客观因素和人为因素,前者包括各种设备故障、通信中的干扰源等;后者包括人为故意攻击、计算机病毒等。

3) 可用性

网络系统最基本的功能是向用户提供服务。可用性要求网络信息可被授权实体访问并按需求使用,并且当网络部分受损或需要降级使用时,仍能为授权用户提供有效服务。可用性主要用来衡量网络系统面向用户的安全性能。

2. 网络威胁

最常见的威胁可用性的攻击方式是拒绝服务(Denial of Service,DoS)和分布式拒绝服务(Distributed Denial of Service,DDoS)。攻击者向因特网上的服务器不停地发送大量分组,使因特网或服务器资源耗尽,无法提供正常服务,这种攻击被称为拒绝服务。若集结因特网上成百上千的主机集中攻击一个服务器,即分布式拒绝服务。

对网络安全目标的威胁,主要有窃听、中断、篡改、伪造,如图10-2所示。

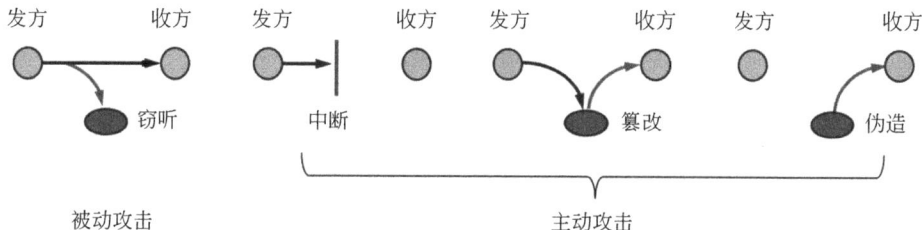

图 10-2　主要网络攻击示例

上述4种威胁可划分为两大类,即被动攻击和主动攻击。在上述情况中,窃听称为被动攻击,而中断、篡改和伪造信息的攻击称为主动攻击。所有主动攻击都是上述几种方法的某种组合。应对被动攻击可采用各种数据加密技术,而应对主动攻击,则需将加密技术与适当的鉴别技术相结合。

3. 安全服务

为实现网络安全目标,应对潜在的安全威胁,在计算机网络中需要提供以下基本的全功能,即安全服务。

机密性服务:确保计算机系统中的信息或网络传输的信息不会泄露给非授权用户,这是计算机网络中最基本的安全服务。

完整性服务:确保计算机系统中的信息或网络传输的信息不被非授权用户篡改或伪造。后者要求对报文源进行鉴别。

实体鉴别服务:通信实体能够验证对端实体的真实身份,确保不会与冒充者进行通信。它提供通信中的对等实体和数据源的鉴别功能,这是授权访问的基础。面对面的人类交流通过视觉识别很容易解决这个问题。但是,当通过媒介进行通信时,由于双方不能看见对方,身份认证就变得很重要且不那么简单了。

不可否认性服务:防止发送方或接收方否认传输信息或接收过某信息,这是电子商务中非常重要的安全服务。

访问控制服务:系统提供限制和控制不同实体对信息资源或其他系统资源进行访问的功能。系统必须在鉴别实体身份的基础上对实例的权限进行控制。

可用性服务:确保授权用户能够正常访问系统信息或资源。很多攻击都会导致系统可用性的损失,但拒绝服务攻击是可用性的最直接的威胁。

4. 安全机制

安全机制即安全服务的实现方法。安全机制或安全机制的组合可以提供安全服务，一种安全机制也可以被应用于一种或多种的安全服务中。主要的安全机制有以下 8 种。

加密：加密机制可实现数据存储和数据传输的机密性。

数字签名：可以实现实体鉴别、完整性、不可否认性。

访问控制：与实体鉴定配合，可实现授权服务，防止用户越权或非授权用户访问资源。

完整性鉴别：能够鉴定数据篡改或伪造，实现数据完整性服务。

身份鉴别：身份鉴别机制是指收发双方以交换信息的方式确认实体身份的机制。通常，用于身份鉴别的技术有口令技术和密码技术。

流量填充：流量填充机制的实现方法是在数据流中嵌入一些虚假信息，从而阻止攻击者使用流量分析攻击。

路由控制：路由控制机制给信息的发送者提供了一种选择指定路由的功能，以避开攻击者保证数据的安全。

公证：公证机制是指选择一个双方都信任的第三方作仲裁，以鉴定实体诚信。这要求所有需要公证服务的通信数据都必须经过公证机构转送，以确保公证机构能掌握必要的信息，供以后仲裁使用。

10.2 网络安全机制

10.2.1 加密机制

加密是网络安全的基本机制，是许多其他网络安全技术的基础。

1. 数据加密模型

一般的数据加密模型如图 10-3 所示。用户 A 向 B 发送明文 X，但通过加密算法 E 运算后，就得出密文 Y。

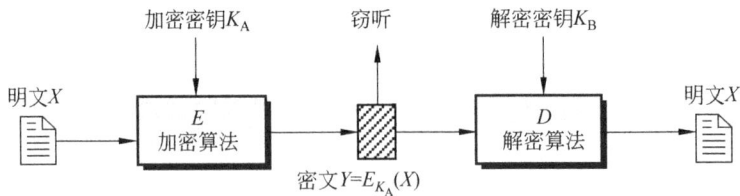

图 10-3　一般的数据加密模型

图 10-3 所示的加密和解密用的密钥是一串秘密的字符串（或比特串）。明文通过加密算法变成密文的一般表示成 $Y = E_{K_A}(X)$。

在传送过程中可能出现密文的截取者(或攻击者、入侵者)。接收端利用解密算法 D 运算和解密密钥 K_B,解出明文 X,$X = D_{K_B}(Y)$。解密算法是加密算法的逆运算。在进行解密运算时,如果不使用事先约定好的密钥,就无法解出明文。

加密密钥和解密密钥可以是一个,也可以是多个,据此,加密可以分为对称加密体制和非对称密钥加密体制(公钥加密体制)。

2. 对称密钥密码

所谓对称密钥密码,即加密密钥与解密密钥是相同的密码。数据加密标准(DES)是对称密码中常用的数据加密标准。

DES 是美国国家标准局于 1977 年发布的对称密钥加密标准,1993 年进行了更新,ISO 曾将 DES 作为数据加密标准。DES 用 64 位密钥加密明文数据。实际上,64 位密钥中的 8 位是奇校验位(每 8B 中有 1 位校验位),因此 DES 密钥的有效长度是 56 位。DES 的目标是:完全打乱数据和密钥,以使得密文的每一位依赖于数据的每一位和密钥的每一位。通过好的算法,密文、原始数据和密钥之间没有任何相关性。

图 10-4 描述了 DES 的基本操作。DES 算法由两个置换运算(所有 64 位进行置换)和 16 轮相同的运算组成。每一轮运算是相同的,用前一轮的输出作为输入。在每一轮,输入的最右 32 位移到输出的最左 32 位。在第 i 轮,整个 64 位输入和 48 位密钥作为一个函数的输入。该函数将 4 位输入数据块扩展为 6 位数据块,同 48 位密钥 Ki 的扩展的 6 位数据块进行异或操作,然后进一步与明文的最左 32 位进行异或操作和置换操作。函数运算结果的 32 位作为该轮运算输出的最右 32 位,如图 10-4 所示。解密通过倒置算法运

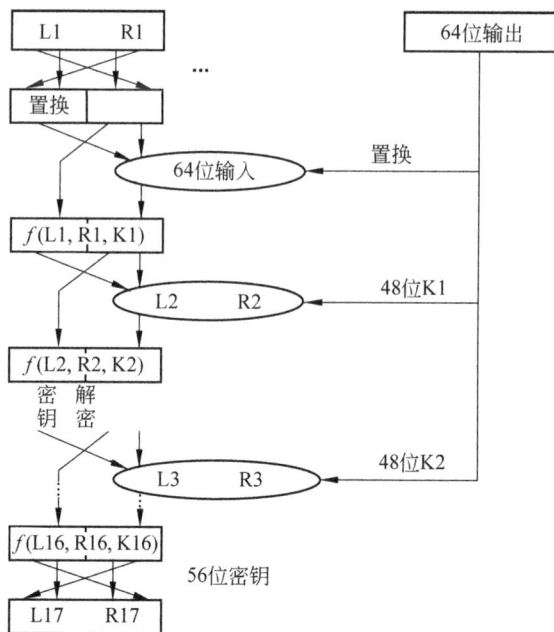

图 10-4 DES 的基本操作

算实现。

DES 的保密性仅取决于对密钥的保密,而算法是公开的。DES 的密钥长度决定加密强度。虽然 DES 是一个优秀的密码算法,56 位长的密钥意味着共有 2^{56} 种可能的密钥,目前还没有发现比蛮力攻击更好的破解方法,但目前高性能计算机和搜索 DES 密钥的专用芯片的使用让密钥穷举破译变得容易。为了提高破译难度,人们提出了三重 DES 加密标准。三重 DES 用前一次 DES 的 64 位输出作为下一次 DES 的输入进行 3 次加密,每次 DES 加密使用不同的密钥。

3. 公钥密码

对称密钥加密体制最大的问题是如何保障接收方安全地收到密钥,这需要一个安全通道,现实中实现的难度和代价都很大。为了克服这一缺点,1976 年,斯坦福大学的研究人员 Diffie 与 Hellman 提出一种全新的方式,开创了公开密钥密码系统。公钥密码体制使用不同的加密密钥与解密密钥。公钥密码不仅可以用于加密,也可以用于鉴别和数字签名,在网络安全领域得到广泛的应用。

目前最著名的公钥密码体制使用了美国三位科学家 Rivest、Shanur 和 Adleman 于 1976 年提出并在 1978 年正式发表的 RSA 算法,它是基于数论中的大数分解问题的算法。

公钥密码具有两个不同的密钥:加密密钥(encryption key)即公钥(PK)是公开信息,而解密密钥(decryption key)即私钥(SK)是需要保密的,因此私钥也叫作秘密密钥(secret key)。

公钥密码系统的加密和解密做法是这样的:密钥对产生器产生出接收者的一对密钥,即 PK 和 SK。接收者将自己的公钥向公众公开;发送者发送数据时用接收者的公钥加密,可得到密文并发送出去;接收者用自己的私钥解密,可还原出明文。因为解密密钥是私密的,即使第三者在传输过程中获得了密文,因为缺少解密密钥,也不能解密。

所以,公钥算法有以下特性:

(1) 明文经过公钥加密、私钥解密变换后能还原出明文,即

$$D_{\mathrm{SK}}(E_{\mathrm{PK}}(X)) = X \tag{10-1}$$

(2) 加密和解密的运算顺序可以对调,即

$$E_{\mathrm{PK}}(D_{\mathrm{SK}}(X)) = X \tag{10-2}$$

(3) 加密密钥不能用来解密,即

$$D_{\mathrm{PK}}(E_{\mathrm{PK}}(X)) \neq X \tag{10-3}$$

(4) 在计算机上可以容易地产生成对的 PK 和 SK。

(5) 从 PK 到 SK 在计算上是不可能的,也就是说,实际上从已知的 PK 不可能推导出 SK。

(6) 加密算法和解密算法都是公开的。

任何加密方法的安全性都取决于密钥的长度,以及攻破密文所需的计算量,而不是简单地取决于加密的体制(公钥密码体制或传统加密体制)。

公钥密码体制并没有使传统密码体制过时,公钥密码算法比对称密码算法执行起来

慢几个数量级。在实践中,公钥密码和对称密码常常配合起来使用。例如,要传输大量私密信息时,仍然用对称密钥 DES 算法,而在发送者与接收者间的 DES 密钥传递用 RSA 公钥加密。由于密钥很短,用 RSA 算法加密的开销并不太大,这样就可以通过"一次一密"的方式完成会话。

10.2.2　鉴别机制

加密解决的是私密性问题,只是网络安全的内容之一,网络安全还包括其他方面的安全。有的时候并不需要私密,但要保证完整性,例如,通知、广告就需要进行完整性鉴别,报文鉴别就是对报文完整性的鉴定;其实,比通信内容私密性和完整性更重要的问题是搞清与谁通信,这是通信的前提,也就是说,要认证对方的真实性、进行身份鉴别,即身份认证;在另外一些时候,不但要保证完整性,保证对方通信主体的真实性,还需要绑定通信内容和通信主体,能鉴定某报文就是某实体发送的,以防止抵赖,即抵赖鉴别,如写下的借条或收据,数字签名正是由此而生,它能让报文的接收者能鉴别报文的真伪。

1. 报文鉴别

报文的完整性是报文可用性的前提,为了让接收者能认定收到的报文是否被篡改、伪造以及报文是否真正源自发送方,报文的完整性鉴别是必要的。报文鉴别由此而生。

前面学习的加密技术通常也能达到报文鉴别的目的,因为加密后被篡改或伪造的报文解密后通常无法得到可理解的内容。但对整个报文加密的代价开销往往很大;另外,像通知、广告之类的信息,不需要私密,但要保证数据不被修改、破坏,显然用加密的办法保证完整性不适合。

通常用报文摘要(Message Digest,MD)进行报文鉴别更简单、有效。通过一定的算法,从长长的报文中摘取固定长度的子集,该子集我们称之为报文摘要。如果报文摘要与报文一一对应,该报文摘要就可认定为是报文的指纹,体现着报文的特征。生成报文摘要的算法可以由散列函数(IIash function,又称哈希函数)实现。使用报文摘要进行报文鉴别的原理和过程如图 10-5 所示。

(1) 发送方把长报文 m 经过报文摘要算法运算后得出短的固定长度的报文摘要 $H(m)$。

(2) 发送方对 H 进行加密,得到 $E_K(H(m))$,并将其附加在报文 m 后面发送出去。

(3) 接收方把收到的 $E_K(H(m))$ 解密还原出 $H(m)$,再用收到的报文与发送方进行同样的摘要运算,看结果是否与收到的 $H(m)$ 相同,从而判断报文在传输过程中是否被篡改。

可见,用加密报文摘要比加密报文简单,但效果是一样的。

报文摘要是用多对一的散列函数实现的。要抵御攻击者的恶意篡改,报文摘要算法必须满足以下条件:

(1) 任意给定一个报文摘要值 x,若想找到一个报文 y,使得 $H(y)=x$,则在计算上是不可行的。

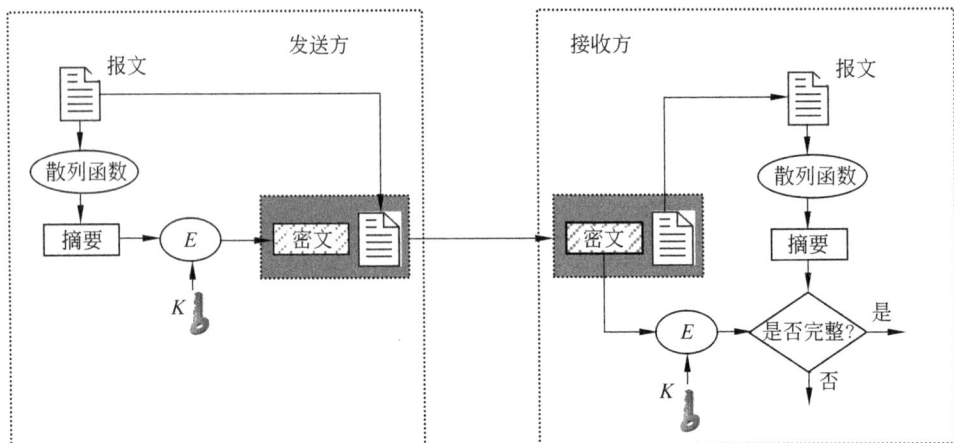

图 10-5　使用报文摘要进行报文鉴别的原理和过程

（2）若想找到任意两个报文 x 和 y，使得 $H(y)=H(x)$，则在计算上是不可行的。

也就是说，若 $(x,H(x))$ 是发送方产生的报文和报文摘要对，则攻击者不可能伪造出另一个报文 y，使得 y 与 x 具有同样的报文摘要。

满足以上条件的散列函数称为密码散列函数或安全散列函数，因为无法把报文摘要还原为原文，所以可以把密码散列函数运算看成没有密钥的加密运算。

目前广泛应用的报文摘要算法有 MD5〔RFC 1321〕和安全散列算法 1（Secure Hash Algorithm，SHA-1）。MD5 输出 128 位的摘要，SHA-1 输出 160 位的摘要。SHA-1 比 MD5 更安全，但计算起来比 MD5 慢。

对于图 10-5 中的报文鉴别过程，其实并不需要将报文鉴别码解密出来，就可以进行报文鉴别。接收方只采用与发送方一样的运算，将收到的报文进行摘要，然后加密再与报文鉴别码进行比较即可。也就是说，报文鉴别码的计算并不需要可逆性。利用这个性质可以设计出比使用加密运算更简单但更高效的报文鉴别码算法。

2. 身份认证

实体鉴别可实体认证就是通信一方验证另一方身份的技术。实体可以是人、进程等。这里仅讨论如何鉴别通信对端实体的身份，即验证正在通信的对方确实是所认为的通信实体，而不是其他的假冒者。进行通信实体鉴别需要使用鉴别协议。鉴别协议通常在两个通信实体之间传输实际数据或者进行访问控制之前运行，是很多安全协议的重要组成部分或前奏。

一种最简单的实体鉴别方法就是利用用户名/口令。但直接在网络中传输用户名/口令是不安全的，因为攻击者可以在网络上截获该用户名/口令，因此在实体鉴别过程中需要使用加密技术。

如图 10-6(a)所示，参与者 A 向 B 发送有自己身份信息（如用户名和口令）的报文，并且使用双方共享的对称密钥 K_{AB} 进行加密。用 $K(m)$ 表示通过密钥 K 对信息 m 加密。B 收到此报文后，用 K_{AB} 解密即可验证 A 的身份。

但不幸的是,这种简单的鉴别方法具有明显的漏洞。因为攻击者 C 从网络上截获该报文后完全不用破译该报文,仅直接将该报文发送给 B,就可以使 B 误认为 C 就是 A。这就是重放攻击(replay attack)。

为了对付重放攻击,可以使用不重数(nonce),即一个不重复使用的大随机数,也称为"一次一数"。图 10-6(b)给出了使用不重数进行鉴别的过程。

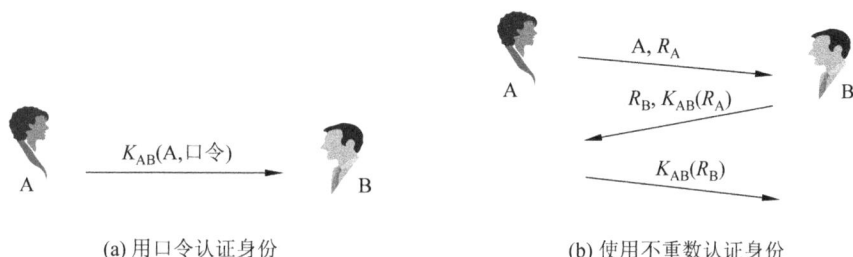

(a) 用口令认证身份　　　　　　　　(b) 使用不重数认证身份

图 10-6　实体身份认证

图 10-6(b)中,A 首先用明文发送其身份和一个不重数 R_A 给 B。接着,B 在响应 A 的报文中用共享的密钥 K_{AB} 加密 R_A,并同时也给出了自己的不重数 R_B。最后,A 再用加密的 R_B 响应 B。A 和 B 分别通过验证对方返回的加密的不重数实现双向的身份鉴别。由于不重数不能重复使用,攻击者 C 无法利用重放攻击冒用 A 或 B 的身份。

当然,使用公钥加密算法也能实现身份认证。为了防止重放攻击,通信双方可以利用自己的私钥对不重数加密进行签名,接收方用对方的公钥鉴别签名的不重数。

3. 数字签名

为什么借款人写一个借条、签字后,就能让放款人放心?签字能证明什么?能达到什么效力?

上述签字能证明借款人是谁;签字还能防止放款人篡改或伪造;当然,它还是让借款人不能抵赖的证明。

书信或文件是根据亲笔签名或印章证明其真实性的。但网络中传送的数字文档如何签名呢?如何才能实现生活中签名的效果?这就要使用数字签名。数字签名必须保证能够实现以下 3 个功能。

(1) 接收者能够核实发送者身份。鉴定发送实体,接收者能够确信该报文的确是发送者发送的。

(2) 接收者确信收到的数据和发送者发送的完全一样,没有被篡改过。

(3) 发送者事后不能抵赖所发送的报文,对内容负责,不可否认。实现抵赖鉴定。

现在已有多种实现数字签名的方法,但采用公钥算法要比采用对称密钥算法更容易实现,如图 10-7 所示。下面介绍这种数字签名。

图 10-7(a)中,发送者 A 使用接收者 B 的公钥加密后传输,可以实现数据保密,因为解密需要用 B 的私钥,只有 B 能做到。但这种方式里,B 并不能确认发送者就是 A,也可能有第三者冒充 A 完成此事件。

图 10-7(b)中，A 用其私钥对报文进行 D 运算。D 运算本来叫作解密运算。还没有加密怎么就进行解密呢？这并没有关系。因为 D 运算只是得到了某种不可读的密文，实际上也是加密。A 把经过 D 运算得到的密文传送给 B。用 A 的公钥进行 E 运算，还原出明文 X，相当于解密。因为 B 是用 A 的公钥解密的，说明加密者必定是 A，这就相当于现实生活中 A 签名了，从而可认证发送者就是 A。注意，任何人用 A 的公钥 P_{K_A} 进行 E 运算后都可以得出 A 发送的明文，因此这种方式下没有数据保密功能。

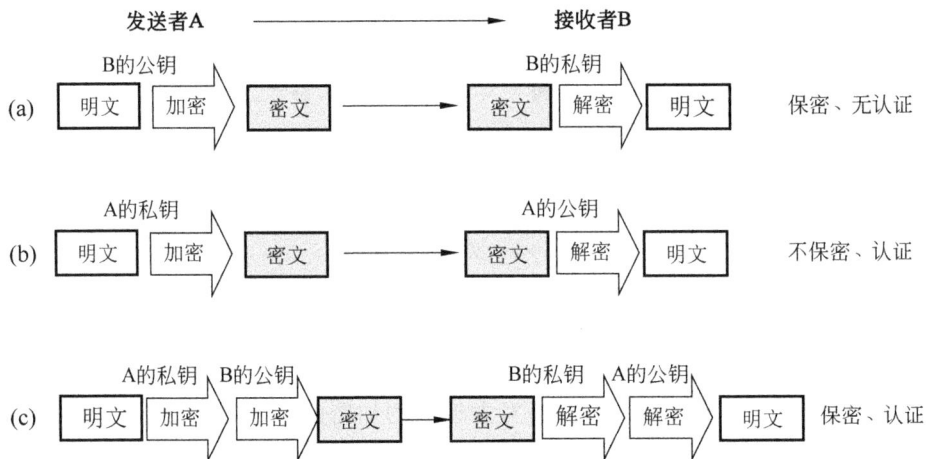

图 10-7　公钥加密的应用与数字签名

可见，这种方式下，D 运算和 E 运算都不是为了解密和加密，而是为了进行签名和核实签名。

下面讨论图 10-7(b)中的数字签名为什么具有上述 3 个功能。因为除 A 外没有别人持有 A 的私钥，所以除 A 外没有别人能产生密文。

这样，B 就相信报文 X 是 A 签名发送的，这就是报文鉴别的功能。同理，其他人如果篡改过报文，但无法得到 A 的私钥对 X 进行加密。B 对篡改过的报文进行解密后，将会得出不可读的明文，就知道收到的报文被篡改过。这样就保证了报文完整性的功能。若 A 要抵赖曾发送报文给 B，B 可把 X 及密文出示给进行公证的第三者。第三者很容易用 A 的公钥证实确实是 A 发送 X 给 B 的，这就是不可否认的功能。这里的关键都是没有其他人能够持有 A 的私钥。

正如前所述，图 10-7(b)所示的认证中不能实现对报文的保密。若采用图 10-7(c)所示的方法，可同时实现机密传输和数字签名。

10.2.3　公证机制

1. 密钥分发

对称密钥密码学的一个缺点是需要通信双方共享一个秘密密钥，双方事先对密钥达成一致。这时要解决两个问题：一是如何认证对方的真实性；二是如何将密钥传送给对方。这需要一个公信力的机构完成。可信媒介被称为密钥分发中心(Key Distribuition-Center,KDC),它是一个独立的可信网络实体。

假设 A 与 B 应用对称密钥密码进行通信。他们从未见面,这样他们就不能够提前商定共享秘密密钥。如果只能通过网络彼此通信,他们如何协商秘密密钥? 现实中采用的解决方案是使用都信任的密钥分发中心。

KDC 是一个服务器,它同每个注册用户共享不同的秘密对称密钥。这个密钥可能是在用户第一次注册时在服务器手工设定的。KDC 知道每个用户的秘密对称密钥,每个用户可以通过这个秘密密钥同 KDC 进行安全通信。下面看一下 KDC 的两个用户如何在 KDC 的协调下实现对称加密的安全通信。

假设 A 和 B 是 KDC 的注册用户,他们注册了与 KDC 共享的密钥 A-KDC 和 B-KDC,以便同 KDC 进行安全通信。A 先进行第一步,密钥分发的过程如图 10-8 所示。

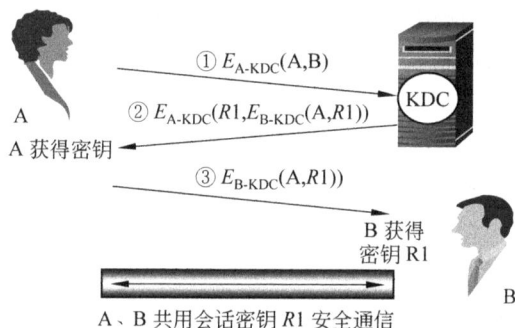

① $E_{A\text{-}KDC}(A,B)$

② $E_{A\text{-}KDC}(R1,E_{B\text{-}KDC}(A,R1))$

A 获得密钥

③ $E_{B\text{-}KDC}(A,R1))$

B 获得密钥 R1

A、B 共用会话密钥 R1 安全通信

图 10-8 基于 KDC 中心的对称加密通信

① 用户 A 向 KDC 发送消息,说明她想同 B 进行通信。用户 A 用密钥 A-KDC 加密此消息,将得到的密文 $E_{A\text{-}KDC}(A,B)$ 发送给 KDC 服务器。

② KDC 用随机数产生一个"一次一密"密钥 R1 供 A 和 B 这次的通信使用,然后向 A 发送应答报文。这个回答报文用 A 的密钥 A-KDC 加密,报文中有密钥 R1 和请 A 转发给 B 的报文 $E_{B\text{-}KDC}(A,R1)$,但报文 $E_{B\text{-}KDC}(A,R1)$ 是用 B 的私有主密钥 B-KDC 加密的,因此 A 无法知道报文 $E_{B\text{-}KDC}(A,R1)$ 的内容(A 没有 B 的密钥 KB,也不需要知道此报文的内容)。

③ 当 B 收到 A 转发的报文 $E_{B\text{-}KDC}(A,R1)$,并使用自己的密钥 K_B 解密后,就知道 A 要和他通信,同时也知道了与 A 通信使用的密钥为 R1。可见,密钥 R1 及用户 A 的真实性是 KDC 告诉用户 B 的,因为用户 B 信任 KDC 中心,所以也就相信 A 是真实的。

此后,用户 A 与 B 就可以使用密钥 R1 进行本次通信会话了。

KDC 还可在报文中加入时间戳,以防止报文的截取者利用以前记录下的报文进行重放攻击。会话密钥 R1 是一次性的,因此保密性较高。而 KDC 分配给用户的密钥 A-KDC 和 B-KDC 都应定期更换,以减少攻击者破译密钥的机会。RFC 1510 描述的目前最出名的密钥分配协议 Kerberos v5 是美国麻省理工学院(MIT)开发的。

2. 公钥认证

公钥密码体制的一个非常重要的特性是,通信的两个实体可以不用共享密钥。发送方给接收方发送消息,只需要用接收者的公钥就可以加密消息,然后发送。而接收者公钥是可以公告给大众的,因此这个过程不存在保密的问题,也就容易实现。但你想过吗,接收者声称他的加密密钥是公钥,你就能相信吗?

例如,生活中有人号称自己是警察,要执法扣你的财物,你就给他吗? 不给可能违法,给了可能就上当了。所以,我们的第一质疑是"他真是警察吗?",核实他的警察证。之所以相信警察证书是因为证书是公信机构(公证、信用、权威机构)颁发的,有公信机构的签名(盖章),绑定了用户的身份和属性。

如何验证所发布的公钥就是某实体真正的公钥仍然是一个问题。正像警察不是自称的,加密体制中的公钥也不能由自己声明。安全地获得和证明某人的正确的公共密钥的问题也需要一个有公信力的机构帮助。实例的公钥必须由公信机构颁发,才会获得公众认可,避免欺诈。这个公信机构被称为认证中心(Certification Authority, CA),由政府出资建立。CA 负责将公钥和特定实体进行绑定,它的工作是证明身份的真实性和发放证书。对于一个已认证的公钥,如果用户信任 CA,他就相信了实体的真实性及其所拥有的公钥。

具体地,CA 具有以下作用:

(1) CA 验证实体(如个人、路由器等)的身份。如何进行认证,则没有固定的过程。当同 CA 打交道时,一个人必须相信 CA 能够进行合适而严格的身份验证。

(2) 一旦 CA 验证了实体的身份,CA 就可以产生一个证书,将这个公钥与身份进行绑定。证书中包括公钥和关于公钥拥有者的全球唯一的标识信息(人名或 IP 地址)。

(3) 这个证书由认证中心进行签名。用认证中心的私钥对证书加密,实现数字签名(即公章)。因为认证中心的公钥是众所周知的,所以任何用户都可以验证证书的真伪。

一个公共密钥被认证了,其证书就可以从任何地方分发出去,包括一个公共密钥服务器、一个网页、邮件或者一张磁盘。用户从 CA 认证并获得证书如图 10-9 所示。

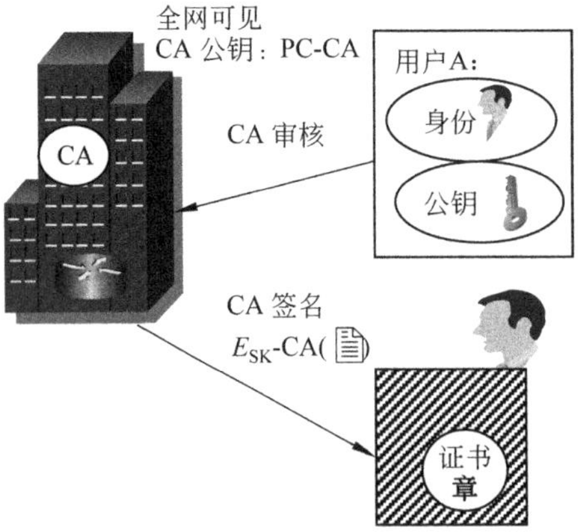

图 10-9　用户从 CA 认证并获得证书

为了使 CA 具有统一的格式,ITU-T 制定了 x.509 协议标准,用来描述证书的结构。在 x.509 中规定要使用 ASN.1。IETF 在小修订的基础上引用了 x.509,并在 RFC 3280 中给出了因特网 x.509 公钥基础结构(Public Key Infrastructure,PKI)。

10.3　访问安全

访问安全是网络安全的重要环节之一。访问控制是网络用户区别使用、有度使用主机系统和网络系统的安全机制。

10.3.1　访问控制的概念及原理

1. 访问控制的概念

访问控制(access control)是按用户身份及其所归属的某项定义组限制用户对某些信息项的访问,或限制用户对某些控制功能的使用的一种技术,防止对任何资源进行未授权的访问,从而使计算机系统在合法的范围内使用。访问控制是系统保密性、完整性、可用性和合法使用性的重要基础,是网络安全防范和资源保护的关键策略之一。

访问控制包括主体、客体和控制策略 3 个要素。

(1)主体(subject),指访问活动的发起者,可能是用户或体表用户执行操作的进程、服务和设备等。

(2)客体(object),指被访问资源的实体。所有可以被操作的信息、资源、对象都可以是客体。

(3)控制策略(attribution),是主体对客体的相关访问规则集合,即属性集合。访问策略体现了一种授权行为,也是客体对主体某些操作行为的默认。

2. 访问控制的功能

防止非法的主体进入受保护的网络资源;允许合法用户访问受保护的网络资源;防止合法的用户对受保护的网络资源进行非授权的访问。

3. 访问控制的原理

访问控制首先需要对用户身份的合法性进行验证,同时利用控制策略进行选用和管理工作。当用户身份和访问权限验证之后,还需要对越权操作进行监控。因此,访问控制的内容包括认证、控制策略实现和安全审计。

10.3.2　访问控制的类型

访问控制的类型主要有 3 种:自主访问控制(DAC)、强制访问控制(MAC)和基于角色的访问控制(RBAC)。

自主访问控制,是指用户有权对自身创建的访问对象(如文件、数据表等)进行访问,并可将这些对象的访问权授予其他用户和从授予权限的用户收回其访问权限。

强制访问控制,是指由系统(通过专门设置的系统安全员)对用户所创建的对象进行统一的强制性控制,按照规定的规则决定哪些用户可以对哪些对象进行什么样操作系统类型的访问,即使是创建者用户,在创建一个对象后,也可能无权访问该对象。每个用户及文件都被赋予一定的安全级别,只有系统管理员才可确定用户和组的访问权限,用户不能改变自身或任何客体的安全级别。系统通过比较用户和访问文件的安全级别,决定用户是否可以访问该文件。

基于角色的访问控制,使权限与角色相关联,用户通过成为适当角色的成员而得到其角色的权限,可极大地简化权限管理。角色(role)是一定数量的权限的集合,指完成一项任务必须访问的资源及相应操作权限的集合。角色作为一个用户与权限的代理层,表示为权限和用户的关系。所有的授权应该给予角色,而不是直接给用户或用户组。

10.3.3　访问控制的安全策略

访问控制的安全策略是指在某个自治区域内用于所有与安全相关活动的一套访问控制规则。访问控制的安全策略有 3 种类型:基于身份的安全策略、基于规则的安全策略和综合访问控制策略。

1. 安全策略实施原则

(1) 最小特权原则。在主体执行操作时,按照主体所需权利的最小化原则分配给主体权力。

(2) 最小泄露原则。主体执行任务时,按其所需最小信息分配权限,以防泄密。

(3) 多级安全策略。主体和客体之间的数据流向和权限控制,按照安全级别的绝密(TS)、秘密(S)、机密(C)、限制(RS)和无级别(U)5 级划分。其优点是避免敏感信息扩散。具有安全级别的信息资源,只有高于安全级别的主体才可访问。

在访问控制实现方面,实现的安全策略包括 8 个方面:入网访问控制、网络权限限制、目录级安全控制、属性安全控制、网络服务器安全控制、网络监测和锁定控制、网络端口和结点的安全控制、防火墙控制。

2. 基于身份的安全策略

基于身份的安全策略主要是过滤主体对数据或资源的访问。只有通过认证的主体才可以正常使用客体的资源。这种安全策略包括基于个人的安全策略和基于组的安全策略。

(1) 基于个人的安全策略,是以用户个人为中心建立的策略,主要由一些控制列表组成。这些列表针对特定的客体限定了不同用户所能实现的不同安全策略的操作行为。

(2) 基于组的安全策略,基于个人策略的发展与扩充,主要指系统对一些用户使用同样的访问控制规则访问同样的客体。

3. 基于规则的安全策略

在基于规则的安全策略系统中,所有数据和资源都标注了安全标记,用户的活动进程与其原发者具有相同的安全标记。系统通过比较用户的安全级别和客体资源的安全级别,判断是否允许用户访问。这种安全策略一般具有依赖性与敏感性。

4. 综合访问控制策略

综合访问控制(HAC)策略继承和吸取了多种主流访问控制技术的优点,有效地解决了信息安全领域的访问控制问题,保护了数据的保密性和完整性,保证授权主体能访问客体和拒绝非授权访问。HAC 具有良好的灵活性、可维护性、可管理性、更细粒度的访问控制性和更高的安全性,为信息系统设计人员和开发人员提供了访问控制安全功能的解决方案。综合访问控制策略主要包括:

1) 入网访问控制

入网访问控制是网络访问的第一层访问控制,对用户可规定所能登入到的服务器及获取的网络资源,控制准许用户入网的时间和登入站点。用户的入网访问控制分为用户名和口令的识别与验证、用户账号的默认限制检查。该用户若有任何一个环节检查未通过,就无法登入网络进行访问。

2) 网络的权限控制

网络的权限控制是防止网络非法操作而采取的一种安全保护措施。用户对网络资源的访问权限通常用一个访问控制列表描述。通常有 3 类用户:系统管理用户、一般用户、审计用户。

3) 目录级安全控制

目录级安全控制主要是为了控制用户对目录、文件和设备的访问,或指定对目录下的子目录和文件的使用权限。用户在目录一级制定的权限对所有目录下的文件仍然有效,还可进一步指定子目录的权限。一个网络系统管理员应为用户分配适当的访问权限,以控制用户对服务器资源的访问,进一步强化网络和服务器的安全。

4) 属性安全控制

属性安全控制可将特定的属性与网络服务器的文件及目录网络设备相关联。在权限安全的基础上,对属性安全提供更进一步的安全控制。网络上的资源都应先标识其安全属性,将用户对应网络资源的访问权限存入访问控制列表中,记录用户对网络资源的访问能力,以便进行访问控制。

属性配置的权限包括:向某个文件写数据、复制一个文件、删除目录或文件、查看目录和文件、执行文件、隐藏文件、共享系统属性等。安全属性可以保护重要的目录和文件,防止用户越权对目录和文件进行查看、删除和修改等。

5) 网络服务器安全控制

网络服务器安全控制允许通过服务器控制台执行的安全控制操作包括:用户利用控制台装载和卸载操作模块、安装和删除软件等。操作网络服务器的安全控制还包括设置口令锁定服务器控制台,主要防止非法用户修改、删除重要信息。另外,系统管理员还可通过设定服务器的登入时间限制、非法访问者检测,以及关闭的时间间隔等措施,对网络服务器进行多方位的安全控制。

6)网络监控和锁定控制

在网络系统中,通常服务器自动记录用户对网络资源的访问,如有非法的网络访问,服务器将以图形、文字或声音等形式向网络管理员报警,以便引起警觉进行审查。对试图登入网络者,网络服务器将自动记录企图登入网络的次数,当非法访问的次数达到设定值时,就将该用户的账户自动锁定并进行记载。

7)网络端口和结点的安全控制

网络中服务器的端口常用自动回复器、静默调制解调器等安全设施进行保护,并以加密的形式识别结点的身份。自动回复器主要用于防范假冒合法用户。静默调制解调器主要用于防范黑客利用自动拨号程序进行网络攻击。还应经常对服务器端和用户端进行安全控制,如通过验证器检测用户真实身份,然后,用户端和服务器再进行相互验证。

10.4 传输安全

数据传输过程是安全隐患最多的环节。传输过程中的数据安全在整个网络安全中占有重要地位。传输安全主要从传输协议安全设计、安全通道的构筑两个方面展开安全防御。

10.4.1 因特网的安全协议

前面几节讨论的网络安全原理都可用在因特网中,目前在网络层、传输层和应用层都有相应的网络安全协议。下面分别介绍这些协议的要点。

1. 网络层安全协议 IPSec

IPSec 是为因特网网络层提供安全服务的一组协议,其标准是 RFC 2401~RFC 2411。这个协议相当复杂,在此仅介绍其最基本的原理。IPScc 可以以两种方式运行:传输方式和隧道方式,如图 10-10 所示。

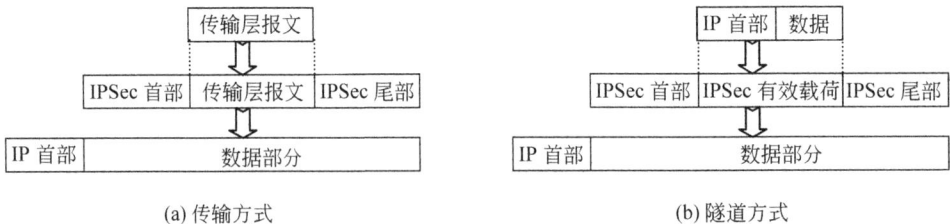

图 10-10 IPSec 协议的传输方式和隧道方式

在传输方式下,IPSec 保护传输层交给网络层传递的内容,即只保护 IP 数据报的有效载荷,而不保护 IP 数据报的首部。传输方式通常用于主机到主机的数据保护。发送主机使用 IPSec 加密来自传输层的有效载荷,并封装成 IP 数据报进行传输。接收主机使用 IPSec 解密 IP 数据报,并将它传递给传输层。使用 IPSec 时还可以增加鉴别功能,或仅进行鉴别而不加密。

在隧道方式下,IPSec 保护包括 IP 首部在内的整个 IP 数据报,为了对整个 IP 数据报进行鉴别或加密,要为该 IP 数据报增加一个新的 IP 首部,而将原 IP 数据报作为有效载荷进行保护。隧道方式通常用于两个路由器之间,或一个主机与一个路由器之间。IPSec 的隧道式常用来实现虚拟专用网(VPN)。

IPSec 协议簇中主要有两个协议:鉴别首部(Authentication Header,AH)协议和封装安全载荷(Encapsulation Security Payload,ESP)协议。AH 协议提供源鉴别和数据完整性服务,但不提供机密性服务。ESP 协议同时提供了鉴别、数据完整性和机密性服务。

在两个结点之间用 AH 或 ESP 进行通信之前,首先要在这两个结点之间建一条网络层的逻辑连接,称为安全关联(Security Association,SA)。通过安全关联,双方确定将采用的加密或鉴别算法,以及各种安全参数,并在 SA 建立时产生一个 32 位的安全参数索引(Security ParameterIndex,SPI)。目的结点根据 IPSec 报文中携带的 SPI 将其与特定 SA 使用的加密算法和密钥等相关联。

1) AH 协议

使用 AH 协议时,源结点把 AH 首部插入 IP 数据报首部和被保护的数据之间,同时将 IP 首部中的协议字段置为 51,指明该报文数据中包含一个 AH 首部,如图 10-11 所示。在传输过程中,中间路由器并不查看 AH 首部,当 IP 数据报到达终点时,目的主机或终点路由器才处理 AH 字段,以鉴别源和报文数据的完整性。

IP 首部	AH 首部	TCP/UDP 段

协议=51

图 10-11 AH 首部

AH 首部中的一些字段如下。

(1) 下一个首部。标志紧接 AH 首部的下一个首部的类型(如 TCP、UDP、IP 等)。

(2) 安全参数索引 SPI。标志一个安全关联(SA)。

(3) 序号。该 SA 中每个数据报的序号,当建立 SA 时,起始序号为 0。AH 协议用该序号防止重放攻击。

(4) 鉴别数据。一个可变长字段,包含一个经过加密或签名的报文摘要。该报文摘要对整个 IP 数据报进行鉴别,但不包括在传输中会发生改变的那些 IP 首部字段,如生存时间(TTL)等。

2) ESP 协议

使用 ESP 时,IP 数据报首都的协议字段置为 50,指明其后紧接着的是一个 ESP 首部(图 10-12)。ESP 首部中包含一个安全关联参数索引 SPI 字段和一个序号字段。ESP 尾部中包含下一个首部字段和填充数据。鉴别数据和 AH 中的鉴别数据的作用一样,但不对 IP 首部进行鉴别。ESP 对有效载荷和 ESP 尾部进行了加密,因此 ESP 既提供鉴别和数据完整性服务,又提供机密性服务。

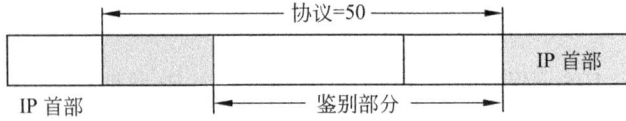

图 10-12 在 IP 数据报中的 ESP 的各字段

2. 传输层协议 SSL/TLS

当万维网能够提供网上购物时,安全问题就马上被提到桌面上了。当一位顾客在线购物时,他会要求得到下列的安全服务。

(1) 顾客需要确保服务器属于真正的销售商,而不是属于一个冒充者(例如,一个钓鱼网站),因为顾客不希望将他的信用卡账号交给一位冒充者。同样,销售商也可能需要对顾客进行鉴别。

(2) 顾客与销售商需要确保报文的内容(如账单)在传输过程中没有被篡改。

(3) 顾客与销售商需要确保诸如信用卡账号之类的敏感信息不被冒充者窃听。

像上述这些安全服务,需要使用传输层的安全协议。现在广泛使用的有两个协议:

- SSL(Secure Socket Layer),即安全套接字层。
- TLS(Transport Layer Security),即传输层安全。

下面简单介绍这两个协议的特点。

SSL 协议是 Netscape 公司在 1994 年开发的安全协议,广泛应用于基于万维网的各种网络应用(但不限于万维网应用)。SSL 作用在端系统应用层的 HTTP 和传输层之间,在 TCP 之上建立起一个安全通道,为通过 TCP 传输的应用层数据提供安全保障。

1995 年,Netscape 公司把 SSL 转交给 IETF,希望能够把 SSL 进行标准化。于是,IETF 在 SSL 的基础上设计了 TLS 协议,为所有基于 TCP 的网络应用提供安全数据传输服务。现在使用最多的传输层安全协议是 TLS 1.0,但新的版本 TLS 1.2 已经公布了[RFC 5246,5746,5878]。

图 10-13 表示 SSL/TLS 处在应用层和传输层之间。在应用层中,使用 SSL/TLS 最多的是 HTTP,但并不局限于 HTTP。当用浏览器查看普通网站的网页时,HTTP 就直接使用 TCP 连接,这时 SSL/TLS 不起作用,但当用信用卡进行支付而键入信用卡密码时,支持 SSL/TLS 的 Web 服务器会提供一个使用 SSL/TLS 的安全网页,浏览器访问该网页时就需要运行 SSL/TLS 协议。这时,HTTP 会调用 SSL/TLS 对整个网页进行加密。这时网页上会提示用户,网址栏原来显示 http 的地方现在变成 https。在协议名 http 后面加上 s 代表 security,表明现在使用的是提供安全服务的 HTTP。

SSL 提供以下 3 种安全服务。

(1) SSL 服务器鉴别,允许用户证实服务器的身份。支持 SSL 的客户机通过验证求一服务器的证书来鉴别服务器的真实身份,并获得服务器的公钥。

(2) SSL 客户鉴别,SSL 的可选安全服务,允许服务器证实客户的身份。

(3) 加密的 SSL 会话,对客户和服务器间发送的所有报文进行加密,并检测报文是否

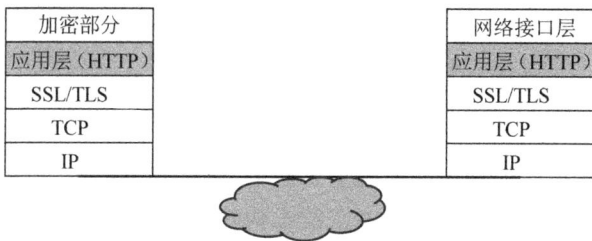

图 10-13　SSL/TLS 在协议栈中的位置

被篡改。

下面以万维网应用为例,说明 SSL/TLS 的过程。

销售商 B 的万维网服务器使用 SSL 为顾客提供安全的在线购物。为此,万维网服务器使用 SSL 的默认服务端口 443 取代普通万维网服务的 80 端口,并且该安全网页 URL 中的协议标识用 https 替代 http。当顾客单击该网站链接建立 TCP 连接后,先进行浏览器和服务器之间的握手协议,完成加密算法的协商和会话密钥的传递,然后进行安全数据传输。其简要过程如图 10-14 所示(实际步骤要复杂得多)。

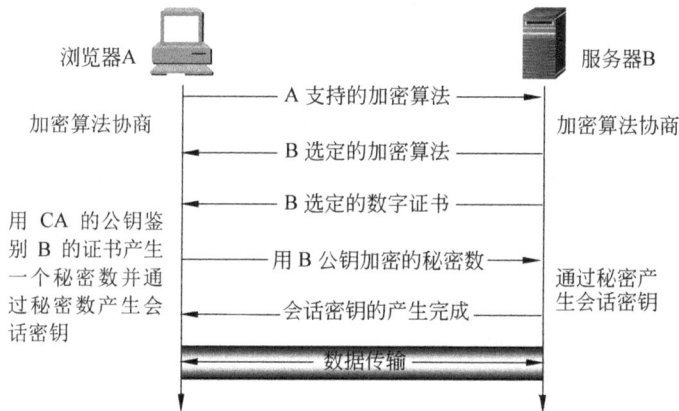

图 10-14　SSL 建立安全会话的过程

(1) 协商加密算法。浏览器 A 向服务器 B 提供一些可选的加密算法,B 从中选定自己支持的算法,并告知 A。

(2) 服务器鉴别。服务器 B 向浏览器 A 发送一个包含其公钥的数字证书,A 使用该证书的 CA 公开发布的公钥对该证书进行验证。

(3) 会话密钥计算。由浏览器 A 随机产生一个秘密数,用服务器 B 的公钥进行加密后发送给 B,双方根据协商的算法产生一个共享的对称会话密钥。

(4) 安全数据传输。双方用会话密钥加密和解密在它们之间传送的数据,并验证其完整性。

现在,SSL 和 TLS 已广泛用于各种浏览器中。例如,当单击 IE 浏览器菜单的"工具"并选择"选项"时,再单击弹出的对话框中的"高级"选项,就可看到屏幕显示的默认选项是使用 SSL 3.0 和 TLS 1.0。

10.4.2 虚拟安全通道

安全通道的构建是保证传输安全的重要措施,但由于现实条件的限制,构筑专用的物理安全通道一般很难普遍使用。利用加密技术构筑逻辑上的虚拟安全通道是可行的,如因特网上的隧道就是典型的虚拟安全通道。链路加密是在两个转发结点间构建的安全通道;端到端的加密是在两个通信端构建的安全通道。

1. 链路加密

链路加密在采用链路加密的网络中,每条通信链路上的加密是独立实现的。通常对每条链路使用不同的加密密钥。当某条链路受到破坏时,不会导致其他链路上传送的信息被析出。由于协议数据单元(PDU)中的协议控制信息和数据都被加密,这就掩盖了源点和终点的地址。若在结点间保持连续的密文序列,则 PDU 的频度和长度也能得到掩盖,这样就能防止各种形式的流量分析。由于不需要传送额外的数据,因此采用这种技术不会减少网络的有效带宽。由于只要求相邻结点之间具有相同的密钥,因而密钥管理易于实现。链路加密对用户来说是透明的。

链路加密由于报文是以明文形式在各结点内加密的,所以结点本身必须是安全的。一般认为网络的源点和终点在物理上都是安全的,但所有的中间结点(包括可能经过的路由器)未必都是安全的,因此必须采取有效措施。对于采用动态自适应路由的网络,一个被攻击者掌握的结点可以设法更改路由,使有意义的 PDU 经过此结点,这样将导致大量信息泄露,因而对整个网络的安全造成威胁。

链路加密的最大缺点是在中间结点暴露了信息的内容。在网络互联的情况下仅采用链路加密是不能实现通信安全的。此外,链路加密也不适用于广播网络,因为它的通信子网没有明确的链路存在。若将整个 PDU 加密,将无法确定接收者和发送者。由于上述原因,除非采取其他措施,否则在网络环境中链路加密将受到很大的限制,可能只适用于局部数据的保护。

2. 端到端加密

端到端加密是在源点和终点中对传送的 PDU 进行加密和解密。可以看出,报文的安全性不会因中间结点的不可靠而受到影响。

端到端加密应在传输层或其以上各层实现。若选择在传输层进行加密,可以使安全措施对用户来说是透明的,这样可不必为每一个用户提供单独的安全保护,但容易遭受传输层以上的攻击。当选择在应用层实现加密时,用户可根据自己的特殊要求选择不同的加密算法,而不会影响其他用户。这样,端到端加密更容易满足不同用户的要求。端到端加密不仅适用于互联网环境,而且也适用于广播网。

在端到端加密的情况下,PDU 的控制信息部分(如源点地址、终点地址、路由信息等)不能被加密,否则中间结点就不能正确选择路由,这就使得这种方法易于受到流量分析的攻击。虽然也可以通过发送一些假的 PDU 掩盖有意义的报文流动（这称为报文填充），但这要以降低网络性能为代价。若各结点都使用对称密钥体制，则各结点必须持有与其他结点相同的密钥，这就需要在全网范围内进行密钥管理和分配。

为了获得更好的安全性，链路加密与端到端加密可结合在一起使用。链路加密用来对 PDU 的目的地址进行加密，而端到端加密则提供了对端到端的数据进行保护。

10.5 系统安全

系统安全分网络中的主机系统安全和内部网络系统安全。主机系统和内部网络系统是两个重要的资源单位，也是安全保护的单位。目前用于系统的保护的主要工具有防火墙和入侵检测。

10.5.1 防火墙

何谓防火墙？其特点和作用分别是什么？

网络边界是指采用不同安全策略的两个网络连接处，如内部网络和互联网之间的连接、内部网络和其他业务往来单位的网络连接、内部网内不同部门之间的连接等。随着越来越多企业或组织的内部网络连接到 Internet 上，和越来越多的企业组建 Intranet 和 Extranet，网络的边界安全变得日趋重要。

网络边界安全关注如何对进出网络边界的数据流进行有效的控制与监视，相应的控制措施包括防火墙、物理隔离、远程访问控制、病毒/恶意代码防御和入侵检测等。作为保护网络边界的安全产品，防火墙技术已经逐步趋于成熟，并为广大用户所认可。

防火墙位于因特网和内部网络之间。因特网这边是防火墙的外面，而内部网络这边是防火墙的里面。一般把防火墙里面的网络称为"可信的网络"（trusted network），而把防火墙外面的网络称为"不可信的网络"（untrusted network），

防火墙是一种装置，它由软件或硬件设备组合而成，作为内部网与外部网之间的一种访问控制设备，常常被安装在内部网和外部网交流的点上，用来限制 Internet 用户对内部网络的访问以及管理内部用户访问外界的权限。防火墙的基本模型如图 10-15 所示。

防火墙的目的是在网络连接之间建立一个安全控制点，通过允许、拒绝或重新定向经过防火墙的数据流，实现对进、出内部网络的服务和访问的审计和控制。在没有防火墙的环境中，内部网的安全性要由其中每个结点的坚固程度决定，并且安全性等同于其中最弱的结点，从而内部网规模越大，把所有主机保持在相同安全水平上的可管理能力越小。

引入防火墙后，内部网的安全性在防火墙上得到了统一的加固，主要体现在：

（1）强化了安全访问策略。防火墙可以提供实施和执行网络访问策略的工具，实现对用户和服务的访问控制。

（2）记录与 Internet 之间的通信活动。作为内外网之间唯一的访问通道，防火墙能够记录内部网络和外部网络之间发生的所有事件。

（3）实现了网段之间的隔离或控制。防火墙的隔离作用，可控制一个有问题网段中

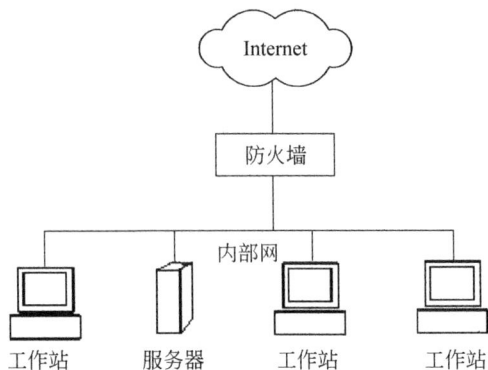

图 10-15　防火墙的基本模型

的问题在整个网络中传播。

（4）提供一个安全策略的检查站。所有进出网络的信息都必须通过防火墙,这样防火墙便成为一个安全检查点,把所有可疑的访问拒之门外。

通常,防火墙可具有下面 3 种功能：

（1）数据包过滤。数据包过滤是一种在内部网络与外部主机之间进行有选择的数据包转发的机制。它按照一种被称为访问控制列表（Access Control List，ACL）的安全策略决定是允许,还是阻止某些类型的数据包通过。ACL 可以被配置为根据数据包报头的任何部分接收或拒绝数据包。目前,这种过滤主要是针对数据包的协议地址（包括源地址和目的地址）、协议类型和 TCP/IP 端口（包括源端口和目的端口）进行的。因此,数据包过滤服务被认为工作在网络层与传输层的边界安全机制。

（2）网络地址转换。网络地址转换（Network Address Translation，NAT）是一种用来让使用私有地址的主机访问 Internet 的技术。提供 NAT 功能的设备一般运行在末节（stub）区域的边界上,于是位于网络边界的防火墙设备就成了一种理想的 NAT 设备。提供了 NAT 功能的防火墙设备不仅可以将私有地址转换为可在公网上被路由的公有IP 地址,也通过隐藏内部网络的地址结构而增强了网络的安全性。因为涉及地址及端口之间的转换,所以网络地址翻译也是一种工作在网络层与传输层的边界安全机制。

（3）代理服务。代理（proxy）服务是运行在防火墙主机上的专门应用程序。防火墙主机可以是一个同时拥有内部网络接口和外部网络接口的双重宿主主机,也可以是一些内部网络中唯一可以与 Internet 通信的堡垒主机。代理服务程序接受内部网用户对Internet 服务的请求,按照相应的安全策略转发它们的请求,并返回 Internet 网上主机的响应。实际上,代理就是一个在应用层提供替代连接并充当服务的网关。由于这个原因,代理也被称为应用级网关。代理具有应用相关性,即要按照应用服务类型的不同,选择相应的代理服务。

应该指出,尽管防火墙能够提供诸多的安全保证,但防火墙还是有它不可避免的缺陷,主要表现在：

（1）防火墙不能防范恶意的知情者。防火墙可以禁止系统用户通过网络连接发送专有的信息,但用户可以将数据复制到磁盘、磁带上带出去。如果入侵者已经在防火墙内部,防火墙是无能为力的。

（2）防火墙不能防范不通过它的连接。防火墙能够有效防止通过它进行传输未授权或恶意信息,但不能防止不通过它而传输的信息。例如,如果允许对防火墙后面的内部系统进行拨号访问,防火墙就没有办法阻止入侵者通过拨号网络的入侵。

（3）防火墙几乎不能防范病毒。普通防火墙虽然扫描通过它的信息,但一般只涉及地址、端口号等网络层和传输层的包头信息。防火墙不扫描数据载荷中的确切内容。

（4）防火墙不能防备全部的威胁。防火墙是一种基于预定的安全策略的防范机制,所以可用来防备已知的威胁,但它一般不能防备新的未知的威胁。

因此,在网络安全中,尽管防火墙的作用非常重要,但也不能将防火墙当作唯一的防御手段,而是应当结合其他的安全措施,建立全面的、纵深的安全防御体系。

10.5.2　入侵检测

入侵检测的思想和作用分别是什么?

一个安全的网络应提供保密性、完整性以及抵抗拒绝服务的能力,但是,随着联网用户的增加,很多系统都或多或少地受到入侵的威胁,入侵者利用操作系统或者应用程序的缺陷企图破坏系统。为了对付这些入侵者的攻击,可以要求所有用户确认并验证自己的身份,使用各种密码学方法对数据进行保护,并在网络边界使用防火墙技术。然而,只有这些还是不够,为了保证系统的安全,还要提供能及时发现各种侵袭的技术,即入侵检测技术。

顾名思义,入侵检测(intrusion detection)就是对入侵行为的发觉。它通过对计算机网络或计算机系统中的若干关键点收集信息并对其进行分析,从中发现网络或系统中是否有违反安全策略的行为和被攻击的迹象,并提供实时报警。进行入侵检测的软件与硬件的组合是入侵检测系统(Intrusion Detection System,IDS)。与其他安全产品不同的是,入侵检测系统需要更多的智能。它不仅要实时扫描和检测有关的网络活动,监视和记录相应的网络流量,还要提供关于网络流量的详尽分析,并得出有用的结果。一个合格的入侵检测系统可以大大简化管理员的工作,保证网络安全地运行。通常,入侵检测系统处于防火墙之后,被认为是防火墙之后的第二道安全闸门,它与防火墙配合工作,可以有效提供对内部攻击、外部攻击和误操作的实时保护,并在网络系统受到危害之前拦截和响应入侵。

入侵检测系统的主要功能包括:
- 监测并分析用户和系统的活动,使系统管理员时刻了解网络系统的变更。
- 系统构造和弱点的审计,为系统安全策略的制订提供指南。
- 识别已知的攻击行为并及时作出响应,包括切断网络连接、记录事件和报警等。
- 异常行为模式的统计分析,为发现潜在的网络威胁提供参考。
- 评估系统关键资源和数据文件的完整性,为数据安全与保护提供指南。
- 操作系统的审计跟踪管理,并识别违反安全策略的用户活动。

除此之外,一个成功的入侵检测系统还应该管理、配置简单,使得非专业人员能够非常容易地利用它获得网络安全,同时具有一定的可扩展性与灵活性,如入侵检测的规模可根据网络威胁、系统构造和安全需求的改变而改变。

按照使用的数据源,入侵检测系统可被分为主机型和网络型。主机型入侵检测系统往往以所在主机的系统日志、应用程序日志等作为数据源,它主要提供对所在主机系统的入侵检测保护;网络型入侵检测系统的数据源主要是网络上的数据包,通过将一台主机的网卡设为混杂模式(promise mode),就可以对该主机所在网段内的所有数据包进行监听与分析。网络型入侵检测系统通常担负着保护整个网段的任务。

按照在时间上的实现方式,入侵检测技术分为实时入侵检测和事后入侵检测两种。实时入侵检测在网络连接过程中进行,系统根据用户的历史行为模型、存储在计算机中的专家知识以及神经网络模型等智能方法对用户当前的操作进行判断,一旦发现入侵迹象,立即断开入侵者与主机的连接,并收集证据,实施数据恢复。这个检测过程是不断循环进行的。事后入侵检测由网络管理人员进行,他们利用自己具有网络安全的专业知识,根据计算机系统对用户操作所做的历史审计记录判断用户是否具有入侵行为,如果有,就断开连接,并记录入侵证据,进行数据恢复。事后入侵检测是由管理员定期或不定期进行的,不具有实时性,因此其防御入侵的能力不如实时入侵检测系统。

按照检测技术,入侵检测也可分为两类:基于标识(signature-based)和基于异常情况(anomaly-based)。对于基于标识的检测技术来说,首先要定义违背安全策略的事件的特征,如网络数据包的某些头信息,通过检测主要判别这类特征是否在所收集到的数据中出现,判断是否存在疑似的入侵行为。而对于基于异常的检测技术,需要预先定义一组系统"正常"情况的数值,如 CPU 利用率、内存利用率、文件校验和等,这类数据可以人为定义,也可以通过观察系统并采用统计的办法得出。IDS 通过将系统运行时的数值与所定义的"正常"情况比较,得出是否有被攻击的迹象。这种检测方式的核心在于如何定义所谓的"正常"情况。

上述这两种检测技术在防入侵的性能上有非常大的差异。基于标识检测技术的核心是维护一个知识库,对于已知的攻击,它可以详细、准确地报告出攻击类型,但是对未知攻击却效果有限,而且知识库必须不断更新。基于异常的检测技术无法准确判别出攻击的手法,但它可以(至少在理论上可以)判别更广泛、甚至未发觉的攻击。因此,如果条件允许,可以考虑将两种技术结合起来。

从网络安全立体纵深、多层次防御的角度出发,入侵检测日益受到重视。尽管在技术上仍有许多未克服的问题,但正如攻击技术不断发展一样,入侵检测也会不断更新、成熟。未来的入侵检测系统将会结合其他网络管理软件,形成入侵检测、网络管理、网络监控三位一体的工具。

10.6　网络空间安全

10.6.1　网络安全的非技术因素

网络安全是一个综合的复杂问题,以上章节从技术层面讨论了如何构建和维护网络系统的安全。在现实应用中,只有技术安全是不够的,许多非技术因素对网络安全的构建同样至关重要,对此大家要有全面的认识。

影响网络安全的非技术因素有很多,如物理环境因素、法律制度社会因素、人员意识等主观因素、政治因素及自然因素等。信息设备所在的机房的物理安全常被忽视,其实是网络系统安全的基础;设备或通信线路所在的地域环境由于人为的和自然的原因,也会导致网络的安全问题;法律和制度的缺失或不健全,不能有效打击网络犯罪,变相地助长了网络上的恶意行为;网络管理人员或用户安全意识不强,观念淡薄,失误的操作也同样会导致严重的网络安全问题和安全事件;网络行为道德和网络安全教育也是构建网络安全社会环境的重要环节;基于不同价值观的政治分歧和经济利益更是恶意攻击的诱因。专业网络从业人员和用户对此要有全面综合的认识。

10.6.2 网络空间安全简介

伴随信息革命的飞速发展,人类社会已经融入互联网、通信网、计算机系统、自动化控制系统、数字设备及其承载的应用、服务和数据等组成的网络空间,网络空间正在全面改变人们的生产、生活方式,深刻影响人类社会历史的发展进程。网络成为信息传播的新渠道、生产生活的新空间、经济发展的新引擎、文化繁荣的新载体、社会治理的新平台、交流合作的新纽带、国家主权的新疆域。网络空间已经成为继陆、海、空和太空之后的人类第五疆域,成为人类赖以生存的重要空间。信息技术的广泛应用和网络空间的兴起发展,在极大促进经济社会繁荣进步的同时,也给人类社会带来了新的安全风险和挑战,由此产生了网络空间安全问题。网络空间安全是把网络安全提升到人类生态空间的高度认识、看待网络安全问题。显然,网络空间安全事关人类社会发展,事关国家安全,影响未来发展。

当前,由于巨大的经济和政治利益,网络安全形势日益严峻,国家政治、经济、文化、社会、国防安全及公民在网络空间的合法权益面临严峻风险与挑战。网络渗透危害政治安全、网络攻击威胁经济安全、网络有害信息侵蚀文化安全、网络恐怖和违法犯罪破坏社会安全。网络空间的国际竞争方兴未艾,国际上争夺和控制网络空间战略资源、抢占规则制定权和战略制高点、谋求战略主动权的竞争日趋激烈。维护网络安全,才能有效利用网络空间,对经济和社会未来发展至关重要。对此,我们应该有深刻的理解与警觉。

实践探索:网络安全工具的使用

1. Nmap

Nmap 是一个网络连接端扫描软件,其基本功能有 3 个:一是探测一组主机是否在线;二是扫描主机端口,嗅探所提供的网络服务;三是推断主机所用的操作系统。它是网络管理员必用的软件之一,用以评估网络系统安全。Nmap 以隐秘的手法,避开闯入检测系统的监视,并尽可能不影响目标系统的日常操作。可参考以下步骤使用 Nmap:

(1)下载并安装 Nmap 程序。

（2）探测有哪些主机在线。

（3）扫描这些主机打开了哪些 UDP/TCP 端口。

（4）推断这些主机所用的操作系统和所具有的其他特征。

端口扫描技术的原理是向目标主机的特定端口发送探测数据包，并记录目标主机的响应。通过分析响应判断服务端口是打开的，还是关闭的，据此推断端口提供的服务或信息。建议在使用 Nmap 时打开 Wireshark 俘获相关的通信过程，这有助于深入理解端口扫描的工作过程。

2. X-Scan

X-Scan 是国内最著名的综合扫描器之一，采用多线程方式对指定 IP 地址段（或单机）进行安全漏洞检测，支持插件功能，提供了图形界面和命令行两种操作方式，扫描内容包括：远程操作系统类型及版本，标准端口状态及端口 BANNER 信息、CGI 漏洞、IIS 漏洞、RPC 漏洞、SQL-Server、FTP-Server、SMTP-Server、POP3-Server、NT-Server 弱口令用户、NT 服务器 NETBIOS 信息等。X-Scan 把扫描报告和安全焦点网站相连接，对扫描到的每个漏洞进行"风险等级"评估，并提供漏洞描述、漏洞溢出程序，方便网管测试、修补漏洞。

网络安全涉及多方面技术，工具也很多，请大家结合原理探索使用，以提高自己对安全的认知；同时要遵守网络行为规范，正确使用网络技术和网络工具维护网络安全。

习题

1. 名词解释：重放攻击、拒绝服务、访问控制、流量分析、恶意程序、防火墙、非对称式加密、数字签名、数据包过滤、IDS、代理服务。

2. 计算机网络面临哪几种威胁？主动攻击和被动攻击的区别是什么？计算机网络的安全措施有哪些？

3. 为什么说计算机网络的安全不仅局限于保密性？试举例说明，仅具有保密性的计算机网络不一定是安全的。

4. 翻译下面的密文诗。加密采用替代密码，使 26 个字母（a～z）中的每一个用其他某个字母替代（注意，不是按序替代）。密文中无标点符号，空格未加密。

kfd ktbd fzm eubd kfd pzyiom mztx hkzyg ur bzha kfthem ur mhIdm zhx

mfnm zhx mdzythc pzq Ur ezsszcdm zhx gthem zhx pfa kfd mdz tm sutythc

fuk zhx pfdkfdi ntcm fzld pthem sok pztk Z Stk kfduamkdim eitdx sdruid

pd fzlduoi efzk rui mubd ur Om zid uok ur sidzkf zhx zyy ur Om zid rzk

hu foiia mztx ezindhkdi kfda kfzhgdx ftb boef rui kfzk

5. 常规密钥体制与公开密钥体制的特点各是什么？各有何优缺点？

6. 链路加密与端到端加密各有何特点？各用在什么场合？

7. 对网络安全的威胁有哪些？有哪些安全措施？

8. 简述数字签名的原理。

9. 为什么需要进行报文鉴别？报文的保密性与完整性有何区别？什么是 MD5？

10. 简述防火墙的工作原理和所提供的功能。什么叫作网络级防火墙和应用级防火墙？

11. 简述防火墙技术的优缺点。

12. 为什么说只采用防火墙或 IDS 对网络安全是不够的？

参 考 文 献

[1] 谢希仁. 计算机网络[M]. 7 版. 北京：电子工业出版社，2017.

[2] 陈鸣. 计算机网络原理与实践[M]. 北京：高等教育出版社，2013.

[3] 施晓秋. 计算机网络技术[M]. 北京：高等教育出版社，2014.

[4] Tanenbaum A S，Wetherall D J. Computer Networks [M]. 5th ed. 北京：机械工业出版社，2011.

[5] 王盛邦. 计算机网络实验教程[M]. 2 版. 北京：清华大学出版社，2017.

[6] Tanenbaum A S，Wetherall D J. 计算机网络[M]. 5 版. 北京：清华大学出版社，2012.

[7] 谢钧，谢希仁. 计算机网络教程[M]. 5 版. 北京：人民邮电出版社，2018.

[8] 杨庚，胡素君. 计算机网络[M]. 2 版. 北京：清华大学出版社，2015.

[9] 黄川. 计算机网络技术综合实训教程[M]. 北京：科学出版社，2017.

[10] Kurose J F，Ross K W. 计算机网络[M]. 申震杰，等译. 北京：清华大学出版社，2004.